Interdisziplinarität in der Forschung

Analysen und Fallstudien

Wissenschaft
und
Gesellschaft

Herausgegeben vom
Institut für Theorie,
Geschichte und Organisation
der Wissenschaft der
Akademie der Wissenschaften der DDR
durch Günter Kröber

Band 22

Interdisziplinarität in der Forschung

Analysen und Fallstudien

Herausgegeben von

Heinrich Parthey und Klaus Schreiber

Akademie-Verlag · Berlin

Autoren der Beiträge: Horst Berger, Helmut Drost, Konrad Fichtner, Klaus Fuchs-Kittowski, Erhard Gey, Peter Hanke, Hans-Albrecht Ketz, Hein Klare, Wolf-Heiger Mehnert, Wolfgang Motsch, Vadim Nikolajew, Heinrich Parthey, Jürgen Pilgrim, Hans Schilar, Klaus Schreiber, Helga Sprung, Lothar Sprung, Gert Wangermann, Jànos Wolf.

Erschienen im Akademie-Verlag, DDR-1086 Berlin, Leipziger Str. 3—4

Lizenznummer: 202 · 100/36/83
Printed in the German Democratic Republic
Gesamtherstellung: VEB Druckerei „Thomas Müntzer“, 5820 Bad Langensalza
Lektor: Dr. Dorothea Fensch
Einbandgestaltung: Rolf Kunze
LSV 0105
Bestellnummer: 754 071 7 (2162/22)
DDR 22,— M

Inhaltsverzeichnis

Vorwort 9

HEINRICH PARTHEY

Forschungssituation interdisziplinärer Arbeit in Forschungsgruppen 13

1. Allgemeine Merkmale von Forschungssituationen 16
2. Besonderheiten interdisziplinärer Forschungssituationen. 18
3. Wissenschaftliche Beherrschbarkeit interdisziplinärer Forschungssituationen . . 21
4. Analyse des Zusammenhangs von Forschungssituationen und Kooperationsverhalten in biowissenschaftlichen Forschergruppen 25
5. Phasenmodell wissenschaftlicher Arbeit in Forschergruppen 38
6. Mögliche Modifikation des Phasenmodells bei interdisziplinären Forschungssituationen 41

GERT WANGERMANN

Objekt und Methode als Korrelat der Interdisziplinarität in der experimentellen Forschung, dargestellt am Beispiel der Elektronenmikroskopie 47

1. Methodische Regeln und Forschungsmittel 47
2. Methodenanwendung und Forschungsgeräte. 50
3. Angemessenheit von Forschungsmethode und Forschungsobjekt 52
4. Interdisziplinarität in der Methodenanwendung 54

PETER HANKE und HANS-ALBRECHT KETZ

Entwicklungsprobleme bedürfnisorientierter interdisziplinärer Forschungen zu gesellschaftlichen Grundlagen der Ernährung 61

1. Bildung und Entwicklung einer Forschungsrichtung „Gesellschaftliche Grundlagen der Ernährung" 61
2. Entwicklungsprobleme der interdisziplinären und interinstitutionellen Integration und Kooperation 66
3. Leitungsprobleme der Forschungen zu den gesellschaftlichen Grundlagen der Ernährung 72

Wolf-Heiger Mehnert und Jànos Wolf

Merkmale und Probleme interdisziplinärer Zusammenarbeit von Forschern, dargestellt am Beispiel der Forschungsphasen bei Untersuchungen zur Entwicklung eines tumorlokalisierenden Krebstestes . . . 81

1. Historischer Hintergrund . . . 82
2. Problemsituation . . . 83
3. Entwurf der Forschungsstrategie . . . 87
4. Beschreibung des Forschungsprozesses . . . 89
5. Aspekte der Kooperation, Kommunikation und Arbeitsorganisation der interdisziplinären Zusammenarbeit . . . 96
5.1. Die Wechselbeziehung der Disziplinen . . . 96
5.2. Phasen der Forschungskooperation . . . 98
5.3. Interdisziplinäre Kommunikation . . . 99
5.4. Arbeitsorganisation . . . 101
6. Verallgemeinerungen und Folgerungen für die Gestaltung interdisziplinärer Zusammenarbeit von Forschern . . . 106

Vadim Nikolajew und Hein Klare

Interdisziplinarität in der Untersuchung von Substitutionsprozessen bei stofflicher und energetischer Nutzung von Primärenergieträgern . . . 109

1. Substitutionsprozesse der energetischen und stofflichen Nutzung von Primärenergieträgern . . . 110
2. Entwicklung der interdisziplinären Arbeit und Funktion der Systemanalyse . . . 116
3. Entstehung und Entwicklung der Systemanalyse mit der interdisziplinären Forschung . . . 122

Wolfgang Motsch

Interdisziplinäre Aspekte der Grammatikforschung . . . 131

1. Entwicklungsaspekte der Grammatiktheorie . . . 131
2. Zum gegenwärtigen Stand der Grammatikforschung . . . 140
3. Problem und Methode in der Grammatikforschung . . . 146

Erhard Gey

Der Zusammenhang von interdisziplinären Forschungssituationen und Kooperationsverhalten bei Bildung und Entwicklung neuer Spezialgebiete, dargestellt am Beispiel der Quantenchemie . . . 151

1. Periodisierung der Entwicklung der Quantenchemie unter dem Gesichtspunkt des Zusammenhangs von Forschungssituation von Kooperationsformen . . . 151
1.1. Die erste Periode (1927—1933) . . . 152
1.2. Die zweite Periode (1931—1950) . . . 156
1.3. Die dritte Periode (1950—1965) . . . 158
1.4. Die vierte Periode (1965 bis zur Gegenwart) . . . 162

1.5. Besonderheiten der Forschungssituation in der Entwicklung der Quantenchemie 164
2. Der Zusammenhang zwischen Problem, Methode und Objekt der Quantenchemie 166
3. Einschätzung des gegenwärtigen Standes und der Perspektiven der Quantenchemie 168

LOTHAR SPRUNG und HELGA SPRUNG

Problem und Methode in der Psychologie — disziplinäre und interdisziplinäre Aspekte einer Entwicklungsgeschichte 177

1. Disziplinarität und Interdisziplinarität in „Vergangenheit" und „Vorgeschichte" der Psychologie 181
2. Disziplinarität und Interdisziplinarität in der „Geschichte" der Psychologie und ihre Ausprägung in wissenschaftlichen Schulen 189
3. Verallgemeinerungen entwicklungsgeschichtlicher Aspekte für die Bildung neuer Wissenschaftsdisziplinen 198

HELMUT DROST

Eine verallgemeinerte Auffassung von der Wissenschaftsmethode als Zugang zur Interdisziplinarität in den Naturwissenschaften, dargestellt an der Entwicklung der Plasmaphysik 205

1. Zu einigen Wissenschaftsmethoden in den Naturwissenschaften 208
1.1. Die phänomenologische Wissenschaftsmethode 208
1.2. Die experimentelle Wissenschaftsmethode 209
1.3. Die methodenorientierte Wissenschaftsmethode 209
1.4. Die theoretisch-konzeptionelle Wissenschaftsmethode 210
1.5. Die interdisziplinäre Wissenschaftsmethode 211
1.6. Die technisch-orientierte Wissenschaftsmethode 212
1.7. Zusammenhang zwischen verschiedenen Wissenschaftsmethoden 213
2. Wissenschaftsmethoden in der Entwicklung der Plasmaphysik 214

KONRAD FICHTNER

Interdisziplinarität in der Entwicklung und Anwendung naturwissenschaftlicher Analysemethoden, dargestellt am Beispiel der Röntgenkristallstrukturanalyse 221

1. Problem, Methode und Objekt in der Röntgenkristallstrukturanalyse 221
2. Entwicklungsstadien der Röntgenkristallstrukturanalyse 224
2.1. Merkmale des ersten Entwicklungsstadiums der Röntgenkristallstrukturanalyse 225
2.2. Merkmale des zweiten Entwicklungsstadium der Röntgenkristallstrukturanalyse 227
2.3. Merkmale des dritten Entwicklungsstadiums der Röntgenkristallstrukturanalyse 230
3. Interdisziplinarität in den Entwicklungsstadien der Röntgenkristallstrukturanalyse 232
4. Problem und Methode in der Entwicklung der Röntgenkristallstrukturanalyse an Einzelbeispielen 235
4.1. Laues Entdeckung 1912 235
4.2. Die Röntgenkristallstrukturanalyse und die Natur der chemischen Bindung 236
4.3. Der Beginn der Röntgenkristallstrukturanalyse von Eiweißstoffen 237

4.4. Der Einsatz der Röntgenkristallstrukturanalyse zur Strukturaufklärung organischer Verbindungen . . . 239
5. Kooperationsform beim Einsatz der Röntgenkristallstrukturanalyse . . . 240

HORST BERGER

Interdisziplinarität in der Sozialstrukturforschung . . . 243

1. Historischer Exkurs . . . 243
2. Funktion der Sozialstrukturforschung für die Gesellschaftsentwicklung . . . 247
3. Interdisziplinäre Aspekte im Zusammenhang von Problem und Methode in der soziologischen Sozialstrukturforschung . . . 250

HANS SCHILAR

Problem und Methode in den Wirtschaftswissenschaften — Interdisziplinäre Aspekte einer Entwicklungsgeschichte der ökonomisch-mathematischen Modellierung . . . 257

1. Herausbildung der wirtschaftsmathematischen Denk- und Forschungsweise . . 259
1.1. Der Verflechtungsgedanke . . . 262
1.2. Der Optimierungsgedanke . . . 266
2. System der optimalen Funktionsweise der sozialistischen Wirtschaft — eine Konzeption auf interdisziplinärer Grundlage . . . 269
3. Beitrag der Mathematik für die Entwicklung der Wirtschaftswissenschaften 273
4. Richtungen der Weiterentwicklung der ökonomisch-mathematischen Modellierung . . . 274

JÜRGEN PILGRIM und KLAUS FUCH-KITTOWSKI

Interdisziplinäre Funktion der Informationstechnologie in der biowissenschaftlichen Forschung 277

1. Modell und Informationstechnologie in der Biologie . . . 277
2. Aspekte der Interdisziplinarität beim Einsatz der elektronischen Datenverarbeitung in den Biowissenschaften . . . 286
3. Zum interdisziplinären Charakter der Informationsverarbeitung . . . 293
4. Tendenzen des weiteren Einsatzes der elektronischen Datenverarbeitung in den Biowissenschaften unter interdisziplinärem Aspekt . . . 299

HEINRICH PARTHEY und KLAUS SCHREIBER

Voraussetzungen und Formen interdisziplinärer Forschung . . . 303

1. Voraussetzungen der interdisziplinären Forschung . . . 303
2. Formen der interdisziplinären Forschung . . . 307

Personenregister . . . 310

Sachregister . . . 318

Vorwort

Forschung ist zielgerichtete wissenschaftliche Tätigkeit, die mit Hilfe angemessener Methoden zur Erarbeitung reproduzierbarer neuer Ergebnisse zwecks Aufstellung und Wahrheitsbestätigung rational begründeter Hypothesen, Theorien und Gesetzeserkenntnisse durchgeführt wird. Das Ziel der Forschung, neue Erkenntnisse zu gewinnen, die zur Lösung von Problemen der gesellschaftlichen Praxis beitragen, besteht letztlich darin, gesellschaftliche Bedürfnisse besser zu befriedigen und damit auch neue zu wecken. Die gesellschaftliche Wirksamkeit der Forschung, die Produktivität und Effektivität der Arbeit in allen Bereichen der Gesellschaft zu erhöhen, gründet sich zunehmend auf wissenschaftliche Erkenntnisse über die objektive Komplexität und Wechselwirkungen der natürlichen, materiell-technischen und gesellschaftlichen Prozesse. Die Lösung von Problemen der gesellschaftlichen Praxis, aber auch von fundamentalen Problemen der Wissenschaft führt vermehrt zu komplexen Problemfeldern der Forschung, welche die Grenzen der sich historisch entwickelten Wissenschaftsdisziplinen sprengen, also interdisziplinär zusammengesetzt sind. Dies gilt nicht nur für die Beantwortung solcher fundamentaler Wissenschaftsprobleme, wie zum Beispiel die wissenschaftliche Erklärung von Lebensprozessen, der Evolution des Universums oder der Biosysteme. Interdisziplinarität in der Forschung erfordern auch die meisten globalen Menschheitsprobleme, wie die Erschließung und rationelle Nutzung der Rohstoff- und Energieressourcen der Erde, die Entwicklung der Weltbevölkerung, ihrer Ernährung und Gesunderhaltung, den Schutz und die Reproduktion der natürlichen Umwelt, die ökonomische und und soziale Entwicklung in allen Regionen der Welt und für Fragen der Gestaltung einer neuen Weltwirtschaftsordnung in ihrem Bezug zur jeweiligen Gesellschaftsordnung und zur internationalen Klassenauseinandersetzung.

In Zwischenbilanzen über die Entwicklung der Interdisziplinarität in der Zusammenarbeit von Natur- und Gesellschaftswissenschaftlern in der Deutschen Demokratischen Republik wurde Ende der siebziger und Anfang der achtziger Jahre — so im Juni 1978 in Berlin auf einer Konferenz der Akademie der Wissenschaften der DDR und des Ministeriums für Hoch- und Fachschulwesen der DDR sowie im Dezember 1980 in Berlin auf einer Konferenz der Gesellschaftswissenschaftler der DDR — zwar auf wichtige Beiträge zur interdisziplinären Verflechtung der einzelnen Wissenschaftsdisziplinen hingewiesen, insgesamt jedoch eingeschätzt, daß der Stand des bisher sich nur zögernd entwikkelnden interdisziplinären Zusammenwirkens nicht befriedigen kann. In dieser Hinsicht werden vor allem an die wissenschaftlichen Institutionen höhere Anforderungen gestellt, in denen die Breite der natur- und gesellschaftswissenschaftlichen Disziplinen vereint ist, wie die Akademie der Wissenschaften, die Universitäten und Hochschulen.[1]

Der vorliegende Sammelband enthält Beiträge, in denen ausschließlich charakteristische Besonderheiten der Bearbeitung komplexer Problemfelder der Grundlagenforschung behandelt werden. Die analoge Literatur weist überwiegend Beschreibungen der mit interdisziplinären Forschungsvorhaben verbundenen wissenschaftsorganisatorischen Prozesse aus, deren Schwierigkeiten offensichtlich in der Spezifik interdisziplinärer Forschungssituation und deren notwendiger wissenschaftlicher Disziplinierung liegen. Wichtig für die erfolgreiche Beherrschung dieser Prozesse erscheint vor allem ein wissenschaftliches Verständnis des Wesens und die Anwendung effektiver Formen der Interdisziplinarität in der Forschung zu sein, wodurch Bereitschaft und Engagement der Wissenschaftler für interdisziplinäre Arbeit als entscheidende Voraussetzung für den Erfolg gefördert werden.

Die in diesem Band vorgelegten Analysen und Fallstudien führen die vor zehn Jahren begonnenen und unter dem Titel „Problem und Methode in der Forschung"[2] publizierten problem- und methodentheoretischen Untersuchungen fort. Sie vollziehen einen Übergang von der Analyse des Zusammenhangs zwischen Problem und Methode in der Forschung hin zur Untersuchung umfassender verstandener Forschungssituationen, welche sowohl die Entwicklung des wissenschaftlichen Problemfeldes als auch die Methodenentwicklung, aber auch die tatsächliche Verfügbarkeit an wissens- und gerätemäßigen Voraussetzungen zur Problembearbeitung ebenso wie die gesellschaftliche und erkenntnismäßige Problemrelevanz einschließt.

Veränderungen in der Forschungssituation führen meist zur Zusammenarbeit von Wissenschaftlern über bisherige disziplinäre Grenzen hinweg. Vor allem sind dies veränderte Zusammenhänge zwischen Problem, Objekt und Methode. Allerdings ist eine interdisziplinäre Zusammenarbeit in der Wissenschaft ebenso wie eine hohe disziplinorientierte Qualifikation ihrer Vertreter in der Regel eine Voraussetzung für die interdisziplinäre Forschung, aber noch nicht zwangsläufig mit dieser identisch. Vielmehr soll unter Interdisziplinarität eine qualitative Entwicklungsstufe der Forschung verstanden werden, in der traditionelle disziplinorientierte Denk- und Kommunikationsformen, Problemlösungsansätze und Anwendungen von Methoden, die in einem anderen wissenschaftlichen

[1] K. Hager, Die Gesellschaftswissenschaften vor neuen Aufgaben, in: Die Gesellschaftswissenschaften vor neuen Aufgaben. Konferenz der Gesellschaftswissenschaftler der DDR am 18. Dezember 1980 in Berlin, Berlin 1981, S. 47/48.

[2] Problem und Methode in der Forschung, hg. v. H. Parthey, Berlin 1978.

Spezialgebiet begründet sind als in dem, in welchem das Forschungsproblem formuliert wurde, einen solchen Integrationsgrad erreichen, daß damit Ansätze der Herausbildung einer neuen Forschungsrichtung erfüllt sind.

Der vorliegende Band erhebt nicht den Anspruch einer umfassenden Darstellung der Interdisziplinarität in der Forschung. In seinen Fallstudien werden vielmehr einige der genannten Merkmale interdisziplinärer Forschungssituationen vorgestellt sowie wissenschaftstheoretisch und -organisatorisch interpretiert. Die Aufeinanderfolge der Beiträge legt eine gewisse Lesefolge fest.

In den beiden ersten Beiträgen werden Auffassungen der Forschungssituation mit dem Ziel eines wissenschaftstheoretischen Verständnisses der Interdisziplinarität diskutiert. Im Mittelpunkt stehen Besonderheiten interdisziplinärer Forschungssituationen und ihre wissenschaftliche Beherrschbarkeit sowie der Zusammenhang zwischen Objekt und Methode als Korrelat der Interdisziplinarität in der Forschung. Die Tragfähigkeit des Begriffs Forschungssituation ließ sich im Zuge empirischer Analysen in biowissenschaftlichen Akademieinstituten der DDR nachweisen. So weisen erste Ergebnisse und ihre Interpretation darauf hin, daß verschiedene Entwicklungsstadien der Forschungssituation einen unterschiedlichen Einfluß auf das kooperative Verhalten von Wissenschaftlern ausüben. In diesem Zusammenhang wurde ein Phasenmodell des wissenschaftlichen Arbeitens in Forschungsgrundeinheiten entwickelt und überprüft, dessen Konsequenzen für die Leitung und Organisation kleiner Forschungskollektive von Bedeutung ist.

Die nächsten drei Beiträge sind Fallstudien über die interdisziplinäre Bearbeitung von Fragen des Ernährungskomplexes, der Entwicklung eines Krebstestes zur Erkennung bösartiger Geschwulstkrankheiten und zur Energieproblematik. In jedem Falle werden Entwicklungsprobleme bedürfnisorientierter interdisziplinärer Forschung behandelt.

Es folgen acht Fallstudien zu interdisziplinären Aspekten der Grundlagenforschung, wie der modernen Linguistik, der Quantenchemie, der Psychologie, der Plasmaphysik, der Röntgenkristallstrukturanalyse, der soziologischen Sozialstrukturforschung, der Anwendung mathematischer Verfahren in den Wirtschaftswissenschaften und der Funktion der Informatik in den Biowissenschaften. Alle diese Fallstudien erläutern und interpretieren das vorgestellte wissenschaftstheoretische Konzept der Forschungssituation und seine Spezifizierung für Interdisziplinarität und interdisziplinäre Zusammenarbeit.

Im abschließenden Beitrag wird zusammenfassend und bewertend versucht, Voraussetzungen und Formen der interdisziplinären Forschung herauszuarbeiten, Schlußfolgerungen und Empfehlungen für ihre weitere erfolgreiche Beherrschung darzulegen.

Die in diesem Band vorgestellten Überlegungen und Erfahrungen sind selbst ein Ergebnis interdisziplinärer Zusammenarbeit von Wissenschaftstheoretikern, Natur- und Gesellschaftswissenschaftlern, die in der Akademie- und Hochschulforschung tätig sind: Horst Berger vom Institut für Soziologie und

Sozialpolitik der Akademie der Wissenschaften der DDR, Helmut Drost, Konrad Fichtner und Erhard Gey vom Zentralinstitut für Physikalische Chemie der Akademie der Wissenschaften der DDR, Klaus Fuchs-Kittowski von der Sektion Wissenschaftstheorie und Wissenschaftsorganisation der Humboldt-Universität Berlin, Peter Hanke, Heinrich Parthey und Janos Wolf vom Institut für Theorie, Geschichte und Organisation der Wissenschaft der Akademie der Wissenschaften der DDR, Hans-Albrecht Ketz vom Zentralinstitut für Ernährung der Akademie der Wissenschaften der DDR, Hein Klare vom Institut für chemische Technologie der Akademie der Wissenschaften der DDR, Wolf-Heiger Mehnert vom Zentralinstitut für Krebsforschung der Akademie der Wissenschaften der DDR, Wolfgang Motsch vom Zentralinstitut für Sprachwissenschaft der Akademie der Wissenschaften der DDR, Vadim Nikolajew und Hans Schilar vom Zentralinstitut für Wirtschaftswissenschaften der Akademie der Wissenschaften der DDR, Jürgen Pilgrim vom Zentralinstitut für Molekularbiologie der Akademie der Wissenschaften der DDR, Klaus Schreiber vom Institut für Biochemie der Pflanzen der Akademie der Wissenschaften der DDR, Helga Sprung und Lothar Sprung von der Sektion Psychologie der Humboldt-Universität Berlin und Gert Wangermann, Büro des Präsidenten der Akademie der Wissenschaften der DDR.

Die Herausgeber danken allen Autoren für deren aktive Teilnahme an den mehrjährigen Diskussionen und für ihre Bereitschaft zur Erarbeitung dieses Sammelbandes.

Unsere Anerkennung gilt dem Akademie-Verlag, vor allem Frau Dr. Dorothea Fensch, für die verständnisvolle Betreuung und Drucklegung.

Mit der vorgelegten Veröffentlichung ist beabsichtigt, entsprechend den gesellschaftlichen Anforderungen einen Beitrag zum Erkenntnisfortschritt hinsichtlich Interdisziplinarität in der Forschung zu leisten. Ihre Realisierung erfordert neben Engagement auch ein tieferes Verständnis der Besonderheiten dieses Prozesses und eine angemessene Flexibilität wissenschaftsorganisatorischer Formen.
Es bleibt zu wünschen, daß die Erkenntnisse und Schlußfolgerungen dieser Arbeit Interesse und Anwendung finden, um die Notwendigkeit und Möglichkeiten interdisziplinärer Forschung besser zu erkennen und erfolgreicher zu praktizieren.

Berlin und Halle, September 1981

Heinrich Parthey und Klaus Schreiber

HEINRICH PARTHEY

Forschungssituation interdisziplinärer Arbeit in Forschergruppen

Die Lösung gesellschaftlich bedeutsamer Probleme erfordert in zunehmenden Maße die Zusammenarbeit von Forschern verschiedener Wissenschaftsdisziplinen. Historisch gesehen hat dieser Prozeß der Interdisziplinarität in früheren Jahrhunderten zunächst zwischen Naturwissenschaft, Medizin und Technikwissenschaft eingesetzt. Seit dem vorigen Jahrhundert wurden auch gesellschaftswissenschaftliche Disziplinen einbezogen, eine Tendenz die sich in unserem Jahrhundert verstärkte.

Der wachsende Trend zur Interdisziplinarität in der Forschung selbst wurde in wissenschaftstheoretischen Untersuchungen sowohl an Fallbeispielen[1] als auch an allgemeinen Faktoren der Wissenschaftsentwicklung behandelt[2]. Dabei gehen solche Betrachtungen unter anderem von der gesellschaftlichen Problemorientierung der Forschung und einer dazu erforderlichen Vielfalt der Einsatzformen interdisziplinärer Forschungspotentiale aus[3]. Unsere Überlegungen über Inter-

[1] Vgl. Interdisziplinarity. Problem of Teaching and Research in Universities, Paris OECD 1972; D. Blaschke/J. Lukaties, Probleme interdisziplinärer Forschung. Organisations- und forschungssoziologische Untersuchungen der Erfahrungen mit interdisziplinärer Zusammenarbeit im Sonderforschungsbereich 16 unter besonderer Berücksichtigung des Dhanbad-Projektes, Wiesbaden 1976; Protokollband über einen Erfahrungsaustausch zur interdisziplinären Gemeinschaftsarbeit von Natur- und Gesellschaftswissenschaftlern, Agraringenieuren und Ärzten am 21. 09. 1979 in Halle/Saale. Halle/Saale: Martin-Luther-Universität Halle/Wittenberg 1980; U. Hofmann/W. Marshall, Die interdisziplinäre Forschung vertiefen, in: Einheit, 8/1981, S. 770—776.

[2] Vgl. F. Fiedler, Einheitswissenschaft oder Einheit der Wissenschaft?, Berlin 1971; K. Simeonova, Meždudisciplinno dviženie i organizacija na naučnute issledovanija, Sofia 1973; E. M. Mirskij, Meždisciplinarnye issledovanija i disciplinarnaja organizacija nauki, Moskau 1980; D. Schulze, Wissenschaftstheoretische und methodologische Probleme interdisziplinärer Forschung, in: Deutsche Zeitschrift für Philosophie, 2/1981, S. 148—160; H. Korch, Sozialismus und die Einheit der Wissenschaften, in: Deutsche Zeitschrift für Philosophie, 7/1981, S. 741—755.

[3] H. Hörz/U. Röseberg, Marxistisch-leninistische Weltanschauung und Wissenschaftsentwicklung, in: Einheit, 10/1978, S. 1029—1036. — Die Autoren verweisen darauf, daß sich eine Vielfalt von Formen in der DDR herausgebildet hat (gemeinsame Kolloquien, Konferenzen, Konsultationen und Forschungszirkel) und unterstreichen vor allem zwei, die besonders zu entwickeln sind: zum einen die interinstitutionelle Zusammenarbeit und zum anderen die von der disziplinären Forschung gezielt und planmäßig zu erbringenden Beiträge für die Lösung von Problemen interdisziplinären Charakters.

disziplinarität in der Forschung konzentrieren sich auf folgende drei Faktoren der Wissenschaftsentwicklung: Auf die konkret historische Funktion der Forschung durch neues Wissen zum Lösen von Problemen in der gesellschaftlichen Praxis beizutragen[4], auf den wechselseitigen Zusammenhang zwischen Problem, Objekt und Methode in der Forschung selbst[5], und schließlich auf die Kooperationsformen zwischen Wissenschaftlern unter historisch konkreten Forschungssituationen[6]. Die wissenschaftstheoretische Analyse des letztgenannten Faktors steht am Abschluß unserer Ausführungen.

Geht man von den drei genannten Faktoren der Wissenschaftsentwicklung aus, dann zeigt sich, daß neuartige Zusammenhänge zwischen Problem und Methode in der Forschung eine wesentliche Ursache für die Kooperation von Vertretern verschiedener Wissenschaftsdisziplinen sind. Für die Gewinnung tieferer Gesetzeserkenntnis erweisen sich in der Regel die traditionellen Zusammenhänge zwischen Problem und Methode in den vorhandenen Wissenschaftsdisziplinen als nicht mehr ausreichend. Die Kooperation über die bisherigen disziplinären Grenzen hinweg wird notwendig zum weiterführenden Erkenntnisgewinn. Ist dagegen ein derartiger interdisziplinärer Zusammenhang von Problem und Methode nicht gegeben, so läßt sich eine wissenschaftlich ertragreiche Interdisziplinarität kaum erwarten. Einer solchen wissenschaftlich ertragreichen Interdisziplinarität in der Forschung steht jedoch nicht entgegen, daß im Verlauf der Wissenschaftsentwicklung bestimmte Ordnungsstrukturen in Form von Wissenschaftsdisziplinen entstehen, die historisch bedingte, also gewordene und veränderbare Grenzziehungen darstellen.

Bei der Zusammenarbeit von Wissenschaftlern verschiedener Disziplinen ist von der gegebenen konkreten disziplinären Situation auszugehen. Wesentlich ist, welcher Untersuchungsbereich der Wirklichkeit in den einzelnen Disziplinen zugrundegelegt und wie nach weiterer Gesetzeserkenntnis gefragt wird, welche Forschungsprobleme formuliert und welche methodischen Vorgehensweisen zu ihrer wissenschaftlichen Bearbeitung bevorzugt werden. Wissenschaftler müssen sich sowohl bei der Formulierung als auch bei der Bearbeitung von Forschungsproblemen auf bestimmte Bereiche des theoretischen Wissens beziehen. Eine Forschung ist disziplinär, wenn sich sowohl die in ihr formulierten Probleme als auch die in ihr verwendeten Methoden auf ein und denselben Bereich des theoretischen Wissens beziehen. Dabei sind die historisch bedingten Möglichkeiten und Formen zu beachten, in denen sowohl die Art und Weise des wissenschaftlichen Fragens als auch die Bevorzugung bestimmter methodischer Vor-

[4] H. Parthey, Besonderheiten der Einheit der Wissenschaften in der interdisziplinären Forschung. in: Objektive Gesetzmäßigkeiten und bewußtes Handeln in der sozialistischen Gesellschaft, Materialien des IV. Philosophie-Kongresses der DDR 1974, Berlin 1975, S. 328–332.

[5] Problem und Methode in der Forschung, hg. von H. Parthey, Berlin 1978.

[6] H. Parthey, Problemsituation und Forschungssituation in der Entwicklung der Wissenschaft, in: Deutsche Zeitschrift für Philosophie, 2/1981, S. 171–182.

gehensweisen von Einzelnen erworben und ausgeübt werden und in denen sie gesellschaftliche Anerkennung erfahren oder erringen können und demzufolge institutionell etabliert werden.[7]

Die Grenzen und Übergänge zwischen den im genannten Sinne historisch bedingten Wissenschaftsdisziplinen wurden seit dem vorigen Jahrhundert immer mehr zu Brennpunkten des theoretischen Interesses.

F. Engels, der gemeinsam mit K. Marx eine Revolution in der Geschichte des Denkens durch die interdisziplinäre Verbindung von Erkenntnissen der dialektisch-materialistischen Philosophie, der politischen Ökonomie und des wissenschaftlichen Sozialismus vollzog, formulierte zu seiner Zeit: „Gerade die Dialektik ist aber für die heutige Naturwissenschaft die wichtigste Denkform, weil sie allein das Analogon und damit die Erklärungsmethode bietet für die in der Natur vorkommenden Entwicklungsprozesse, für die Zusammenhänge im großen und ganzen für die Übergänge von einem Untersuchungsgebiet zu anderen."[8]

Und an anderer Stelle: „So erklären sich an den Berührungspunkten der Molekular- und Atomwissenschaft beide inkompetent, während gerade da die größten Resultate zu erwarten sind."[9]

In diesem Sinne kann als hervorragendes Beispiel für eine erfolgreiche interdisziplinäre Zusammenarbeit in der Grundlagenforschung, die zu einem Durchbruch im Erkenntnisfortschritt in unserem Jahrhundert führte, die gemeinsame Arbeit von Biologen, Chemikern und Kristallstrukturforschern gelten, die zur Aufklärung der Struktur der Erbsubstanz beigetragen hatte.[10] Am Anfang dieser Entwicklung, zu Beginn der dreißiger Jahre unseres Jahrhunderts, erschienen den Wissenschaftlern dieses Gebietes interdisziplinäre Arbeitsgruppen noch ziemlich seltsam.[11] Heute, im letzten Drittel unseres Jahrhunderts, setzt sich die Auf-

[7] Vgl. E. Lange/B. Lange, Was gehört zu einer Wissenschaftsdisziplin? (Bericht über zwei Bereichskolloquien zum Begriff der Wissenschaftsdisziplin und Beziehungen von Wissenschaftsdisziplinen), in: Autorenkollektiv: Wissenschaft im Sozialismus. Probleme und Untersuchungen, Berlin 1973, S. 302; I. V. Blauberg/E. M. Mirskij/V. N. Sadovskij, Die Wissenschaftliche Disziplin: Begriff, Phänomen, Forschungsgegenstand, in: Die Herausbildung wissenschaftlicher Disziplinen in der Geschichte, Rostock 1978, S. 127—141, (Rostocker Wissenschaftshistorische Manuskripte, Heft 2).

[8] F. Engels, Dialektik der Natur, in: Karl Marx/Friedrich Engels, Werke (im folgenden: MEW). Bd. 20, Berlin 1962, S. 331.

[9] Ebenda, S. 551. Zur Bedeutung der Wissenschaftsauffassung von F. Engels siehe auch A. Kosing, Friedrich Engels und die Verwirklichung der Einheit der Wissenschaften in Theorie und Praxis, in: Jahrbuch der Deutschen Akademie der Wissenschaften zu Berlin, Berlin 1970, S. 79—89.

[10] Molekulargenetik: Beiträge zu ihrer Entwicklung (Ausgewählt, eingeleitet und kommentiert von E. Geißler), Leipzig 1975.

[11] Siehe den Bericht von K. G. Zimmer über das „Dreimännerwerk" (N. V. Timoféeff-Ressovsky/K. G. Zimmer/M. Delbrück 1935), in: Phagen und die Entwicklung der Molekularbiologie, hg. von J. Cairns/G. S. Stent/J. D. Watson, Berlin 1972, S. 47—49.

fassung durch, daß die wissenschaftliche Problementwicklung auch der Grundlagenforschung eine Zusammenarbeit von Vertretern verschiedener Disziplinen mit zum Teil unterschiedlichem methodologischen Entwicklungsniveau erfordert. Nach der Auffassung von Wissenschaftlern unserer Tage haben die auf diesem Wege gewonnenen Erkenntnisse „oft den Vorteil, mit relativ kleinem Aufwand beachtliche Erkenntnisse zu liefern, während das ‚frontale' Vorgehen bei den großen klassischen Problemen meist nur noch mit sehr hohem und mit der Vertiefung enorm wachsendem Aufwand zu gewissen Erfolgen in absehbarer Zeit führt — wenn überhaupt."[12] Die Erfahrungen der letzten Jahrzehnte weisen allerdings mit Nachdruck auf Voraussetzungen hin, die zu beachten sind, soll das Niveau der interdisziplinären Forschung nicht tiefer liegen als dasjenige einer anspruchsvollen Einzelwissenschaft. So erweist sich die Zusammenarbeit von Wissenschaftlern verschiedener Disziplinen als desto ertragreicher, je erfolgreicher sie selbst bisher in ihrer Arbeit waren, wozu unter anderem gehört, auf einem ausgesprochenen Spezialgebiet führende Erkenntnisarbeit geleistet zu haben. Damit sind Fragen der Gestaltung eines angemessenen auch zeitlich veränderlichen Verhältnisses von Disziplinarität und Interdisziplinarität angesprochen.

1. Allgemeine Merkmale von Forschungssituationen

Eine wesentliche Ursache für das Zustandekommen von kooperativen Beziehungen zwischen Wissenschaftlern verschiedener Disziplinen besteht — worauf wir eingangs bereits hingewiesen — offensichtlich darin, daß sich in den historisch bedingten Wissenschaftsdisziplinen solche Forschungssituationen ergeben haben, die nicht mehr den traditionellen Zusammenhang zwischen Problem, Objekt und Methode entsprechen. Kooperationsverhalten dieser Art kann sich allerdings nur dann mit wissenschaftlichem Erfolg herausbilden, wenn Forschungssituationen herbeigeführt werden, in der wissens- und gerätemäßige Voraussetzungen für die Bearbeitung neuer Forschungsprobleme tatsächlich vorhanden sind. Im folgenden sollen allgemeine Merkmale der Forschungssituation und ihrer Entwicklung formuliert werden, die sich an den bereits eingeführten Begriff der Problemsituation[13] anschließen und davon ausgehen, daß eine Problemsituation

[12] R. Rompe/J. Treder, Über Physik. Studien zu ihrer Stellung in Wissenschaft und Gesellschaft, Berlin 1980, S. 49.

[13] H. Parthey, Das Problem als erkenntnistheoretische Kategorie, in: Deutsche Zeitschrift für Philosophie, Sonderheft 1968, S. 162; H. Parthey/D. Wittich, Problem, in: Philosophisches Wörterbuch hg. von G. Klaus/M. Buhr, Berlin 1974, S. 974; R. Weiß, Die Leistungsfähigkeit kritisch-rationalistisch geleiteter Wissenschaft — Wissenschaft als Problemlösung und Problemproduktion, Freiburg 1979; H. Müller, Die Rolle des dialektischen und logischen Widerspruchs bei der Problemfindung, in: Deutsche Zeitschrift für Philosophie, 7/1980, S. 859—867.

noch keine Forschungssituation ist und daß der Übergang von ersterer zur letzteren über das Forschungsproblem und eine Gesamtheit von ideellen und materiallen Möglichkeiten zu ihrer Bearbeitung führt.[14]

Zur Charakteristik von Forschungssituationen kann eine Beziehung zwischen zwei Gesamtheiten herangezogen werden: einmal die Gesamtheit von Problemstellungen, denen eine bestimmte Erkenntnis- und Gesellschaftsrelevanz zukommt, und zum anderen die Gesamtheit ideeller und materieller Mittel zur Problembearbeitung, die tatsächlich verfügbar sind, darunter vor allem die Qualifikation des wissenschaftlichen Kaderpotentials, die Verfügbarkeit wissenschaftlicher Informationen und die verfügbaren wissenschaftlich-theoretischen Ausrüstungen und Geräte.

In diesem Sinne werden im folgenden unter Forschungssituationen solche Zusammenhänge zwischen Problemfeldern und Methodengefügen in der Forschung verstanden, die es den Wissenschaftlern gestatten, die Problemfelder methodisch zu bearbeiten. In unserem wissenschaftstheoretischen Verständnis von Forschungssituationen sind dazu neben der wissenschaftlichen Problementwicklung und der Methodenentwicklung in der Forschung mindestens noch folgende zwei weitere Merkmale zu beachten: die tatsächliche Verfügbarkeit ideeller und materieller Mittel zur Bearbeitung von Forschungsproblemen und zum anderen die Erkenntnis- und Gesellschaftsrelevanz von Forschungsproblemen. Wegen der Vielfalt der möglichen Zusammenhänge von Problem und Methode in der Forschung einerseits[15] und der Begrenzung der von der Gesellschaft zur Verfügung gestellten Forschungsmittel und -kräfte andererseits können von den im Zusammenhang von Problem und Methode denkbaren Forschungsmöglichkeiten nur die im eingeschränkten Sinne situationsbedingten realisiert werden. Deshalb reguliert die Problemrelevanz, d. h. die Bewertung von Problemen nach dem Beitrag ihrer möglichen Lösung sowohl für den Erkenntnisfortschritt als auch für die Lösung von gesellschaftlichen Praxisproblemen letztlich die tatsächliche Verfügbarkeit an wissens- und gerätemäßigen Voraussetzungen zur Problembearbeitung.

Damit wird auch dem Tätigkeitsaspekt der Wissenschaft entsprochen[16] und

[14] H. Parthey, Problemsituation und Forschungssituation in der Entwicklung der Wissenschaft, a. a. O.

[15] Vgl. Problem und Methode in der Forschung, a. a. O.

[16] Vgl. G. Kröber/H. Laitko, Sozialismus und Wissenschaft, Berlin 1972. In dieser Arbeit heißt es: „Die Wissenschaft ist ein im Gesamtzusammenhang der jeweiligen Gesellschaftsformation bestimmtes System gesellschaftlicher Tätigkeiten, die auf die Gewinnung, Vermittlung, Reproduktion und Anwendung von Erkenntnissen gerichtet sind" (S. 61). Über die Herausbildung dieser Wissenschaftsauffassung, siehe D. Wittich/K. Gößler/K. Wagner, Marxistisch-leninistische Erkenntnistheorie, Berlin 1978, S. 222. Über die heuristischen Möglichkeiten und Grenzen dieser Wissenschaftsauffassung siehe H. Laitko, Das Tätigkeitskonzept der Wissenschaft — seine heuristischen Möglichkeiten und seine Grenzen, in: Deutsche Zeitschrift für Philosophie, 2/1981, S. 199—212.

dem Verständnis von Interdisziplinarität in der Forschung ein Bezugsrahmen gesetzt, in denen Wissenschaftler tatsächlich forschen. So steht auch ein neues Forschungskonzept erst Ende eines längeren Prozesses des Bewußtwerdens von neuen Problemsituationen in Form von Problemen, ihrer Bewertung nach Erkenntnis- und Gesellschaftsrelevanz und der dadurch oft erst ermöglichten Herbeiführung neuartiger Forschungssituationen.

2. Besonderheiten interdisziplinärer Forschungssituation

Das Zusammenwirken von Vertretern verschiedener Wissenschaftsdisziplinen kann in zwei Richtungen erfolgen: einmal in Richtung einer Verwendung von verschiedenen Theorie- und Methodenbereichen bei der Bearbeitung von disziplinär formulierten Forschungsproblemen und zum anderen in einer umfassenderen Richtung einer Verwendung von verschiedenen Theorie- und Methodenbereichen bei der Formulierung und Bearbeitung von interdisziplinär zusammengesetzten Problemfeldern der Forschung.

In der erstgenannten Richtung des Zusammenwirkens von Wissenschaftlern ergeben sich bestimmte Verhältnisse von Disziplinarität und Interdisziplinarität bei der Formulierung und Bearbeitung von Forschungsproblemen. Wissenschaftshistorisch sind diese Situationen nicht unbekannt. Neben der vielseitigen Anwendung mathematischer Verfahren sowohl in den Natur- wie auch in den Gesellschaftswissenschaften[17] sind in dieser Richtung vor allem die interdisziplinären Entwicklungen natur- und gesellschaftswissenschaftlicher Analysemethoden bekannt.[18]

Das Wissen über effektive Formen dieses Verhältnisses gewinnt jedoch in dem Maße an Bedeutung, wie die zweitgenannte Richtung des Zusammenwirkens von Wissenschaftlern stärker in Erscheinung tritt. Dieses Zusammenwirken entspricht der Notwendigkeit, durch Gewinnung von neuem Wissen zu Lösungen in der gesellschaftlichen Praxis beizutragen. Eine zunehmende Komplexität der Problemsituationen in der gesellschaftlichen Praxis verlangt die Formulierung und Bearbeitung entsprechender interdisziplinär zusammengesetzter Problemfelder in der Forschung. Problemfelder dieser Art finden sich unter anderen bereits

[17] Vgl. H. Schilar, Problem und Methode in den Wirtschaftswissenschaften — Interdisziplinäre Aspekte einer Entwicklungsgeschichte der ökonomisch-mathematischen Modellierung, in diesem Band, S. 257—276.

[18] Vgl. K. Fichtner, Interdisziplinarität in der Entwicklung und Anwendung naturwissenschaftlicher Analysemethoden, dargestellt an der Röntgenkristallstrukturanalyse, in diesem Band, S. 221—241; H. Berger, Interdisziplinarität in der Sozialstrukturforschung, in diesem Band, S. 243—255.

in der Ernährungs- und Energieforschung, aber auch in der Krebsforschung.[19] Dabei können zwei Möglichkeiten in Betracht gezogen werden: Im ersten Fall sind in den interdisziplinär zusammengesetzten Problemfeldern der Forschung, die Problemen des gesellschaftlichen Lebens entsprechen, lediglich verschiedene disziplinär formulierte Forschungsprobleme enthalten. Für diesen Fall der Zusammenarbeit zwischen Vertretern verschiedener Disziplinen liegen reiche Erfahrungen vor. In einem zweiten Fall sind in den interdisziplinär zusammengesetzten Problemfeldern der Forschung darüber hinaus auch solche Problemstellungen enthalten, die jede für sich genommen nur unter Bezug auf verschiedene Bereiche des theoretischen und methodischen Wissens formuliert und bearbeitet werden können. Besonders diese Grundform der Interdisziplinarität im Zusammenhang von Problem und Methode in der Grundlagenforschung hat in der zweiten Hälfte unseres Jahrhunderts in zunehmendem Maße zu revolutionären Durchbrüchen im Erkenntnisfortschritt geführt. Es ist anzunehmen, daß dieser allgemeine Fall der Interdisziplinarität[20] Tendenzen zur Herausbildung einer neuen Wissenschaftsdisziplin auslöst, wie es die Psychologie zu Beginn und die Quantenchemie zur Mitte unseres Jahrhunderts eindringlich zeigen.[21]

E. M. Mirskij geht in seiner Analyse der Interdisziplinarität in der Forschung[22] vor allem von der Struktur der wissenschaftlichen Publikationsformen aus, die sich nach unterschiedlichen zeitlichen Abständen von der Forschungsfront aufgliedert. Die Untersuchung des Publikationsfundus ergab folgende Staffeln von Publikationsformen, die Informationen für die Forschungsarbeit innerhalb einer Disziplin und zwischen den Disziplinen differenziert vermitteln: über das erreichte

[19] Vgl. P. Hanke/H.-A. Ketz, Entwicklungsprobleme bedürfnisorientierter interdisziplinärer Forschungen zu gesellschaftlichen Grundlagen der Ernährung, in diesem Band, S. 61 bis 79; V. Nikolajew/H. Klare, Interdisziplinarität bei der Untersuchung der Substitutionsprozesse bei stofflicher und energetischer Nutzung von Primärenergieträgern, in diesem Band, S. 109—130; W.-H. Mehnert/J. Wolf, Merkmale und Probleme interdisziplinärer Mehnert/J. Wolf, Merkmale und Probleme interdisziplinärer Zusammenarbeit von Forschern, dargestellt am Beispiel der Entwicklung eines innerlokalisierenden Krebstestes, in diesem Band, S. 81—108.

[20] B. M. Kedrow verweist in seinen Untersuchungen unter dem Titel: B. M. Kedrow, Klassifizierung der Wissenschaften, Bd. 2, Berlin—Moskau 1976, auf Formen der wechselseitigen Zusammenhänge zwischen den Wissenschaften, die bewirkt werden „durch den allgemeinen Fall, daß die Methode der einen Wissenschaft (der Mathematik, der Physik usw.) bei der Erforschung des Gegenstandes andere Wissenschaften (zum Beispiel der Biologie, der Psychologie usw.) angewandt wird“, Ebenda, S. 603.

[21] Vgl. L. Sprung/H. Sprung, Problem und Methode in der Psychologie — Disziplinäre und interdisziplinäre Aspekte einer Entwicklungsgeschichte, in diesem Band, S. 177; Zur Psychologie im System der Wissenschaften siehe J. Erpenbeck, Psychologie und Erkenntnistheorie, Berlin 1980, S. 48—58; E. Gey, Zusammenhang von interdisziplinärer Forschungssituation und Kooperationsverhalten bei Bildung und Entwicklung neuer Spezialgebiete, dargestellt am Beispiel der Quantenchemie, in diesem Band, S. 151—175.

[22] E. M. Mirskij, Meždisciplinarnye issledovanija i disciplinarnaja organizacija nauki, a. a. O.

wissenschaftliche Niveau einer Disziplin im Sinne einer Gesamtdarstellung (Staffel der Lehrbücher); über den Grad der Wohlformuliertheit der wichtigsten Forschungsprobleme (Staffel der Monographien); über die Richtung der intensivsten Forschungen und über das methodische Vorgehen bei der Problembearbeitung (Staffel der Übersichtsartikel); über die Forschungsmethoden und die mit ihnen gewonnenen Resultate sowie die volle Übersicht über die Namen der Forscher (Staffel der Artikel). Die Forschungsfront und ihre nächste Staffel der Artikel weist nach Mirskij immer Züge der Interdisziplinarität auf, die im Zuge der Übergänge zu den nächstgenannten Publikationsstaffeln zugunsten einer disziplinären Einordnung — unter Umständen zugunsten einer disziplinären Neuordnung — abnehmen.

Unsere Betrachtung der Interdisziplinarität geht von einer Unterscheidung disziplinärer und interdisziplinärer Forschungssituationen aus.

Dieser Betrachtung folgend besteht eine erste wissenschaftstheoretische Voraussetzung der Analyse konkreter Fälle des Verhältnisses von Disziplinarität und Interdisziplinarität in der Theoriebezogenheit — sowohl der Formulierung als auch der Bearbeitung von Forschungsproblemen. Soweit nur ein Bereich des theoretischen Wissens als Bezug bei der Formulierung und Bearbeitung von Forschungsproblemen dient, ist die Forschungssituation disziplinär. Sie ist überschaubarer als in all den Fällen, in denen versucht wird, die Problemformulierung und Methodenbegründung auf verschiedene Bereiche des theoretischen Wissens zu beziehen. Alle diese Fälle können als interdisziplinäre Forschungssituationen bezeichnet werden.

In einer zweiten wissenschaftstheoretischen Voraussetzung gehen wir von einer Struktur der Problemfelder innerhalb und außerhalb der Forschung aus. So treten in allen Bereichen der Gesellschaft ständig Problemsituationen auf, in denen zur Reproduktion und Weiterentwicklung von gesellschaftlichen Tätigkeiten zusätzlich Wissen eingesetzt werden muß. Wenn diese Bedürfnisse nach Wissen nicht aus dem vorhandenen Wissensfundus befriedigt werden können, dann kennzeichnen sie eine Situation, in der neues Wissen gewonnen werden muß. Nicht jede dieser Problemsituationen stellt Bedürfnisse nach gesellschaftlich neuem Gesetzeswissen dar. Der adäquateste Ausdruck von Problemsituationen, in denen Bedürfnisse nach gesellschaftlich neuem Gesetzeswissen auftreten, sind grundlegende Forschungsprobleme. Unabhängig davon treten Probleme auf ververschiedenen — wissenschaftlichen und nichtwissenschaftlichen — Wissensebenen auf, die mit dem Ziel der Gewinnung neuen Wissens überhaupt verbunden sind. Für die folgende Betrachtung wird deshalb vorausgesetzt, daß einem Problem auf einer Wissensebene ein Feld von Problemen auf einer anderen Wissensebene hinsichtlich der Erkenntnisziele und der Wissensgebiete entsprechen kann. Dabei kann das Feld von Forschungsproblemen *erstens* interdisziplinär zusammengesetzt sein, auch wenn alle in ihm enthaltenen Forschungsprobleme disziplinär formuliert sind. *Zweitens* gibt es in den interdisziplinär zusammengesetzten Problemfeldern der Forschung, die Problemen des gesellschaftlichen

Lebens entsprechen, darüber hinaus auch solche, die jedes für sich genommen unter Bezug auf verschiedene Bereiche des theoretischen und methodischen Wissens formuliert und bearbeitet werden können. Dafür können neben den bereits angeführten Untersuchungsgebieten (der Ernährungs-, Krebs- und Energieforschung sowie der Quantenchemie, der Wirtschaftswissenschaft, der Soziologie und der Psychologie) als weitere Beispiele die moderne Linguistik[23] und die Plasmaphysik[24] dienen. Damit kommt diesem Aspekt der Interdisziplinarität auch eine eigenständige Funktion vor allem im Verhältnis von Problem, Objekt und Methode in der Forschung zu.

In allen diesen Fällen interdisziplinärer Forschungssituation ist der Grad der Kontrollierbarkeit des Bezuges auf verschiedene Bereiche des theoretischen Wissens von großer Bedeutung für den wissenschaftlichen Erfolg. Hierin liegt eine Besonderheit interdisziplinärer Forschungssituationen. Die Verfügbarkeit von wissens- und gerätemäßigen Voraussetzungen zur Problembearbeitung setzt die Angemessenheit des methodischen Vorgehens, bezogen auf das zu bearbeitende und zu lösende Forschungsproblem, voraus, sonst kann es zu unzulässigen Verschiebungen in der Problemformulierung kommen. Um Fälle dieser Art bei der Arbeit in interdisziplinären Forschungssituationen zu vermeiden, muß den Fragen der wissenschaftlichen Beherrschbarkeit der Interdisziplinarität von Problem und Methode in der Forschung gebührende Aufmerksamkeit gewidmet werden.

3. Wissenschaftliche Beherrschbarkeit interdisziplinärer Forschungssituationen

Historisch gesehen haben Wissenschaftler, um neue Probleme stellen und bearbeiten zu können, in zunehmendem Maße versucht, ihre eigene fortschreitende methodologisch begründete Analyse der Wirklichkeit mit der anderer methodisch höchst spezialisierter Fachwissenschaften zu kombinieren und zu verbinden. Für interdisziplinäre Arbeit an Problemen unter Bezug auf Theorien und Methoden verschiedener Wissenschaftsdisziplinen gelten in einer Hinsicht gleiche Prinzipien wie für disziplinäre Forschung. Phantasie ist die am frühesten und weitesten entwickelte Eigenschaft, deren Entwicklung zur großen Leistung — wie es W. Ostwald anhand von Untersuchungen der Arbeitsweise bedeutender Forscher formulierte — darin besteht, „daß sie auf Grund weiterer und tieferer Erfahrung diszipliniert wird."[25]

[23] Vgl. W. Motsch, Interdisziplinäre Aspekte der Grammatikforschung, in diesem Band, S. 131—149.

[24] Vgl. H. Drost, Eine verallgemeinerte Auffassung von der Wissenschaftsmethode als Zugang zur Interdisziplinarität in den Naturwissenschaften, dargestellt an der Entwicklung der Plasmaphysik, in diesem Band, S. 205—219.

[25] W. Ostwald, Große Männer, Leipzig 1909, S. 47.

Damit ist ein theoretisches wie praktisches Grundproblem der Interdisziplinarität angesprochen, ihre wissenschaftliche Disziplinierung. Wissenschaftliche Disziplinierung bezieht sich im Sinne der wissenschaftlichen Beherrschung sowohl auf das methodische Vorgehen als auch auf die Problem- und Ergebnisformulierung in der Forschung. Die grundsätzliche Bedeutung der wissenschaftlichen Disziplinierung besteht darin, daß die Phantasie von Forschern den Kriterien der Wissenschaftlichkeit genügen muß, wenn das Schöpfertum von Forschern als wissenschaftlicher Erkenntnisfortschritt gelten soll. Die Kriterien der Wissenschaftlichkeit können eingeteilt werden:

— in Kriterien zur Feststellung der Wahrheit von Beschreibungen im Prozeß der Vertiefung der Erkenntnis von der Erscheinung zum Wesen des Forschungsobjektes
— in Kriterien zur Sicherung der Erkenntnisfunktion des Erklärens im Prozeß der Gesetzeserkenntnis vom weniger tiefen zum tieferen Wesen des Forschungsobjektes und schließlich
— in Kriterien zur Sicherung der weiterführenden Problematisierung im Prozeß der Vertiefung der Erkenntnis von der Erscheinung zum Wesen und vom weniger tiefen Wesen des Forschungsobjektes.

Im Sinne der Kriterien der Wissenschaftlichkeit gelten Forderungen der wissenschaftlichen Beherrschbarkeit sowohl für disziplinäre als auch für interdisziplinäre Forschung. Darüber hinaus gelten entsprechend der Spezifik interdisziplinärer Forschung noch Forderungen im Sinne einer spezifischen Beherrschbarkeit der Interdisziplinarität. Im folgenden werden einige Forderungen dieser Art betrachtet.

Die durch die gesellschaftliche Entwicklung aufgeworfenen und bei der weiteren Gestaltung der entwickelten sozialistischen Gesellschaft zu bewältigenden Probleme folgen nicht einfach den Gegenständen, Methoden und Problemen der historisch bedingten Fachdisziplinen. In welchem Maße es gelingt, durch eine interdisziplinäre Forschung zur Lösung komplexer gesellschaftlicher Probleme beizutragen, hängt vor allem davon ab, inwieweit ein und derselbe Bereich der Wirklichkeit sowohl Objekt der interdisziplinären Forschung als auch der gesellschaftlichen Praxis ist.

Eine erste spezifische Forderung im Sinne einer wissenschaftlichen Beherrschbarkeit der Interdisziplinarität bezieht sich auf die Formierung des Gegenstandes der interdisziplinären Forschung. Unter den Autoren in der Literatur über Interdisziplinarität gibt es weitgehend Übereinstimmung darüber, daß „die Forderung nach Interdisziplinarität die Existenz eines mindestens zwei Disziplinen gemeinsamen Objekts voraus" setzt.[26] In einer zweiten spezifischen

[26] P. Plath, Interdisziplinarität in den Naturwissenschaften — das Verhältnis der Chemie zu ihren Nachbarwissenschaften, in: Theorie und Labor. Dialektik als Programm der Naturwissenschaft, hg. von P. Plath/H. J. Sandkühler, Köln 1978, S. 211; Siehe auch E. M. Mirskij, Meždisciplinarnye issledovanija i disciplinarnaja organizacija nauki, a. a. O., S. 253—268.

Forderung im Sinne der wissenschaftlichen Beherrschbarkeit der Interdisziplinarität wird von einigen Autoren „eine Methode verlangt, die sich verschiedener, aber bestimmter Methoden in ihrer Kombination bedient".[27] In dieser Hinsicht ist interessant, daß noch zu Beginn der siebziger Jahre eine Diskussion von Vertretern verschiedener Wissenschaftsdisziplinen über interdisziplinäre Arbeit wie folgt zusammengefaßt wurde: „Interdisziplinarität ist Arbeit an Problemen, die zwischen den klassischen Disziplinen stehen. Diese (von U. Hochstrasser in der Diskussion vorgeschlagene) Definition zeigt, worüber allgemeine Einigkeit zwischen den Autoren dieses Bandes besteht: daß man interdisziplinäre von disziplinärer wissenschaftlicher Arbeit bloß in Hinblick auf den „Gegenstand", nicht aber im Hinblick auf ihre Methode abheben kann. Es gibt (noch ?) keine spezifisch interdisziplinären Methoden."[28] Die Situation in der Forschung bezüglich der Forderung nach spezifisch interdisziplinären Methoden ist offensichtlich umstritten. Wir finden interessanterweise bei den angeführten Autoren unterschiedliche Meinungen darüber, ob man interdisziplinäre Arbeit von disziplinärer Arbeit entweder nur in Hinblick auf das Problem oder auch (oder nur?) auf ihre Methoden unterscheiden kann.

In jedem Falle werden Forderungen im Sinne der wissenschaftlichen Beherrschbarkeit der Interdisziplinarität sowohl an das Objekt als auch an das methodische Vorgehen gestellt. Von besonderem Interesse für das Verständnis der Interdisziplinarität in der Forschung ist unserer Meinung nach ein Zusammenhang zwischen beiden Forderungen, der sich in Form eines Zusammenhangs von Objekt und Methode als Korrelat der Interdisziplinarität in der Forschung darstellt[29]. Dieser Zusammenhang wird in der Vermutung hergestellt, daß die in den einzelnen Wissenschaftsdisziplinen gewonnenen Problemlösungen die Entwicklung bisher nicht erfaßter Forschungsprobleme und ihrer möglichen Bearbeitung unterstützen können.

Eine dritte spezifische Forderung im Sinne einer wissenschaftlichen Beherrschbarkeit der Interdisziplinarität bezieht sich auf eine besonders sorgfältige Analyse der Problemsituation und der Problemformulierung.[30] Es ist für jede

[27] P. Plath, Interdisziplinarität in den Naturwissenschaften — das Verhältnis der Chemie zu ihren Nachbarwissenschaften, a. a. O., S. 221; Siehe auch: H. Drost, Eine verallgemeinerte Auffassung von Wissenschaftsmethode als Zugang zur Interdisziplinarität in den Naturwissenschaften, a. a. O.

[28] H. Holzhey, Interdisziplinarität (Nachwort), in: interdisziplinär. Interdisziplinäre Arbeit und Wissenschaftstheorie. Ringvorlesung der Eidgenössischen Technischen Hochschule und der Universität Zürich im Wintersemester 1973/74, Teil 1, hg. von H. Holzhey, Basel—Stuttgart 1974, S. 109.

[29] Vgl. G. Wangermann, Der Zusammenhang von Objekt und Methode als Korrelat der Interdisziplinarität in der Forschung, in diesem Band, S. 47—59.

[30] Vgl. H. Parthey, Das Problem und Merkmale seiner Formulierung in der Forschung, in: Problem und Methode in der Forschung, a. a. O., S. 11—36.

Forschung unbestritten, daß ein Problem nur mit Erfolg bearbeitet werden kann, wenn über seine Beschaffenheit und Formulierung ausreichend Klarheit besteht.

Nun unterscheiden sich die Disziplinen — wie es eingangs festgestellt wurde — durch ihre besondere Art und Weise, nach weiteren Erkenntnissen zu fragen, Probleme zu stellen und spezielle Lösungen anzustreben, die auf Grund der jeweiligen Forschungssituation als bewährt angesehen werden. Häufig bedarf die Problemformulierung, wenn sie zum Erfolg führen soll, eines Bezuges auf Theorien verschiedener Wissenschaftsdisziplinen, auf die von den verschiedenen beteiligten Disziplinen aus gemeinsam — und nicht nur additiv — wissenschaftlich hingearbeitet werden muß. Ein Problem, als System von Aussagen und Aufforderungen verstanden, kann in diesem Fall nur an einem Kommunikationsbereich lösbar formuliert werden, der von Vertretern verschiedener Wissenschaftsdisziplinen in einen längeren Prozeß gemeinsam normiert worden ist. In diesem Prozeß können verschiedene Theorien als gemeinsame Bezugsmöglichkeit eine große Bedeutung erlangen. Damit erfaßt der Prozeß einer wissenschaftlichen Beherrschbarkeit der Interdisziplinarität viertens die Gesamtheit wissenschaftlicher Tätigkeiten von Forschern, insbesondere in Form der Disziplinierung der Sprache und der Kommunikation. So entwickeln Wissenschaftler in der Suche und Formulierung von grundlegenden Forschungsproblemen ein großes Kommunikationsbedürfnis und suchen Anregungen und Unterstützung nicht nur bei Vertretern der eigenen Wissenschaftsdisziplin. Einige Analysen des Kommunikationsverhaltens[31] präzisieren die vorher aufgestellte dritte Forderung einer wissenschaftlichen Beherrschbarkeit der Interdisziplinarität hinsichtlich der Problemformulierung derart, daß interdisziplinäre Forschungen danach „nur im Sinne von interdisziplinärer Kommunikation verstanden werden, nicht in dem Sinne, daß ‚interdisziplinäre Probleme' gelöst werden. Ein lösbar formuliertes Problem, als System von Aussagen und Aufforderungen verstanden, darf nur einheitlich normierte Termini enthalten, muß also das Problem einer Disziplin sein."[32] Unseren bisherigen Überlegungen folgend, muß das Problem nicht einer bereits vorhandenen Disziplin zugeordnet sein. Interdisziplinär arbeitende Wissenschaftler sollten aber höchste Qualifikation aufweisen und in ständiger inten-

[31] L. Läsker, Wissenschaftsdisziplinen und Wissenschaftsentwicklung an der Universität, in: Wissenschaft und Forschung im Sozialismus. Probleme ihrer Entwicklung, Gestaltung und Analyse, hg. von G. Kröber/H. Laitko/H. Steiner, Berlin 1974, S. 505—516; H. Kant/H. Scholz, Wissenschaftstheoretische Untersuchungen zur Entwicklung der Beziehungen zwischen physikalischen und chemischen Disziplinen unter besonderer Berücksichtigung der wissenschaftlichen Kommunikation sowie des Zusammenhanges zwischen gesellschaftlichen Bedürfnissen und wissenschaftlichen Problemen. Dissertation A, Humboldt-Universität Berlin, Gesellschaftswissenschaftliche Fakultät, Berlin 1973.

[32] L. Läsker, Wissenschaftsdisziplinen und Wissenschaftsentwicklung an der Universität, a. a. O., S. 514.

siver Kommunikation miteinander sich bemühen, kritisch und konstruktiv die Schwächen der bisherigen Normierung in Richtung einer allen Beteiligten verständlichen Bedeutung der in der Problemformulierung verwendeten Termini aufzeigen und überwinden.

4. Analyse des Zusammenhanges von Forschungssituation und Kooperationsverhalten in biowissenschaftlichen Forschergruppen

In den letzten Jahrzehnten bildeten sich Arbeitsteilung und Kooperation in der Forschung in einer neuen Dimension mit zunehmender Bedeutung von Forscherkollektiven aus und legten erste gezielte Überlegungen nahe, die Forschung selbst zu intensivieren,[33] unter anderem durch interdisziplinäre Forscherkollektive. Für eine Analyse interdisziplinärer Forscherkollektive bieten sich inbesondere Kollektive an, wie sie vor allem in der biowissenschaftlichen Forschung institutionalisiert werden. Die Gründe dafür sind interdisziplinäre Forschungssituationen, in denen wissenschaftliche Erkenntnisse, Methoden und Erfahrungen ebenso wie Ansichten und Herangehensweisen einer Disziplin in einer anderen angewendet werden. So hat die breiteste Nutzung mathematischer, physikalischer und chemischer Denkweisen und Methoden und die daraus erwachsene Zusammenarbeit der entsprechenden Fachwissenschaftler in der biowissenschaftlichen Forschung zu beachtlichen Erkenntnisfortschritten geführt. In diesem Sinne ist eine Analyse von B. P. Gottich und G. G. Djumenton über die Dynamik persönlicher Kontakte in der Bildung und Entwicklung eines Instituts für Molekularbiologie recht aufschlußreich.[34] Im Ergebnis dieser Analyse während eines Zeitraums von achtzehn Jahren wurden folgende Tendenzen festgestellt: Erstens ging der Institutionalisierung neuer Forschergruppen zu selbständigen Organisationseinheiten des Instituts eine mehr oder weniger intensive persönliche wissenschaftliche Kooperation voraus. Die Kräfte dieser „nichtformalen" Kooperation sind hinsichtlich ihres organisatorischen Status nur schwach, sie bilden aber ein spezifisches Kraftfeld, das in diesem Falle als primäres integratives Feld der Forschung angesehen werden kann. Dieses primäre integrative Feld in der interdisziplinären Forschung bildet die Grundlage für die Entwicklung selbstän-

[33] R. Rompe, Forschung und Intensivierung. Sitzungsberichte der Akademie der Wissenschaften der DDR, Gesellschaftswissenschaften, 13/G/1976; J. Gräschke/W. Gruner/D. Wahl, Arbeitsteilung und Kooperation als Intensivierungsfaktoren in der Forschung, in: Deutsche Zeitschrift für Philosophie, 4/1978, S. 444—458; H. Klemm, Erhöhung des Leistungsniveaus der Forschung, in: Einheit, 8/1979, S. 826—832.

[34] B. P. Gottich/G. G. Djumenton, Ličnye naučnye kommunikacii i Organizacija fundamental'nych issledovanij, in: Vestnik Akademii Nauk SSSR (Moskva), 12/1979, S. 65—78.

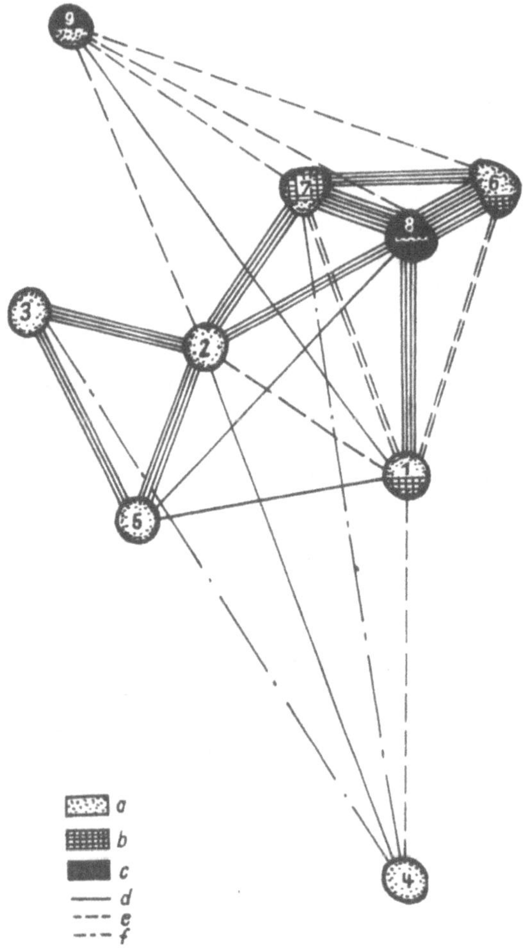

Abb. 1: Anteil der Vertreter naturwissenschaftlicher Disziplinen in Forschergruppen (1—9) des Instituts für Molekularbiologie der Akademie der Wissenschaften der UdSSR und Struktur der wissenschaftlichen Kommunikation zwischen ihnen Mitte der sechziger Jahre (1965)[35].

Erläuterung: a — Anteil der Vertreter der biologischen Wissenschaften.

b — Anteil der Vertreter der chemischen Wissenschaften.

c — Anteil der Vertreter der physikalisch-mathematischen Wissenschaften;

d — Länge der Verbindung entsprechend dem gewählten Maßstab, d. h. je mehr persönliche wissenschaftliche Kontakte zwischen zwei Forschungsgruppen bestehen, desto enger stehen diese Forschergruppen im Strukturmodell beinander;

e — Länge der Verbindung ist kleiner als der Maßstab;

f — Länge der Verbindung ist größer als der Maßstab.

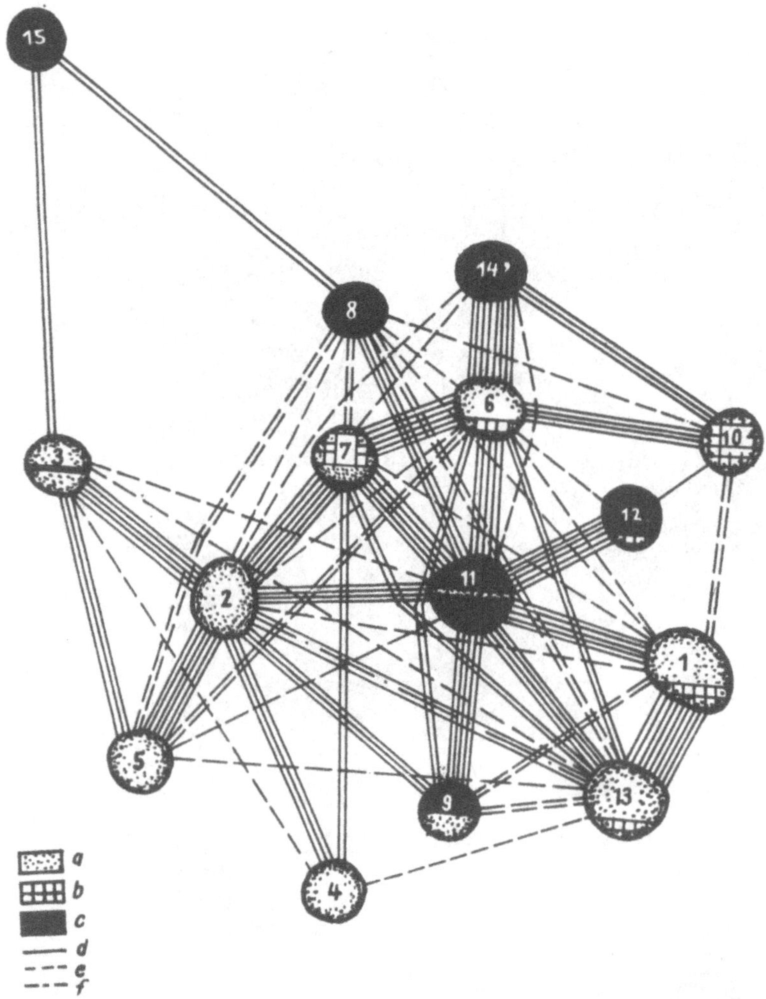

Abb. 2: Anteil der Vertreter naturwissenschaftlicher Disziplinen in Forschergruppen (1—15) des Instituts für Molekularbiologie der Akademie der Wissenschaften der UdSSR und Struktur der wissenschaftlichen Kommunikation zwischen ihnen Anfang der siebziger Jahre (1970)[36]. (Erläuterung siehe Abb. 1; die Gruppen 10 bis 15 wurden in den Jahren 1967 bis 1969 zum Teil aus Mitarbeitern der Gruppe 1, 6 und 8 gebildet.)

[35] Das Institut für Molekularbiologie der AdW der UdSSR wurde Ende 1959 unter Bedingungen aufgebaut, in denen diese Forschungen in der UdSSR nur einen minimalen Vorlauf besaßen: wenige Arbeiten vereinzelter Forscher und Laboratorien in verschiedenen Akademieinstituten und das Netz ihrer persönlichen wissenschaftlichen Beziehungen, das sich in den vorangegangenen Jahren herausgebildet hatte. Nach Gottich und Djumenton bestand die wichtigste Aufgabe der ersten Periode von 1959—1965 „in der Erarbeitung einer ‚gemein-

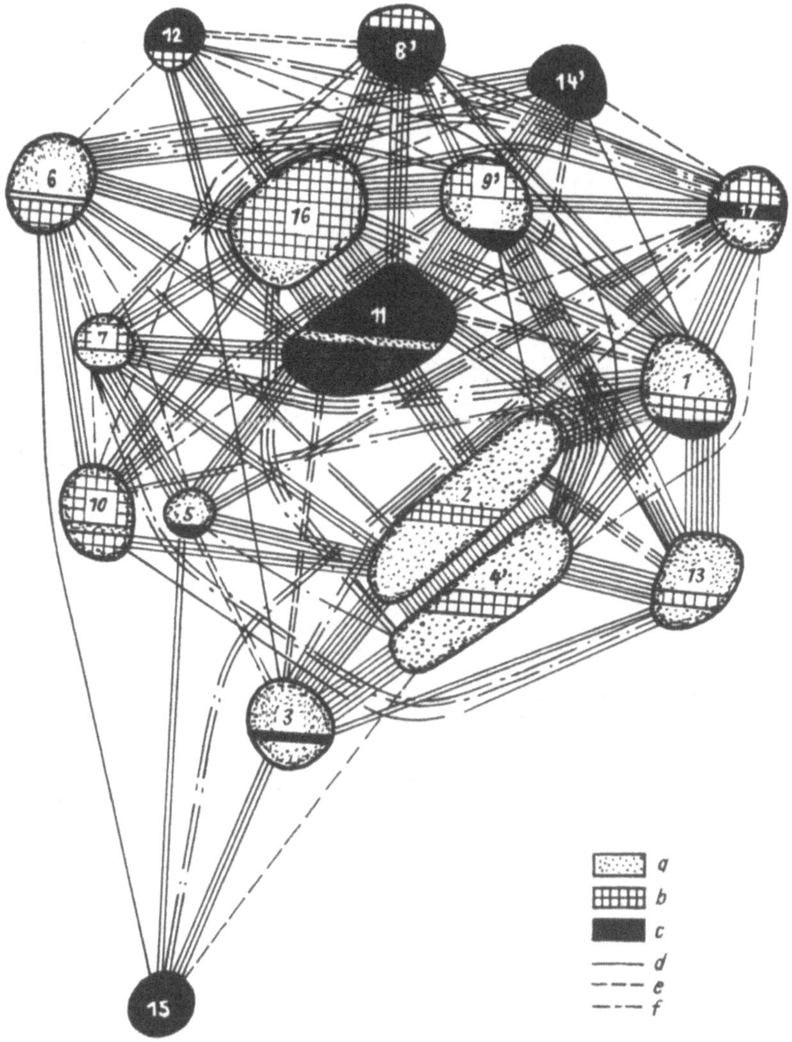

Abb. 3: Anteil der Vertreter naturwissenschaftlicher Disziplinen in Forschergruppen (1—17) des Instituts für Molekularbiologie der Akademie der Wissenschaften der UdSSR und Struktur der wissenschaftlichen Kommunikation zwischen ihnen in der zweiten Hälfte der siebziger Jahre (1977)[37]. (Erläuterung siehe Abb. 1; die Gruppen 16 und 17 wurden in dem Jahr 1972 neu gebildet.)

samen Sprache' für die Vertreter der traditionellen Wissenschaften und in der Beherrschung neuer Objekte und neuer Forschungsmethoden bei Aufrechterhaltung eines hohen Spezialisierungsgrades. Bei der Erforschung biologischer Objekte mußten Wissen, Begriffe und Methoden ‚integriert' werden, die in der Biologie, der Biochemie, der organischen Chemie, der Physik, der Biophysik und der Mathematik erarbeitet werden." Ebenda, S. 68.

diger „formaler“ Organisationseinheiten des Instituts, in deren Rahmen die Forschung vertieft wird und eine ausreichende Verfügbarkeit an Geräten und Wissenschaftlern erhalten kann. Zweitens wiederholen sich Veränderungen in der „nichtformalen“ und in der „formalen“ Organisation des Instituts in einem Zyklus: Auf eine Komprimierung der „nichtformalen“ Kooperation und eine Erhöhung ihres Organisationsgrades, bedingt durch die jeweilige Forschungssituation selbst, folgt eine Erweiterung dieses Organisationsgrades durch eine Veränderung der „formalen“ Organisationsstruktur des Instituts und ein damit zusammenhängendes Absinken des Grades der „nichtformalen“ Organisiertheit im Institutsmaßstab. Im Laufe der achtzehn Jahre nach seiner Gründung im Jahre 1959 vollzogen sich im untersuchten Institut drei solcher Zyklen, deren

[36] Nach Gottich und Djumenton läßt sich die zweite Entwicklungsetappe des Instituts von 1965—1970 „insgesamt als eine Zeit charakterisieren, in der sich seine Gesamtorganisation endgültig herausbildete. Der Prozeß der interdisziplinären Integration der Kenntnisse und Methoden verlief überall und noch intensiver als zuvor, wozu eine stärkere und tiefgehendere Beteiligung von Physikern und Mathematikern an diesem Prozeß erforderlich war.“ „Im Institut entstand eine ‚Pionier‘-Generation ‚integrierter‘ Spezialisten, die bei der Untersuchung biologischer Objekte professionell Kenntnisse und Methoden aus zwei, drei und mitunter noch mehreren Wissenschaftsdisziplinen anwendeten.“ „Somit vollzog sich in der zweiten Etappe im Prozeß der interdisziplinären Integration ein allmählicher Übergang von der früher vorherrschenden Assimilation vorhandener Kenntnisse und Methoden der traditionellen Wissenschaften zum Hervorbringen neuer Kenntnisse und zur Entwicklung neuer Methoden auf der Grundlage der Zusammenarbeit von Spezialisten, die keine gesonderten Disziplinen vertraten, sondern neue am Institut integrierte interdisziplinäre Forschungsbereiche. Es entwickelte sich ein Kaderbestand der Molekularbiologie als ein Spezialgebiet mit spezifischer interdisziplinärer Geschlossenheit. Es entstand das Fundament für den Durchbruch zu komplizierten Forschungsgebieten.“ Ebenda, S.71—72.

[37] Für Gottich und Djumenton ist die dritte Etappe der Entwicklung des Instituts von 1971 bis 1977 „durch die Konzentration der Interessen und Bemühungen der Institutsangehörigen nicht nur auf die zur Tradition gewordene Erforschung der Biosynthese der Eiweiße und der Nukleinsäuren und das Studium des Wirkungsmechanismus wichtiger Fermente bestimmt, sondern auch durch die Hinwendung zu neuen Problemen wie beispielsweise die Erforschung der Organisation des genetischen Apparates von höheren Organismen. Diese Arbeiten fanden ihren Höhepunkt in der Entdeckung von RNS-Informer-Komplexen, die durch den Leninpreis gewürdigt wurden. Weitere neue Probleme waren die Fermentsynthese der Gene, die Erforschung der spezifischen Wechselwirkung von Eiweißen und Nukleinsäuren sowie die Arbeiten zur Onkovirologie. Große Fortschritte wurden bei der Beherrschung der Methoden des „gen engineering“ erzielt. Der Kreis neuer Objekte erweiterte sich rapid — nicht nur als Forschungsgegenstand, sondern auch als Forschungsmittel. Das trifft insbesondere für den Austausch von Nukleinsäuren zu.“ „Die dritte Entwicklungsetappe des Instituts wird auch dadurch, daß die Reihen der ersten, der ‚Pionier‘-Generation integrierter Spezialisten, die sich an vorderster Front der Forschung formierten, merklich durch die zweite Generation aufgefüllt wurde, die ihre Kenntnisse auf dem interdisziplinären Wissenschaftsgebiet auf der Universität erwarben, wenn auch unter wesentlicher Hilfe der ersten Generation.“ Ebenda, S. 74/75.

Endzustand hinsichtlich des Anteils von Vertretern naturwissenschaftlicher Disziplinen in Forschergruppen und hinsichtlich der Struktur der wissenschaftlichen Kommunikation zwischen ihnen in den folgenden Abbildungen 1, 2 und 3 dargestellt und erläutert sind. Interessante Hinweise, in welcher Richtung Feststellungen über zyklische Veränderungen in der wissenschaftlichen Kommunikation und Kooperation verallgemeinert werden können, enthalten auch Fallstudien über die Herausbildung und Entwicklung von wissenschaftlichen Spezialgebieten[38]. In jedem Fall werden Zyklen mit mehr oder weniger ausgeprägten Phasen der Bildung und Entwicklung von Forschungssituationen und des Kooperationsverhaltens von Forschern aufgewiesen.

Unsere eigenen Analysen in biowissenschaftlichen Instituten konzentrierten sich in diesem Sinne auf die Untersuchung des Zusammenhanges zwischen der tatsächlichen Verfügbarkeit ideeller und materieller Mittel zur Bearbeitung von Forschungsproblemen[39] und der Art der Kooperationsbeziehungen innerhalb institutionalisierter Forschergruppen[40]. Für das Thema Interdisziplinarität ist hier vor allem der Einfluß der Interdisziplinarität von Problem und Methode in der

[38] Vgl. D. O. Edge/M. J. Mulkay, Fallstudien zu wissenschaftlichen Spezialgebieten, in: Wissenschaftssoziologie, hg. von N Stehr/R. König, Köln 1975; Perspectives on the Emergence of Scientific Disziplines. Ed. by G. Lemain/R. Macleed/M. Mulkay/P. Weingart, Paris—Chicago 1976.

[39] Die ausführliche Fassung der Fragen nach dem Grad der Verfügbarkeit, wie sie in einem Fragebogen zur Erfassung der Forschungssituation, in der sich Wissenschaftler befinden, formuliert sind, ist im Anhang Seite 44ff. aufgenommen. Auf der Grundlage der schriftlich gegebenen Antworten auf diese Fragen wurden für jeden Wissenschaftler von der Summe der skalierten Angaben auf die ersten beiden Fragen die skalierten Angaben auf die letzte Frage substrahiert und das mit 4 addierte Ergebnis durch 13 dividiert. Dieser Wert wurde für die Gruppe arithmetisch gemittelt und für die von uns untersuchten Gruppen in der Tabelle 2 unter A eingetragen.

[40] Mit der Untersuchung begann ein Kreis von Mitarbeitern des Instituts für Theorie, Geschichte und Organisation der Akademie der Wissenschaften im Jahre 1976. Dazu liegen von ihnen unter anderem folgende Publikationen vor: H. Parthey/J. Tripoczky: Forschungssituation und Kooperationsform. Zu einigen Voraussetzungen der Analyse von Forschungsgruppen, in: Deutsche Zeitschrift für Philosophie, 1/1978, S. 101—105; Faktoren der Intensivierung kollektiver Forschung. Akademie der Wissenschaften der DDR, Institut für Theorie, Geschichte und Organisation der Wissenschaft, Berlin 1978 (Studien- und Forschungsberichte, Heft 9); R.-L. Winkler, The Research Situation and the Forms of Cooperation. An Approach to Studing the Scientific and Creative Activities in Research Groups, in: Dialectics and Humanism (Wrocław), 3/1979, S. 67—72; H. Kretschmer, Darstellung eines komplexen Strukturmaßes anhand der Kooperationsstruktur von Forschungsgruppen, in: Zeitschrift für Psychologie, 1/1979, S. 1—27; H. Parthey, Theoretische und methodische Probleme der Analyse von Phasen der Forschung, in: Konzeptionen und Modelle der Wissenschaftsentwicklung, Humboldt-Universität zu Berlin, Sektion Wissenschaftstheorie und -organisation, Berlin 1980 (Wissenschaftswissenschaftliche Beiträge, H. 12), S. 77—103; H. Parthey, Problemsituation und Forschungssituation in der Entwicklung der Wissenschaft, a. a. O.

Forschung auf den Zusammenhang zwischen der Verfügbarkeit wissens- und gerätemäßiger Voraussetzungen zur Problembearbeitung einerseits und verschiedenen Ausprägungen der Kooperationsbeziehungen innerhalb von Forschergruppen andererseits, sowie der Umfang der Kooperation innerhalb der Gruppe gegenüber anderweitiger Kooperation, die relative Anzahl der Kooperationspartner in der Gruppe und die Gleichmäßigkeit der Kooperation in der Gruppe von besonderem Interesse. Zur Erfassung der Interdisziplinarität von Problem und Methode in der Forschung dienten vor allem folgende Unterscheidungen: Es wird erstens nur eine Methode zur Problembearbeitung verwendet, die in demselben wissenschaftlichen Spezialgebiet begründet ist, in dem das zu bearbeitende Problem formuliert wurde. Zweitens wird zwar auch nur *eine* Methode verwendet, diese ist aber in einem anderen als dem Spezialgebiet begründet, in dem das zu bearbeitende Problem formuliert wurde. Drittens werden zur Problembearbeitung verschiedene Methoden verwendet, die nun alle wieder in dem Spezialgebiet begründet sind, in dem das Forschungsproblem formuliert wurde. Viertens schließlich sind diese verschiedenen Methoden sowohl in anderen als auch in dem Spezialgebiet begründet, in dem das Forschungsproblem formuliert wurde.

In den von uns untersuchten biowissenschaftlichen Instituten fanden wir in Antwort auf entsprechend gestellte Fragen folgende prozentuale Verteilung genannter vier Möglichkeiten:

Tab. 1: Interdisziplinarität im methodischen Vorgehen von Forschern biowissenschaftlicher Akademieinstitute der DDR Ende der siebziger Jahre (1979/1980).

1 — Nur eine Methode, die in demselben Spezialgebiet begründet ist, in dem das zu bearbeitende Problem formuliert wurde.

2 — Nur eine Methode, die in einem anderen als dem Spezialgebiet begründet ist, in dem das zu bearbeitende Problem formuliert wurde.

3 — Verschiedene Methoden, die in demselben Spezialgebiet begründet sind, in dem das Forschungsproblem formuliert wurde.

4 — Verschiedene Methoden, darunter Methoden, die in anderen als dem Spezialgebiet begründet sind, in dem das Forschungsproblem formuliert wurde.

	1	2	3	4	Total
Institut 1	1%	0	15%	11%	27%
Institut 2	3%	2%	9%	7%	21%
Institut 3	3%	9%	15%	25%	52%
Total	7%	11%	39%	43%	100%
					N = 229

Werden die zweit- und viertgenannten Möglichkeiten als Fälle der Interdisziplinarität zwischen Problem und Methode in der Forschung verstanden, dann überwiegt nach Tabelle 1 in den von uns untersuchten Instituten die interdisziplinäre Arbeit. In der wissenschaftswissenschaftlichen Literatur wurde in den siebziger Jahren die Hypothese aufgestellt, daß der spezifische Umfang der Kooperationsbeziehungen als Surrogatmaß für die Produktivität von interdisziplinären Forschergruppen verstanden werden kann[41]. Einigen Autoren erscheint diese Hypothese in Hinblick auf den Zusammenhang zwischen Kooperationsverhalten und Problemlösungswahrscheinlichkeit einer interdisziplinären Forschergruppe von Bedeutung. In diesem Sinne weist R. Steck auf einen effektiven Kooperationsgrad in der interdisziplinären Arbeit von Forschergruppen hin, der gegeben ist, wenn von den Gruppenmitgliedern, die Vertreter verschiedener Disziplinen sind, mindestens ein Viertel bis zur Hälfte miteinander kooperieren.[42] Zur Diskussion derartiger Fragen können Analysen von Forschergruppen in naturwissenschaftlichen Akademieinstituten beitragen, für die — wie die Tabelle 1 ausweist — insgesamt etwa die Hälfte der Wissenschaftler interdisziplinäre Zusammenhänge zwischen Problem und Methode in der Forschung bearbeiten. Dieser Aspekt der Interdisziplinarität ist grundlegend gegenüber dem der Zusammensetzung einer Forschergruppe aus Vertretern verschiedener Wissenschaftsdisziplinen.

Tab. 2: Grade der Ausprägung (0 = niedrig bis 1,0 = hoch) der Verfügbarkeit an wissens- und gerätemäßigen Voraussetzungen zur Problemlösung (A), der Interdisziplinarität im methodischen Vorgehen in der Forschung (B), der Koautorenschaft (C), des Umfangs der Kooperationsbeziehungen in der Forschergruppe (C), des Umfangs der Kooperationsbeziehungen in der Forschergruppe (D), der relativen Anzahl der Kooperationspartner in der Forschergruppe (E) und der Gleichmäßigkeit der Kooperation in Forschergruppen (F) in drei biowissenschaftlichen Akademieinstituten der DDR Ende der siebziger Jahre (1979—1980).

Institut-Gruppe	A	B	C	D	E	F
01 07	0,83	0,50	0,65	0,35	0,47	0,98
01 08	0,74	0,40	0,67	0,25	0,59	0,96
01 01	0,69	0,33	0,83	0,34	0,46	0,95
01 12	0,67	0,50	0,73	0,13	0,83	0,94
01 03	0,65	0,20	0,44	0,28	0,59	0,96
01 09	0,63	0,00	0,60	0,20	0,60	0,96
01 05	0,62	0,00	0,49	0,26	0,74	0,98
01 06	0,57	0,20	0,37	0,12	0,84	0,94
01 02	0,55	0,86	0,77	0,36	0,54	0,85
01 04	0,54	0,33	0,39	0,30	0,62	0,97
01 10	0,42	0,40	0,38	0,23	0,69	0,95
01 11	0,38	1,00	0,83	0,12	0,76	0,74

[41] Vgl. R. Steck, Organisationsformen und Kooperationsverhalten interdisziplinärer Forschergruppen im internationalen Vergleich, in: Internationale Dimensionen in den Wissenschaften, hg. von F. R. Pfetsch, Erlangen 1979, S. 95.

[42] Ebenda, S. 98.

02 03	0,71	0,50	0,79	0,27	0,69	0,81
02 05	0,69	0,17	0,80	0,37	0,43	1,00
02 01	0,62	0,67	0,52	0,28	0,26	0,89
02 06	0,60	0,67	0,81	0,31	0,66	0,95
02 04	0,56	0,50	0,00	0,25	0,79	0,99
02 08	0,54	0,67	0,87	0,11	0,83	0,99
02 02	0,50	0,00	0,90	0,14	0,53	0,79
02 07	0,48	0,33	0,99	0,27	0,74	0,96
03 06	0,85	0,75	0,80	0,28	0,60	0,94
03 14	0,77	0,80	0,71	0,22	0,90	0,99
03 10	0,75	0,75	0,90	0,53	0,31	0,98
03 15	0,75	1,00	0,96	0,44	0,70	0,98
03 16	0,73	1,00	0,90	0,19	0,74	0,96
03 11	0,72	0,44	0,73	0,33	0,51	0,97
03 08	0,69	0,86	0,92	0,25	0,45	0,80
03 04	0,63	0,38	0,77	0,33	0,68	0,96
03 13	0,62	1,00	0,93	0,21	0,45	0,91
03 02	0,58	0,86	0,79	0,26	0,31	0,86
03 01	0,56	0,60	1,00	0,33	0,61	0,86
03 09	0,53	0,63	0,69	0,38	0,63	0,94
03 05	0,52	0,67	0,96	0,26	0,43	0,77
03 03	0,51	0,20	0,97	0,45	0,46	0,90
03 12	0,48	0,67	1,00	0,15	0,77	0,90
03 07	0,40	0,67	0,97	0,21	0,73	0,98

In diesem Sinne wird in der Tabelle 2 unter B ein Grad der Interdisziplinarität für Forschergruppen angegeben (vgl. Tabelle 2), der einen Zustand, in dem kein Gruppenmitglied nach den in Tabelle 1 an zweiter und/oder vierter Stelle genannten Fall arbeitet, mit Null charakterisiert, und der mit Eins einen Zustand beschreibt, wenn alle Gruppenmitglieder in den zweit- und/oder viertgenannten Fällen arbeiten. Für die Interdisziplinarität in Forschergruppen wird in der Tabelle 2 unter B also ein Quotient verwendet, der sich ergibt aus der Anzahl der Fälle, die in Tabelle 1 an zweiter und/oder vierter Stelle stehen, dividiert durch die Gesamtzahl aller in Tabelle 1 genannten Fälle, die in der Forschergruppe auftreten. Analog wird für die Koautorenschaft in Forschergruppen unter C in der Tabelle 2 ein Quotient aufgeführt, der sich ergibt aus der Anzahl der in kollektiver Autorenschaft erarbeiteten wissenschaftlichen Publikationen und Patenten, dividiert durch die Gesamtzahl aller Publikationen und Patente einer Forschergruppe. Weitere Aspekte des Kooperationsverhaltens werden in der Tabelle 2 unter D, E und F aufgeführt und wurden unter Verwendung eines von H. Kretschmer entwickelten komplexen Strukturmaßes anhand der Kooperationsstruktur von Forschergruppen aus Angaben von Wissenschaftlern der untersuchten Institute berechnet[43]. Im einzelnen können danach der Umfang der Kooperationsbeziehungen in der Forschergruppe (in der Tabelle 2 unter D aufgeführt) berechnet werden als Produkt der prozentualen Angaben von Wissenschaftlern über den kooperativen Anteil im Verhältnis zu ihrer Gesamtarbeit und den prozentualen Angaben über ihre Kooperationsbeziehungen innerhalb der Forschergruppe, wobei die Kooperationsbeziehungen innerhalb und außerhalb der Forschergruppe hundert Prozent betragen. Unter E in der Tabelle 2 ist ein zweites von H. Kretschmer entwickeltes Maß der Kooperationsbeziehungen in Gruppen angegeben, das die relative Anzahl der Kooperationspartner aus der Gruppe auf einzelne Gruppenmitglieder wie folgt charakterisiert: Zwischen Null und Eins wird ausgedrückt, in welchem Maße ein einzelner Wissenschaftler durch Kooperationsbeziehungen mehr (gegen Eins) oder weniger (gegen Null) in die Kommunikation und Kooperation innerhalb der Forschergruppe durch eine für die Gruppengröße charakteristische Anzahl der Kooperationspartner einbezogen wird[44]. Dieses unter E in der Tabelle 2 für die einzelnen Forschergruppen angegebene Maß kommt wohl dem von R. Steck geforderten effektiven Kooperationsgrad in der interdisziplinären Arbeit von Forschergruppen am nächsten.

Ein weiteres von H. Kretschmer entwickeltes[45] und in der Tabelle 2 unter F angeführtes Strukturmaß anhand der Kooperationsstruktur von Forschergruppen

[43] Die ausführliche Fassung der Fragen, wie sie in einem Fragebogen zur Erfassung der Kooperation einer Forschergruppe formuliert sind, ist im Anhang aufgenommen. Die Berechnung des Strukturmaßes für die Kooperationsstruktur einer Forschergruppe auf der Grundlage der Beantwortung der Fragen erfolgte nach H. Kretschmer, Darstellung eines komplexen Strukturmaßes anhand der Kooperationsstruktur von Forschungsgruppen, a. a. O. Die Rangfolge wurde so gewählt, daß in bezug auf „Anzahl der Kooperation innerhalb der Gruppe“ und in bezug auf „Umfang der Kooperation innerhalb gegenüber außerhalb der Gruppe” sowie in bezug auf „Gleichmäßigkeit der Kooperation in den Forschungsgruppen“ der Rang 1 für den höchsten Wert vergeben wurde.

[44] Aus Angaben von x_i Wissenschaftlern über ihre Kommunikation und Kooperation mit x_i Wissenschaftlern in einer institutionalisierten Forschergruppe wurde dieses Maß nach $\frac{2\,H_j(x_i)}{n-1}$ für jedes x_i gebildet und über n als der Anzahl der Gruppenmitglieder arithmetisch gemittelt: $E = \frac{1}{n}\sum_{i=1}^{n}\frac{{}_2H_j(x_i)}{n-1} \cdot H$ ist nach dem Shannonschen Informationsmaß zu berechnen, nach H. Kretschmer, Darstellung eines komplexen Strukturmaßes anhand der Kooperationsstruktur von Forschergruppen, a. a. O., S. 9.

[45] Aus Angaben von x_j Wissenschaftler über ihre Kommunikation und Kooperation mit x_i Wissenschaftlern werden $\frac{{}_2H_j(x_i)}{n-1}$ und $\frac{\sum_{i=1}^{n}\frac{x_{ij}}{x_{ij\,max}}}{n-1}$ für jedes x_j gebildet. Das geometrische Mittel dieser beiden Werte für jedes x_j (Ebenda, S. 15 mit S_{2j} bezeichnet) wird für Bildung einer Gruppencharakteristik wie folgt verwendet:

$F = \frac{{}_2HS_{2j}}{n}$ „Diese Größe gibt an, wieviele Elemente des Systems Beziehungen zu den anderen Elementen des Systems eingehen. Sie gibt den Grad der Homogenität der Gruppe

Tab. 3: Koeffizienten der Rangkorrelationen zwischen (A) Grad der Verfügbarkeit, (B) Grad der Interdisziplinarität, (C) Grad der Koautorenschaft, (D) Grade des Umfangs der Kooperationsbeziehungen in der Forschergruppe, (E) Grad der relativen Anzahl der Kooperationspartner in der Forschergruppe und (F) Grad der Gleichmäßigkeit der Kooperation in Forschergruppen in drei biowissenschaftlichen Akademieinstituten der DDR Ende der siebziger Jahre (1979/1980). (Halbfette Rangkoeffizienten sind mit einer 5% Irrtumswahrscheinlichkeit signifikant.)

Rangkorrelation	Rangkorrelationskoeffizienten		
	Institut 1	Institut 2	Institut 3
A—B	−0,08	+0,23	**+0,47**
A—C	+0,24	**−0,69**	**−0,53**
A—D	+0,29	**+0,59**	−0,02
A—E	−0,39	−0,41	+0,02
A—F	+0,45	+0,02	**+0,48**
B—C	**+0,58**	−0,17	−0,03
B—D	+0,09	+0,07	−0,34
B—E	−0,08	+0,22	−0,01
B—F	**−0,50**	+0,10	+0,11
C—D	+0,11	−0,29	+0,21
C—E	−0,37	+0,13	+0,03
C—F	−0,37	−0,13	−0,37
D—E	**−0,83**	**−0,65**	**−0,52**
D—F	+0,41	+0,19	+0,08
E—F	−0,30	+0,30	**+0,50**

aus Angaben von Wissenschaftlern der untersuchten Institute läßt sich als Maß für mehr (gegen Eins) oder weniger (gegen Null) Gleichmäßigkeit in der Kommunikation und Kooperation innerhalb der einzelnen Forschergruppen interpretieren.

Die in Tabelle 3 angegebenen Koeffizienten der Rangkorrelation[46] lassen signi-

bezüglich der Beziehungen untereinander an (Integrationsgrad). Je mehr Elemente eines Systems Beziehungen zueinander haben, desto größer ist das Maß der Beziehungen im System der Elemente." H. Kretschmer, Darstellung eines komplexen Strukturmaßes anhand der Kooperationsstruktur von Forschungsgruppen, a. a. O., S. 11.

[46] Für die Korrelation der Rangreihen der in Tabelle 2 aufgeführten Werte (deren Bildung so erfolgte, daß der höchste Rang für den jeweils höchsten Wert eines Merkmals *A, B, C, D, E* und *F* innerhalb der Institute 1, 2 und 3 vergeben wurde, der zweithöchste Rang für den jeweils zweithöchsten Wert eines Merkmals *A, B, C, D, E* und *F* und so weiter) wurden nach den Differenzen (d_i) der Rangplatzpaare *A-B, A-C, A-D, A-E, A-F, B-C, B-D, B-E, B-F, C-D, C-E, C-F, D-E, D-F* und *E-F* und der Anzahl der Rangplätze (n) im Institut 1, 2 und 3 die Rangkorrelationskoeffizienten (R) nach folgender Formel berechnet:

$$R = 1 - \frac{6\,\Sigma\, di^2}{n(n^2-1)}\,.$$

fikante Tendenzen im Zusammenhang von Verfügbarkeit, Interdisziplinarität und ausgewählten Aspekten des Kooperationsverhaltens in Forschergruppen nur institutsweise erkennen. Der Grund dafür kann im Verhältnis der Tendenzen zueinander liegen, daß etwa nur einige von ihnen kombiniert auftreten und andere sich ausschließen. Er kann aber auch darin bestehen, daß bestimmte Tendenzen in Abhängigkeit vom wissenschaftlichen Erkenntnisprozeß und seinen Stadien mehr oder weniger stark in Erscheinung treten. Bevor Fragen dieser Art diskutiert werden können, sollen die in Tabelle 3 als signifikant ersichtlichen Rangkorrelationskoeffizienten als Tendenzen interpretiert werden:

Tendenz 1 (entspricht A—B in Tabelle 3): Je höher die Verfügbarkeit, desto höher die Interdisziplinarität beziehungsweise je geringer die Verfügbarkeit, desto geringer die Interdisziplinarität. Damit diese Tendenz nicht falsch verstanden wird muß darauf hingewiesen werden, daß Interdisziplinarität im Rahmen dieser Analysen und ihrer Interpretation stets im Sinne von interdisziplinären Zusammenhängen zwischen Problem und Methode in der Forschung zu verstehen ist, wie es in Tabelle 1 eingeführt worden ist.

Tendenz 2 (entspricht A—C) in Tabelle 3): Je höher die Verfügbarkeit, desto geringer die Koautorenschaft beziehungsweise je geringer die Verfügbarkeit, desto höher die Koautorenschaft.

Tendenz 3 (entspricht A—F in Tabelle 3): Je höher die Verfügbarkeit, desto gleichmäßiger die Kooperation in der Forschergruppe beziehungsweise je geringer die Verfügbarkeit, desto ungleichmäßiger die Kooperation in der Forschergruppe.

Tendenz 4 (entspricht B—C in Tabelle 3): Je höher die Interdisziplinarität, desto höher die Koautorenschaft beziehungsweise je geringer die Interdisziplinarität, desto geringer die Koautorenschaft.

Tendenz 5 (entspricht B—F in Tabelle 3): Je höher die Interdisziplinarität, desto ungleichmäßiger die Kooperation in der Forschergruppe beziehungsweise je geringer die Interdisziplinarität, desto gleichmäßiger die Kooperation in der Forschergruppe.

Werden nun genannte fünf Tendenzen institutsweise danach betrachtet, ob sie und in welcher Weise sie miteinander kombiniert auftreten, dann ergeben sich folgende Fälle:

Im Fall des Instituts 3 treten die drei erstgenannten Tendenzen miteinander kombiniert auf, d. h. je höher die Verfügbarkeit, desto höher die Interdisziplinarität und desto gleichmäßiger die Kommunikations- und Kooperationsbeziehungen in der Forschergruppe, aber desto geringer die Koautorenschaft beziehungsweise je geringer die Verfügbarkeit, desto geringer die Interdisziplinarität und desto ungleichmäßiger die Kommunikations- und Kooperationsbeziehungen in der Forschergruppe, aber desto höher die Koautorenschaft.

Im Fall des Instituts 1 treten die beiden letztgenannten Tendenzen miteinander kombiniert auf, d. h. je höher die Interdisziplinarität, desto höher die Koautorenschaft und desto ungleichmäßiger die Kommunikations- und Kooperationsbeziehungen in der Forschergruppe beziehungsweise je geringer die Interdisziplinarität, desto geringer die Koautorenschaft und desto gleichmäßiger die Kommunikations- und Kooperationsbeziehungen in der Forschergruppe.

Im Fall des Instituts 2 tritt allein die interessante, auch für das Institut 3 signifikante Tendenz auf, daß je höher die Verfügbarkeit, desto geringer die Koautorenschaft beziehungsweise je geringer die Verfügbarkeit, desto höher die Koautorenschaft. Wenn nun ausgehend von dieser ersten Interpretation unserer Analyse in biowissenschaftlichen Instituten die Frage nach einem effektiven Kooperationsgrad in der interdisziplinären Arbeit von Forschergruppen im Sinne der oben genannten wissenschaftswissenschaftlichen Literatur gestellt wird, dann sollten Antworten darauf im Zusammenwirken von zunehmender Verfügbarkeit und sich entwickelnder Interdisziplinarität zwischen Problem und Methode in der Forschung gesucht werden. Denn wie unsere Analyse zeigt, üben beide einen unterschiedlich gerichteten Einfluß auf die Koautorenschaft aus: Je höher die Verfügbarkeit, desto geringer die Koautorenschaft einerseits und je höher die Interdisziplinarität, desto höher auch die Koautorenschaft andererseits. Nun entwickeln sich sowohl die Verfügbarkeit als auch die Interdisziplinarität gleichermaßen höher beziehungsweise gleichermaßen geringer. Insgesamt gesehen könnte auf der Grundlage dieser gleichsinnigen Entwicklung von Verfügbarkeit und Interdisziplinarität und ihrer unterschiedlichen Auswirkung auf die Koautorenschaft der oben genannte Mindestwert von ein Viertel bis zur Hälfte miteinander Kooperierender einer Forschergruppe als effektiver Kooperationsgrad in der interdisziplinären Arbeit von Forschergruppen erklärt werden. Andererseits veranlassen diese ersten Interpretations- und Erklärungsversuche analytischer Untersuchungen zu einer kritischen Sicht der bisherigen Literatur über Forschergruppen.

Die in der Literatur angeführten Annahmen und Verfahren der Analyse kleiner Forscherkollektive gehen davon aus, daß die Effektivität von Forschergruppen entscheidend durch die Übereinstimmung von Problemstruktur und arbeitsteiliger Struktur im Kollektiv beeinflußt wird.[47] Diese Annahme kann nach empirischen Überprüfungen nur bedingt aufrecht erhalten werden.[48] Unsere Analysen

[47] Siehe H. P. Bardt/M. Krauch/H. Rittel, Die wissenschaftliche Arbeit in Gruppen, in: Kölner Zeitschrift für Soziologie und Sozialpsychologie, 1/1960, S. 1—40; H. Rittel, Hierarchie oder Team? Betrachtungen zu den Kooperationsformen in Forschung und Entwicklung, in: Forschungsplanung, hg. von M. Krauch/H. Rittel/W. Kunz, München—Wien 1966, S. 40—70; D. C. Pelz/F. M. Andrews, Scientists in Organizations. Productive Climates for Research and Development, New York—London—Sydney 1966. Revised Edition 1976; D. Wahl, Division of Labor and Cooperation in Research, in: Problems of the Science of the Sciences 1977, Wrocław 1979, S. 101—113.

[48] So schreibt H. Hiebsch: „Damit ist allerdings nicht nachgewiesen, daß Eigenart und Komplexitätsgrad der Gruppenaufgabe keinen Einfluß auf die noch zu besprechenden Dimensionen haben", (H. Hiebsch, Wissenschaftspsychologie, Psychologische Fragen der Wissenschaftsorganisation, Berlin 1977, S. 111). Es bleibt die Frage, ob der Sachverhalt, daß

weisen auf zwei grundsätzliche Überlegungen hin: Zum einen sind das Vorhandensein einer Problemsituation und entsprechend formulierter Forschungsprobleme sicherlich zur Herausbildung von kooperativen Beziehungen zwischen Forschern notwendig, sie reichen dafür aber nicht aus. Die notwendige und hinreichende Bedingung dafür, daß Kooperationsformen zwischen Wissenschaftlern auftreten, ist das Vorhandensein einer Forschungssituation bezüglich eines Problems. Zum anderen üben verschiedene Typen von Forschungssituationen einen unterschiedlichen Einfluß auf die Kooperationsform aus, denn unterschiedliche Grade der Verfügbarkeit von ideellen und materiellen Mitteln zur Bearbeitung von Forschungsproblemen erfordern unterschiedliche arbeitsteilige Beziehungen zwischen den Forschern. Wird zur Charakteristik von Forschungssituationen die Beziehung zwischen einem Problemfeld und einer Gesamtheit von Voraussetzungen zur Problembearbeitung betrachtet, dann können verschiedene Forschungssituationen mindestens nach dem Grad der Relevanz der jeweiligen Problemstellung und nach dem Grad der tatsächlichen Verfügbarkeit von Voraussetzungen zur Bearbeitung des jeweiligen Problems unterschieden werden.

5. Phasenmodell der wissenschaftlichen Arbeit in Forschergruppen

Die dargestellten Ergebnisse unserer Analyse des Zusammenhangs von Forschungssituation und Kooperationsverhalten in biowissenschaftlichen Forschergruppen legen ein Phasenmodell wissenschaftlicher Arbeit in Forschergruppen nahe, das von folgenden Voraussetzungen ausgeht: Erstens ist aus der Gesamtheit der oben genannten allgemeinen Merkmale der Forschungssituation das Merkmal der tatsächlich vorhandenen Verfügbarkeit über wissens- und gerätemäßige Voraussetzungen auszuwählen. Weil zu den entscheidenden Voraussetzungen für bedeutsame wissenschaftliche Ergebnisse auch die Verfügbarkeit leistungsfähiger Geräte und anderer Forschungsmaterialien, einschließlich Labor- und Feinchemikalien gehört, können aus der Vielfalt der im Zusammenhang von Problem und Methode denkbaren Forschungsmöglichkeiten nur die im eingeschränkten Sinne tatsächlich verfügbaren realisiert werden. In diesem Zusammenhang ist von Interesse, daß W. Stegmüller in seinen letzten Arbeiten den Versuch unternimmt, in Auseinandersetzung mit Th. S. Kuhn[49] dessen Begriff der normalen Wissen-

zwischen dem „Schwierigkeitsgrad der Aufgabe" und allen anderen Dimensionen keine signifikanten Korrelationen auftraten, in erster Linie mit der Meßproblematik dieser Variablen zusammenhängt (H. Hiebsch, Ebenda, S. 115—116).

[49] Th. S. Kuhn stellt in den Mittelpunkt seiner Wissenschaftsauffassung die „Gemeinschaft von Fachleuten" und die wechselvolle Annahme und Durchsetzung von Problemlösungsmodellen für eine Gemeinschaft von Fachleuten, sogenannten Paradigma. Normale Wissenschaft ist dabei für Th. S. Kuhn eine Wissenschaft, die nach einem Paradigma betrieben wird, das sich in einer Gemeinschaft von Fachleuten durchgesetzt hat. Der grund-

schaft mit Hilfe des Begriffs des Verfügens über eine Theorie zu präzisieren.[50] Der von uns verwendete Begriff der Verfügbarkeit an wissens- und gerätemäßigen Voraussetzungen zur Problembearbeitung ist wesentlich umfassender als der des Verfügens über Theorie, schließt er doch auch die praktische Machbarkeit in der Forschung ein.[51]

Zweitens ist die teilweise gegenläufige Tendenz zwischen der Verfügbarkeit einerseits und der Methodenentwicklung andererseits zu beachten. So erhöht sich die Verfügbarkeit an wissens- und gerätemäßigen Voraussetzungen in dem Maße tendenziell, wie die Problemlösung vorankommt, erreicht also ihren höchsten Grad, wenn sie für das bestimmte Problem nicht mehr erforderlich ist. Die Methodenentwicklung hat im gleichen Prozeß offensichtlich einen Höhepunkt, in dem das Niveau der Methodenentwicklung als angemessen für die Problemlösung und als ausreichend angesehen werden kann, der vor dem Höhepunkt der Verfügbarkeit liegt. Drittens ist dieser Höhepunkt der Methodenneuentwicklung offensichtlich ein Wendepunkt im Zyklus der wissenschaftlichen Arbeit einer Forschergruppe, denn es wird in der Gruppe eingeschätzt, daß mit Hilfe der neuentwickelten Methodiken das zur Auflösung des gestellten Problems erforderliche Wissen gewonnen werden kann, d. h. das Problem ist wohlformuliert.

Versuchen wir nun unter Bezug auf diese Voraussetzungen ein Phasenmodell der Forschung zu entwickeln, daß insbesondere der Praxis in der Grundlagenforschung entspricht, in der die Leistungsfähigkeit von Wissenschaftlern daran gemessen wird, in welchem Maße es ihnen gelingt, durch eigenständige Methodenentwicklung zu verbesserten Formulierungen und schließlich Auflösung von Forschungsproblemen beizutragen, dann ergeben sich folgende drei grundlegende Phasen:

legende Mangel der Kuhnschen Auffassung von der entscheidenden Funktion der Paradigmen in der Wissenschaftsentwicklung besteht darin, daß die Wahrheitsfindung als Zweck der wissenschaftlichen Forschung vernachlässigt wird, was zu berechtigter Kritik führte. (Vgl. Th. S. Kuhn, Die Struktur wissenschaftlicher Revolutionen, Frankfurt a. Main 1967; S. R. Mikulinski/L. A. Markowa, Tčem interesna kniga T. Kuna „Struktura naučnych revoljucij", in: T. Kun, Struktura naučnych revoljucii, Moskva 1975, S. 280; D. Wittich, Die gefesselte Dialektik. Zu den philosophischen Ideen des Wissenschaftshistorikers Th. S. Kuhn, in: Deutsche Zeitschrift für Philosophie, 6/1978, S. 785; R. Mocek, Gedanken über die Wissenschaft. Die Wissenschaft als Gegenstand der Philosophie, Berlin 1980, S. 151 bis 175).

50 W. Stegmüller, Rationale Rekonstruktion von Wissenschaft und ihrem Wandel, Stuttgart 1979, S. 133—142.

51 Vgl. H. Parthey, Problematisierung als Kriterium der Erkenntnisentwicklung, in: Erkenntnistheoretische Probleme der Erkenntnisentwicklung, Wissenschaftliche Beiträge der Karl-Marx-Universität, Reihe Gesellschaftswissenschaften, Leipzig 1977, S. 106—121; G. Wangermann, Problem und Methode als funktionelle Einheit in der Forschung, in: Problem und Methode in der Forschung, a. a. O., S. 37—47.

Erstens die Anfangsphase oder Einlaufphase der Methodenentwicklung zur Bearbeitung des gestellten Problems (Phase I: steigende Methodenentwicklung). Zweitens die Phase, in der sich die Wohlformulierbarkeit des Problems auf einem Niveau der Methodenentwicklung einstellt, das als ausreichend für die weitere Bearbeitung eingeschätzt wird (Phase II). Und schließlich drittens die Auslaufphase, in der keine Methodiken zur Bearbeitung des gestellten Problems neuentwickelt werden, sondern mit den bereits entwickelten das gestellte und nun auch wohlformulierte Problem bis zu seiner Auflösung bearbeitet wird (Phase III: nachlassende Methodenentwicklung).

Die Tendenzen der Rangreihen (siehe Tabelle 3) zeigen, daß verschiedene Entwicklungsstadien der Forschungssituation einen unterschiedlichen Einfluß auf die Kooperationsform ausüben, denn unterschiedliche Grade der Verfügbarkeit von ideellen und materiellen Mitteln zur Bearbeitung von Forschungsproblemen erfordern unterschiedliche kooperative Beziehungen zwischen den Forschern. Es ist eine Tendenz der Bearbeitung von gestellten Problemen, daß der Grad der Verfügbarkeit der wissens- und gerätemäßigen Voraussetzungen zu ihrer Bearbeitung erhöht wird. Dieser Tendenz können auch nicht neue Problemsichten entgegenwirken, die sich im Zuge der Problembearbeitung ergeben, denn werden diese neuen Probleme zur Bearbeitung gestellt, dann entstehen auch neue Forschungssituationen mit analoger Tendenz.

Davon ausgehend verändern sich entsprechend auch die Kooperationsformen kollektiver Forschung.

Diese Annahme bezieht sich auf einen Grundzyklus des Problemlösens in der wissenschaftlichen Arbeit von Forschergruppen. In einem solchen Zyklus ist der Ausgangspunkt stets eine hohe Erkenntnis- und Gesellschaftsrelevanz der Forschungsprobleme und ein geringer Grad der Verfügbarkeit ideeller und materieller Mittel und Kräfte zur Problembearbeitung. In der Phase der beginnenden Methodenentwicklung zur Problemlösung dominiert ein umfangreiches und ungezieltes Kooperieren zwischen den Forschern, die das gestellte Problem angenommen haben. In der ständigen Einschätzung darüber, inwieweit die Methodenentwicklung zur Auflösung der gestellten Probleme ausreicht, mit dem erreichten Niveau das zur Problemlösung erforderliche Wissen zu gewinnen, stellt sich eine ruhigere Phase des kooperativen Verhaltens ein: die Zielstrebigkeit der Kooperation nimmt in bezug auf die gesuchte Lösung zu. In der Auslaufphase des Grundzyklus, in der kaum noch Methoden neu entwickelt werden, sondern in der mit den bereits entwickelten Methoden das gestellte und nun auch wohlformulierte Problem bis zu seiner Auflösung bearbeitet wird, dominiert die Zielstrebigkeit in der Kommunikation bei nachlassendem Umfang der Kooperation in der Gruppe von Forschern. Das kooperative Verhalten kann allerdings auch dramatische Formen annehmen, wenn einzelne Forscher einer Gruppe angesichts der bevorstehenden Problemlösung sich neuen Problemen zuwenden und bisherige Kooperationsstrukturen zerfallen, bevor die Möglichkeiten der bisherigen Problembearbeitung ausgeschöpft wurden. Trifft andererseits ein

Verharren in der Auslaufphase zu, dann treten zwangsläufig Unterlassungen im Aufgreifen neuer fruchtbarer Problemstellungen auf.

6. Mögliche Modifikationen des Phasenmodells bei interdisziplinären Forschungssituationen

Ein wesentlicher Gesichtspunkt bei der Analyse von Phasen der Forschung ist die Erfassung ihrer zeitlichen Bestimmungen und ihres Verlaufes in Abhängigkeit vom Charakter des jeweiligen Spezialgebietes. Die Notwendigkeit, zeitliche Bestimmungen bei der Erfassung von Forschungssituationen zu berücksichtigen, legen auch erste Schlußfolgerungen aus einer umfangreichen empirischen Untersuchung der UNESCO über die Effektivität von Forschungseinheiten in sechs europäischen Ländern nahe.[52]

In den Interpretationen dieser Untersuchung wurde versucht, die Vergleichbarkeit von 1200 Forschergruppen (etwa 200 aus jedem Land) über eine Klassifikation nach folgenden zwei Gesichtspunkten zu erreichen: Die Gruppen wurden nach ihrer disziplinären Forschungsrichtung und nach ihrer institutionellen Organisationsform unterschieden. Die ersten Interpretationen waren mit der Suche nach weiteren Vergleichsmöglichkeiten zwischen Forschergruppen verbunden. Es boten sich vor allem Gesichtspunkte an, die es gestatten, unter zeitlichen Bestimmungen den Entwicklungsstand von Wissenschaftsdisziplinen und von Forschungssituationen zu beschreiben. Eine in diesem Sinne weiterführende Vergleichbarkeit von Forschergruppen könnte unserer Meinung nach ihre Klassifikation nach Phasen der Entwicklung von Forschungssituationen sein. Für Forschergruppen würde sich aber dann je nach Zeitpunkt der Untersuchung ein anderes Bild ergeben, so daß nur über Gruppen, die sich in einer vergleichbaren Phase der Forschung befinden, verallgemeinert werden könnte. Dies ist ausdrücklich zu betonen und im besonderen zu diskutieren, lassen doch die den Interpretationsversuchen der UNESCO-Untersuchung zugrundeliegende Typologie von Forschergruppen die Vorstellung erkennen, die Forschung ergäbe, unabhängig davon, zu welchem Zeitpunkt sie erfaßt würde, ein gleiches Bild.

Zur Diskussion zum Beispiel zeitlicher Bestimmungen für einen Grundzyklus des Problemlösens in der gegenwärtigen naturwissenschaftlich-experimentellen Arbeit von Forschergruppen liegen im internationalen Maßstab Erfahrungen über die moralische Überalterung von Forschungsgeräten vor, die eine Zeitspanne

[52] Scientific Productivity. The effectiveness of Research Groups in Six Countries (Ed. by F. M. Andrews) Cambridge—London—New York—Melbourne—Paris 1979. Die Untersuchung wurde in der VR Polen, VR Ungarn, in Österreich, Belgien, Finnland und Schweden durchgeführt.

von 5 bis 7 Jahre nahelegen.[53] In dem Maße wie das in den vorangehenden Überlegungen vorgestellte Phasenmodell der wissenschaftlichen Arbeit in Forschergruppen ebenfalls auf einen Grundzyklus naturwissenschaftlich-experimenteller Arbeit angewandt wird, könnte jede der drei genannten Phasen im Durchschnitt einen Zeitraum von 2 bis 3 Jahren beanspruchen. Untersuchungen von naturwissenschaftlich-experimentell arbeitenden Forschergruppen würden demnach in drei- bis vierjährigen Intervallanalysen von ein und derselben Gruppe kein gleiches Bild der Kooperation und Kommunikation geben. Hinzukommt, daß die zeitlichen Abstände zwischen dem ersten Auftreten von Forschungsproblemen und der Herbeiführung der ihnen entsprechenden Forschungssituation wie auch die Zeiträume für die einzelnen Phasen der Forschungssituation von Charakteristika der Spezialgebiete abhängen, die einmal die Stabilität im Theoriebezug der Problementwicklung und zum anderen die Stabilität im methodischen Vorgehen bei der Problembearbeitung betreffen. Ein Beleg für diese Annahme ist die Abhängigkeit des Zeitpunktes, wann sich die Wohlformuliertheit eines Forschungsproblems einstellt, von der Stabilität im Theoriebezug in einem Spezialgebiet. So stellt sich die Wohlformuliertheit eines Forschungsproblems in einem Spezialgebiet, das durch hohe Stabilität im Theoriebezug ausgezeichnet ist, früher ein als in einem Spezialgebiet, das in dieser Hinsicht eine geringere Stabilität beziehungsweise eine größere Labilität aufweist. Dieser Sachverhalt hat Folgen insbesondere für die Proportionen der Zeiträume genannter drei Phasen in interdisziplinären Forschungssituationen: die Herbeiführung interdisziplinärer Forschungssituationen sowie ihre erste Phase bis zum Einstellen eines wohlformulierten Forschungsproblems erfordern einen zeitlich größeren Zeitraum als dies in Spezialgebieten mit großer Geschlossenheit und hoher Stabilität der Fall wäre. Umgekehrt kann angenommen werden, daß Spezialgebiete mit großer Geschlossenheit und hoher Stabilität dazu führen, daß von allen Entwicklungsphasen der Forschungssituation die letzte Phase den auffälligsten Aufwand erfordert, d. h. auch den größten zeitlichen Aufwand im Vergleich zu den vorangegangenen Phasen verlangt. In diesem Sinne unterscheiden sich die Proportionen der Zeiträume insbesondere für die Anfangs- und Schlußphase in der Entwicklung einer Forschungssituation grundlegend danach, ob es interdisziplinäre oder disziplinäre Forschung ist: die Anfangsphase dauert für interdisziplinäre Forschungssituationen ungleich länger als für disziplinäre Forschungssituationen.

Die grundlegende Abhängigkeit der Kooperationsform von den Entwicklungsphasen der Forschungssituation wird in dem Maße modifiziert, wie sich die

[53] G. Etzold, Aufgaben und Organisation eines methodischen Zentrums in der molekularbiologischen Forschung, Berlin 1976, S. 7; K. Meier, Forschungsgeräte im Forschungsprozeß — Wissenschaftstheoretische Untersuchungen zum Zusammenhang von Forschungsgerätepotential und Leistungsvermögen der Forschung. Dissertation A, Akademie der Wissenschaften der DDR, Forschungsbereich Gesellschaftswissenschaften, Berlin 1981, S. 134 bis 141.

Forscher einer Gruppe bei der Problem- und Methodenentwicklung auf verschiedene disziplinäre Wissensgebiete beziehen und wie dieser Bezug einem Wandel unterliegt, den es im Rahmen einer Forschungssituation zu erfassen und wissenschaftlich zu beherrschen gilt. Insbesondere gilt es folgende zwei Ebenen wissenschaftlich zu beherrschen: Einmal die Vereinheitlichung der experimentellen Praxis in dem Sinne, daß die Objekte nach vergleichbaren Methoden und Kriterien identifiziert werden können. Zum anderen die Vergleichbarkeit verallgemeinerter Erfahrungen, daß die Termini der einen Wissenschaftsdisziplin in Termini der anderen Wissenschaftsdisziplin definiert werden können. Dadurch erhalten kooperative und kommunikative Beziehungen zwischen Vertretern verschiedener Wissenschaftsdiziplinen in allen Entwicklungsphasen der Forschungssituation eine besondere Dynamik und modifizieren die grundlegende Abhängigkeit der Kooperationsform von den Phasen der Forschung erheblich. Diesem Aspekt und damit dem interdisziplinären Wandel, dem die Kooperation in der interdisziplinären Arbeit von Forschergruppen unterliegen kann, ist in der Grundlagenforschung besondere Aufmerksamkeit zu widmen.

Anhang 1
Auszug aus dem Fragebogen zur Erfassung der Forschungssituation und Kooperation

Institut für Theorie, Geschichte
und Organisation der Wissenschaft
in der AdW der DDR

Faktoren der Intensivierung kollektiver Forschung
Fallstudie 1979

Auszug aus dem Teil A.: Zur Erfassung der Forschungssituation

9/7**
Wenn Sie sich die Arbeit in Ihrer Forschungsgruppe zu dem Problem vergegenwärtigen, das Sie selbst bearbeiten, wie wird unter folgenden Gesichtspunkten vorgegangen?
Bitte tragen Sie die zutreffenden Zahlen in das nebenstehende Kästchen ein.

	(1)	(2)	(3)
(A) Es wird in der Arbeit der Forschungsgruppe so vorgegangen als ob ihre Problemformulierung	weitgehend eine einzige inhaltliche Konsequenz enthält	mehrere verschiedene inhaltliche Konsequenzen enthält	zwei sehr verschiedene inhaltliche Konsequenzen enthält

** Erste Zahl gibt Nummer der Frage, zweite Zahl gibt Seitenzahl des Fragebogens an.

	(1)	(2)
(B) Zur Bearbeitung Ihres Problems wird in der Forschungsgruppe	weitgehend nur eine einzige Methodik verwendet	werden verschiedene Methodiken verwendet

	(1)	(2)
(C) Die in der Forschungsgruppe zur Bearbeitung Ihres Problems verwendeten Methoden	sind in demselben Wissensbereich begründet in dem Ihr Problem formuliert ist	sind in einem Wissensbereich begründet, der verschieden von formuliert ist

28/16

Welche der genannten Arten von Forschungsresultaten und Veröffentlichungen erzielten Sie während des letzten Jahrfünfts? Bitte tragen Sie die entsprechende Anzahl ein, sonst „0“.

	insgesamt	davon allein
Artikel		
Monographien, Lehrbuch		
Diss. A und/oder B		
Sonstige Publikationen		
Forschungsberichte		
Studien, Konzeptionen		
Überführungen, Patente		

29/16

Schätzen Sie bitte ein, in welchem Maße in Ihrer Forschungsgruppe die wissens- und gerätemäßigen Voraussetzungen zur Bearbeitung der Problemstellung verfügbar sind, mit der Sie sich beschäftigen. Der Grad der Verfügbarkeit soll anhand der Rangfolge 1 bis 5 kenntlich gemacht werden. Bitte tragen Sie die zutreffende Ziffer in das nebenstehende Kästchen ein, und zwar

(1) im Vergleich mit den Ihnen aus der Literatur oder Studienaufenthalten bekannten internationalen Möglichkeiten

niedrige Verfügbarkeit 1 2 3 4 5 hohe Verfügbarkeit

(2) im Vergleich mit den im Verlauf der Forschungsarbeit am Institut gegebenen bzw. absehbaren Möglichkeiten

niedrige Verfügbarkeit 1 2 3 4 5 hohe Verfügbarkeit

30/17

Bitte geben Sie für folgendes Aussagepaar die Zuordnung an, die Ihrer Meinung nach die Situation beschreibt.

Wählen Sie bitte eine Ziffer der Zuordnung aus und schreiben Sie diese Ziffer in das vorgesehene Kästchen ein:

X	X trifft zu	X trifft eher zu als Y	weder X noch Y	Y trifft eher zu als X	Y trifft zu	Y
Die zur Lösung des Problems, mit dem ich mich zur Zeit beschäftige, erforderlichen wissens- und gerätemäßigen Voraussetzungen sind von mir in hohem Maße erreicht	1	2	3	4	5	Die zur Lösung des Problems, mit dem ich mich zur Zeit beschäftige, erforderlichen wissens- und gerätemäßigen Voraussetzungen sind von mir in geringem Maße erreicht

Auszug aus dem Teil C.: Zur Erfassung der Kooperation

36/24

Ihrer Gesamtarbeit sollen 100 % zugeordnet werden. Teilen Sie bitte Ihre Gesamtarbeit

a) in einen individuellen Anteil,
d. h. Teilleistungen, die als Ihre Einzelleistungen ausgewiesen werden können (auch wenn sie nicht veröffentlicht werden) %

b) und in einen kooperativen Anteil,
d. h. in den Anteil Ihrer Arbeit, der als Ergebnis Ihrer Kooperationsbeziehungen mit anderen Wissenschaftlern entstanden ist. %

Beachten Sie:

a ... % + b ... % = 100 %

37/24

Der kooperative Anteil Ihrer Arbeit, der einerseits den Kooperationsbeziehungen mit Kollegen innerhalb Ihrer Forschungsgruppe und andererseits den Kooperationsbeziehungen mit Kollegen außerhalb der Forschungsgruppe zugeordnet werden kann, soll 100 % betragen.

Bitte teilen Sie auf:

a) in einem Anteil, der den Kooperationsbeziehungen mit Kollegen innerhalb Ihrer Forschungsgruppe zugeordnet werden kann %

b) in einem Anteil, der den Kooperationsbeziehungen mit Kollegen außerhalb der Forschungsgruppe zugeordnet werden kann. %

38/25

Stellen Sie eine Rangreihe der wissenschaftlichen Mitarbeiter in Ihrer Forschungsgruppe her. An erster Stelle soll der Kollege stehen, mit dem Sie am meisten kooperieren.
(Bitte nur den Kode Ihres Kollegen eintragen!)

Rangreihe(Kode)	% (Bitte zuerst Frage 39. lesen)
1.	. . . .
2.	. . . .
3.	. . . .
.	
.	
.	
15.	. . . .

39/25

Der kooperative Anteil, der den wissenschaftlichen Mitarbeitern Ihrer Forschungsgruppe zugeordnet werden kann, soll 100% betragen.
Teilen Sie bitte die 100% anteilmäßig auf die in der Rangweite (Frage 38.) angegebenen Kollegen auf!
Schreiben Sie bitte die Prozentwerte neben den Kode.

Gert Wangermann

Objekt und Methode als Korrelat der Interdisziplinarität in der experimentellen Forschung, dargestellt am Beispiel der Elektronenmikroskopie

In den experimentell begründeten Naturwissenschaften kann forschende Tätigkeit nicht allein im Sinne eines reproduzierbaren Systems von Regeln und des Aufforderns zu zielgerichteten Operationen vollzogen werden, sondern ist an Gegenstände gebunden, die das Befolgen von Aufforderungen grundsätzlich und praktisch ermöglichen. Solche Gegenstände, die das Anwenden von Forschungsmethoden denken lassen, sollen im weiteren Forschungs*mittel* genannt werden; solche, die das Anwenden einer Methode praktisch ermöglichen, sollen Forschungs*geräte* genannt sein.[1]

1. Methodische Regeln und Forschungsmittel

In der Metasprache experimentell angelegter Wissenschaftszweige wird in der Tat unter einer Methode sowohl ein System reproduktionsfähiger methodischer Regeln, als auch eine „grundsätzliche", denkbare Vorrichtung verstanden, mit deren Hilfe jene Regeln erst reproduzierbar werden. Beispielsweise versteht die Experimentalphysik unter der Methode „Elektronenmikroskopie":

— ein System methodischer Regeln, das aus einer Menge grundlegender Gesetzesaussagen über die Ablenkung eines Elektronenstrahls im elektrischen bzw. magnetischen Feld und einer Menge von Prinzipien abgeleitet ist, die zur Vergegenständlichung dieser Gesetzesaussagen in einer Vorrichtung prinzipieller Art führen können *und*

— eine denkbare Vorrichtung, deren prinzipielle Tüchtigkeit für das Befolgen des Systems methodischer Regeln bereits hinreichend nachgewiesen wurde, eben „das" Elektronenmikroskop (nicht das einzelne Gerät).

[1] In der Terminologie der Wissenschaftspraxis wird bisweilen zwischen Forschungsgeräten und -instrumenten, -anlagen bzw. -vorrichtungen unterschieden. Diese Unterscheidung bezieht sich u. a. auf die Art und den Umfang des geometrischen Aufbaus, die (kommerzielle oder nichtkommerzielle) Herkunft der Bauteile, den Grad der Konfektion und den Anwendungsbereich, ist also im Rahmen der vorliegenden Untersuchungen von nebensächlicher Bedeutung.

Das Verständnis dieser speziellen Methode als Einheit eines Systems methodischer Regeln und eines Forschungsmittels hat sich wissenschaftshistorisch entwickelt: Durch H. Busch wurde auf mathematischem Weg gefunden, daß ein rotationssymmetrisches Feld auf Elektronenstrahlen wie eine Linse auf Lichtstrahlen wirkt. Das heißt: Durchsetzt ein durch eine Strahlenquelle emittiertes Bündel von Elektronen eine stromdurchflossene Ringspule, so wird die Bahn der Elektronen im Magnetfeld der Spule derart abgelenkt, daß nach Durchsetzen der Spule das Bündel im Bild der Strahlenquelle fokussiert wird.[2]

Experimentell wurde diese Erkenntnis nacheinander für die magnetische und elektrische Linse bestätigt, blieb aber wegen der zu großen Brennweite der Linsen für Abbildungszwecke zunächst ohne praktische Bedeutung. Erst als B. v. Borries und E. Ruska durch Verwendung sogenannter Polschuhe das Magnetfeld der Linse drastisch einengten und damit extrem kurze Brennweiten erreichten, waren Voraussetzungen für den Bau „handlicher" elektronenoptischer Vorrichtungen gegeben.[3] Derartige Vorrichtungen erwiesen sich zunehmend als funktionstüchtig und lieferten Erkenntnisse und Prinzipien für den Aufbau des Elektronenmikroskops.

Die Gesetze der Elektronenoptik sind lehr- und lernbar, ebenso die Prinzipien des Aufbaus, der Fertigung und Handhabung des Forschungs*mittels* Elektronenmikroskop, unabhängig von einer bestimmten Problemstellung. Dagegen sind Aufbau, Fertigung, insbesondere aber der praktische Gebrauch eines bestimmten Typs oder gar eines einzelnen Exemplars des Forschungs*gerätes* Elektronenmikroskop abhängig von den Besonderheiten eines Problems bzw. eines Forschungsgegenstandes, also weitgehend an tatsächliche Situationen an zielorientierende Prinzipien gebunden.

Beispiele aus der Entwicklung experimentalphysikalischer Methoden lassen sich fortsetzen; diese legen nahe, die bisherigen Definitionen des Methodenbegriffs in der naturwissenschaftlich-experimentellen Forschung um einen Bestandteil zu erweitern, der die prinzipielle Realisierbarkeit einer Methode ausdrückt. Dem folgend, soll eine Forschungsmethode in der naturwissenschaftlich-experimentellen Forschung definiert werden, als

— ein System von (methodischen) Regeln, das aus grundlegenden Gesetzesaussagen abgeleitet ist und Klassen reproduktionsfähiger Operationssysteme bestimmt, die bei einem denkbaren Problem mit Wahrscheinlichkeit von gewissen Ausgangsbedingungen zu einem bestimmten Ziel führen *und*
— ein System von Aussagen oder Prinzipien über ein Operations- (hier besser

[2] H. Busch, Berechnung der Bahn von Kathodenstrahlen im axial-symmetrischen Felde, in: Annalen der Physik (Leipzig), 81/1926, S. 974.

[3] B. v. Borries/E. Ruska, Magnetische Sammellinsen kurzer Feldlänge, in: Deutsches Reichspatent 680 284 vom 17. März 1932; B. v. Borries/E. Ruska, Mikroskopie hoher Auflösung mit schnellen Elektronen, in: Ergebnisse der exakten Naturwissenschaften, (Berlin—Göttingen—Heidelberg), 19/1940, S. 237.

Forschungs-)mittel, das dem System von (methodischen) Regeln zugeordnet und angemessen ist (dessen Funktionstüchtigkeit also für das Erreichen eines bestimmten Ziels prinzipiell hinreichend nachgewiesen wurde).

Der Nachweis der Funktionstüchtigkeit für die Bearbeitung bzw. Prüfung wenigstens einer Klasse von Problem- bzw. Hypothesenstellungen muß der Konstituierung einer Methode vorausgehen; solange der Nachweis nicht erbracht ist, kann der Fall einer methodenorientierten Forschungssituation bzw. eines methodenorientierten Forschungsproblems vorliegen.

Beide Bestandteile einer Methode bedeuten gesichertes Wissen, auf das in einer tatsächlichen Forschungssituation zurückgegriffen werden kann und das — bezogen auf ein (denkbares) Problem — gegenüber einer (tatsächlichen) Problemstellung invariant, also auch lehr- und lernbar ist. Beide Bestandteile sind als Korrelat zur Bearbeitung und Lösung eines wohlformulierten Forschungsproblems notwendige Voraussetzung ohne die Lösung des Problems zu sichern (Abb. 1).

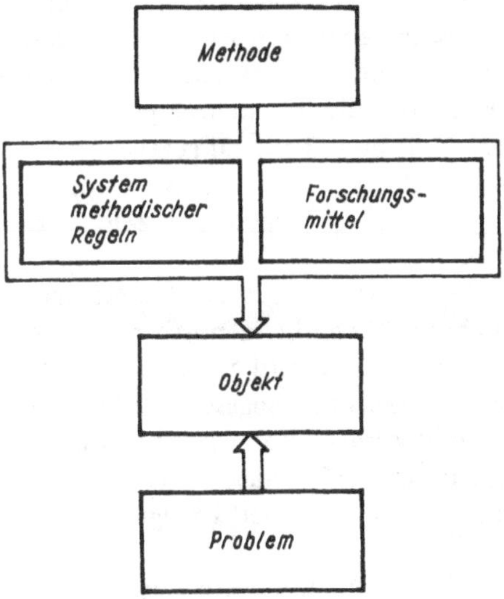

Abb. 1: Die Methode als Korrelat eines Systems methodischer Regeln und eines Forschungsmittels.

Der Vorrat aller Methoden einer Wissenschaftsdisziplin bildet deren Methodik, „methodisches Potential", deren potentielles, methodenbezogenes Vermögen zur Bearbeitung von Problemen, also auch zur Prüfung von Hypothesen. Wie sich am Beispiel zeigt, können Methoden theoretisch begründet und/oder empirisch ermittelt werden. Theoretisch begründete Methoden sind solche, die sich aus Theorien ableiten lassen; den zugeordneten methodischen Regeln liegen ausschließlich Gesetzesaussagen oder Theoreme zugrunde. Dabei ist zu vermuten, daß Methoden der naturwissenschaftlich-experimentellen Forschung — insbesondere wegen des zweiten Bestandteils — im allgemeinen sowohl theoretischer als auch empirischer Natur sind. In jedem Fall sind aber allein wissenschaftliche Aussagen geeignet, wissenschaftliche Methoden, Geräte und Tätigkeiten zu begründen und zum Auffinden gesetzmäßiger Strukturen und Vorgänge der Wirklichkeit zu führen.

2. Methodenanwendung und Forschungsgeräte

Der Nachweis der prinzipiellen Funktionstüchtigkeit des Forschungsmittels als wesentlichem Bestandteil der Forschungsmethode kann nicht gedacht, sondern muß praktisch, unter tatsächlichen Voraussetzungen, mit Geräten an gegenständlichen Objekten geführt werden. Unter dem Objekt ist hier nicht das einzelne Exemplar (eine „Probe“) eines Forschungsgegenstandes zu verstehen, sondern die Gesamtheit aller identischen Proben.[4] Dabei ist zwischen einem Forschungs- und einem Test- oder Prüfobjekt zu unterscheiden: Während beim Forschungsobjekt Aussagen über wesentliche Sachverhalte erst zu ermitteln sind, ist das Testobjekt in seinen wesentlichen Eigenschaften bereits bekannt. Proben eines Testobjekts sind geeignet. Hypothesen über die Tüchtigkeit eines Forschungsgerätes, letztlich einer Forschungsmethode zu prüfen und gegebenenfalls zu verifizieren. Dagegen sind Proben eines Forschungsobjekts geeignet — durch Vermittlung eines „getesteten“ Forschungsgerätes — Hypothesen zum Forschungsobjekt zu prüfen.

Gelingt die Reproduktion der Aussagen über bekannte Eigenschaften bei einer hinreichend großen (d. h. statistisch gesicherten) Anzahl identischer Proben eines Testobjektes innerhalb vorgegebener Toleranzen, so wird das dazu genutzte einzelne Forschungsgerät im allgemeinen als brauchbar angesehen. Von der Funktionstüchtigkeit des Typus eines Forschungsgeräts wird dagegen erst dann gesprochen, wenn jener Reproduktionsversuch mit Hilfe einer statistisch ausreichenden Anzahl identischer Einzelgeräte (etwas aus einer Fertigungsserie) gelang.

Im allgemeinen ist die Funktionstüchtigkeit von Forschungsgeräten auf wenigstens eine Klasse von Testobjekten zu beziehen, in der Objekte mit gleichen oder (innerhalb gewisser Grenzen) vergleichbaren Eigenschaften zusammengefaßt werden können. Beispielsweise läßt sich ein einzelnes Elektronenmikroskop nicht nur mit einer bekannten Molekülart testen, sondern mit allen bekannten und praktisch handhabbaren Molekülarten innerhalb eines bestimmten Molekulargewichtsbereichs, eines bestimmten spezifischen Volumenbereichs, einer bebestimmten Klasse von Raumkonfigurationen, usw. Grundlage dazu sind die Gültigkeitsgrenzen derjenigen Gesetzesaussagen, von denen der erste Bestand-

[4] Die identische Teilbarkeit eines Objektes wird vorausgesetzt.

teil des Methodenbegriffs, das System methodischer Regeln, abgeleitet ist. Je weiter die Gültigkeitsgrenzen der grundlegenden Gesetzesaussagen reichen, je mehr Sachverhalte von den Gesetzesaussagen getroffen werden, umso universeller ist die Anwendung des entsprechenden Forschungsmittels denkbar — umso unspezifischer werden allerdings auch denkbare neue Aussagen sein.

Die unterschiedliche Spezifität der Gesetzesaussagen legt nahe, die verschiedenen Typus von Forschungsgeräten (der Transmissionselektronenmikroskope, der Raster-Elektronenmikroskope usw.) zu einer Klasse von Forschungsgeräten zu ordnen. Innerhalb einer Klasse muß die Gesamtheit der allen Typen von Forschungsgeräten gemeinsamen Menge grundlegender Gesetzesaussagen das (tatsächliche) Forschungsgerät vom (denkbaren) Forschungsmittel, das keinen direkten Bezug mehr zum einzelnen Testobjekt aufweist, abgrenzen (Abb. 2).

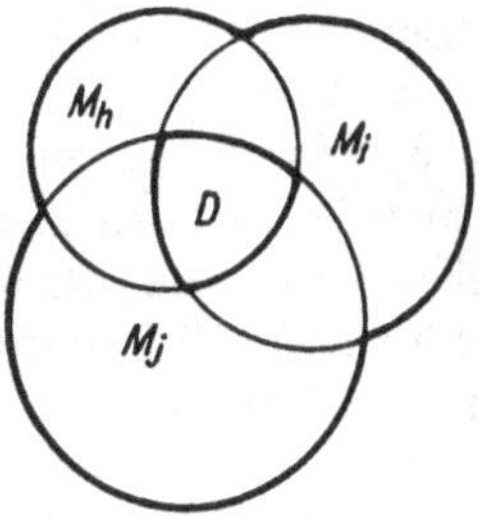

Abb. 2: Die Menge D klassenspezifischer Gesetzesaussagen als Menge grundlegender Gesetzesaussagen eines Forschungsmittels: M_h, M_i, M_j als Mengen der Gesetzesaussagen dreier Typen h, i, j, von Forschungsgeräten.

Jedem Typus i eines Forschungsgerätes liegt damit eine Menge M_i sowohl typusspezifischer, als auch typusunabhängiger Gesetzesaussagen zugrunde. Die Vereinigungsmenge $V = M_h \vee M_i \vee M_j$ der Gesetzesaussagen beispielsweise dreier Typus h, i, j von Forschungsgeräten beschreibt dann eine Klasse von Forschungsgeräten. Die Durchschnittsmenge $D = M_h \wedge M_i \wedge M_j$ enthält folglich die Gesamtheit (geräte- und) typusunabhängiger, aber klassenspezifischer Gesetzesaussagen und daher wohl jene Menge grundlegender Gesetzesaussagen, der ein (denkbares) Forschungsmittel zuzuordnen ist. Die prinzipielle Funktionstüchtigkeit eines Forschungsmittels soll als nachgewiesen gelten, wenn die Funktionstüchtigkeit wenigstens eines Gerätetypus getestet wurde, dessen grundlegende Gesetzesaussagen die Durchschnittsmenge D enthalten.

Abbildung 2 zeigt unter anderem, daß dem tatsächlichen Anwenden eines Typus von Forschungsgeräten — über die klassenspezifischen Aussagen hinausgehend — typusspezifische Gesetzesaussagen und Prinzipien zugrunde liegen. Diese sind durchaus lehr- und lernbar, bezogen auf eine Hypothese also invariant. Am Beispiel bedeutet das: Für die Methode der Elektronenmikroskopie wie für die Klasse der Elektronenmikroskope sind Aussagen über die gesetzmäßige Ablenkung eines Elektronenstrahls im elektrischen bzw. magnetischen

Feld sowie bestimmte Prinzipien, welche zur Vergegenständlichung dieser Aussagen innerhalb einer Klasse von Geräten führen, die gemeinten grundlegenden Aussagen und Prinzipien — unabhängig von Typus und Einzelgerät. Dem Typus eines Transmissionselektronenmikroskops, als Teil einer Klasse tatsächlicher Forschungsgeräte, liegen jedoch weitergehende Gesetze, z. B. über Wechselwirkungen zwischen Elektronen und Materie zugrunde. Solche Gesetzesaussagen betreffen u. a. spezifische Zusammenhänge zwischen den Eigenschaften der Elektronen und denen des Objekts (genauer: einer Klasse von Testobjekten). Wegen des hohen Allgemeinheitsgrades, wegen des Ausschlusses risikobehafteter Aussagen über Proben des Forschungsobjekts, sind diese Gesetzesaussagen und daraus abgeleitete Handlungsmuster, Operationsregeln u. ä. noch hypotheseninvariant.

Die Auffassung, daß beim tatsächlichen Anwenden einer Methode in der naturwissenschaftlich-experimentellen Forschung überaus differenzierte, hierarchisch strukturierte Gesetzesaussagen und nicht nur anwendungsbezogene, zielorientierende Prinzipien zu beachten sind, ist m. E. von grundlegender Bedeutung. Darin wird nicht nur die wissenschaftliche Grundlage des Wirkens von Dingen, sondern auch die Wissenschaftlichkeit des Wirkens der Experimentatoren ausgedrückt. Zugleich wird anerkannt, daß bei der praktischen Anwendung einer Methode (mit Hilfe eines einzelnen Gerätes) die zielorientierenden Prinzipien nicht allein einer Teilmenge methodischer Regeln, sondern der definierten Ganzheit einer Methode zugeordnet sind.

Im Unterschied zu Testobjekten weisen Forschungsobjekte eine Reihe unbekannter Eigenschaften auf, deren Entdeckung entscheidend zur Prüfung einer Hypothese beitragen kann. Enthält eine Hypothese Annahmen, daß unbekannte Sachverhalte eines Forschungsobjekts mit einiger Wahrscheinlichkeit bekannten Sachverhalten einer Klasse von Testobjekten entsprechen, so ist das Anwenden wenigstens einer Forschungsmethode bzw. eines getesteten Typus von Forschungsgeräten auf das Forschungsobjekt denkbar. Das tatsächliche Anwenden einer Forschungsmethode bedeutet schließlich den praktischen Einsatz eines Einzelgerätes auf identische Proben eines Forschungsobjektes.

3. Angemessenheit von Forschungsmethode und Forschungsobjekt

Für den tatsächlichen und dabei rationellen (d. h. bezogen auf den Erkenntnisgewinn zeit- und/oder finanzökonomisch optimalen) Einsatz eines Einzelgerätes ist die Angemessenheit von Forschungsmethode und Forschungsobjekt vorauszusetzen. Diese ist wenigstens durch folgende Bedingungen zu erfüllen:

Erstens muß vom (denkbaren) Forschungsmittel bzw. vom Typus des anzuwendenden Forschungsgerätes mit möglichst hoher Wahrscheinlichkeit angenommen werden können, daß deren grundlegende Gesetzesaussagen und Prinzipien die am Forschungsobjekt vermuteten Sachverhalte treffen.

Zweitens muß vom (tatsächlichen) Forschungsgerät mit hoher Wahrscheinlichkeit angenommen werden können, daß bei dessen Einwirken die Eindeutigkeit identischer Proben des Objekts innerhalb bestimmter, angebbarer Grenzen gewahrt bleibt (umgekehrt dürfen Proben des Objekts die Eindeutigkeit des Forschungsgeräts nicht nachweislich in Frage stellen).

Drittens müssen sich das Einwirken des Forschungsgerätes auf Objektproben sowie des Experimentators auf Gerät und Proben rationell organisieren lassen.

Die Diskussion der ersten Bedingung wäre nach den bereits ausgeführten Überlegungen trivial. Die letztgenannte Bedingung ist dem Bereich der Organisation wissenschaftlicher Tätigkeit zuzuordnen.

Die Diskussion der zweiten Bedingung führt zum Postulat einer „methodenadäquaten" Handhabbarkeit des Objekts, einem Zustand des Objekts, an dem nach spezifischen, vorbereitenden Manipulationen vermutete Sachverhalte mit Wahrscheinlichkeit zu erkennen, nachzuweisen sind und nicht durch ungefragte Sachverhalte verdeckt oder verfälscht werden. Um zum Beispiel zurückzukehren: Soll mit einem Transmissionselektronenmikroskop die Struktur eines biologischen Objekts — etwa des Ribosoms als Ort der Eiweißsynthese — untersucht werden, ist das Objekt aus bzw. innerhalb seiner natürlichen Umgebung — der pro- bzw. eukaryoten Zelle — und damit aus einer Überlagerung verschiedenartig korrelierter Zustände zu isolieren, freizulegen. Dahinter verbergen sich Forderungen an die Art und Weise der Präparation, Isolation, Reinigung, identischen Teilung usw.[5]

Der spezifisch methodenadäquate Zustand des Forschungsobjekts muß also erzeugt werden. Und zwar mit Mitteln und Tätigkeiten, die mit Sicherheit von einem bestimmten Ausgangszustand zu einem bestimmten Ziel führen. Jene Sicherheit der Mittel und Tätigkeiten bezieht sich nicht auf die Hypothesenprüfung als unmittelbarem Ziel, sondern auf das Setzen von solchen Bedingungen am Forschungsgegenstand, die (direkt oder indirekt) zum Bestand der gewählten Hypothese gehören. Würden diese Mittel und Tätigkeiten wiederum nur mit Wahrscheinlichkeit zum Ziel führen (wie im Fall der Methode), so könnte der gesuchte Zustand nicht bewußt geschaffen, könnten Bedingungen, an welche die Existenz der Hypothese gebunden ist, nicht bewußt gesetzt werden. Beispielsweise ist das sichere Beherrschen des Zellaufschlusses, der Isolation und Reinigung, Identifikation und Stabilisierung der Ribosomen notwendige Voraussetzung u. a. für deren elektronenmikroskopische Untersuchung. Wären solche Voraussetzungen — „Verfahren" — nicht gegeben, lägen Unzulänglichkeiten des Wissensstandes und damit ein methodenorientiertes Problem anderer Art vor.

[5] H. Bielka/J. Stahl, Structure and function of eucaryotic ribosomes, in: International Review of Biochemistry (Baltimore), 18/1978, S. 79.

4. Interdisziplinarität in der Methodenanwendung

Das bewußte Setzen von Bedingungen wird (außer von der Hypothese) wesentlich vom Objekt selbst determiniert: Je komplexer die natürlichen Abhängigkeiten, in denen sich das Objekt befindet, je vielfältiger die Überlagerungen der Sachverhalte, von denen die erfragten zu diskriminieren sind, umso zahlreicher und vielfältiger werden Kenntnisse, Tätigkeiten und Mittel sein müssen, mit deren Hilfe die Diskriminierung erfogen kann. Wiederholbare Handlungsmuster und deren gegenständliches Instrumentarium können dabei unterschiedlichen Einzelwissenschaften angehören. Das Herstellen einer methodenadäquaten Handhabbarkeit des Objekts kann also umfangreiche Kooperationsbeziehungen bedingen; zu einem raumzeitlich begründeten, ökonomisch bedingten Kooperationszwang innerhalb einer Wissenschaftsdisziplin kann ein objektbezogener Kooperationszwang für verschiedene Wissenschaftsdisziplinen treten.[6]

So fällt die Entwicklung der Elektronenmikroskopie als Methode zur Strukturaufklärung primär in den Kompetenzbereich der Physik, das Objekt Ribosom naturgemäß in den der Biologie. Ein Problem, das die Aufklärung der unbekannten Struktur des Ribosoms zum Inhalt hat, wird zur „bio"physikalischen Problemstellung, wenn die aus dem Problem abgeleitete Hypothese die Methode Elektronenmikroskopie vorwiegend oder ausschließlich in den Prozeß der Hypothesenprüfung impliziert: Dann wird angenommen, daß genau diese Methode zur Prüfung hypothetischer Aussagen über Sachverhalte am Ribosom geeignet ist. Die gruppenspezifischen Kenntnisse des elektronenmikroskopisch tätigen Experimentators reichen indessen im allgemeinen nicht aus, a priori alle überhaupt bekannten Sachverhalte zur Struktur (und Funktion) des Ribosoms zu kennen, relevante Vermutungen abzuleiten und ein adäquates Objekt, insbesondere identische Proben des Objekts, bereitzustellen. Beiträge durch andere gruppenspezifische Kenntnisse, zum Beispiel des biochemisch tätigen Experimentators, sind notwendig.

Diese Beiträge können erfragt werden, auf Anforderung verfügbar sein. Vom Biochemiker können dem Biophysiker Literaturinformationen, Meßdaten, Objektproben übergeben, können Hinweise zur Behandlung der Proben geäußert und zur Beachtung empfohlen werden. Jene von W. Heitsch, H. Parthey und W. Wächter[7] gemeinten zielorientierenden Prinzipien erfahren durch diese Beiträge wesentliche

[6] Die Eindeutigkeit des Begriffs Wissenschaftsdisziplin ist bisweilen strittig. Hier wird die wissenschaftshistorisch bezogene Auffassung vertreten, unter einer (naturwissenschaftlich-experimentellen) Disziplin einen Teilbereich der (Gesamt-)Wissenschaft zu verstehen, der — auf der Grundlage eines bestimmten Systems erkannter Gesetzmäßigkeiten — bestimmte Methoden und Prinzipien mit dem Ziel anwendet, solche Gesetzmäßigkeiten zu erkennen, deren Zuordnung zu jenem System erkannter Gesetzmäßigkeiten vermutet wird. Unabhängig vom Objekt, an dem die Versuche vollzogen werden.

[7] W. Heitsch/H. Parthey/W. Wächter, Heuristik und Dialektik, in: Deutsche Zeitschrift für Philosophie, Berlin, 2/1971, S. 145.

Prägung. Aber: Diese Art der Kooperation drängt den Biochemiker in die Funktion des auf Anforderung zuarbeitenden, des nicht unmittelbar und entscheidend an der Hypothesenwahl beteiligten. Diese Art der Kooperation ist zwar oftmals notwendiger, jedoch im allgemeinen kein wesentlich kreativer Antrieb für die Wechselbeziehungen zwischen Methode und Hypothese. Die Wechselbeziehungen betreffen dann mehr den gezielten, nahezu programmierten Gebrauch eines Forschungsmittels, als die risikobehaftete Wahl einer Methode. Diese Art der Kooperation (innerhalb gleicher und/oder) zwischen verschiedenen Wissenschaftsdisziplinen wird gelegentlich mit den Termini „wissenschaftliche Dienstleistung", „Forschungsdienste" und ähnlichem bezeichnet. Beispiele aus dem Bereich der Biowissenschaften sind — wegen des multifaktoriellen Geschehens in biologischen Objekten und deren Milieu — für eine Analyse der Kooperationsbeziehungen besonders eindrucksvoll; gleichwohl lassen sich diese Beziehungen prinzipiell auch in anderen Wissenschaftsbereichen nachweisen.

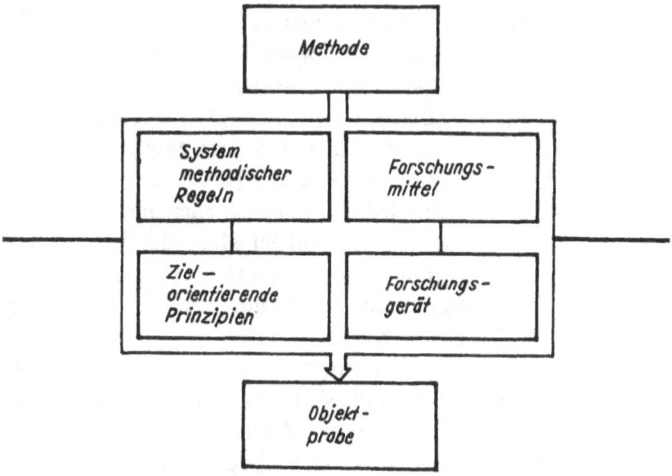

Abb. 3: Anwendung einer Methode auf einen Forschungsgegenstand als Verknüpfung der Ebenen denkbarer und tatsächlicher Forschung.

Bereits an dieser Stelle erweist sich, daß die Bindung der Methode an ein Objekt, mehr noch die Korrelation zwischen Forschungsgerät und Proben des Objekts, die Ebene denkbarer mit der Ebene tatsächlicher Forschung aktiv verflicht. Das heißt: Die Verknüpfung von Methode und Objekt führt im Problemlösungsprozeß zum (ersten) unmittelbaren und konkreten (nicht in jedem Fall wechselseitigen) „Durchgriff" beider Ebenen des Forschungsprozesses (Abb. 3). Das Objekt orientiert den Einsatz der Forschungsmethode bzw. des -gerätes auf ein bestimmtes Ziel, fordert zur Beachtung objektspezifischer Prinzipien auf. Zuvor bestimmen Art und Weise des Objekts die Wahl der Forschungsmethode und damit die Beanspruchung gesellschaftlichen Vermögens. Die Methode bietet über das Forschungsmittel bzw. das Forschungsgerät den gegenständlichen Zugang zum gegenständlichen Objekt und liefert damit u. a. materielle Voraussetzungen zum experimentellen Feststellen der Wahrheit behaupteter Sachverhalte. Das System methodischer Regeln wird bei der Anwendung der Methode durch gerätetypusrelevante Gesetzesaussagen und objektspezifische Prinzipien ergänzt, bietet also den ideellen Zugang zum gegenständlichen Objekt. Bei der Anwendung einer Methode auf einen Forschungsgegenstand treten mithin die Bestandteile der Methode mit wenigstens einem Forschungsgerät und zielorientierenden Prinzipien zu einer Einheit zusammen, die durchaus wiederholbare Handlungsmuster enthält. Diese Muster sind wenigstens partiell lehr- und lernbar. Der genannte Durchgriff muß nicht notwendig bereits Ausdruck oder Folge „echter“ interdisziplinärer Zusammenarbeit sein.

Bevor der Problemgegenstand zum Forschungsgegenstand wird, repräsentiert dieser im allgemeinen nicht nur spezifische Aspekte der objektiven Wirklichkeit. „Das Objekt“ ist in dieser Phase der Forschung nicht ausschließlich „Beschäftigungsgegenstand einer Disziplin“, sondern viel umfassender „Aliquot der Wirklichkeit“ und kann zugleich für mehrere Disziplinen Problemgegenstand sein und Forschungsgegenstand werden. Dieser oft entscheidenden Stellung des Problemgegenstandes in der naturwissenschaftlich-experimentellen Forschung wird in wissenschaftstheoretischen Analysen meines Erachtens zu wenig entsprochen: Häufig sind Grad der Verfügbarkeit und Aufwand zur Herstellung der Handhabbarkeit des Objekts mit erheblichen intellektuellen, personellen und materiellen Anstrengungen verbunden und daher bei der Auswahl der Methode(n), der Hypothese(n) und schließlich bei der Auswahl des Problems von großem gesellschaftlichen Interesse. Die Wahl eines angemessenen Forschungsobjekts muß somit bereits in der Ebene denkbarer Forschung bedacht werden.

Bei der Auswahl eines Problems zur Problemstellung sind also nicht allein gesellschaftliche Erkenntnisinteressen „an sich“, Verfügbarkeit und Angemessenheit von Methoden, sondern auch Verfügbarkeit und Angemessenheit des Objekts maßgebend: Unter anderem können aus ökonomischen Gründen gesellschaftliche Bedürfnisse zur Auswahl von Problemen auffordern, die am selben Objekt (nicht notwendig an der gleichen Probe) mit den Möglichkeiten mehrerer Wissenschaftsdisziplinen bearbeitet werden. Da hierbei in größerem Umfang — wie auch immer geartet — gesellschaftliches Vermögen gebunden wird, können diese Probleme (müssen im allgemeinen sogar) in weitaus höherem Maße gesamtgesellschaftlich, „höher integrierte“ Problemstellungen sein, als die einzelwissenschaftlichen.

Die objektbezogene Auswahl unter verschiedenen „disziplinären“ Problemen kann somit zu einer „interdisziplinären“ Problemstellung führen. Das bedeutet für den Problemlösungsprozeß und anderem die Abstimmung spezifischer „Verhaltensweisen“ zur Handhabung des Objekts. Anders: Eine interdisziplinäre Problemstellung zwingt zur Koordination von Operationen an und mit dem Objekt und — in der naturwissenschaftlich-experimentellen Forschung — zur

Koordination des Einsatzes von Mitteln, letztlich zur koordinierten Anwendung von Methoden differenter disziplinärer Herkunft.

Bei korrektem Verständnis des in Fußnote 6 gegebenen Begriffs Wissenschaftsdisziplin darf das System grundlegender Gesetzesaussagen der Methodik einer Disziplin nicht dem System grundlegender Gesetzesaussagen der Methodiken anderer Disziplinen angehören. Darin liegt ein wesentlicher erkenntnistheoretischer Anreiz zu interdisziplinärer Zusammenarbeit: die Grenzen der monodisziplinär gewinnbaren Aussagemenge überschreiten und durch Kombination verschiedener Methoden unterschiedlicher Disziplinen neuartige Aussagen gewinnen zu können. Sofern eine solche Aussagenmenge grundlegende Gesetzesaussagen enthält, die weder der einen noch einer anderen Disziplin zugeordnet werden können und sofern diese Gesetzesaussagen zu denkbaren Forschungsmitteln, schließlich Forschungsgeräten, also Methoden führen, sind Voraussetzungen für eine neue, experimentell angelegte Wissenschaftsdisziplin entstanden.[8] Im gesamtgesellschaftlichen Interesse liegende rationelle Verhaltensweisen innerhalb des Forschungsprozesses können somit Quellen einer fortschreitenden Differenzierung der Wissenschaft sein.

Im Gegensatz zum System grundlegender Gesetzesaussagen einer Methodik können einzelne Aussagen — Gesetzesaussagen, Aussagen über zu beachtende

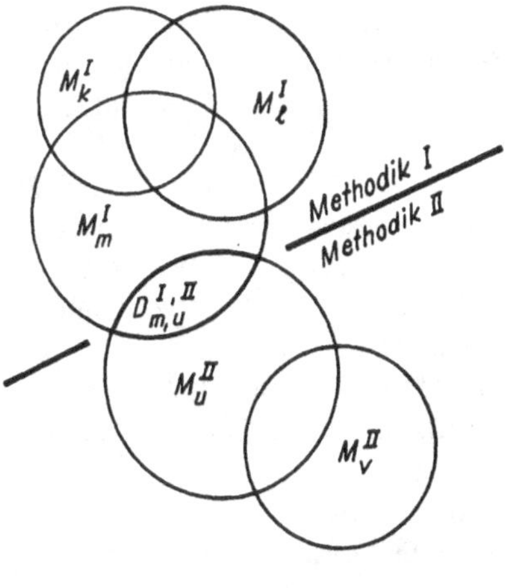

Abb. 4: Verknüpfung verschiedener Methodiken (Interdisziplinarität) bei deren Anwendung auf einen Forschungsgegenstand; D Durchschnittsmenge; Methoden k, l, m der Methodik M I; Methoden u, v der Methodik M II.

[8] Beispiele für derartig objektinduzierte Wissenschaftsentwicklungen sind u. a. Biophysik und Biochemie.

Sachverhalte, Prinzipien — verschiedenen Methodiken angehören. Beispielsweise können Kenntnisse grundsätzlicher Aussagen über Wechselwirkungen zwischen Elektronen bestimmter Energie und organischer belebter Materie bestimmter Dichte, räumlicher Ausdehnung, chemischer Zusammensetzung, biologischer Funktion usw. durchaus sowohl zum Bestand der Methode Elektronenmikroskopie als auch zum Bestand einiger biochemischer Methoden zählen. Das heißt: Zu zwei Methodiken, I und II, kann wenigstens eine Durchschnittsmenge $D^{I, II}_{m', u} = M^{I}_{m} \wedge M^{II}_{u}$ derjenigen Aussagemengen M^{I}_{m} und M^{II}_{u} existieren, die sich aus der Verknüpfung der Methode *m* der Methodik I und der Methode *u* der Methodik II ergibt (Abb. 4).

Die denkbaren Verknüpfungen sind für jede Klasse von Forschungsobjekten neu zu erkunden, indem von Kenntnissen über eine Klasse von Testobjekten ausgegangen wird; die tatsächlichen Verknüpfungen sind — als hypothesenbezogene Auswahl denkbarer Verknüpfungen — für das einzelne Forschungsobjekt jeweils erneut zu suchen.

Die für den Fall interdisziplinärer Kooperation postulierte Abstimmung von Verhaltensweisen zur Handhabung des Objekts kann nun als das Auffinden und Auswählen solcher Methoden verstanden werden, für die — bezogen auf ein gleiches Objekt — Durchschnittsmengen der oben beschriebenen Art nachweisbar sind. Ohne diesen Nachweis wäre eine Koordinierung verschiedener Methodiken nicht zu vollziehen; an die Stelle des planvollen interdisziplinären Experimentierens träte das (prinzipiell nicht erfolglose, aber risikoreichere) interdisziplinäre Probieren. Dem Verwirklichen der interdisziplinären Kooperation geht zunächst das Auffinden einer möglichst großen Anzahl derart ausgezeichneter Methoden voraus, unter denen anschließend diejenigen auszuwählen sind, die bei absehbar geringerem Aufwand mit größerer Wahrscheinlichkeit wahre Aussagen über vermutete Sachverhalte am gleichen Objekt liefern. „Echte" interdisziplinäre wissenschaftliche Arbeit beginnt also bereits — in wesentlicher Erweiterung der Begriffe „wissenschaftliche Dienstleistung" und ähnlichem — mit der objektbezogenen Auswahl einer interdisziplinären Problemstellung und wird mit der objektbezogenen Auswahl von Methoden unterschiedlicher Methodiken fortgesetzt. Über den so erhaltenen Einfluß auf die Methodenwahl erhalten „Experimentatoren der anderen Disziplin" wechselseitig Möglichkeiten zur kreativen Mitwirkung an der Hypothesenwahl (nicht -findung).[9]

Das Auswählen geschieht in einem ständigen aufeinander Rückwirken von Objekt, Methode, Problem und gesellschaftlichen Bedürfnissen; die Verknüpfung Methode/Objekt wird innerhalb des Problemlösungsprozesses zum Ort des wechselseitigen Durchgriffs beider Ebenen des Forschungsprozesses. Der monodisziplinäre Beitrag besteht im Auffinden, Formulieren und im Angebot von Problemen,

[9] Diese Überlegungen gelten sinngemäß auch für Kooperationsbeziehungen beim Gebrauch verschiedener Methoden ein und derselben Methodik.

Hypothesen, Objekten bzw. Methoden. Die Auswahl der Angebote zur interdisziplinären Beachtung, Bearbeitung und Verwendung erfolgt über die Ebene denkbarer Forschung und damit über den Bezug zu gesamtgesellschaftlichen Situationen. In diesen Überlegungen drückt sich ein weiteres Mal der ständige Differenzierungsprozeß innerhalb der Wissenschaft aus, der in der Umgangssprache als „Überlappung der Disziplinen", als „fließende Grenzen zwischen den Disziplinen" erfaßt ist.

PETER HANKE und HANS-ALBRECHT KETZ

Entwicklungsprobleme bedürfnisorientierter interdisziplinärer Forschungen zu gesellschaftlichen Grundlagen der Ernährung

Fortschreitende Arbeitsteilung und intensivere Wechselwirkungen verschiedener gesellschaftlicher Bedürfnisse und Volkswirtschaftszweige erfordern immer mehr und dringender interdisziplinäre Forschungsarbeiten, die auf bestimmte Bedürfniskomplexe gerichtet sind. „Auf solchen Gebieten wie der wirtschaftlichen und sozialen Entwicklung, dem wissenschaftlich-technischen Fortschritt und dem Ausbau der materiell-technischen Basis des Sozialismus, dem Wirken der Triebkräfte des gesellschaftlichen Fortschritts wird besonders deutlich, daß wir es mit intensiveren und vielgestaltigeren Wechselbeziehungen aller Bereiche zu tun haben. Dem muß durch effektiveres Zusammenwirken der verschiedenen gesellschaftswissenschaftlichen Disziplinen und durch das koordinierte Vorgehen der Gesellschafts-, Natur- und Technikwissenschaften konsequenter Rechnung getragen werden. Damit sind sowohl die inhaltlich-konzeptionellen Fragen als auch die Leitung der Wissenschaft gemeint.“[1]

Die Gesellschaft verlangt komplexe Lösungen, nicht allein disziplinäre; indes ist disziplinäre Forschung Voraussetzung interdisziplinärer, und diese wirkt wiederum anregend und vertiefend auf die disziplinspezifisch orientierte Arbeit zurück. Derartige wechselseitige Beziehungen waren auch bei der Herausbildung von Forschungen zu den gesellschaftlichen Grundlagen der Ernährung wirksam, einem Untersuchungsbereich, der sich zur Zeit aus der vorwiegend biologisch-medizinisch orientierten Ernährungsforschung heraus entwickelt und von dem aus sich wiederum Einflüsse auf die Ernährungsforschung abzeichnen in Richtung auf ein biologisch-soziales Konzept. Wichtige Abschnitte, Entwicklungsprobleme und Leitungserfordernisse dieser bisher noch recht kurzen Entwicklung von Forschungen zu gesellschaftlichen Grundlagen der Ernährung sollen nachfolgend skizziert werden.

1. Bildung und Entwicklung einer Forschungsrichtung „Gesellschaftliche Grundlagen der Ernährung“

Seit Beginn ihrer Entwicklung vor über 100 Jahren vereint die Ernährungswissenschaft verschiedene Disziplinen. Zu den Medizinern, Biologen, Chemikern

[1] E. Honecker, Die nächsten Aufgaben der Partei bei der weiteren Durchführung der Beschlüsse des IX. Parteitages der SED, Berlin 1980, S. 63.

und Agrarwissenschaftlern, die durch den gemeinsamen Arbeitsprozeß zu Ernährungswissenschaftlern mit jeweils spezifischem Aufgabengebiet wurden, traten nach und nach immer wieder neue Disziplinen hinzu; es entwickelten sich auch neue Arbeitsgebiete, z. B. ernährungswirtschaftliche, ernährungssoziologische, ernährungstoxikologische oder lebensmitteltechnologische Forschungen, in denen teilweise bereits seit mehreren Jahrzehnten gearbeitet wird.

Es deutet sich hier für einen längeren Entwicklungszeitraum durchaus eine Analogie zu Untersuchungsbefunden an, die aus der reichlich 20jährigen Entwicklung des Instituts für Molekularbiologie der Sowjetunion gewonnen wurden. Für dieses Institut ließ sich zeigen, daß aus der ursprünglichen Zusammenarbeit von Vertretern verschiedener Disziplinen (durch gegenseitige Aufnahme und Verarbeitung von Wissen, Methoden und Herangehensweisen) ein Zusammenwirken von Spezialisten entstand, die nicht mehr in erster Linie „gesonderte" Disziplinen vertraten, sondern einen integrierten interdisziplinären geschlossenen spezifischen Forschungsbereich. Dadurch wurden — „flankiert" durch entsprechende materielle Forschungsvoraussetzungen — wiederum Vorstöße in neue Forschungsbereiche der Molekularbiologie möglich; z. T. entstanden entsprechende neue, auch sehr einflußreiche Spezialgebiete.[2]

Dieser sich *vertiefende Wandel — von disziplinspezifischer Spezialisierung zu einer (disziplinbeeinflußten) Spezialisierung auf einen bestimmten neu sich bildenden Gegenstandsbereich eines komplexen interdisziplinären Forschungsgebietes* — läßt sich auch in der Ernährungsforschung und hier ebenso wieder bei dem Entstehungsprozeß der Forschungen zu gesellschaftlichen Grundlagen der Ernährung beobachten.

Obgleich schon früher eine Reihe ernährungswirtschaftlicher Fragen im Rahmen ernährungswissenschaftlicher Arbeiten mit verfolgt wurde, sind doch z. B. für volkswirtschaftliche Analysen und Schlußfolgerungen national wie auch international bisher die Erkenntnisse der vor allem medizinisch-biologisch orientierten Ernährungsforschung dann überwiegend in entsprechenden gesonderten ökonomischen Untersuchungen weiter verarbeitet worden, so durch Nutzung physiologischer Normwerte, toxikologischer Grenzwerte und Verbrauchsanalysen. Mit der schnellen Entwicklung der Produktivkräfte und Produktionsverhältnisse, der damit verbundenen intensiveren Verflechtung verschiedener Volkswirtschaftszweige, den vielfältigeren Beziehungen der verschiedenen gesellschaftlichen Bedürfnisse, den steigenden Anforderungen an die Bedürfnisbefriedigung gewinnt jedoch die höhere Effektivität des Zusammenwirkens aller am volkswirtschaftlichen Ernährungskomplex beteiligten Bereiche zunehmend an Bedeutung. Im Verlaufe der Erarbeitung verschiedener Prognosen, z. B. zur Entwicklung neuer und gesundheitsfördernder Lebensmittel (in den frühen siebziger Jahren), und einer langfristigen Forschungsstrategie auf dem Gebiet Nahrung und Ernährung

[2] B. P. Gottich/G. G. Djumenton: Ličnye naučnye kommunikacii i organizacija fundamental'nych issledovanij, in: Vestnik Akademii Nauk SSSR, (Moskva) 1979/12, S. 65—78.

wurde dementsprechend immer deutlicher, daß die bloße Summe der Erkenntnisse aus den verschiedenen Teildisziplinen der Ernährungswissenschaft den vielseitigen speziellen wie komplexen, aus gesamtvolkswirtschaftlicher Sicht abgeleiteten, Anforderungen nicht gerecht werden kann. Eine neue Betrachtungs- und Untersuchungsweise mußte erarbeitet werden, die über das Erkenntnisvermögen der Teildisziplinen und deren bisheriges Spektrum hinausgeht.

Mitte der siebziger Jahre beschloß daher das Präsidium der Akademie der Wissenschaften der DDR auf Vorschlag der Ernährungswissenschaftler, im Rahmen der Ernährungsforschung die Untersuchung gesellschaftlicher Grundlagen der Ernährung besonders zu fördern. Eine erste kollektiv erarbeitete Forschungskonzeption stellte das Ziel, vertiefte und gesicherte Erkenntnisse über grundlegende Tendenzen, Prozesse, Bedingungen und Gestaltungsmöglichkeiten der Ernährung im entwickelten Sozialismus zu gewinnen und, davon ausgehend, fundierte Vorschläge für die Ernährungspolitik in der DDR auszuarbeiten (vgl. Anhang 1 am Schluß dieses Beitrages).

Mit diesem nach Komplexen und Schwerpunkten geordneten Paket an Forschungsproblemen wurden zahlreiche Forschungseinrichtungen — auch über den Rahmen der Akademie der Wissenschaften der DDR hinaus — insbesondere in den zum Ernährungskomplex gehörenden Volkwirtschaftsbereichen mit der Aufforderung zur Stellungnahme und zur Mitarbeit konfrontiert. Das führte sowohl zu prinzipiellen Zustimmungen zu Anliegen und Inhalt der Konzeption wie auch zu Veränderungsvorschlägen und zu einigen Zusagen zur langfristigen Mitarbeit. Letztere kamen vor allem aus zentralen staatlichen Organen und wissenschaftlichen Leiteinrichtungen verschiedener Volkswirtschaftsbereiche, z. B. Land- und Nahrungsgüterwirtschaft, Lebensmittelindustrie sowie Handel und Versorgung. Offensichtlich war die Bereitschaft zur Mitarbeit entsprechend dieser zunächst sehr allgemein angelegten Forschungskonzeption dadurch begründet, daß einige Problemstellungen eine wichtige Ausgangsbasis für die Leitung und Planung in diesen Volkswirtschaftsbereichen darstellen. Darüber hinaus waren Vertreter dieser Einrichtungen zum Teil selbst an der Erarbeitung der Konzeption unmittelbar beteiligt, so daß wichtige Teilthemen den langfristigen Aufgabenstellungen dieser Institutionen weitgehend entsprachen.

Der Inhalt sowie die Art und Weise der interdisziplinären Forschungen wurden daher initiiert und beeinflußt

— *durch die Ernährungssituation und sich herausbildende Verbrauchstendenzen,* durch die vorhandenen Voraussetzungen zur Entwicklung und Befriedigung des Ernährungsbedürfnisses, die Wechselwirkungen zu anderen Bedürfniskomplexen, die Folgen vorhandener Ernährungsweisen, -traditionen, -verhaltensweisen, die steigende Bedeutung der Ernährung als globales Problem und als internationaler politischer Faktor;

— *durch Art und Richtungen dementsprechender gesellschaftlicher Anforderungen und Erwartungen an die Ernährungswissenschaft.* (Diese Anforderungen waren zunächst nicht von vornherein einheitlich unter den verschiedenen Staatsorganen abgestimmt und mußten teilweise erst durch Forschungsarbeit schrittweise auf eine gemeinsame „Linie“ gebracht werden; sie bildeten sich oft in diesem Prozeß selbst erst heraus);

— *durch den Entwicklungsstand der Ernährungswissenschaft* insgesamt, die Reife der Erkenntnis der verschiedenen Disziplinen auf dem Gebiet der Ernährung und in angrenzenden Bereichen, die Bereitschaft verschiedener Institutionen zur Mitwirkung an der neuen Fragestellung, das Hinzutreten neuer Disziplinen zu den traditionellen der Ernährungswissenschaft (z. B. Soziologie, Psychologie, Politische Ökonomie, Verhaltenswissenschaften, Forschungen zur sozialistischen Lebensweise u. a.) und durch das Auftreten neuer Problemstellungen.

Die konzeptionelle Arbeit im Zusammenhang mit der Herausbildung der neuen Forschungsrichtung vollzog sich im Rahmen von Klausurtagungen, Sitzungen eines inzwischen gegründeten Problemrates, Verteidigungen in anderen wissenschaftlichen Gremien, z. B. im Rat der Hauptforschungsrichtung „Ernährung“ und in Form zahlreicher zweiseitiger Konsultationen.
Parallel dazu wurde eine Studie erarbeitet, um

- wichtige gesellschaftliche Grundlagen und Entwicklungstendenzen der Ernährung aufzuzeigen und zu charakterisieren,
- weitere Hinweise für deren Erforschung zu gewinnen,
- Folgerungen aus dem Entwicklungsprozeß einer neuen Forschungsrichtung für ähnliche komplexe Forschungen zu ziehen.[3]

An dieser ernährungs- und wissenschaftspolitischen Studie beteiligten sich Ernährungswissenschaftler, Ökonomen, Philosophen, Wirtschaftswissenschaftler, Ethnologen und Wissenschaftstheoretiker. Nach einer Übersicht über die Vielfalt und die Zusammenhänge gesellschaftlicher Entwicklungsprozesse, Faktoren und Bedingungen, die im Rahmen der Befriedigung der Ernährungsbedürfnisse wirken, wurden die bisherige Berücksichtigung gesellschaftswissenschaftlicher Fragestellungen in der Ernährungsforschung kritisch eingeschätzt und daraus die Notwendigkeit abgeleitet, die sozialbiologische Grundstruktur des Ernährungsbedürfnisses komplexer und tiefgründiger zu erforschen, sowie die sich ergebenden neuen Anforderungen an die Ernährungswissenschaften aufgezeigt (vgl. Anhang 2 am Schluß des Beitrages).

Mit dieser gemeinsamen Arbeit von Natur- und Gesellschaftswissenschaftlern verschiedener Disziplinen und ihren biologischen, volkswirtschaftlichen, international-politischen und sozialpsychologischen Betrachtungen und Untersuchungen im Rahmen einer komplexen, sich neu herausbildenden bedürfnisorientierten Forschungsproblematik hoher gesellschaftlicher Relevanz wurde ein Ansatz zu einer möglichen Neuorientierung in der relevanten Grundlagenforschung gezeigt. Dabei wurden wissenschaftstheoretische Erkenntnisse, Thesen und Grundsätze

[3] Vgl. Autorenkollektiv, Ernährung — gesellschaftlich bedingt. Entwicklungsprobleme einer neuen Forschungsrichtung, hg. von H.-A. Ketz/P. Hanke, Berlin 1981.

zur Forschungsleitung und -planung problemspezifisch angewendet sowie deren Wirken in der Forschungspraxis nachgewiesen und weitergeführt. Eine Reihe von Entwicklungswidersprüchen, dementsprechende Lösungsmöglichkeiten und noch tiefer zu untersuchende Probleme konnten aufgezeigt werden. Über den Rahmen der eigentlichen Problematik der gesellschaftlichen Grundlagen der Ernährung hinaus ergaben sich Hinweise für ähnliche interdisziplinäre Forschungsaufgaben, die für die langfristige Entwicklung und Lenkung menschlicher Grundbedürfnisse von Bedeutung sind.

Die Beachtung und das Interesse, welche verantwortliche Leiter in der Forschung sowie in wichtigen Volkswirtschaftsbereichen dem Anliegen und dem Inhalt der Studie entgegenbrachten, förderten deren Impulse für den weiteren Aufbau der Forschungsrichtung. So wurde auch dazu beigetragen, das Anforderungsprofil verschiedener wissenschaftlicher, staatlicher und volkswirtschaflicher Institutionen an die Ernährungsforschung zu orientieren und zum Teil zusammenführen. Das wirkte sich wiederum positiv auf die Möglichkeiten und die Bereitwilligkeit zur Mitarbeit aus.

Die konzeptionelle Entwicklung, erzielte Untersuchungsergebnisse und die Profilierung der Anforderungen zeigten im Verlaufe der ersten Arbeitsjahre immer deutlicher die Notwendigkeit einer Konzentration auf realisierbare Forschungsschwerpunkte. Das führte (mit maßgeblicher Unterstützung durch die Leitung der Akademie der Wissenschaften der DDR) zur Bildung eines Forschungskollektivs „Gesellschaftliche und ökonomische Grundlagen der Ernährung“. Ihm schlossen sich Kollektive aus zwei Einrichtungen der Akademie der Wissenschaften der DDR sowie Instituten der Land- und Nahrungsgüterwirtschaft sowie der Lebensmittelindustrie an. In diesem gemeinsamen Forschungskollektiv sahen die Partner ein entscheidendes Mittel, um die Zusammenarbeit zwischen Natur- und Gesellschaftswissenschaftlern zu intensivieren und deren Effektivität zu erhöhen, mit dem Ziel, Forschungsergebnisse noch schneller und umfassender für Nahrungsgüterproduktion, Versorgung und Volksgesundheit zu erreichen und nutzbar zu machen. Dieses Forschungskollektiv — als Kern der Untersuchungen zu den gesellschaftlichen Grundlagen der Ernährung — arbeitete in mehreren Problemdiskussionen eine gemeinsame Thematik zur Entwicklung des Ernährungsbedürfnisses und des volkswirtschaftlichen Ernährungskomplexes in der DDR heraus (vgl. Anhang 3 am Schluß des Beitrages).
schaftliche Grundlagen geschaffen und Vorschläge für deren Realisierung in der volkswirtschaftlichen Praxis unterbreitet werden, die eine gesundheits- und leistungsfördernde Ernährung aller Bevölkerungsschichten bei hoher gesell-

Damit sollten im Vorfeld der volkswirtschaftlichen Planung geeignete wissenschaftlicher Effektivität des Ernährungskomplexes sichern helfen. Dabei waren die Dynamik und der wechselseitige Zusammenhang der Bedürfnisse, der gesellschaftlichen Reproduktionsbedingungen und der Ergebnisse der Ernährungsforschung zu berücksichtigen.

Die Gemeinsamkeit der Forschungsarbeiten war damit so weit gediehen, daß sie auf die Schaffung wissenschaftlicher Grundlagen für eine langfristige Ernährungsstrategie in der DDR und deren ständige weitere Vervollkommnung unter besonderer Berücksichtigung ökonomischer und materiell-technischer Bedingungen gerichtet werden konnte. Die beteiligten Einrichtungen nahmen dazu in ihre Jahresarbeitspläne abrechenbare Leistungsstufen auf, die jeweils das Resultat einer kritischen Wertung und Präzisierung der längerfristigen Konzeption auf Grund der durch die Forschungsarbeiten erzielten und im Problemrat diskutierten und verteidigten Ergebnisse waren.

2. Entwicklungsprobleme der interdisziplinären und interinstitutionellen Integration und Kooperation

Wesentliche Entwicklungsprozesse bei der schrittweisen Formierung der Forschungen zu den gesellschaftlichen Grundlagen der Ernährung waren

a) die Herausbildung eines einheitlichen Problembewußtseins aller Partner, das sowohl das Anforderungsspektrum an die Forschung wie das gemeinsam entwickelte und bewertete Feld von Forschungsproblemen betrifft,
b) die Formierung eines entsprechend ausgerichteten Potentials (im Zentralinstitut für Ernährung und durch verschiedenstufige Kooperation),
c) die Vertiefung und Erweiterung des Problemfeldes sowie die Neugewinnung weiterer Kooperationspartner aus anfangs nicht mit einbezogenen Wissenschafts- und Volkswirtschaftsbereichen, wodurch es auch zur Neuformulierung von Zielstellungen und Forschungsaufgaben kam.

Damit war jedoch eine Reihe von Leitungsproblemen und Widersprüchen verbunden, deren Lösung besonderer Anstrengungen bedurfte (vgl. Anhang 4 am Schluß des Beitrages).

Beispielsweise liegt die Verantwortung für den interdisziplinären Forschungskomplex und die Verantwortung für die dazu notwendigen Forschungsvoraussetzungen in verschiedenen Händen. Erstere ist überinstitutionell, letztere wird institutionell wahrgenommen.

Die Problemstellungen, die zu den Anfängen verstärkter Arbeiten an gesellschaftlichen Grundlagen der Ernährung führten, wurden im Rahmen des traditionell vorwiegend biologisch-medizinisch orientierten Ernährungsinstituts erkannt, gleichzeitig auch aus zentraler Einsicht in gesellschaftliche Erfordernisse des Ernährungskomplexes an dieses Institut herangetragen, obgleich die vorhandenen Potentialvoraussetzungen zur Bearbeitung nicht ausreichten. Notwendige Potentialprofilierungen und -erweiterungen sowie Kooperationen und Leitungsfragen wurden deutlich.

Die geeigneten bzw. notwendigen Teilthemen der Kooperationspartner wurden (und werden) sowohl durch die neue Forschungsrichtung orientiert als auch durch Profil, Niveau und Leistungsrichtung der Partnerinstitute beeinflußt. Daraus resultieren wieder Effekte für die gemeinsame Zielstellung und deren Realisierung.

Es gab (und gibt) bei wachsenden gemeinsamen Positionen durchaus Unterschiede in der Problemsicht, je nachdem, ob der Gegenstand „gesellschaftliche Grundlagen der Ernährung" beispielsweise von Agrarwissenschaftlern (mit dem vorrangigen Blick auf die Produktion), von Physiologen, Psychologen und Soziologen (im Hinblick auf das Ernährungsverhalten) oder Politökonomen bzw. Wirtschaftswissenschaftlern (unter dem Gesichtspunkt der Stellung und Verflechtung in der Volkswirtschaft) betrachtet wird.

Im Arbeitsprozeß wurde erst zunehmend die Breite und Tiefe der komplexen Problematik deutlich. Demgegenüber, also gegenüber der Tendenz der sich erhöhenden Komplexität und Ausdehnung des Problemfeldes und des Anforderungsspektrums, besteht die Notwendigkeit nach einem inhaltlich überschaubaren und durch die Leitung im Sinne einer Erkenntnisförderung beherrschbaren abgegrenzten Aufgabenbereich.

Es gab einerseits Zustimmungen zu der komplexen Konzeption, andererseits blieben auch Abwehrhaltungen zunächst nicht aus, wenn es um definitive Mitarbeit ging. Das war einmal dadurch bedingt, daß jedes Institut, jede Abteilung ihre eigenen Planaufgaben und Entwicklungsrichtungen hat, dort Erfahrungen und Arbeitserfolge erreichen konnte und daher dies nur ungern verändert oder gar aufgibt. Zum anderen haben solche zur Mitarbeit erwünschten Institute, Abteilungen oder Kollektive oft zwar eine gewisse Einsicht in die neue komplexe Aufgabe, und ihre bisherige Arbeit hat ein erstes Interesse daran erzeugt, aber es fehlen noch detailliertere Vorstellungen vor allem über mögliche, realisierbare methodische Wege für die neue Thematik. Abwarten oder Abwehr auf Grund von Unsicherheit oder nicht genug überschaubarem Risiko sind dann die Folge.

In diesem widerspruchsvollen Herausbildungsprozeß der komplexen Forschungsrichtung war sichtbar, daß die jeweiligen disziplinären Problem-Methode-Relationen nicht ausreichten für die neue komplexe Fragestellung. Die Beziehungen zwischen Problem und Methode zeigten sich aber nicht nur, nicht einmal in erster Linie als Dialektik zwischem konkretem Forschungsproblem und konkreter Untersuchungsmethode, sondern in diesem anfänglichen Entwicklungsabschnitt als Zusammenhang (und Widerspruch) zwischen der Herausbildung einer interdisziplinären Problematik und disziplinären Herangehens- und Denkweisen.

Wesentlich für die Herausbildung einer fruchtbaren gemeinsamen Arbeit war die schrittweise Erarbeitung eines einheitlichen Problembewußtseins. Darunter ist nicht eine von „außen" herangetragene oder vom verantwortlichen Leiter festgelegte, gewissermaßen dekretierte Problemdarstellung und -bearbeitungsweise aller Mitwirkenden zu verstehen, sondern die Entwicklung einer komplexen Sichtweise, die die bisherigen Erkenntnisse und Herangehensweisen der einzelnen Partner verarbeitet bzw. berücksichtigt und jedem Bearbeiter den Gesichtskreis für die komplexe Richtung eröffnet, fundiert und erweitert, die die Funktion und gegebenenfalls auch neue Aspekte jedes Teilthemas deutlich macht und damit sowohl die integrative Arbeit fördert wie auch die Arbeit an den einzelnen Themen spezifisch vertieft. Nicht formale Unifizierung der Auffassungen, sondern inhaltlich bereichernde und erweiterte Betrachtungsweisen als Voraussetzung für konzentriertes Aufeinanderzuarbeiten an bedürfnisorientierten Schwerpunkten waren zu erreichen. Dazu hat die Verschiedenartigkeit der disziplinären Arbeit mit entsprechenden Impulsen wesentlich beigetragen. Mit der konzeptionellen Arbeit — in engem Zusammenhang mit der Themenbearbeitung und der Wertung erreichter Resultate — konnte ein Problemfeld erkannt werden, das nicht nur die Breite und Vielfalt des Forschungskomplexes deutlicher werden ließ, sondern auch Konzentrationspunkte für die Forschung zeigte. Diese Schwerpunkte bildeten sich dort heraus, wo die gesellschaftlichen Erfordernisse besonders gravierende Wissenslücken offenbarten, wo bei dcn mitwirkenden Einrichtungen Erfahrungen und Potential für die Bearbeiter vorhanden waren oder geschaffen werden konnten und wo die methodischen Wege zur Erarbeitung neuer Erkenntnisse deutlich gemacht werden konnten.

Mit der Bildung der Forschungsrichtung „Gesellschaftliche Grundlagen der Ernährung" ging die Konstituierung einer neuen Forschungsabteilung, Ökonomie und Soziologie der Ernährung, im Zentralinstitut für Ernährung einher. Damit war gleichzeitig eine Umprofilierung traditioneller Arbeitsrichtungen in den bereits existierenden Arbeitsgruppen „Ernährungswirtschaft" und „Ernährungssoziologie" erforderlich.

Während die Arbeitsgruppe Ernährungswirtschaft früher speziell ökonomische Probleme neuer Nahrungsmittel bearbeitete, war es jetzt erforderlich, auf die Prognostizierung des Lebensmittelbedarfs und die Charakterisierung des Gebrauchswertes von Lebensmitteln zu orientieren. Das bedeutete für die Mitarbeiter dieser Gruppe neben zusätzlicher wissenschaftsorganisatorischer Funktion im Rahmen der neuen Forschungsrichtung neue theoretische Untersuchungen und die Aneignung neuer Spezialkenntnisse als Ausgangsbasis für die effektive Mitarbeit am interdisziplinären Aufgabenkomplex. Dabei hat sich die Beteiligung aller Mitarbeiter an den Problemdiskussionen und Klausurtagungen des interdisziplinären Kollektivs bewährt. Trotzdem gab und gibt es immer wieder Verständnisklippen mit Vertretern anderer Disziplinen, organisatorische Schwierigkeiten bei der Kontinuität der Zusammenarbeit, speziell mit Industrieinstituten, und subjektive Vorbehalte einzelner Mitarbeiter zu überwinden.

In der Arbeitsgruppe Ernährungssoziologie, die bisher vorwiegend Ernährungsbilanzen erarbeitet hatte, mußten sozialökonomische und sozialpsychologische Ursachen und Zusammenhänge der Ernährungssituation und des Ernährungsverhaltens in den Vordergrund rücken. Das wurde schrittweise u. a. durch entsprechende Literatur- und Problemstudien und zusätzliche Qualifikation der Mitarbeiter eingeleitet.

Die langfristige Umprofilierung bzw. Entwicklung dieses Kernpotentials zur Abteilung „Ökonomie und Soziologie der Ernährung" erfordert verstärkt die Herausbildung bzw. Einbeziehung erfahrener Fachkräfte mit hohem theoretischem Niveau auf den Gebieten Politische Ökonomie, Wirtschaftswissenschaften, Soziologie und Psychologie, verbunden mit einer zusätzlichen vertieften ernährungswissenschaftlichen Qualifikation, durch Austausch und Neuzuführung.

Neben der Bildung und Umprofilierung dieses Kernpotentials für die neue Forschungsrichtung im Zentralinstitut für Ernährung wurden neue oder vertiefte Kooperationsbeziehungen zu ausgewählten Einrichtungen innerhalb und außerhalb der AdW aufgebaut, so zum Ökonomischen Forschungsinstitut der Staatlichen Plankommission, zum Institut für Politische Ökonomie der Akademie für Gesellschaftswissenschaften beim ZK der SED, zum Institut für die Ökonomik der Land- und Nahrungsgüterwirtschaft, zum Zentralinstitut für bezirksgeleitete und Lebensmittelindustrie, zum Institut für Marktforschung, zur Handelshochschule, zur Sektion Nahrungsgüterproduktion und Lebensmitteltechnologie und zum Institut für marxistisch-leninistische Soziologie der Humboldt-Universität zu Berlin, zum Zentralinstitut für Wirtschaftswissenschaften, zum Institut für Soziologie und Sozialpolitik sowie zum Institut für Theorie, Geschichte und Organisation der Wissenschaft der AdW der DDR.

Trotz einer erfolgreichen ersten Phase bei der Herausbildung eines einheitlichen Problembewußtseins traten auch nach mehrjähriger gemeinsamer Arbeit speziell bei der Forschungsplanung Probleme auf, weil die Interpretation der neuen bzw. umprofilierten Themen, die im Rahmen der interdisziplinären Kooperation zu bewältigen waren, und die Festlegung entsprechenden Potentials sowie angemessener Leistungsstufen in der Gesamtproblematik der beteiligten Einrichtungen oft auf Schwierigkeiten stieß und sich dadurch die inhaltliche Abstimmung der Jahresarbeitspläne verzögerte.

Auch der sich in Details teilweise etwas anders vollziehende Planungsrhythmus der unterschiedlich unterstellten beteiligten Einrichtungen brachte einige Schwierigkeiten, was sich aber durch vertiefte Kooperation schrittweise überwinden ließ.

Forschungsmethoden und -intensität sowie Art und Weise der Zusammenarbeit wurden wesentlich auch von den erwarteten oder angestrebten Ergebnisformen beeinflußt. Ob Vorschläge für staatliche Regelungen, Rezepturen, Verfahren oder Erkenntnisse über bestimmte Prozesse und Zusammenhänge erarbeitet werden sollen, das verdient bereits bei der Zielstellung und der Problembearbeitung Beachtung, nicht erst nach Abschluß von Untersuchungen. Im Interesse der Überführung wichtiger Teilergebnisse in die Entscheidungsvorbereitung für den jeweils folgenden Fünfjahrplan ist es zweckmäßig, entsprechend ausgewählte Forschungsleistungen jeweils bis zum Ende des vorletzten Jahres des laufenden Fünfjahrplanes zu erreichen. Da das nicht immer mit dem erkenntnisbedingten thematischen Fortschritt übereinstimmt, waren entsprechende Themenpräzisierungen oder -abzweigungen zu vollziehen.

Für die Ernährungsforschung neu ist die Herausbildung eines komplexen Ergebnisses in Form wissenschaftlicher Grundlagen einer Ernährungsstrategie der DDR. Sie hat entscheidungsvorbereitenden Charakter und soll Leitlinien für eine langfristig orientierte Ernährungsstrategie herausarbeiten.

Waren die Anforderungen an die Forschung und die verfolgten Nutzungsrichtungen in den verschiedenen Volkswirtschaftszweigen im Verlaufe der Herausbildung der interdisziplinären Arbeit zunächst noch heterogen und konnten schrittweise kompatibler gestaltet werden, so konzentrierte und profilierte die Orientierung auf wissenschaftliche Grundlagen einer Ernährungsstrategie die Mitarbeit der Partner nachhaltig. Diese Aufgabenstellung entsprach einem höheren inhaltlichen Anforderungsniveau und reichte zum Teil über die bis dahin in der neuen Forschungsrichtung kooperierenden Institute hinaus, so daß auch die Komplexität und damit die Vielseitigkeit der Abstimmungen stiegen. Voraussetzungen hierfür waren das bereits erreichte Kooperationsniveau sowie einige bereits gemeinsam bzw. von einzelnen Partnern erbrachte Forschungsleistungen (vgl. Anhang 5 am Schluß des Beitrages).

Die damit erreichten Ergebnisse und weitere Untersuchungsbefunde konnten zu einer Studie verarbeitet werden. Diese zeigte — im Hinblick auf wissenschaftliche Grundlagen einer Ernährungsstrategie — auch die Richtung und die weitere Vorgehensweise für eine umfassende Analyse und Prognose der Entwicklung der Produktion, des Bedarfs, der Zirkulation, Distribution und Konsumtion von Nahrungs- und Genußmitteln (auf der Basis eigener Rohstoffressourcen) sowie für die Erarbeitung strategischer Varianten einer zukünftig immer besseren Befriedigung der steigenden Ernährungsbedürfnisse in der entwickelten sozialistischen Gesellschaft. Damit wurden neue höhere Forderungen an alle beteiligten Einrichtungen und Mitarbeiter im Hinblick auf Übersicht und Tiefenkenntnis in den eigenen Fachdisziplinen, auf perspektivische Vorstellungen und Sicherheit der prognostischen Voraussagen sowie auf Bereitschaft zur interdisziplinären Zusammenarbeit gestellt.

Bei der Kooperation mit bisherigen und hinzukommenden Partnern zeigte sich, daß selbst bei Zustimmung übergeordneter Organe und Institutionen die Bereitschaft der unmittelbar beteiligten Einrichtungen und Personen wiederholt erneut erkämpft werden mußte, daß zum Teil Ergebnisse unterschiedlich umfassend und tiefgehend erarbeitet und bereitgestellt wurden.

Komplexe Grundlagen für langfristige Strategien zentraler staatlicher Leitungs- und Planungspolitik sind offenbar nur zu erreichen, wenn die bisherigen Dimensionen der Gemeinschaftsarbeit zwischen wissenschaftlichen, staatlichen und gesellschaftlichen Einrichtungen auf ein höheres Niveau gehoben werden und wenn geeignete wissenschaftliche Forschungskollektive mehr Autorität erringen (im Hinblick auf konzeptionelle und wissenschaftsorganisatorische Funktionen) und diese in enger Abstimmung mit den verantwortlichen Leitungen der zuständigen Volkswirtschaftsbereiche nutzen können.

Interdisziplinäre Arbeit — gerichtet auf die Gestaltung der Bedürfnisentwicklung und -befriedigung — erfordert daher nicht nur entsprechende Erkenntnisvoraussetzungen, sichere institutionelle Partnerschaftsbeziehungen wissenschaftlicher Institutionen und ihrer Leitungen, sondern darüber hinaus eine weiterentwickelte Kooperation zum Bereich der staatlichen und der wirtschaftsleitenden Organe. Diese Entwicklungen bedingen sich gegenseitig, bringen gewissermaßen einander hervor, wobei das jeweilig erreichte bzw. erarbeitete Anforderungsniveau ein Ausdruck für die dabei wirkenden Impulse ist. Diese Ansprüche beziehen sich sowohl auf erwartete Ergebnisse wie auf methodische Vorgehensweisen und Formen der Zusammenarbeit. Sie waren bei Beginn der Arbeiten nicht in der Weise absehbar. Im Arbeitsprozeß wurden vielmehr zum Teil neue Voraussetzungen und Ansprüche erzeugt, die entscheidend die Weiterarbeit beeinflußten.

Die interdisziplinären Forschungen zu den gesellschaftlichen Grundlagen der Ernährung weisen, wie sich zeigen ließ, Aspekte auf, die auch an anderen interdisziplinären Arbeiten beobachtet werden konnten[4]:

a) eine *theorie- und methodenbedingte Abhängigkeit zwischen verschiedenen Disziplinen*, die am Forschungskomplex notwendigerweise zusammenwirken (zum Beispiel setzen Untersuchungen zum Ernährungsverhalten theoretisches und methodisches Wissen etwa der Soziologie, der Physiologie, der Gesellschaftstheorie voraus; ähnlich ist das auch unter anderem bei ernährungsökonomischen Problemen);
b) eine *interdisziplinäre Kooperation* verschiedener Spezialisten, die über die Nutzung von Erkenntnissen anderer Disziplinen durch die einzelnen Forscher hinausgeht (Ernährungsphysiologen und -biologen, Ökonomen, Agrarwissenschaftler, Soziologen u. a.);
c) eine *interinstitutionelle Zusammenarbeit*, weil die verschiedenen Fachleute unterschiedlichen Einrichtungen angehören (diese Zugehörigkeit ist wegen des vertiefenden Kontaktes vor allem in disziplinären Richtungen auch notwendig!) und die komplexe gemeinsame Thematik verschiedenartige Kooperationen hervorbringt bzw. fordert.

Diese Aspekte hängen einmal in der Weise voneinander ab, daß „*b*“ aus „*a*“, „*c*“ aus „*b*“ folgt. Zum anderen bieten interdisziplinäre und interinstitutionelle Kooperation wiederum erweiterte Möglichkeiten, um die theorie- und methodenbedingten Verflechtungen verschiedener Disziplinen zu erkennen, zu entwickeln und zu nutzen. Aber zu diesen drei Aspekten treten noch weitere wichtige hinzu, zum Beispiel

d) *die gegenseitige Abhängigkeit und Profilierung der Anforderungen*, die bei gesellschaftlichen Nutzern oder Interessenten der komplexen Forschungsarbeiten be- und entstehen,
e) eine durch die neue komplexe Aufgabenstellung bewirkte *Profilierung der Leistungsrichtungen der Forschungspotentiale* (der mitwirkenden Institute).

[4] Vgl. D. Blaschke/I. Lukatis, Probleme interdisziplinärer Forschung, Wiesbaden 1976, S. 132 bis 152.

3. Leitungsprobleme der Forschungen zu den gesellschaftlichen Grundlagen der Ernährung

Die Entwicklung solcher interdisziplinärer Forschungen, bei denen sehr verschiedenartige Institutionen kooperieren, erfordert — wie das erläuterte Beispiel zeigt — erheblichen zusätzlichen Leitungs- und Organisationsaufwand:

- zur Entwicklung und ständigen *Vertiefung des inhaltlichen Konzepts*, zur immer besseren Erfasung des Problemfeldes, zur ständigen Nutzung, Wertung und Verarbeitung erreichten neuen Wissens, auch zur Anregung und Schaffung von Möglichkeiten, daß Naturwissenschaftler sich mit problemrelevanten gesellschaftswissenschaftlichen Fragen befassen und Gesellschaftswissenschaftler ein Minimum an Kenntnissen über biologische Grundprozesse und -zusammenhänge der Ernährung erwerben,
- zur *Schaffung eigenen Forschungspotentials*, das wesentliche Resultate und konzeptionelle Impulse hervorbringt,
- zur *Gewinnung der Kooperationspartner* und nachhaltigen Verankerung der Themen in den Plänen aller Partner und dabei zur Abstimmung der von dem komplexen Konzept und der von den Profilrichtungen der Institute ausgehenden Einflüsse auf die einzelnen Teilthemen und deren Bearbeitung, zur Einhaltung eingegangener Verpflichtungen und Orientierung der Themenbearbeitung,
- zur *Abstimmung mit den übergeordneten Leitern* der Kooperationspartner, zur Aufnahme und Pflege von Verbindungen zu tangierenden wissenschaftlichen Räten sowie zur Zusammenarbeit mit den gesellschaftlichen Auftraggebern bzw. Nutzern, um Anforderungen für die Forschungsarbeit real zu machen, anzuregen, zu präzisieren sowie miteinander in Beziehung zu setzen und mitwirkende Unterstützung zu erreichen.

Die Zusammenarbeit vollzieht sich nicht im Selbstlauf, sie bedarf ständiger Weiterentwicklung, damit Interesse und Aktivität der Partner ein immer höheres Niveau erreichen. In diesem Prozeß steigt auch die Entscheidungsfähigkeit von Leiter und Kollektiv, da Forschungsresultate angereichert werden und damit Sachkunde und Entscheidungskompetenz schrittweise konvergieren sowie gesellschaftliche und wissenschaftliche Anerkennung, Bedeutung und Einflußsphäre der Forschungen (bzw. des Programms) sich erhöhen.

Dieser Entwicklungszusammenhang konnte unter anderem auch bei Neurobiologie und Hirnforschung beobachtet werden. Bestimmte einerseits die Interdisziplinarität das Entwicklungstempo, so setzte sie andererseits eine niveauvolle konzeptionelle und forschungsstrategische Arbeit voraus, „da der Brückenschlag zwischen den Wissenschaftsdisziplinen eine gemeinsame erkenntnistheoretische Basis und gemeinsame Denkmethoden erfordert“.[5]

[5] Hj. Matthies, Wege der Wissenschaft, in: Wissenschaft und Fortschritt, 3/1980, S. 88.

Zu den wesentlichen Bedingungen für die Entfaltung der interdisziplinären Arbeit gehörte damit, daß die thematischen Fortschritte, die Potentialentwicklung, die Erweiterung der einzubeziehenden Disziplinen und Kooperationsinstitutionen und bestimmte Wandlungen der Forschungs- und der Leitungsinhalte und -formen sich in gegenseitiger Abhängigkeit vollzogen und der Leiter der Forschungsrichtung sowie der Problemrat jeweils entsprechende Folgerungen ziehen und realisieren bzw. die Verwirklichung anregen konnten. Da es sich hierbei um einen durch den Forschungsgegenstand und die Zielstellung spezifisch beeinflußten Entwicklungszusammenhang handelt, lassen sich unseres Erachtens, etwa als Folgerungen aus bisherigen Erfahrungen, bei ähnlichen Entwicklungen neuer Aufgabenstellungen nun nicht einfach direkt die umfassenderen, entwickelteren Arbeitsweisen anstreben, wenn entsprechende konzeptionelle Reife und Erkenntnisse zum Problemfeld noch nicht vorliegen. Wesentlich ist vielmehr, die oben angedeuteten Leitungsaktivitäten jeweils in dem genannten Entwicklungsbezug zu gestalten, wenn die erwünschten Wirkungen erreicht werden sollen.

Eine Folgerung besteht auch darin, interdisziplinäre und interinstitutionelle Forschungskomplexe so langfristig vorzubereiten, daß sich gegenseitig komplettierende Aufgaben in den Plänen aller Partnerinstitute festgelegt werden können. Das erfolgte indes meist erst dann, wenn die Partner ihre gegenseitige Leistungsfähigkeit erkannt und für die eigene Arbeit als nützlich bewertet hatten. Dafür bildeten erreichte bisherige Leistungen und sichtbare Fortschritte bei Konzept und Resultaten der neuen Aufgabenstellung ein wichtiges Kriterium. Günstig für die Zusammenarbeit war es, daß sie in den einzelnen Instituten durch Mitarbeiter oder Leiter wahrgenommen wird, die auch über entsprechende Kompetenzen zur Themenprofilierung und zum Potentialeinsatz verfügen sowie auf Grund eigener Leistungen bereits ein hohes Maß eigenverantwortlicher Arbeit erreicht hatten.

In diesem Zusammenhang erscheint es auch notwendig, zum Beispiel in den verschiedenen gesellschaftswissenschaftlichen Disziplinen, langfristig Fachkräfte vorzubereiten, die philosophische, ökonomische, soziologische, staatswissenschaftliche u. ä. Fragen bestimmter gesellschaftlicher Bedürfniskomplexe untersuchen, wie Ernähren, Wohnen, Kommunizieren und ähnliches. War es doch für den Effekt der interdisziplinären Arbeit bedeutsam, welchen Stand die einzelnen Disziplinen erreicht hatten, welche Erkenntnisse in ihr zum betreffenden Bedürfniskomplex bereits vorlagen und wie die Mitarbeiter auf die interdisziplinäre Arbeit vorbereitet waren.

Forschungskomplexe, ausgehend von gesellschaftlichen Bedürfnissen, gezielt anzuregen und zu steuern, ist auch notwendig, weil man auf die Wissenschaft nicht so lange warten kann, bis aus ihren „internen" Erkenntnislinien sich die wesentlichen Fragen gesellschaftlicher Bedürfniskomplexe ausreichend gewissermaßen „von selbst" lösen lassen. Die gesellschaftliche Entwicklung fordert vielmehr komplexe Lösungen ohne Rücksicht auf den disziplinären Erkenntnisstand und damit zielgerichtetes, bewußt gesteuertes interdisziplinäres Zusammenwirken auch, wenn aus dem Erkenntnisprozeß heraus allein diese Kooperation noch nicht oder nur teilweise zwingend wird. Die Ernährung und ihre weitere Entwicklung ist ein gesellschaftliches und volkswirtschaftliches Anliegen von so hohem Rang, daß die Frage nach Möglichkeiten, um eine Gesundheit, Leistung und Lebensfreude fördernde Ernährung bei allen Mitgliedern der Gesellschaft zu erreichen, immer deutlicher und dringender wird, wenn auch zum Ernährungsverhalten und seinen Einflußfaktoren noch viele offene Fragen bestehen. In ähnlicher Weise: Krebskranke müssen behandelt werden, obgleich eine befriedigende Theorie der Ätiologie des Krebses noch nicht erreicht ist. Andere Beispiele ließen sich hinzufügen. Wie die bisherige Arbeit zu den gesellschaftlichen Grundlagen der Ernährung gezeigt hat, sind jedoch gesellschaftliche Erfordernisse nicht von vornherein identisch mit einem Forschungsprogramm, und umgekehrt: von einer Zusammenfassung erreichter Erkenntnisse und konzeptioneller Vorstellungen verschiedener Disziplinen sind noch erhebliche gemeinsame Anstrengungen der Forscher und Forschungsleiter bis zu einem komplexen bedürfnisorientierten und bedürfniswirksamen Entwicklungsprogramm der Forschung notwendig.

Die effektiven Leitungsmaßnahmen bestanden im Grunde genommen darin, solche Arbeitsprozesse anzuregen, die geeignet erscheinen, diesen Entwicklungszusammenhang schrittweise aufzuhellen, die Resultate gemeinsam mit dem Bearbeiterkollektiv konzeptionell zu verwerten und durch entsprechendes Forschungspotential abzusichern. Dabei waren Leitungsmaßnahmen dann erfolgreich, wenn sie sich auf entsprechende Forschungsarbeiten gründeten oder mit ihnen einhergingen.

In der praktischen wissenschaftlichen Arbeit vollzogen sich Forschung und ihre Leitung als weitgehend gemeinsamer Prozeß. Es zeigt sich u. E. ebenfalls, daß sich die Forschungssituation im Arbeitsprozeß verändert und — wie das auch H. Parthey betont[6] — sich nicht nur auf die Bedingungen und Faktoren des unmittelbaren Erkenntnisvorganges reduziert, sondern wesentliche Aspekte der Leitung, die Wirkungen der Forschung und besonders die funktionelle Integration der konkreten Thematik und ihrer Bearbeitung in den gesellschaftlichen Reproduktionsprozeß, in die Entwicklung gesellschaftlicher Bedürfnisse und volkswirtschaftlicher Reproduktionsbedingungen umfaßt. Das entspricht einer Herausarbeitung, Weiterentwicklung und Leitung komplexer interdisziplinärer Forschungsvorhaben als integrierter Bestandteil des umfassenden wissenschaftlich-technischen Fortschritts.

[6] Vgl. den Beitrag von H. Parthey, Forschungssituationen interdisziplinärer Arbeit in Forschungsgruppen, in diesem Band, S. 13—46; vgl. dazu auch: Ch. Dietrich, Schöpferische Arbeitsatmosphäre in Forschung und Entwicklung und einige grundlegende Bedingungen für schöpferische wissenschaftliche Arbeit. Wissenschaftliche Zeitschrift der Technischen Universität Dresden, 2/1979, S. 289—292.

Anhang 1
Forschungsschwerpunkte und -orientierungen zu den gesellschaftlichen Grundlagen der Ernährung

A: Forschungsschwerpunkte

I. Entwicklung, Funktion und Stellung des Bedürfniskomplexes Ernährung im gesellschaftlichen Reproduktionsprozeß

— Untersuchungen zu Wechselwirkungen des Bedürfniskomplexes Ernährung mit anderen Bereichen des gesellschaftlichen Reproduktionsprozesses
— Untersuchung volkswirtschaftlicher Konsequenzen der perspektivischen Entwicklung des Prokopfverbrauchs an Lebensmitteln auf der Basis von Ernährungsbilanzen und Transformation des perspektivischen Prokopfverbrauchs in die Warenfonds und seine Deckungsquellen
— Charakterisierung des Gebrauchswertes von Lebensmitteln und Schaffung von Grundlagen für die stärkere Berücksichtigung des Gebrauchswertes zur ökonomischen Stimulierung in der Lebensmittelproduktion
— Untersuchung stoffwirtschaftlicher Aspekte im Bedürfniskomplex Ernährung zur Aufdeckung volkswirtschaftlicher Ressourcen
— Ableitung von Anforderungen an die Bereitstellung von primären Rohstoffen

II. Tendenzen des Lebensmittelverbrauchs und der Ernährungssituation sowie Möglichkeiten ihrer Gestaltung

— Erforschung von sozialökonomischen und sozialpsychologischen Faktoren, die die Ernährungssituation, den Ernährungszustand und das Ernährungsverhalten beeinflussen, als Voraussetzung zur weiterführenden Charakterisierung des Ernährungsgeschehens im Kreuzungsfeld sozialer und biologischer Faktoren
— Bewertung und Beeinflussung des Lebensmittelverbrauchs und der Ernährungssituation typischer Bevölkerungsgruppen unter Berücksichtigung sozialer und biologischer Faktoren
— Erarbeitung von Grundlagen für die gesellschaftliche Bewertung von Varianten des Lebensmittelverbrauchs

III. Realisierungsbedingungen des Lebensmittelverbrauchs:

— Erfassung der historisch konkreten Wirkungsbedingungen der ökonomischen Gesetze des Sozialismus zur weiteren Vervollkommnung der Leitung, Planung und ökonomischen Stimulierung der Versorgung mit Lebensmitteln
— Vervollkommnung der Methoden und Instrumentarien der Markt- und Bedarfsforschung für Nahrungs- und Genußmittel mit dem Ziel der optimalen Proportionierung des Sortiments in der Makro- und Mikrostruktur
— Vervollkommnung der Methoden und Instrumentarien der Versorgungsplanung als mehrstufiges Modell, als Einheit von komplexer Planung der Ernährung und Ableitung der Erfordernisse für die Zweige und Territorien
— Vervollkommnung der Methoden und Instrumentarien der Leitung und Planung der Speisenwirtschaft im Rahmen der Erarbeitung territorialer Entwicklungskonzeptionen
— Vervollkommnung der zwischenbetrieblichen Vertragsbeziehungen, Ware-Geld-Beziehungen und der sozialistischen Kooperation zur Sicherung eines reibungslosen Ablaufs der arbeitsteilig organisierten Versorgungsprozesse

B: Orientierungen zur komplexen, interdisziplinären Anlage und Auswertung der Arbeiten

erstens für die Entscheidungsvorbereitung bei der zentralen Leitung und Planung des volkswirtschaftlichen Ernährungskomplexes

- Entwicklung des Prokopfverbrauchs bei Nahrungs- und Genußmitteln
- Entwicklung der Warenfonds
- Beeinflussung der Erzeugnisentwicklung und Sortimentsgestaltung
- schrittweise Durchsetzung einer gesundheits- und leistungsfördernden Ernährung
- Senkung der Verluste im Reproduktionsprozeß und Durchsetzung von Intensivierungsfaktoren des volkswirtschaftlichen Ernährungskomplexes

zweitens in theoretischer Hinsicht
- Erkennung gesellschaftlicher Gesetzmäßigkeiten, ihrer Wirkungsbedingungen und Verflechtungen im Bedürfniskomplex Ernährung
- Verdeutlichung der Funktion des Bedürfniskomplexes Ernährung bei der Herausbildung der sozialistischen Lebensweise
- Vertiefung der Erkenntnisse über den interdisziplinären Charakter der Forschungen zu den gesellschaftlichen Grundlagen der Ernährung, insbesondere zur Funktion der Gesellschaftswissenschaften als einer theoretischen Grundlage zur Weiterentwicklung der Ernährungswissenschaft

Anhang 2
Wichtige Problembereiche der Studie „Ernährung — gesellschaftlich bedingt, Entwicklungsprobleme einer neuen Forschungsrichtung“

- die Komplexität der gesellschaftlichen Bedingtheit der Ernährung und daraus resultierende Anforderungen an die Forschung, Aspekte und Ansätze eines sozialbiologischen Konzepts in der Ernährungswissenschaft, Inhalt und erste Abgrenzung von Arbeitsrichtungen zu den gesellschaftlichen Grundlagen der Ernährung
- die gesellschaftliche Bedingtheit der Ernährung aus historischer Sicht
- Entwicklungstendenzen des Bedürfniskomplexes Ernährung im volkswirtschaftlichen Reproduktionsprozeß der DDR unter Berücksichtigung der Produktionsvolumina für den Ernährungskomplex auf der Basis volkswirtschaftlicher Analysen
- einige Aspekte der effektiven Stoff- und Energienutzung bei Stufenprozessen der Nahrungsgüterproduktion einschließlich der damit verbundenen Fragen der Nutzung natürlicher Ressourcen und von Sekundärrohstoffen
- die Rolle der Ernährung im Rahmen der internationalen Klassenauseinandersetzung anhand der Haupttendenzen der Weltagrarproduktion und der Ernährungssituation in Entwicklungsländern, der Einschätzung von Aktivitäten des Monopolkapitals auf dem Gebiet der Ernährung und der Bedeutung der nationalen ökonomischen Basis, speziell der Agrarstruktur, für die Lösung der Ernährungsfrage in den Entwicklungsländern
- Faktoren, Bedingungen und Prozesse bei der Herausbildung des Problemfeldes, der Zielstellung, des Forschungskonzepts und der interdisziplinären sowie interinstitutionellen kooperativen Arbeiten zu den gesellschaftlichen Grundlagen der Ernährung und die damit verbundenen Leitungsaufgaben

Anhang 3
Zielstellung und Schwerpunktthemen des interinstitutionellen Kollektivs „Gesellschaftliche und ökonomische Grundlagen der Ernährung"

Zielstellung:
- Bedingungen, Faktoren und Gesetzmäßigkeiten der Entwicklung und Befriedigung des Bedürfniskomplexes Ernährung unter den gesellschaftlichen Voraussetzungen in der DDR zu untersuchen
- gesellschaftliche Ressourcen für die Ernährung zu erschließen
- neue Erkenntnisbereiche aufzudecken, um die gesellschaftlichen und natürlichen Faktoren und Zusammenhänge der Ernährung immer besser kennen und beherrschen zu lernen

Forschungsschwerpunkte:
- Ökonomische Grundlagen des Bedürfniskomplexes Ernährung im Rahmen des gesellschaftlichen Reproduktionsprozesses
- Erhöhung der Effektivität der gesellschaftlichen Arbeit im Ernährungskomplex durch rationelle Nutzung landwirtschaftlicher Rohstoffe, durch Senkung vermeidbarer Verluste sowie durch komplexe Nutzung der Ressourcen
- Ermittlung gesellschaftlich effektiver Entwicklungsrichtungen zur qualitativen Verbesserung des Lebensmittelangebots

Anhang 4
Einige Widersprüche und Lösungsmöglichkeiten bei der Bildung der Forschungsrichtung „Gesellschaftliche Grundlagen der Ernährung"

Widersprüche	*Lösungsmöglichkeiten* („Maßnahmen" zur produktiven Nutzung der Widersprüche)
– zwischen den komplexen Ansprüchen des interdisziplinären Konzepts und den disziplinären und institutionellen Interessen und Denkweisen	iterative konzeptionelle Arbeit und Entwicklung eines gemeinsamen Problembewußtseins Nutzung von gemeinsam ausgearbeiteten Studien für neue Einsichten und weiterführende integrierende Arbeiten
– zwischen vorhandener biologisch-medizinischer Ernährungsforschung und neuer (noch unvollkommener) sozialbiologischer Denk- und Arbeitsweise	Aneignung biologisch-medizinischer ernährungswissenschaftlicher Grundkenntnisse durch Gesellschaftswissenschaftler und ökonomischer, soziologischer und philosophischer Kenntnisse zum Ernährungskomplex durch Naturwissenschaftler; Untersuchungen zum biosozialen Charakter der Ernährung

– zwischen der inhaltlichen Leitung der Forschungen einerseits (durch den Leiter der Forschungsrichtung) und der Leitung der Potentialentwicklung (durch die Institute), zwischen der vorhandenen Potentialstruktur und neuen Erfordernissen auf Grund des interdisziplinären Konzepts	ständige Abstimmung und gegenseitige Orientierung der kooperierenden Bearbeiter und ihrer Leiter, vor allem des Leiters der komplexen Problematik und der Direktoren der Partnerinstitute; ggf. Übertragung bestimmter Vollmachten an den Leiter des interdisziplinären Komplexes (z. B. zur Gewährung finanzieller Mittel, zur Sicherung von apparativer Ausstattung oder Auslandsreisen zu international führenden Zentren o. ä.)
– zwischen dem Streben nach einem interdisziplinären *Forschungs*programm und dem Fehlen einer einheitlichen oder zentralisierten Leitung odcr gesellschaftlichen Steuerung des Ernährungskomplexes und des Ernährungsverhaltens, zwischen dem Anforderungsspektrum und dem Feld der *Forschungs*probleme, zwischen den zeitlichen Anforderungen an Ergebnisse entsprechend den volkswirtschaftlichen Planungsrhythmen und den Zeitdauererfordernissen der Erkenntnisprozesse	iterative Erarbeitung einerseits eines durch die Erkenntnismöglichkeiten induzierten, abgestimmten und zunehmend geschlosseneren Anforderungssystems und andererseits eines Problemfeldes sowie eines realisierbaren Forschungsprogramms; Entwicklung einer effektiven und rationellen Kooperation der wichtigsten Beteiligten

Anhang 5
Einige Forschungsleistungen zu gesellschaftlichen Problemen der Ernährung, auf Grund derer u. a. dic Ausarbeitung einer Ernährungsstrategie als Aufgabe gestellt werden konnte

– Studie: Ernährungssituation – Ernährungsbedürfnis – Ernährungsverhalten im Prozeß der sozialistischen Lebensweise unter besonderer Berücksichtigung sozialdifferenzierender Faktoren (Zentralinstitut für Ernährung der Akademie der Wissenschaften der DDR – 1977)
– Berechnungen zum Prokopfverbrauch (Zentralinstitut für Ernährung der Akademie der Wissenschaften der DDR – 1978)
– Die Durchsetzung einer vernünftigen Ernährung in der Etappe der entwickelten sozialistischen Gesellschaft (Institut für Marktforschung, Leipzig – 1977)
– Berechnung und Auswertung von Modellergebnissen über Lebensmittelbedürfnisse und Lebensmittelsubstitution in der DDR (Zentralinstitut für Ernährung der Akademie der Wissenschaften der DDR – 1978)
– Aussagen zur rationellen Entwicklung des volkswirtschaftlichen Ernährungskomplexes im Zusammenhang mit der prognostischen Entwicklung des Lebensmittelverbrauchs (Zentralinstitut für Ernährung und Zentralinstitut für Wirtschaftswissenschaften der Akademie der Wissenschaften der DDR – 1978/79)

- Vorhersage der Bedarfsentwicklung bei Lebensmitteln für den Fünfjahrplanzeitraum 1981 bis 85 mit Hilfe ökonomischer Methoden (Zentralinstitut für bezirksgeleitete und Lebensmittelindustrie, Berlin — 1978)
- Untersuchungen zu Status und Dynamik der Ernährungssituation und des Ernährungszustandes in der Gesamtbevölkerung und in ausgewählten Bevölkerungsgruppen (Zentralinstitut für Ernährung der Akademie der Wissenschaften der DDR — 1978)
- Studie „Gesellschaftliche Grundlagen der Ernährung" (Zentralinstitut für Ernährung, Zentralinstitut für Wirtschaftswissenschaften und Institut für Theorie, Geschichte und Organisation der Wissenschaft der Akademie der Wissenschaften der DDR — 1979)
- Dokumentation zur Entwicklung der Ernährungspolitik in der DDR (Handelshochschule 1979)
- Tendenzen der Rohstoffbereitstellung für Nahrungsgüter durch die Landwirtschaft unter dem Aspekt der Bedarfsdeckung für Ernährung 1981—85 (Institut für Ökonomik der Land- und Nahrungsgüterwirtschaft, Berlin — 1980)

Wolf-Heiger Mehnert und János Wolf*

Merkmale und Probleme der interdisziplinären Zusammenarbeit von Forschern, dargestellt am Beispiel der Forschungsphasen bei Untersuchungen zur Entwicklung eines tumorlokalisierenden Krebstestes

In vielen Staaten der Erde sind Geschwulstkrankheiten die zweithäufigste Todesursache. Von 50 Millionen Menschen, die gegenwärtig jährlich sterben, erliegen etwa 5 Millionen einem Krebsleiden. Einer Trendberechnung der Weltgesundheitsorganisation zufolge wird diese Zahl Ende unseres Jahrhunderts bei etwa 8 Millionen liegen. In der DDR ist jährlich ein Neuzugang von ca. 60000 Krebskranken zu verzeichnen und nahezu 40000 sterben an diesem Leiden.

Eines der sich aus dieser Situation ergebenden wesentlichen Probleme der Krebsforschung besteht in der Suche nach Wegen zur Verbesserung der Geschwulstdiagnostik, da das Schicksal eines Krebspatienten in sehr vielen Fällen noch immer durch die nicht rechtzeitig erfolgte oder ungenügende Tumordiagnostik bereits zu Beginn der Therapie festgelegt ist.

Gemeinsames Grundproblem der Tumordiagnostik und -therapie ist die Auffindung, Erfassung und Nutzung möglichst spezifischer Merkmale zur sicheren Abgrenzung der Krebszellen von Normalzellen unter in-vivo-, respektive in-vitro-Verhältnissen.

Im Verlauf der Geschwulstforschung wurden eine Reihe von Einzelmerkmalen bzw. von Merkmalskomplexen herausgearbeitet und Methoden entwickelt, deren Kenntnisse dem erfahrenen Arzt erlaubt, klinisch zu brauchbaren Tumordiagnosen zu gelangen. Diese Verfahren sind jedoch überwiegend nur in der Summe der Merkmalskomplexe brauchbar und bedürfen in hohem Maße der kritischen Wertung und Erfahrung des diagnostizierenden Arztes und sind mit wenigen Ausnahmen nicht tumorspezifisch, was immer wieder Anlaß zu Fehldiagnosen gibt.

Eine grundlegende Verbesserung der Tumordiagnostik könnte erreicht werden, wenn es gelänge, ein Verfahren zu entwickeln, das die sensitive Erfassung tumorspezifischer Merkmale frei von Subjektivismen gestatten würde.[1]

* Die dargestellten medizinischen Untersuchungen und Ergebnisse zur Entwicklung eines tumorlokalisierenden Krebstestes beruhen auf der gemeinsamen Forschungsarbeit von H. J. Altenbrunn, E. M. Fabricius, W.-H. Mehnert, H. E. Schmidt, W. Schmidt, U. Schneeweiß und R. Vogt.

[1] Vgl. W.-H. Mehnert, Versuche zum Tumor-Clostridien-Phänomen unter Berücksichtigung der Lokalisierbarkeit ^{131}J-markierter Anti-Clostridien-Stäbchen-Antikörper, 1980, Entwurf der Dissertation zur Erlangung des akademischen Grades Doktor der Wissenschaften, Zentralinstitut für Krebsforschung der Akademie der Wissenschaften der DDR.

Der im folgenden beschriebene Forschungsprozeß wurde mit dem Ziel aufgenommen, einen Beitrag in dieser Richtung zu erbringen. Es wurde versucht, dem angestrebten Ziel durch Kombination mikrobiologischer, immunologischer und nuklearmedizinischer Methoden näher zu kommen. Wegen der Komplexität der Problematik war das Forschungsvorhaben von vornherein mit dem Entwurf einer interdisziplinären Forschungsstrategie gekoppelt.

Da die Autoren mehrere Jahre hindurch systematisch in Fragen der methodologischen und forschungsorganisatorischen Gestaltung dieses Prozesses zusammenwirkten, bot es sich an, diesen Forschungsprozeß selbst zum Gegenstand analytischer Betrachtungen zu machen.

Wenngleich also die Merkmale und Probleme der interdisziplinären Forschung thematisiert werden sollen, so zunächst doch ausgehend von der Beschreibung inhaltlicher Zusammenhänge des Forschungsprozesses selbst, dessen globales Verständnis erst die Erörterung des interdisziplinären Zusammenwirkens exemplarisch ermöglicht.

Um die Forschungsproblematik, den methodischen Ansatz und den Entwurf der Forschungsstrategie aus ihren ideellen Verankerungen plausibel entwickeln zu können, sei deshalb eingangs der wissenschaftshistorische Hintergrund skizziert.

1. Historischer Hintergrund

Bereits zu Beginn des Zeitalters der großen Entdeckungen auf dem Gebiet der Bakteriologie — Ende des vergangenen Jahrhunderts — wurden Versuche unternommen, Krebs mit Hilfe von Bakterieninfektionen zu behandeln.

Erste derartige Mitteilungen stammen von Busch aus dem Jahre 1866 und 1868. In der „Berliner medicinischen Wochenschrift" berichtete er über Behandlungserfolge bei zwei menschlichen Sarkomfällen mit klinischer Besserung nach Erysipelinfektion. Bakteriologisch handelte es sich um mischinfizierte Streptokokkeninfektionen.

Entsprechende Untersuchungen oder Beobachtungen von Krebsinfektionen durch die verschiedensten Mikroorganismen mit unterschiedlichen Therapieerfolgen wurden sporadisch immer wieder publiziert, führten aber zunächst nicht weiter. Erst die anfänglich wenig beachteten experimentellen Untersuchungen zur therapeutischen Nutzung einer artefiziellen Tumorinfektion mit Clostridien von R. C. Parker und anderen (1947) begründeten eine neue Forschungsrichtung.[2]

Clostridien sind anaerob lebende, begeißelte, bewegliche Bakterien mit der Fähig-

[2] R. C. Parker/H. C. Plummer/C. O. Siebenmann/M. G. Chapman, Effekt of Hystolyticus Infections and Toxin on Transplantable Mouse Tumors, in: Proceedings of the Society for Experimental Biology and Medicine, New York, S. 461—467.

keit zur Ausbildung von Dauerformen (Sporen), die zu den Bacilliaceae gerechnet werden.[3] Zu den Clostridien gehören hochpathogene Vertreter, wie die gefürchteten Erreger des Wundstarrkrampfes, des Gasbrandes und der Botulismus-Lebensmittelvergiftungen, aber auch völlig apathogene harmlose Kommensalen des menschlichen Darmes, die massenweise bei Stuhluntersuchungen nachgewiesen werden können.

Im Jahre 1947 unternahmen R. C. Parker, H. C. Plummer, M. G. Chapman, C. C. Siebenmann den kühnen Versuch, die bekannten gewebszerstörenden Eigenschaften des hochpathogenen Clostridienvertreters Cl. Welchii für eine zunächst experimentelle Tumortherapie einzusetzen.

Tumortragende Mäuse erhielten Sporen von Clostridium Welchii intravenös appliziert. Im Gefolge dieser Behandlung kam es zu einer deutlichen Einschmelzung des Geschwulstgewebes bei den Mäusen. Die verheerenden Folgen der Clostridium-Welchii-Infektion durch Giftbildung und schrankenlose Ausbreitung der Keime im Gesamtorganismus über die Tumorgrenzen hinweg, suchten sie durch Anticlostridien-Antiserumbehandlung zu steuern.

Dieser hochinteressante experimentell therapeutische Ansatz fand über einige Jahre keine weitere Beachtung. Wahrscheinlich auch deshalb, weil dieses Modell mit pathogenen Clostridien für praktisch-therapeutische Belange auf Grund des seinerzeitigen Wissensstandes noch keine Bedeutung erlangen konnte.

Erst 1955 erschien die nächste wesentliche Publikation zum Clostridien-Tumor-Phänomen. R. A. Malmgreen und C. C. Flanigan konnten in ihren Untersuchungen die hohe Spezifität der Clostridien-Auskeimung im Tumorgewebe nachweisen.[4]

Wiederum erhielten tumortragende Mäuse parenteral Clostridiensporen appliziert; diesmal wurden Sporen von Clostridium tetani, dem Erreger des Wundstarrkrampfes, intravenös gespritzt. Als Ergebnis der Behandlung zeigte sich:

- sporenbehandelte tumortragende Tiere starben innerhalb kurzer Zeit an Tetanus,
  tumorfreie Tiere überlebten im Beobachtungszeitraum,
- der bakteriologische Nachweis ausgekeimter Clostridienstäbchen gelang nur im Tumorgewebe, nicht aber in Normalorganen und Geweben,
- bei einigen Tieren konnte als Folge der Stäbchenauskeimung eine flüssige Tumorgewebszerstörung, eine Onkolyse beobachtet werden.

1959 konnten J. Möse und andere als erste über die Auskeimung apathogener Clostridien im Tumor berichten.[5] Dieser Befund machte den Weg frei für die

[3] D. H. Bergey, Bergey's Manual of Determinative Bacteriology, Eighth ed. Baltimore 1974.

[4] R. A. Malmgreen/C. C. Flanigan, Lokalization of the Vegetative Form of Clostridium tetani in Mouse Tumore Following Intrevenous Spore Administration, in: Cancer Research, Chicago 15/1955.

[5] J. Möse/G. Möse, Onkolyseversuche mit apathogenen, anaeroben Sporenbildnern am Ehrlich-Tumor der Maus, in: Zeitschrift für Krebsforschung, Jena 63/1959, S. 63—74; E. H. Thiele/R. N. Arison/G. E. Boxer, Onkolysieby Clostoridia III. Effects of Clostridis and

notwendige experimentelle und klinische Forschung, um späterhin das „Tumor-Clostridien-Modell" gefahrlos in die tägliche Praxis der Tumordiagnostik und -Therapie am Krankenbett integrieren zu können.

Selbst erste therapeutische Versuche am Menschen wurden durchgeführt. All diese Untersuchungen waren in der Euphorie der ersten Stunde jedoch weniger grundlagen-, als anwendungsorientiert.

Kombinationstherapieversuche mit allen möglichen bekannten Behandlungsverfahren — Chemotherapeutica, Strahlenbehandlung, chirurgische Zusatzbehandlung — wurden eingeleitet, um den stark tumorlytisch wirksamen und mit ausgeprägten Unsicherheitsfaktoren behafteten Anfangserfolg der Clostridienbehandlung in einen dauerhaften Therapieerfolg umzuwandeln.

Tierexperimentelle und klinische Untersuchungen zur tumortherapeutischen Nutzbarmachung der artifiziellen Infektion von Tumorträgern mit apathogenen Clostridiensporen stellen gegenwärtig im internationalen Maßstab die Hauptrichtung der Tumor-Clostridienforschung dar und es wird beharrlich an der Einführung neuer Kombinationsverfahren zur Verbesserung der Tumor-Clostridien-Therapie weitergearbeitet.

Neben dieser ausschließlich anwendungsorientierten — auf der Tumorlyse nach Clostridieninfektion basierenden — Forschungsrichtung entwickelte sich, zwar vergleichsweise gesehen viel schwächer repräsentiert, eine weitere sehr interessante, ebenfalls anwendungsorientierte Forschungsrichtung — die die Nutzung des „Tumor-Clostridien-Phänomens" für eine Tumor-(Früh)-Diagnostik zum Ziel hatte.

Die Ursache der Auskeimung von Clostridien im Tumor werden bisher verschieden erklärt.

R. A. Malmgreen und C. C. Flanigan nennen als mögliche Ursache
- gesteigerte Zellprofiliferationsrate,
- „anaerobe Glykolyse" mit Milchsäureanhäufung,
- erhöhte Zahl von Nekrosen und Mikronekrosen mit verminderter O_2-Spannung und
- schlechte Gefäßversorgung

im Tumorbereich.[6]

J. Möse, E. H. Thiele, H. Kretschmer messen der primären Nekrose im Tumor besondere Bedeutung bei, während U. Schneeweiß eine gesteigerte Zellprofiliferationsrate als entscheidend ansieht.[7]

Chemotherapeutica Agents on Rodent Tumors, in: Cancer Research Chicago 24/1964, S. 222 bis 233; H. Kretschmer, Experimentelle und klinische Untersuchungen zum Tumor-Clostridien-Phänomen. Dissertation B, Karl-Marx-Universität, Leipzig 1974, Bereich Medizin; U. Schneeweiß/E. M. Fabricius/W. Schmidt, Experimental Studies on the Parthogenicity of Tetanus Spores Regarding Encaryotic Cell Systems, in: Zentralblatt für Bakteriologie und Parasitenkunde (Orig. A.) 243/1979, S. 528—541.

[6] R. A. Malmgreen und Flanigan, a. a. O.

[7] J. Möse/G. Möse, a. a. O.; E. H. Thiele und andere, a. a. O.; H. Kretschmer, a. a. O.

Schneeweiß versuchte seine Hypothese am „Tumor-Tetanus-Modell" zu bestätigen, das er zu einem hochsensitiven Meßsystem zur Klärung von Grundlagenproblemen der Tumor-Wachstumskinetik in-vivo ausgebaut hat. Auf Grund von experimentellen Befunden und mathematischen Modellbildungen konnte er gemeinsam mit E.-M. Fabricius und W. Schmidt zeigen, daß der eigentliche Promoter der Clostridienauskeimung und Vermehrung im Makroorganismus die sich teilende Warmblüter-Zelle und der damit verbundene Sauerstoffpartialdruckabfall ist.[8]

Die Auskeimung von Clostridiensporen im Tumor konnte aber auch auf einer Attraktion der Sporen durch das Tumorgewebe — im Sinne der Virchowschen Attraktionstheorie — beruhen, das heißt auf einer Ungleichverteilung von Sporen im Organismus zugunsten einer selektiven Tumoranreicherung. Diese Annahme wurde jedoch auf Grund von Verteilungsstudien mit ^{51}Cr-markierten Sporen ausgeschlossen.[9]

Die experimentellen Befunde zum „Tumor-Clostridien-Phänomen" hatten insgesamt ergeben, daß es nach parenteraler Applikation von apathogenen Clostridien zu einer intratumoralen Keimvermehrung und unter bestimmten Umständen — offenbar vorwiegend keimzahlabhängig — zur Tumorzellschädigung mit Lyse, der sogenannten „Onkolyse" kommt.

Unter günstigen Umständen kann die Onkolyse zur Vernichtung des gesamten Tumorgewebes und damit zur Heilung führen; in der Regel bleibt aber Tumorrestgewebe bestehen, von dem dann nach Abklingen der Clostridieninfektion das Geschwulstrezidiv seinen erneuten Ausgang nimmt.

Insbesondere unter dem Eindruck dieser stark tumortherapeutischen Wirkung der Clostridien ist auch gegenwärtig noch die Forschungstätigkeit anwendungsorientiert, auf die therapeutische Seite konzentriert.

Da Eintritt, Ablauf, Ausgang und Erfolg der Onkolyse mit einem hohen Unsicherheitsfaktor belastet sind, bemühte und bemüht man sich

- um eine Verbesserung der therapeutischen Wirksamkeit der Onkolyse, zum Teil durch Kombination mit anderen Tumortherapie-Verfahren,
- um Entwicklung diagnostischer Methoden zur rechtzeitigen Erkennung des Lysebeginns und
- um Aufklärung der Mechanismen, die zur Tumorlyse führen.

Doch bislang führten diese Untersuchungen zu keinem rechten Erfolg.

2. Problemsituation

Die hohe Selektivität der Clostridienauskeimung im Tumorgewebe eröffnet auch die Möglichkeit ihrer Einbeziehung zur Tumordiagnostik, wobei die Clostridien

[8] U. Schneeweiß/E. M. Fabricius/W. Schmidt, a. a. O.

[9] M. Wenzel/D. Eißner, Die Verteilungsstruktur^{51}-markierter Clostridien Sporen in Tumor-tragenden Ratten, in: Zeitschrift für Naturforschung (Tübingen), 23/1968, S. 255—258.

im Sinne eines meßtechnisch zugänglichen Krebsindikators Anwendung finden sollten. Versuche in dieser Richtung wurden bereits unternommen.

Die dabei verfolgte Arbeitshypothese basiert auf dem Stoffwechsel-, chemisch und immunologisch differentem Verhalten von Clostridiendauerform (Spore) und ihrer Vermehrungsform (Stäbchen). Werden Sporen Tumorträgern parenteral appliziert, so verteilen sich diese als inerte Dauerformen mit dem Säftestrom über den Organismus; sie werden phagozytiert und ohne nennenswerte Alteration des Gesamtorganismus eliminiert. Gelangen einige dieser Sporen bei ihrer Gleichverteilung über den Gesamtorganismus ins Tumorgewebe, so finden sie dort günstige Bedingungen, die ihnen eine Auskeimung und Keimvermehrung gestatten. Die dann explosionsartig ablaufende Keimvermehrung geht mit spezifischen, wie auch unspezifischen Stoffwechselleistungen der Clostridien sowie Abwehrreaktionen des Makroorganismus einher, von denen einige wenige bisher für die diagnostische Fragestellung herangezogen wurden.

Ein anderer Weg der Nutzung von Clostridien zur Tumordiagnostik ist die Ausnutzung spezifischer Antwortreaktionen des Organismus auf das Vorhandensein und die Vermehrung von Clostridienstäbchen im Tumor. Oberhalb einer bestimmten minimal notwendigen Clostridienkeimzahl reagiert der Organismus mit Antikörperproduktion. Diese zeitlich der Clostridienauskeimung im Tumor nachhinkende Antikörperproduktion kann mit serologischen Methoden (Agglutination, Präzipitation von Clostridien-Stäbchen-Antigen) in vitro nachgewiesen werden und ist im Sinne einer Tumor-Hinweis-Reaktion zu interpretieren. Versuche, diese von mehreren Arbeitsgruppen bereits abgesicherte serologische Nachweisbarkeit von Tumoren über Clostridien-Stäbchen-Antikörper zu klinischer Anwendung zu bringen, sind im Gange.

Ein weiterer sehr interessanter Weg der Tumordiagnostik über Clostridien als Indikatorkeime ist der Versuch, ausgekeimte Stäbchen direkt im Tumorgewebe zur Darstellung zu bringen. Als Methode der Wahl bietet sich für diese Aufgabenstellung die Isotopentechnik mit markierten Antikörpern an.

Hier könnte die Kombination mehrerer gut bekannter Methoden zu einem wesentlichen — weil qualitativen — Sprung auf dem Gebiet der Tumordiagnostik führen, denn Fortschritte der Wissenschaft sind wesentlich auch Fortschritte der Methode und oft durch Kombination bereits gut bekannter Methoden und deren Anwendung auf neue Fragestellungen zu erreichen.

Auf Grund des gegebenen Erkenntnisstandes boten sich gedanklich als methodische Ansatzpunkte der Entwicklung eines Krebstestes

— die meßtechnische Erfassung tumorspezifischer Stoffwechselreaktionen bzw. Reaktionsprodukte
— die meßtechnische Erfassung tumorspezifischer Immunreaktionen bzw. Reaktionsprodukte.

Allgemeingültige und für alle Geschwülste spezifische Stoffwechsel- bzw. Immunreaktionen sind bisher nicht bekannt geworden, so daß die Universalität dieses Gedankenganges bis jetzt nicht realisierbar ist. Ausnahmen, wie zum

Beispiel der spezifische nuklearmedizinische Nachweis hormonproduzierender und radiojodspeichernder Metastasen von reifen Schilddrüsen-Carcinomen zeigen aber, daß der theoretisch gegebene Ansatzpunkt der Tumordiagnostik auf dem oben dargelegten Weg gangbar erscheinen muß.
Da es bisher nicht gelingt, tumorspezifische Reaktionen herauszuarbeiten, muß ein weiteres Denkprinzip eingeführt werden.

Ausgehend von der Hypothese, daß es tumorspezifische Reaktionen gibt, deren Penetranz jedoch nur ungenügend ausgeprägt ist, gilt es Wege zu suchen, um ihre meßtechnische Erfassung zu ermöglichen.

Das könnte durch
- Verbesserung der Meßtechnik,
- Verstärkung des zu erfassenden Effektes,
- Einführung eines meßtechnisch leicht erfaßbaren Indikators in das Reaktionsgeschehen gelingen.

Welche Reaktionen der Indikator anzeigen sollte, kann zunächst offenbleiben; die einzige zu erfüllende Forderung wäre: es sollte eine tumorspezifische Reaktion zur Darstellung gebracht werden.

3. Entwurf der Forschungsstrategie

Ausgangspunkt der Überlegungen bei Aufnahme der experimentellen Untersuchungen zur Entwicklung eines lokalisierenden Krebstests war die bekannte und nach wie vor bestehende unbefriedigende Situation auf dem Gebiet der Geschwulstdiagnostik. Bei Konzipierung der Arbeitshypothese mußte beim Fehlen immunologischer oder sonstiger Reaktionen mit gesicherter Tumorspezifität experimentell ein Umweg gegangen werden, um dem angestrebten Ziel näher zu kommen.

Es wurde, anknüpfend an Vorstellungen Malmgrens und Flanigans (1955) zur Entwicklung eines tumorlokalisierenden Krebstestes auf mikrobiologisch-immunologischer Basis, versucht:
- im Tumor selektiv ein Fremdantigen anzureichern,
- am Antigen als Target im Tumor mit markierten Antikörpern eine Antigen-Antikörper-Reaktion einzuleiten,
- die Antigen-Antikörper-Reaktion szintigrafisch darzustellen und damit
- zur Lokalisation des Tumors zu nutzen.

Für die Modelluntersuchungen wurden als Indikator auf Grund der hohen Tumorselektivität Clostridien als Fremdantigen gewählt.

Die Versuchskonzeption sah vor:
- Tumorträgern Clostridiensporen intravenös zu injizieren, dann nach Auskeimung der Sporen zu Stäbchen und deren Vermehrung im Tumor
- radiojodmarkierte Anticlostridienstäbchen — Antikörper intravenös zu appli-

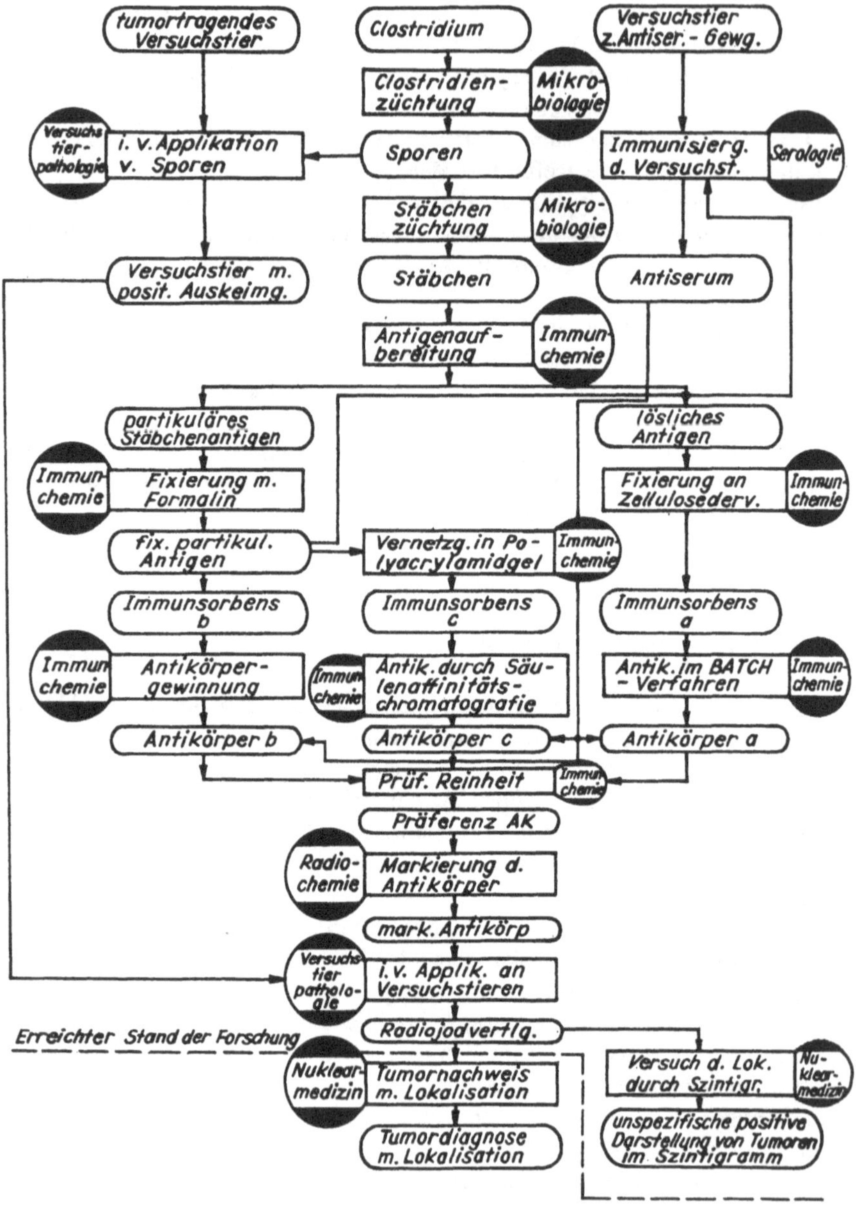

Abb. 1: Verteilung von Disziplinen bzw. Disziplingebieten auf Etappen im globalen Arbeitsprogramm zur Entwicklung eines tumorlokalisierenden Krebstests.

zieren und diese nach Fixierung der markierten Antikörper im und am Tumor als dem Ort der Antigen-Antikörper-Reaktion

— für die Tumorszintigrafie zu nutzen.

Dieses Ziel sollte im wesentlichen durch folgende Forschungsetappen erreicht werden:

I. Auswahl eines Clostridienstammes und Modelltumors,

II. Präparation von Anticlostridienstäbchen-Antikörpern und Kontrollproteinen,

III. Entwicklung geeigneter Bedingungen für die ^{131}J-Markierung von Immunglobulinen (unter Erhaltung ihrer Reaktivität) und

IV. Tierversuch mit Tumorszintigrafie.

Wie diese Forschungsetappen als Arbeitsprogramm unter bezug auf verschiedene Disziplinen bzw. Disziplingebiete realisiert werden sollten — auch den erreichten Stand — veranschaulicht der Entwurf der globalen Forschungsstrategie in Abbildung 1.

Im folgenden wird der Forschungsprozeß, soweit er bisher gediehen ist, global beschrieben. Eine umfassende und detaillierte Darstellung der Methoden und Ergebnisse aller Etappen dieses Forschungsprozesses liegt ebenfalls vor.[10]

4. Beschreibung des Forschungsprozesses

Die Realisierung des Forschungsprogramms erforderte aus der strategischen Sicht das Zusammenwirken verschiedener Disziplinen: Die Mikrobiologie für die Bakterienanzucht, die Pathologie für die Tierexperimente, die Immunchemie für die Antikörperpräparation, die Radiochemie für die Antikörpermarkierung und die Nuklearmedizin mit ihrer entsprechenden Meßtechnik für die szintigrafische Auswertung der Tierexperimente.

Die Art und Weise des Zusammenwirkens dieser Disziplinen sei insbesondere in bezug auf markante Such- und Entscheidungssituationen dargelegt.

Um den Forschungsverlauf hinsichtlich der Such- und Entscheidungsprozesse kenntlich machen zu können, soll der Fortgang der Forschungsarbeit besonders unter zwei Aspekten verfolgt werden, die situativ dominant auftreten können: und zwar unter dem Aspekt der *Erkundung* und dem Aspekt der *Entscheidung*. Unter dem Aspekt der Erkundung dominiert die Sicht auf den Suchprozeß, auf den innovativen inhaltlichen und methodischen Fortschritt der Forschung gegenüber und abhängig von den jeweils gegebenen Voraussetzungen. Unter dem Aspekt der Entscheidung hingegen dominiert die Sicht auf den Entscheidungsprozeß, auf Festlegungen innerhalb möglicher Alternativen und des damit erfolgten Entscheides über den Pfad weiteren Suchens — gewissermaßen auf

[10] W.-H. Mehnert, a. a. O.

einem Wege mit Abzweigungen ohne Hinweisschilder.[11] Die Qualität der Erkundungs- und Entscheidungsprozesse ist durch mannigfache Einflußfaktoren determiniert, etwa durch das Niveau des erreichten Erkenntnisstandes und des Wissens über diesen, durch das mehr oder weniger strikte Beachten von Kriterien der Wissenschaftlichkeit, durch methodologische Grundeinstellungen der Forscher, durch die praktizierte Kommunikation, durch den Grad der Arbeitsorganisation und anderes.

Originelle Erkenntnisprozesse zeichnen sich ja gerade durch eine Kombination von Erkundungen und Entscheidungen aus, die sich in einer Vielzahl von Alternativen als zielrelevant erweisen.

Wie im entworfenen Forschungsprogramm vorgesehen, wurde zunächst in einer Etappe der experimentellen Erkundung, auf der Grundlage mikrobiologischen und medizinischen Wissens, ein geeigneter Clostridienstamm gesucht. Der auszuwählende Stamm mußte einer Reihe von Kriterien genügen, unter anderem folgenden:

— leichte Vermehrungs- und Versporbarkeit des Stammes unter Kulturbedingungen,
— gute Verträglichkeit hoher Dosen von Clostridiensporen und Stäbchen im Tierversuch,
— Antigendifferenz zwischen Spore und Stäbchen,
— ausreichende Immunität der Stäbchen.

Der von J. Möse für Tierversuche als optimal angesehene apathogene Stamm Clostridium butyricum M55 sive oncolyticum ATCC 13.732 stand zunächst nicht zur Verfügung. Methodologisch gesehen, wäre die Verfügbarkeit dieses Stammes eine Voraussetzung gewesen, unmittelbar an den vorhandenen Erkenntnisstand anknüpfend, weiterarbeiten zu können. So mußte aber die Entscheidung getroffen werden, analog zu dem aus Erdproben isolierten Stamm bei Möse, selbsttätig einen zu gewinnen.

In einer Phase der Erkundung zur Auffindung solch eines geeigneten Clostridien-Stammes — analog des Möse'schen Vorgehens — wurden keine befriedigenden Ergebnisse erzielt, weshalb sie abgebrochen wurde. Man entschied sich nunmehr für erste orientierende Versuche auf Clostridien-Stämme einer Sammlung aus Jena zurückzugreifen. Es galt nun wiederum, zu erkunden, welcher der Stämme aus dieser Sammlung für das Forschungsvorhaben der geeignetste sei.

Auf Grund des guten Anzucht- und Sporulationsvermögens auf einer modifizierten Eisennagel-Bouillon wurde nach Voruntersuchungen und einer größeren Anzahl von Anzuchtproben unter den zur Verfügung stehenden Stämmen Clostri-

[11] J. Wolf, Gerüst eines Phasenmodells der Struktur und funktionalen Kopplung von empirischer und theoretischer Wissensbildung, in: Probleme der Methodologie der Wissenschaft. Konferenzmaterialien, Berlin 1978, Teil I, S. 174—216 (Institut für Theorie, Geschichte und Organisation der Wissenschaft der Akademie der Wissenschaften der DDR, Kolloquien, Heft 20, Teil I).

dium butyricum Jena H8 gewählt. Die Wahl des Stammes Jena H8 war nicht unumstritten. Seitens der Mikrobiologie mußten Vorbehalte geltend gemacht werden: erstens die ungeklärte Herkunft (Provenienz) und zweitens die stark onkolytischen Eigenschaften von H8, die für diagnostische Fragestellungen als weniger günstig angesehen werden durften.

Die Forschungsgruppe mußte sich aber auf einen Stamm einigen, wenn nicht vorgefaßte Termine unabsehbar überschritten und der disziplinierte Fortgang in Bezug auf die Gesamtstrategie zunächst unterbunden werden sollte.

In einer Phase experimenteller Erkundung zur Versuchstierpathologie wurden 30 verschiedene Transplantationstumortypen bezüglich ihres Verhaltens gegenüber einer artefiziellen Infektion mit Sporen von Clostridium butyricum Jena H8 getestet.

Untersuchungen anderer Autoren zufolge war das differente Auskeimungs- und Lysevermögen unterschiedlicher Clostridienstämme im Tumorgewebe bekannt.[12]

Bezüglich des Stammes H8 ließen sich daraus eine Reihe von Teilproblemen ableiten, die durch folgende Fragen repräsentiert werden konnten:

— Keimt der Stamm H8 nach parenteraler Sporenapplikation in Experimentaltumoren aus?
— Ist die intratumorale Auskeimung mit einer Onkolyse verbunden?
— Bestehen bezüglich der Auskeimungs- und Lysefähigkeit Unterschiede zwischen verschiedenen Transplantationstumorstämmen, Transplantationsmodi und Versuchstierstämmen?
— Können ausgekeimte Clostridienstäbchen auch außerhalb des Tumors in tumorfreien „Normal"organen und -geweben nachgewiesen werden?

Die Phase der auf Beantwortung dieser Fragen hinzielende experimentelle Erkundung führte zu folgenden Ergebnissen:

Nach parenteraler Applikation von H8-Sporen wurde intratumorale Auskeimung und Onkolyse an einer breiten Palette unterschiedlich induzierter Mäusetransplantationstumoren nachgewiesen. Die Auskeimung und Vermehrung der Clostridien beschränkte sich ausschließlich auf das Tumorgewebe. Versuche, Clostridien in parallel untersuchten Normalgewebsproben bakterioskopisch nachzuweisen, verliefen negativ. Für beobachtete Unterschiede der Auskeimungs- und Lysehäufigkeiten sind unter anderem tumorwirts- und transplantats-spezifische Eigenschaften mitverantwortlich.

Nach diesen Ergebnissen sollte erkundet werden, welches Tumormodell aus der Palette der zur Verfügung stehenden Transplantationstumoren sich als besonders geeignet erweisen würde und für welches man sich folglich in Anbetracht des Erreichens des Forschungszieles entscheiden sollte.

[12] D. Gericke/K. Engelbart, Onkolysis by clostridia, in: Cancer Research, Chicago 24/1964, S. 217—221.

Im Idealfall sollte das Tumormodell

— parenteral applizierten H8-Sporen mit hoher Sicherheit und gut reproduzierbar eine intratumorale Auskeimung und starke Keimvermehrung ermöglichen und
— während dieses Prozesses möglichst nicht lysiert werden.

Umfangreiche Untersuchungen ergaben, daß Modelltumoren, bei denen nur in Einzelfällen eine Clostridienvermehrung im Tumorgewebe nachgewiesen werden konnte, für Tumorlokalisationsversuche ausschieden. Es zeigte sich, daß eine ganze Reihe von fortführenden experimentellen Untersuchungen notwendig gewesen wären, um das Auskeimungs- und Lysevermögen verschiedener Clostridienstämme auf unterschiedlichen Transplantationstumoren sowie Tumorwirtstierarten abklären zu können. Diese Untersuchungen weiterzutreiben, hätte zwar die Chance bedeutet, interessante weiterführende Ergebnisse zu erhalten, gleichzeitig aber auch das Risiko, sich womöglich in einem Seitenzweig der Forschungsstrategie zu verlieren, ohne ein brauchbares Resultat zu erhalten. Die Entscheidung fiel daher zugunsten der Wahl des Tumors UVT 15 264 (ein transplantables Mäusesarkom), da dieser in gewissem Umfange Auskeimung und Lyse nach parenteraler Sporenapplikation zeitigte.

Die bis zu diesem Zeitpunkt zusammengetragenen Untersuchungsbefunde ließen deutlich erkennen, daß der Grad der intratumoralen Auskeimung und Onkolyse nicht nur bei unterschiedlichen Transplantationstumorstämmen, sondern auch im gleichen Tumorsystem stark wechselt. Die erfolgreiche Realisierung der Forschungskonzeption erforderte jedoch als Grundvoraussetzung eine sicher reproduzierbare, ausreichend starke und möglichst auch exakt terminierte Keimbesiedlung des Tumors mit Clostridienstäbchen.

Es galt daher, Bedingungen herauszuarbeiten, unter denen im Modellsystem H8/UVT 15 264 mit einer optimalen Besiedlung des Tumorgewebes durch sich vermehrende Clostridienstäbchen gerechnet werden konnte.

Infolge vorangegangener Versuche und von Literaturangaben konnte angenommen werden, daß der Auskeimungs- und Vermehrungsgrad parenteral applizierter Clostridiensporen im Tumorgewebe wesentlich von folgenden Faktoren beeinflußt wird:

— vom Anti-H8-Stäbchen-Antikörper-Titer im Serum des Versuchstieres
— vom Tumoralter und des davon abhängigen Tumorgewichts und
— von der Clostridien-Infektionsdauer.

Die experimentelle Erkundung dieser Zusammenhänge erfolgte in einer Reihe von Versuchen.

Zunächst erwies sich die vermutete Abhängigkeit der stark wechselnden Auskeimungsstärke von der Höhe des beobachteten Antikörper-Titers als unbegründet. Für die wechselnde Auskeimungsstärke mußten folglich andere Ursachen maßgeblich sein. Bezüglich des Tumoralters erwies sich, daß die intratumorale Clostridienauskeimung im Untersuchungsbereich linear abhängig vom erreichten Tumoralter ansteigt, das heißt, je älter ein Tumor bei bestehender Clostridieninfektion ist, desto heftiger ist die zu erwartende Auskeimung.

Der Versuch, den Auskeimungsverlauf in Abhängigkeit von der Infektionsdauer durch eine lineare Regression zu beschreiben, wie auch die Annahme einer vermuteten Wechselwirkung zwischen erreichtem Tumoralter und Clostridieninfektionsdauer konnten auf Grund einer Varianzanalyse nicht gesichert werden.

Dies mußte dahingehend gedeutet werden, daß die beiden Faktoren Tumoralter und Clostridieninfektionsdauer unabhängig voneinander wirken.

In einem Prozeß serologisch-immunchemischer experimenteller Erkundung konnten durch Immunisierung von Kaninchen Antistäbchen-Antisera induziert werden. Die Antisera ließen bei Agglutinationsversuchen mit Sporen keine Überkreuzreaktivität erkennen. Darum konnte zur Antikörperinduktion und Präparation mit Stäbchen gearbeitet werden.

Bei der Suche nach einem geeigneten Immunisierungsschema und geeigneter Versuchstiere wurden auf Grund von Erfahrungen aus der Mikrobiologie, Bakteriologie und Serologie einerseits sowie der Immunchemie andererseits zwei konkurrierende Auffassungen vertreten. Man entschied sich, in diesem Falle beide Wege zu gehen, die auch beide zum gewünschten Ziel führten, nämlich eines hochtitrigen Antiserums.

Auf Grund des arbeitsteiligen Forschungsprozesses entschied man sich, für die Fortführung der Versuche eines der Ergebnisse einzusetzen.

Die notwendigen hochgereinigten Immunglobuline wurden aus Anticlostridienstäbchen-Hyperimmunsera, resp. für Kontrollzwecke aus Normalsera durch Kombination mehrerer Verfahren gewonnen.

Seitens der Radiochemie mußte der Forderung entsprochen werden, die Reaktivität der Anti-H8-Stäbchen-Antikörer auch nach ihrer Radiojodierung zu erhalten, um in den anschließenden Tierversuchen eine optimale Bindung an H8-Stäbchen zu erzielen. Immun-Überwanderungselektrophoresen im Agar-Gel zeigten die quantitativ vollständige Reagibilität des markierten Antikörpers mit dem Stäbchen-Antigen. Die erhaltene Immunreaktivität der markierten Antikörper konnte noch nach mehr als 100 Stunden Verweildauer der markierten Antikörper im strömenden Blut autoradiografisch im Präzipitationstest im Agar-Gel nachgewiesen werden.

Daraus konnte gefolgert werden, daß der ^{131}J-markierte Anticlostridien-Antikörper im Sinn der geforderten strengen Reinheitskriterien für die Tumorlokalisationsversuche als geeignet angesehen werden konnte.

Mit den markierten Antikörpern wurden Tierversuche durchgeführt. Die Versuchsserien waren durch eine Reihe theoretischer Entscheidungen für bestimmte Hypothesen und deren experimenteller Prüfung geprägt.

Diese Prozedur aber wurde ausgelöst durch eine unerwünschte Konstellation in der Arbeit: Ein Pilotversuch hatte in überzeugender Weise bereits das gewünschte Ergebnis erbracht. Technische Schwierigkeiten jedoch verhinderten ein exaktes Festhalten der Versuchsbedingungen. Merkwürdigerweise konnten die Ergebnisse des Pilotversuches nicht reproduziert werden; die Versuche verliefen aus ungeklärten Gründen negativ. Daraus ergaben sich eine Reihe weiterer Fragen, die in Versuchen zu klären waren.

In der ersten Serie wurden tumortragenden Mäusen markierte Antikörper intravenös gespritzt. Ein Teil der Tiere wurde mit Clostridiensporen vorbehandelt, der andere erhielt als Kontrollgruppe keine Sporen. In beiden Fällen waren Aktivitätsanreicherungen im Tumor zu verzeichnen. Diese Anreicherung von Radioaktivität im Tumorgewebe wurde hypothetisch gedeutet als unspezifische Akkumulation von Fremdproteinen.

Die Forschungsgruppe entschied sich, diese Hypothese zu prüfen, indem radiojodmarkiertes nicht clostridienreaktives Normal-IgG vom Kaninchen Tumorträgern appliziert wurde. Als Ergebnis konnte der gleiche Effekt beobachtet werden. Es galt nunmehr eine Hypothese zu finden, die geeignet war, experimentell zu erkunden, worauf die Aktivitätsanreicherung im Tumor zurückzuführen war. Auf Grund von Literaturhinweisen und eigenen früheren Beobachtungen sprachen die theoretischen Erwägungen für eine Entscheidung zugunsten der Hypothese, die Anreicherung auf eine unspezifische Ablagerung heterologer Proteine im Tumor zurückzuführen.

Um eine experimentelle Entscheidung bezüglich dieser Hypothese treffen zu können, wurden tumortragenden, nicht clostridienvorbehandelten Mäusen homologe und heterologe Immunglobuline und Albumine appliziert.

Die experimentelle Erkundung ergab jedoch nur bei den Immunglobulinen der Klasse IgG, ohne Unterschied, ob homologer oder heterologer Herkunft, eine deutliche szintigrafisch darstellbare Anreicherung im Tumor.

Dieses Phänomen ließ zwei Deutungsvarianten bezüglich des Szintigramms zu: erstens konnte das Ergebnis die Folge einer Anreicherung des IgG im Tumor sein und zweitens die einer verstärkten Ausscheidung des Albumins.

Während der Debatte in der Forschungsgruppe setzten sich die Verfechter der ersten Deutung durch und man entschied sich daher zugunsten der Hypothese, die Ursache der unspezifischen Anreicherungsfähigkeit des IgG in einer Eigenschaft des IgG-Moleküls suchen zu müssen und eine unspezifische Anheftung an Zellmembranen über Fc-Rezeptoren zu vermuten.

Diese Idee, die auf Annahmen des Immunchemikers verfolgt wurde, erwies sich aus späterer Sicht nicht mehr als so zwingend wie zur Zeit ihrer Entstehung im Arbeitsprozeß.

Der weitere Weg und die folgenden Fragestellungen waren jetzt durch die vorangegangene strategische Entscheidung festgelegt. Der augenfällige Informationswert des Szintigramms wurde vom größten Teil der Forschungsgruppe als zielrelevanter eingeschätzt als die Meßergebnisse,[13] die zum Teil der Deutung des Szintigramms widersprachen.

[13] Bestimmung des Radioaktivitätsgehalts von interessierenden Organproben des Versuchstieres im Bohrlochkristall im Vergleich zu einem Standard.

Um bezüglich der angenommenen Hypothese eine experimentelle Entscheidung herbeiführen zu können, wurde versucht, durch Abspaltung der Fc-Stücke vom Antikörper-Molekül die unspezifische Anreicherungskomponente auszuschalten und nur die angestrebte spezifische Bindung darzustellen.

Nachdem Fc-freie Antikörper-Bruchstücke ($F(ab)_2$) hergestellt waren, konnte deren Tumoranreicherungsvermögen geprüft werden. Nun war zwar keine unspezifische Anreicherung mehr zur Darstellung zu bringen, aber auch das angestrebte Ziel der szintigrafischen Darstellung der Clostridienstäbchen im Tumor wurde nicht erreicht.

Das gegebene Phänomen war offenbar am plausibelsten durch die Hypothese zu deuten, daß die Antikörperbruchstücke infolge des Verlustes des Fc-Teiles ihre Membrangängigkeit eingebüßt hatten und nicht zu den interstitiell gelegenen Stäbchen gelangen. Diese Deutung ging auf Literaturkenntnisse des Immunchemikers zurück.

Die Hypothese sowie die Beobachtung einer raschen Ausscheidungskinetik er Antikörperbruchstücke führte zur Entscheidung, die Versuche mit Antikörperbruchstücken abzubrechen und den umgekehrten Weg einzuschlagen.

Deshalb wurde in einer weiteren Phase der experimentellen Erkundung versucht, durch Vorbehandlung der Tiere mit hohen Dosen Normal-IgG vom Kaninchen die Fc-Receptoren zu blockieren. Unter diesen Umständen führte die nachfolgende Antikörper-Gabe tatsächlich zu einer deutlich besseren Aktivitätsanreicherung im Tumor. Doch auch nach diesem Versuchsergebnis war keine experimentelle Entscheidung darüber möglich, ob Clostridienstäbchen in vivo durch entsprechende radiojodmarkierte Antikörper szintigrafisch darzustellen sind. Dieser Versuch hätte nach einer Meinung in der Gruppe wiederholt werden müssen, die Mehrheit der Gruppe entschied aber für sofortiges Weitergehen, weil ohnehin eine IgG-Vorbehandlung von Versuchstieren bis an die Grenze des Toxischen nicht praxisrelevant sei. Ein Gegenargument war, die prinzipielle Möglichkeit der Realisierung der spezifischen Antikörperanreicherung im Tumor nach Vorbehandlung mit IgG zu prüfen. Zwar war im Ergebnis der bis dahin durchgeführten Versuche feststellbar, daß Tumoren mit Immunglobulinen unspezifisch szintigrafisch dargestellt werden können, aber ob in diesem Anreicherungseffekt eine spezifische Komponente mit enthalten ist, deren deutlichere Darstellung nur noch nicht gelungen war, konnte nicht gesagt werden.

Um nunmehr zu einer klaren experimentellen Entscheidung über die prinzipiellen Möglichkeiten der Darstellbarkeit einer Antigen-Antikörper-Reaktion unter in-vivo-Verhältnissen zu gelangen, wurden gesunden, tumorfreien Mäusen formalinisierte Clostridienstäbchen in die Oberschenkelmuskulatur und die markierten Antikörper intravenös appliziert.

Man entschied sich für zwei Fälle der experimentellen Erkundung: In einer ersten Versuchsreihe wurden zuerst die formalinisierten Stäbchen intramuskulär und 5 Stunden später der markierte Antikörper intravenös appliziert. Es konnte keine nennenswerte Radio-Aktivitätsanreicherung im Hinterschenkelbereich festgestellt werden. Kontrolltiere, denen eine unspezifische Entzündung am gleichen Ort gesetzt wurde, zeigten ebenfalls keine Aktivitätsanreicherung.

Im zweiten Fall wurde zuerst der Antikörper intravenös und unmittelbar danach das Antigen intramuskulär appliziert. Es konnte eine szintigrafisch deutlich nachweisbare Aktivitätskonzentration im Hinterschenkelbereich festgestellt werden.

Beide Szintigramme wurden zwölf Stunden nach Applikation der Antikörper angefertigt.

Als Ergebnis konnte konstatiert werden:

1. Eine Antigen-Antikörper-Reaktion kann unter in-vivo-Verhältnissen eingeleitet und szintigrafisch dargestellt werden.
2. Wenn der Antikörper-Antigen-Komplex einmal entstanden ist, kann er über einen längeren Zeitraum szintigrafisch dargestellt werden.
3. Ein Zeitintervall zwischen Antigen- und Antikörpergabe (5 Std.) verhindert die szintigrafische Darstellbarkeit des Antigens.

Die Ursache der Nichtdarstellbarkeit des Antigens im Tumor dürfte durch die Hypothese begründet sein, daß körpereigene Abwehrmechanismen eine Maskierung des Clostridienstäbchen-Antigens bewirken.

Sollte es gelingen, die unter vivo-Verhältnissen ablaufende Antigen-Maskierung durch körpereigene Mechanismen zu verhindern, müßte es möglich sein, das Clostridien-Tumor-Phänomen für eine spezifische Tumorlokalisationsdiagnostik nutzen zu können.

5. Aspekte der Kooperation, Kommunikation und Arbeitsorganisation der interdisziplinären Zusammenarbeit

5.1. Die Wechselbeziehung der Disziplinen

Die interdisziplinäre Forschungsgruppe konstituierte sich parallel zur Entwicklung der Forschungsstrategie. Als Kern dieser Gruppe sind die Vertreter derjenigen Disziplinen zu betrachten, die als Träger des Forschungsprogramms unverzichtbar einbezogen werden mußten.

Dieser Kern erfuhr während des Arbeitsprozesses periphere Erweiterungen in zweierlei Hinsicht: erstens durch das teils konsultative und teils direkte Zusammenwirken des Leiters der Gruppe mit einem Methodologen und einem Vertreter der mathematisch-statistischen Versuchsplanung; zweitens durch mannigfache Knüpfung von Kontakten zu Wissenschaftlern verschiedener Disziplinen in Abhängigkeit der Erfordernisse des Forschungsverlaufs.

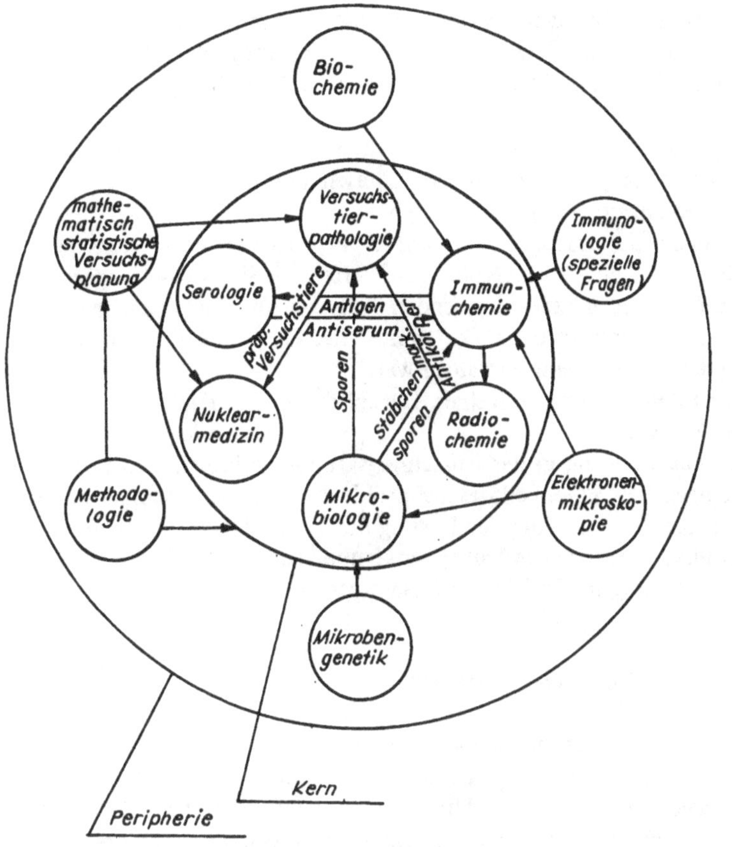

Abb. 2: Schema der Vernetzung der am Forschungsprozeß zur Entwicklung eines tumorlokalisierenden Krebstests beteiligten Disziplinen bzw. Disziplingebieten.

Die dem Kern zuzuordnenden Disziplinen bzw. Disziplingebiete waren durch wechselseitiges Anbieten und Abverlangen von Ergebnissen verkettet. (Abb. 2) Periphere Erweiterungen erfolgten in der Regel nur in Fällen von speziellen Fragen, deren Beantwortung die Erfahrung bzw. das Wissen der Vertreter der Kern-Disziplinen übergriff. Integrativ wirkte die gemeinsame Forschungsstrategie auf die beteiligten Disziplinen. Die von den einzelnen Disziplinen zu erbringenden Teilergebnisse waren immer in bezug auf die jeweils disziplinären Kriterien der Wissenschaftlichkeit wie ihrer Relevanz für den Fortschritt der gemeinsamen Forschungsstrategie prüfwürdig. So gesehen wechselten Situationen der relativ disziplinär autonomen Arbeitsweise und der gemeinsamen Erörterung der Ergebnisse im Vollzug des Forschungskonzepts. Als markante Stellen der Interdisziplinarität erwiesen sich im Forschungsverlauf

a) Die Übergänge zwischen den Disziplinen, jene Phasen des Arbeitsprozesses, in denen eine Koordinierung und Erwägung der möglichen Leistung der einzelnen Disziplinen hinsichtlich der gemeinsamen Zielstellung in den Vordergrund trat und
b) die Arbeitsphasen, in denen es die günstigsten experimentellen Erkundungsstrategien zu finden galt sowie in den Phasen der Entscheidungen, durch die die nächsten Schritte festgelegt wurden.

Da die Dominanz der einzelnen Disziplinen im Verlaufe der Forschung der festgelegten Strategie gemäß wechselte, profilierte sich die Forschungsgruppe dominant an dem jeweils gerade zu lösenden Teilproblem. Entsprechend gingen auch Anregungen, Initiativen verstärkt vom Vertreter jener Disziplin aus, die für die Lösung des Teilproblems vorrangig war.

Das Maß der Integration der einzelnen Disziplinen variierte mit dem Wechsel der zu lösenden Teilprobleme.

Die intellektuelle Führung in der Forschungsgruppe verlagerte sich zwar von Fall zu Fall, je nach Beschaffenheit des Teilproblems, mehr oder weniger auf den Vertreter derjenigen Disziplin, der zur Lösung des Teilproblems das profundeste Erkenntnisvermögen einzubringen hatte; der Gruppenleiter hatte dennoch durchweg die zentrale Stellung in Verfolg des Gesamtprojekts.

5.2. Phasen der Forschungskooperation[14]

Problembearbeitung und Methodenentwicklung korrelieren im Gesamtverlauf der Forschung. In der Phase der beginnenden Methodenentwicklung, etwa im Zeitraum, der zwischen der bewußten Hinwendung zum gegebenen Erkenntnisproblem bis zur Umsetzung desselben zu einem wohlformulierten Forschungsproblem liegt, verlaufen die Kooperationsbeziehungen ungeziehlt nur in dem Sinne, daß ein globales strategisches Konzept der Problemlösung erst noch gesucht werden muß. Bezogen auf das nächstliegende Ziel, ein wohlformuliertes Forschungsproblem zu definieren, sind die Kooperationsbeziehungen hingegen zielgerichtet.

In einem Phasenmodell der wissenschaftlichen Arbeit in Forschungsgrundeinheiten sollte diese Differenzierung berücksichtigt sein, und nicht generell umfangreiches und ungezieltes Kooperieren zwischen den Forschern in der Phase der beginnenden Methodenentwicklung zur Problemlösung unterstellt werden.

Die zweite Phase der Kooperation ist als eine ruhigere Phase des kooperativen Verhaltens sicher nicht hinreichend charakterisiert; denn ruhiger ist sie lediglich unter dem Aspekt der vorläufigen Festlegung auf ein globales Forschungs-

[14] Vgl. zur hier geführten Diskussion: H. Parthey, Forschungssituationen interdisziplinärer Arbeit in Forschungsgruppen, in diesem Band, S. 13—46.

programm. Im Verlauf dieses Programms zeigt sich eine gewisse Stabilität der Kooperationsbeziehungen zwischen den Wissenschaftlern, die sich als Kern der interdisziplinären Gruppe etablieren. Die Peripherie der Gruppe kann durch mannigfache und zeitweise kooperative Bindung zum Kern ebenso eine produktive Unruhe der Kooperationsbeziehungen bewirken, wie es die wissenschaftlich-kommunikativen Auseinandersetzungen bei der Wahl von Erkundungsstrategien und den zu treffenden Entscheidungen ihrerseits vermögen.

Für die Auslaufphase des Grundzyklus der Kooperation in der interdisziplinären Zusammenarbeit wird im Modell angenommen, daß „kaum noch Methoden in bezug auf das gestellte Problem neuentwickelt werden" und daß „mit den bereits entwickelten Methoden das gestellte und nun auch wohlformulierte Problem bis zu seiner Auflösung bearbeitet wird", wobei „die Zielstrebigkeit in der Kommunikation bei nachlassendem Umfang in der Gruppe" dominiert.[15]

Eine gewisse Stabilität der Methode ist indes nur in bezug auf die entworfene Forschungsstrategie beobachtbar, nicht jedoch für die Methodenentwicklung bei der Lösung der Teilprobleme, die unvorhergesehen entstehen und tendenziell originale Methoden erheischen.

Die mannigfachen Eröffnungen von Suchprozessen zur Lösung der Teilprobleme geben in keiner Phase der Forschung eine Gewähr dafür, die Kooperationsbeziehungen der Forschungsgruppe in ihrem Kern oder peripher nicht erweitern zu müssen bzw. einengen zu können. Diese Unsicherheit bleibt bis zur Lösung des Problems oder des Abbruchs des Lösungsversuches erhalten.

5.3. Interdisziplinäre Kommunikation

Wenn schon kaum bezweifelt wird, daß eine gut zusammengesetzte disziplinäre Forschungsgruppe dem einzelnen Forscher gegenüber einen Gruppenvorteil aufweist — mindestens hinsichtlich des Wissens und der Zeit infolge der Arbeitsteilung — so gilt diese Annahme erst recht für interdisziplinär zusammengesetzte Forschungsgruppen. Sicher ist eine Grundvoraussetzung für solch einen Gruppenvorteil das Niveau der gemeinsamen Kommunikation, welches seinerseits abhängig ist vom erreichten Grad der Übereinkunft im gemeinsamen Sprachgebrauch und der Rekrutierung bzw. Auswahl der Mitarbeiter mit ihren individuellen Merkmalen (Kreativität, Kooperationsfähigkeit, disziplinäre Kompetenz). Das Zusammenfinden einer problemorientierten interdisziplinären Forschungsgruppe ist ganz offenbar ein Prozeß, der organisch mit dem Fortschritt des zielbezogenen Problemlösens permanent verbunden ist. Den Beobachtungen im beschriebenen Forschungsprozeß nach brachte zunächst jeder Vertreter seine disziplinär gebräuchliche Sprache ein. Wenngleich angenommen werden konnte,

[15] Ebenda, S. 40.

daß die gemeinsam erarbeitete Problemstellung tatsächlich auch ein gemeinsames Verständnis zur Grundlage hatte, zeigte sich diese Annahme zumindest dann als problematisch, wenn dem angenommenen Verständnis eine Gemeinsamkeit über die Vorstellungen, wie das Ziel erreicht werden sollte, unterstellt wurde. Im Prozeß der Forschung offenbarten sich öfter Unstimmigkeiten, die nicht allein auf die Schwierigkeiten sprachlicher Barrieren zurückzuführen waren, sondern hinter denen sich unter scheinbar gleichen Vorstellungen verschiedene Inhalte verbargen, die allemal erst zu einer gemeinsamen Klärung gebracht werden mußten. Integrierend wirkten gemeinsame Diskussionen, die verstärkt unter dem Aspekt der Ziel- bzw. Teilzielerreichung geführt wurden, da ein gewisser Zwang entstand, das vorgeschlagene methodische Vorgehen, eingebrachte Hypothesen und erzielte Ergebnisse nach dem Kriterium der Zielerreichung zu beurteilen. Diese gemeinsame Beurteilungsgrundlage schloß dennoch unterschiedliche Urteile, die vor allem auch auf disziplinäre Erfahrungen zurückzuführen waren, nicht aus. Grundlegende Schwierigkeiten entstanden, wenn beim Entwurf des inhaltlichen und methodischen Vorgehens sich zunächst scheinbare Einigungen ergaben, sich dann aber im Realisationsprozeß als oberflächlich und in der Sprache als wechselseitig mißverständlich herausstellten. Derartige Schwierigkeiten können Kommunikationskrisen auslösen, Motivationen schwächen und in manchen Fällen Rückzugs- und Auflösungstendenzen in der Gruppe entstehen lassen. Eine gewisse integrierende Wirkung auf das gemeinsame Vorgehen vermögen Vor-Verständigungen auf der Ebene methodologischen Wissens auszuüben, das den Disziplinen gegenüber invariant ist, insofern, als das prinzipielle Vorgehen im Zusammenhang von Theorie und Experiment erörtert wird.

Auf dieser Ebene können gewisse Grundeinstellungen präformiert werden, die für spezielle Such- und Entscheidungsprozesse genügend Spielraum belassen, fachliches Wissen, fach-methodisches Geschick und originalen Ideenreichtum erfolgreich zu nutzen. Erwähnt sei an dieser Stelle lediglich die Möglichkeit, vorsätzlich Einigung anzustreben über Kriterien, die der Beurteilung der experimentellen und theoretischen Ergebnisse zugrunde gelegt werden sollen, das heißt, Einigung herbeizuführen über:

- die Geltung und das Funktionieren verwendeter Instrumente und Mittel, die Auswahl von Meßdaten innerhalb gewisser Grenzen, die Fehlerrechnung;
- die Funktion bestimmter Meßergebnisse hinsichtlich ihrer theoretischen Nutzung;
- die theoretischen Voraussetzungen, in deren Anschluß des experimentelle Vorgehen orientiert sein soll;
- Kriterien, die bei der Annahme bzw. Verwerfung von Hypothesen, Theorien und experimentellen Resultaten gelten sollen — zum Beispiel solche, nach denen beurteilt werden soll, ob die theoretisch abgeleiteten Voraussagen mit den erhaltenen Versuchsergebnissen übereinstimmen oder solche, die im Falle der Nichtübereinstimmung angeben, ob die Theorie zu verwerfen oder teilweise zu ändern ist;

— die Eigenschaft, die die zu erstellenden Modelle, Theorien haben sollen.

Methodologische Grundeinstellungen können Wissenschaftlern natürlich nicht vorgeschrieben; sie müssen vielmehr im situativen Streit der Meinungen durchgesetzt werden.

Das Niveau der Kommunikation hängt natürlich auch von der disziplinären Kompetenz der Vertreter der einzelnen Disziplinen ab, das heißt dem disziplinären wissenschaftlichen Vermögen der Gruppenmitglieder. Entsteht eine Situation in der Gruppe, in der keine hinreichende Verständigung über die jeweilig wechselseitigen Erwartungen der Vertreter der einzelnen Disziplinen untereinander herbeigeführt werden kann, hat das negative Auswirkungen auf die Gruppenatmosphäre.

Disziplinäre Kompetenz kann zu einer befriedigenden Kommunikation um so stärker beitragen, je enger sie mit intellektueller Sicherheit gepaart ist. In der Literatur wird diese Eigenschaft zumeist gebunden an Faktoren wie Respekt vor Personen aus anderen Disziplinen, hoher Toleranzgrad für Konzepte und Theorien anderer, gesunde Neugier, der Wunsch zu lernen, das Wissen um eigene Stärken und Schwächen. Solche Eigenschaften können aber gerade auch in der interdisziplinären problemorientierten Forschung selbst herausgebildet werden.[16]

5.4. Arbeitsorganisation

Die vorangegangene Beschreibung des Arbeitsprozesses hat deutlich gemacht, daß wissenschaftliche Forschung mit erheblichen Aufwendungen verbunden ist. Entscheidungen über Forschungsrichtungen, Forschungstätigkeiten und Lösungswege von Forschungsproblemen haben daher auch eine volkswirtschaftliche Dimension.

In diesem Zusammenhang ergeben sich zwei Probleme: erstens gilt es, Verfahren und Methoden zu suchen, die geeignet sind, Entscheidungsprozesse in ihren wesentlichen Merkmalen begrifflich zu erfassen, und zweitens ist die Frage zu beantworten, wie Forschungsabläufe sinnvoll organisiert und geplant werden können.

Deshalb beinhalten Überlegungen, die die methodische Beherrschung von Forschungsprozessen betreffen, zwangsläufig die Prüfung neuer strukturwissenschaftlicher Mittel auf ihre Brauchbarkeit zur Darstellung von Forschungsprozessen. Erkundungs- und Entscheidungsprozesse in der Forschung sind durch eine Vielzahl von Operationen gekennzeichnet, die nicht von vornherein

[16] Vgl. D. Blaschke/J. Lukaties, Probleme interdisziplinärer Forschung, Wiesbaden 1976; P. R. Hofstätter, Individuum und Gesellschaft, Frankfurt a. M. 1973; J. Piaget, Allgemeinprobleme interdisziplinärer Forschung und ihre gemeinsamen Mechanismen, in: J. Piaget, Erkenntnistheorie der Wissenschaften vom Menschen, Frankfurt a. M. 1973, S. 197—286.

in die Form eines Algorithmus gebracht werden können. Dennoch ist es möglich, die wichtigsten Teilziele bzw. Stationen, die notwendigerweise erreicht werden müssen, zu nennen. Neben der Klasse derjenigen Operationen, die notwendigerweise realisiert werden müssen, um das gestellte Forschungsziel zu erreichen, kann die Klasse solcher Operationen unterschieden werden, die zur Erreichung der wichtigsten Teilziele geeignet erscheint. Diese Operationen sind durch zweierlei Unsicherheit gekennzeichnet: erstens der Unsicherheit darüber, ob das Ziel überhaupt erreichbar ist und zweitens darüber, auf welchem Wege das Ziel erreicht werden soll.

Dabei läßt sich die Unsicherheit etwa in folgender Weise gliedern:

- Unsicherheit über das wissenschaftlich bzw. technische Ergebnis der Forschungsarbeit
- Unsicherheit über den Zeitbedarf
- Unsicherheit über die erforderlichen Aufwendungen

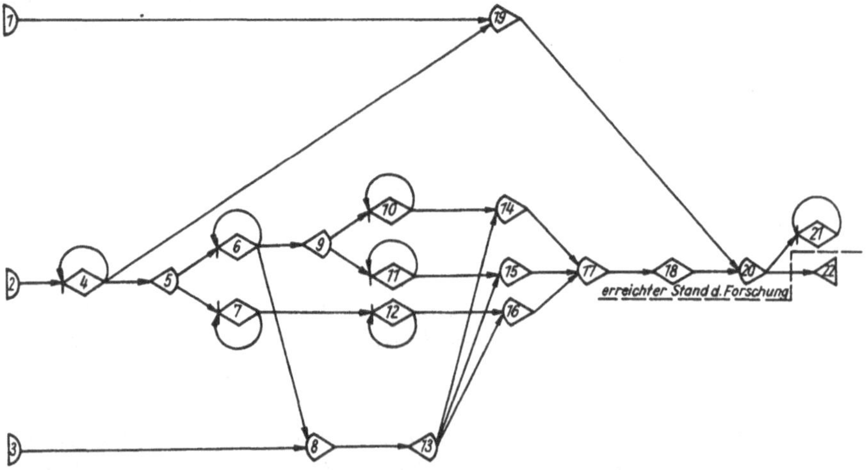

Abb. 3: Darstellung des Arbeitsprogrammes zur Entwicklung eines mikrobiologisch-immunologischen Krebstestes in GERT-Netzwerk

1 tumortragendes Versuchstier
2 Clostridium
3 Versuchstier für d. Gewinnung v. Antis.
4 Sporen
5 Stäbchen
6 partikuläres Stäbchenantigen
7 lösliches Antigen
8 immunisierte Versuchstiere
9 fixiertes partikuläres Antigen
10 Immunsorbens b
11 Immunsorbens c
12 Immunsorbens a
13 Antiserum
14 Antikörper b
15 Antikörper c
16 Antikörper a
17 Präferenz der Antikörper (Reinheit)
18 markierte Antikörper
19 Versuchstier mit positiver Auskeimung
20 Radiojodverteilung im Versuchstier
21 positive Auskeimung unter definierten Bedingungen
22 Tumordiagnose mit Lokalisation.

— Unsicherheit über die gesellschaftliche Verwertbarkeit der Forschungsergebnisse bzw. den Erfolg ihrer Verwertung.

Derartige Überlegungen führten zu wesentlichen Fortschritten bei der Entwicklung neuer Planmethoden, die auch auf Forschungsprozesse anwendbar sind.

Im folgenden soll gezeigt werden, wie der vorangehend beschriebene Forschungsprozeß in seinen wesentlichen strategischen Etappen mit Hilfe eines geeigneten Netzwerkes in verschiedener Hinsicht übersichtlich erfaßbar ist. An dieser Stelle ist darauf verzichtet, den Forschungsprozeß in allen seinen Details darzustellen, obwohl dann erst recht deutlich würde, welchen Wert solch eine Übersicht allein schon dadurch hat, daß jederzeit erfaßbar ist, welche Entscheidungen vor Jahren weshalb vorgenommen wurden und daß unter Umständen ein erneutes Verfolgen eines Pfades, der möglicherweise abgebrochen wurde, aus neuerer Sicht angeraten erscheinen kann (Abb. 3).

Um das in Abbildung 3 dargestellte Netzwerk von seiner formalen Seite verständlich zu machen, nachdem der zugeordnete Forschungsprozeß inhaltlich bereits beschrieben wurde, sei in der Tabelle 1 auf die Elemente des Netzwerkes hingewiesen.

Das Netzwerk, mit Hilfe dessen die Forschungsstrategie dargestellt ist, geht auf ein ausgereiftes stochastisches Netzwerkverfahren zurück, das als Methode GERT entwickelt wurde.[17]

Das GERT-Netzwerk besteht aus gerichteten Kanten und logischen Knotenelementen. Einer Kante werden zwei Klassen von Parametern zugeordnet

— eine Wahrscheinlichkeit dafür, daß die durch die Kante dargestellte Aktivität überhaupt ausgeführt wird und

— mehrere Variable, wie Zeit, Kosten usw., die die Aktivität beschreiben.

Die Knoten setzen sich aus einem Eingangs- und einem Ausgangselement zusammen.

Die Eingangsseite beschreibt die logische Beziehung zwischen den einlaufenden Kanten.

Die Ausgangsseite gibt an, welche der wegführenden Kanten durchlaufen werden können bzw. müssen, nachdem das Knotenereignis eingetreten ist (vgl. Abb. 3).

[17] Vgl. H. J. Zimmermann/H. Völzgen, Darstellung und quantitative Behandlung stochastischer Abläufe mit Hilfe graphentheoretischer Methoden unter besonderer Berücksichtigung ihrer Anwendbarkeit auf spezielle Probleme der Unternehmensforschung. Forschungsberichte des Landes Nordrhein-Westfalen Nr. 2225, Opladen 1972; H. Völzgen/R. Dick, Forschungsplanung mit GERT, in: Betriebswirtschaft (Wiesbaden), S/1969; A. A. J. Pritsker/W. W. Happ, GERT: Graphical Evaluation and Review Technique, Part II, zitiert in: The Journal of Industrial Engeneering (Columbus), Vol. 17, Juni 1966.

[18] Vgl. J. Wolf, Zur Modellierung des methodischen Vorgehens in der empirischen und theoretischen Forschung, in: Wissenschaftliche Beiträge 3/1979, S. 78—102 (Sektion Wissenschaftstheorie und Wissenschaftsorganisation der Humboldt-Universität zu Berlin).

Tab. 1: Logische Knotenelemente des Netzwerkverfahrens GERT

Ausgangsseite		Eingangsseite		
		exklusives oder 	inklusives oder 	und 
deterministisch				
stochastisch				

exklusives oder:
Jede auf den Knoten zulaufende und ausgeführte Aktivität kann die Realisation des Knotenereignisses bewirken. Ein gleichzeitiges Eintreffen von zwei oder mehr Kanten ist per definitionen ausgeschlossen, so daß in einem bestimmten Zeitpunkt jeweils nur eine Kante einlaufen und das Knotenereignis auslösen kann.
inklusives oder:
Jede auf den Kanten zulaufende und ausgeführte Aktivität kann zur Realisierung des Knotenereignisses führen. Ausgelöst wird das Ereignis durch die zuerst eintreffende Kante, d. h. dieser Knoten ist ein Minimumoperator.
und:
Das Knotenereignis tritt erst dann ein, wenn alle Aktivitäten die durch die einlaufenden Kanten repräsentiert werden, ausgeführt sind (Maximumoperator).
deterministisch:
Alle von dem Knoten wegführenden Aktivitäten müssen ausgeführt werden, nachdem das Knotenereignis eingetreten ist, d. h., jede dieser Aktivitäten besitzt einen Wahrscheinlichkeitsparameter von p = 1,0.
stochastisch:
Nachdem das Knotenereignis eingetreten ist, wird nur eine der wegführenden Aktivitäten ausgeführt.

Diese Art der Arbeitsorganisation ist in der Forschung prinzipiell anwendbar. Zunächst liefert die einfachste Art der Anwendung eine größere Übersicht über das Gesamtgeschehen.

Eine detaillierte Anwendung des Verfahrens erlaubt aber auch eine Ökonomisierung des Forschungsprozesses hinsichtlich der Zeit, der Kosten und evtl. auch der Kader insbesondere wenn Bewertungen in bezug auf die einzelnen Tätigkeiten in einem stark verzweigten Prozeß vorgenommen werden.[18]

Wenn die Suchprozesse in der Wissenschaft noch am ehesten mit kriminalistischen Aufgaben vergleichbar sind, dann sicher wegen ihrer Analogie zum Finden eines „Täters“, „der bestimmte Eigenschaften und Kennzeichen besitzt, der sich versteckt, maskiert auftritt oder in der Menge untertaucht, bis man eine für ihn spezifische Spur findet oder ihn durch Sammeln von Indizienbeweisen einkreisen kann".[19]

Die vorangegangene Beschreibung des Forschungsprozesses verdeutlichte spezifische Unsicherheiten in der Forschung. Weil für derartige Prozesse scheinbar kaum adäquate Instrumentarien der Organisation gefunden werden können, wird oft erst gar nicht der Versuch unternommen, einen Teil des Arbeitszeitbudgets für ein Forschungsvorhaben zur Aneignung von Instrumentarien der Arbeitsorganisation aufzuwenden. Aber gerade für die Arbeit im Kollektiv, insbesondere wenn es interdisziplinär zusammengesetzt ist, kann sich der Aufwand lohnen.

Bevor sich Forschungsgruppen entschließen, effektive Organisationsmethoden zu nutzen, gibt es zumeist Bedenken und Skepsis, weil angenommen wird, durch eine stärkere Objektivierung der Forschung werde ein genuines Merkmal derselben mißachtet; nämlich dadurch, daß vermeintlich die Freiheit des Wissenschaftlers eingeschränkt werde, wobei sie aber doch eine grundlegende Voraussetzung ist, um die vielfältigen Unsicherheiten in schöpferischer Weise bewältigen zu können.

Dieses Mißverständnis ist die Ursache für eine Reihe von Vorbehalten gegen eine Objektivierung, Planung der Forschung, die zum Teil auf Mythen zurückgehen, wie denjenigen, daß der schöpferische Wissenschaftler unfähig sei, mit anderen zu kooperieren, daß nur algorithmische Prozesse planend organisierbar seien und dergleichen. Völlig zurecht ist solchen Vorbehalten gegenüber festzustellen, „daß die heuristische Darstellung eines Forschungsprojektes im Netzwerk ja nicht etwa Entscheidungen abnimmt oder gar die Freiheit des Forschers beschränkt, sondern, daß sie nur die gleichzeitige Präsenz aller zu einer Entscheidung wichtigen Daten garantiert und dadurch zur objektiveren Betrachtung der Situation zwingt ..."[20]

Vester hat eine bemerkenswerte Gegenüberstellung von herkömmlicher und solcher Arbeitsweise geliefert, die an modernen Organisationsinstrumentarien orientiert ist. Die dabei gewonnenen Erfahrungen sind unseren Einsichten analog.[21]

Die sinnvolle Anwendung stochastischer Netzwerktechniken für die Organisation der Forschung kann zu folgenden Effekten führen:

Einmal eine

— bessere Orientierung über Sinn und Platz der eigenen Tätigkeit in der Gesamtstrategie sowie eine

— schnellere Information und unmittelbares Ablesen des augenblicklichen Forschungsstandes, zum anderen eine

[19] F. Vester, Planung, Forschung, Kommunikation im Team, Konstanz 1969, S. 6.

[20] Ebenda, S. 28.

[21] Ebenda, S. 28.

— schnellere Einführung neuer Mitarbeiter und eine
— Verbesserung der sachbezogenen, ziel- bzw. teilzielorientierten Diskussion.

Damit können unangemessene Rivalitäten verhindert werden, da die Einzelaufgaben in ihrer Bedeutung im Gesamtprojekt fixiert sind. Ebenso kann die Gefahr von Anarchie und Verantwortungslosigkeit in der Arbeit vermindert werden. Insgesamt wird die Darstellungskraft bei Verteidigungen und eindeutigere Verständigungsmöglichkeit bei der Suche und beim Finden von Lücken in der Strategie verbessert.

6. Verallgemeinerungen und Folgerungen für die Gestaltung interdisziplinärer Zusammenarbeit von Forschern

Erstens sind parallel zur disziplinären Forschungsarbeit für die Lösung komplexer Probleme problemorientierte wissenschaftliche Organisationen (Mitarbeiter, gerätetechnische Ausrüstung, Information/Dokumentation) zu schaffen, die für die Zeit der Lösung des Problems als selbständige Organisationen arbeiten. Wenngleich der Prozeß interdisziplinärer Gruppenbildung auch durch wissenschaftsinterne Entwicklungen angeregt wird, ist die Orientierung der Wissenschaftler auf gesellschaftlich relevante komplexe Probleme insbesondere auch eine wissenschaftsleitende und -organisatorische Aufgabe. Einerseits müssen Wissenschaftler, die in der Regel nach stabiler Arbeit in disziplinären wissenschaftlichen Einrichtungen streben, zu Beweglichkeit und interdisziplinärer Arbeit erzogen werden, andererseits sind alle notwendigen wissenschaftlich-technischen, ökonomischen und sozialen Voraussetzungen zu schaffen, die die Bildung problemorientierter wissenschaftlicher Organisationen fördern.

Zweitens durchlaufen problemorientierte wissenschaftliche Organisationen bis zur Lösung, Teillösung oder auch bis zum Abbruch des Lösungsversuchs verschiedene Entwicklungsstadien bis zur Reorganisation.

In der Phase der Herausbildung einer interdisziplinären Forschungsgruppe ist die kommunikative Einigung über die grundlegendsten Fragen, auf die eine Antwort gesucht werden soll, von entscheidender Bedeutung für eine fruchtbare Arbeit.

Diese Fragen sind um so ergebnisträchtiger je gründlicher die Informationsbasis für das Forschungsvorhaben erarbeitet wird, für die ein angemessener Fonds an Arbeitszeit aufgewandt werden muß. Die Reorganisation wird desto weniger als soziales Debakel erlebt, je stärker die institutionelle disziplinäre Verankerung von Mitgliedern interdisziplinärer Forschungsgruppen erhalten bleibt und die Rückgliederung bzw. der weitere Einsatz ihren Möglichkeiten nach vertraglich gesichert und nicht einem spontanen Prozeß überlassen wird.

Drittens sind die Schwierigkeiten der interdisziplinären Kommunikation in der Regel auf die disziplinspezifischen Sichtweisen des Forschungsgegenstandes und der damit zusammenhängenden disziplinären Eigenarten seiner Abbildung zurückzuführen. Ein gemeinsames Verständnis der Forschungsproblematik ist daher nicht ad hoc gegeben, sondern muß im Prozeß der Forschung allemal erarbeitet werden. Forschungsstrategische Vorverständigungen auf der methodologischen Ebene können diesen Prozeß ebenso befördern wie bestimmte Eigenschaften der beteiligten Wissenschaftler; etwa deren Bereitschaft, sich die Denkweise anderer Disziplinen anzueignen, ihre disziplinäre Kompetenz und intellektuelle Sicherheit.

Viertens bestimmt eine den Besonderheiten interdisziplinärer Forschung angemessene Forschungsorganisation wesentlich die Effektivität der Arbeit. Dem Einsatz geeigneter Instrumentarien der Forschungsorganisation sollte daher schon beim Entwurf der Arbeitsstrategie die gebührende Aufmerksamkeit zuteil werden. Erfahrungen zeigen, daß die für die Aneignung moderner Organisationsformen der Forschung aufgewandte Zeit nicht — wie oft befürchtet — einen zeitlichen Verlust bedeuten, sondern im Gegenteil: Durch die rationellere Gestaltung wird letztlich eine insgesamt bessere Ökonomie der Zeit erzielt.

Fünftens konstituieren sich als Kern interdisziplinärer Forschungsgruppen stets Vertreter solcher wissenschaftlicher Disziplinen, die als Träger des zu absolvierenden Forschungsprogramms unverzichtbar einbezogen werden müssen.

Während des Arbeitsprozesses können periphere Erweiterungen um diesen Kern durch Hinzuziehen von Vertretern weiterer Disziplinen zur Lösung spezieller Teilprobleme erfolgen. Je flexibler eine interdisziplinäre Forschungsgruppe situationsbedingt günstige periphere Erweiterungen zu realisieren vermag, desto größer ist der erzielbare Gruppenvorteil. Daher erscheint es legitim, diesen Gesichtspunkt in die Arbeitsorganisation einzubeziehen.

Sechstens wird die jeweils aktuelle Ausformung der Strategie des methodischen Vorgehens unter anderem durch die interdisziplinären Detailkenntnisse geprägt, die situationsbedingt für die Lösung des gegebenen Teilproblems dominant in den Forschungsprozeß eingebracht werden können.

In interdisziplinär zusammengesetzten Forschungsgruppen tendieren die Meinungen aufgrund disziplinspezifischer Anschauungsweisen stärker zur Pluralität als vergleichsweise in disziplinär zusammengesetzten Gruppen. Die Bereitschaft der einzelnen Gruppenmitglieder, sich in die disziplinäre Argumentationsweise der anderen hineinzuversetzen und diese integrativ zu verarbeiten, ist daher eine Vorbedingung für fruchtbare, versachlichte Kommunikationsbeziehungen und weitgehendes Eindämmen hemmender Rivalitäten.

Schließlich ergibt sich ein wesentliches Merkmal der symbiotischen Vernetzung von Disziplinen in der interdisziplinären Zusammenarbeit aus dem disziplinären Wechselspiel von Angebot und Nachfrage bezüglich der individuell und disziplinär erzielten wissenschaftlichen Ergebnisse im Verlaufe des Forschungsprozesses. Diesen empfindlichen Vorgang so zu führen und zu leiten, daß eine gewisse Kontinuität der Leistungsmotivation und des einvernehmlichen Arbeitens bei möglichst geringer Störquote gewährleistet ist, gehört zu den schwierigsten Aufgaben des Leiters einer interdisziplinär zusammengesetzten

Forschungsgruppe, soweit in diesen Prozeß leitend über die spontan sich regelnden Beziehungen hinaus eingegriffen werden muß. Die Autorität für solche Eingriffe kann sich der Leiter der Gruppe nur durch Bewahrung des Wesentlichen des Forschungsprozesses und souveräner Gesamtübersicht erwerben, die ihm ermöglicht, ein günstiges Verhältnis von individueller und kollektiver Arbeit zu inszenieren.

Vadim Nikolajew und Hein Klare

Interdisziplinarität in der Untersuchung von Substitutionsprozessen bei stofflicher und energetischer Nutzung von Primärenergieträgern

Die komplexe Untersuchung von Substitutionsprozessen bei der energetischen und stofflichen Nutzung von Primärenergieträgern ist für eine Volkswirtschaft von entscheidender strategischer Bedeutung. Die Identifizierung dieses Problems und seine forschungsmäßige Bearbeitung erfolgen unter mehreren Aspekten: Rationelle Nutzung fossiler Primärenergieträger als eigentlicher Träger der energetischen und stofflichen Substanz setzt Kenntnisse über einen umfassenden Kontext aus Wandlung aller Primärenergieträger und Anwendung von Gebrauchsenergien und Chemiegrundstoffen in der Volkswirtschaft der DDR in ihrer gegenseitigen Bedingtheit und transparent zu machenden Abhängigkeiten voraus. Das Problem stellt sich damit einerseits als naturwissenschaftliches und technologisches, andererseits als sozialökonomisches und ökologisches dar. Seine adäquate Bearbeitung erfordert Partizipation von Natur- und Gesellschaftswissenschaften in Form einer gemeinsamen Tätigkeit, die ihre beste Entsprechung in der interdisziplinären Forschung findet. Das Problem präsentiert sich von mehreren Seiten. Seine globale Komponente weist auf die Abhängigkeit der nationalen Energie- und Rohstoffversorgung von weltweiten Maßstäben der Lösung des Energieproblems hin. Für den universellen Charakter des Problems spricht die Tatsache, daß alle Länder mit mehr oder weniger ähnlich gelagerten Fragestellungen konfrontiert werden. Dieser Umstand spielt im Rat für gegenseitige Wirtschaftshilfe (RGW) eine wichtige Rolle.

Die Versorgung der Volkswirtschaft der DDR mit Energie und Rohstoffen ist also gleichzeitig ein globales, universelles Problem und ein konkretes DDR-Problem mit der daraus resultierenden Spezifik seiner Lösung.

Eine wirksame Erforschung erfordert breite Problemsicht und verlangt, daß der wissensgenerierende Charakter des tieferen Eindringens in das Wesen als zeitabhängige Variable berücksichtigt wird. Sie zwingt gleichermaßen zur Eingrenzung des Problems und seiner Einordnung in jeweilige konkrete Bedingungen der Bearbeitung.

Die interdisziplinäre Forschung zur Substitutionsproblematik wurde auf Bemühungen von drei Forschungsbereichen der Akademie der Wissenschaften der DDR ins Leben gerufen. Sie zielte darauf hin, durch die komplexe Untersuchung von Substitutionsprozessen die Leitungspraxis bei der Ausarbeitung von strategischen Varianten der Entwicklung der Rohstoff- und Energiebasis mit den

Forschungsergebnissen zu unterstützen. Die Forschung nahm ihre konkrete Gestalt in Form einer interdisziplinären Arbeitsgruppe an — die allerdings aus den partizipierenden Bereichen und Institutionen nicht herausgelöst wurde. Die Aufgaben der Gruppe bestanden in der Durchführung der eigenen interdisziplinären Bearbeitung sowie in der Schaffung von Voraussetzungen für eine vertiefende disziplinäre Forschung zu Teilproblemen, die durch den disziplinären und interdisziplinären Hintergrund der interdisziplinären Arbeitsgruppe gegeben wurde.

Die insgesamt als positiv zu ziehende Bilanz der Aktivitäten in der Arbeitsgruppe setzt sich aus einer Reihe von Ergebnissen zusammen. Neben der Entwicklung des technologischen Modells der komplexen Wandlung der Primärenergieträger und Arbeiten zu den Szenarien wurden wichtige Erfahrungen allgemeiner Natur gewonnen und für die interdisziplinäre Forschung geeignete Strukturen sichtbar gemacht, die nach Bedarf erneut aktiviert werden können.

Die interdisziplinäre Forschung stützte sich auf den methodologischen Rahmen der für diesen Zweck modifizierten Systemanalyse. Auf dem Hintergrund der historischen Entwicklung der Systemanalyse auf der internationalen Ebene geht hervor, daß sich dieser Fall der Systemanalyse auf eine bestimmte Gruppe von komplexen Problemen bezieht und nur mit dieser Einschränkung verallgemeinerungsfähig ist. Bei der Untersuchung der Substitutionsprozesse wurden deutlich definierbare Schritte, Prinzipien und Arbeitsweisen der Systemanalyse praktiziert.

Die Systemanalyse stützte sich auf das Konzept großer komplizierter Systeme und verwendete die Iteration als Arbeitsweise. Es zeigt sich, daß in diesem Zusammenhang ein breites und bewährtes Arsenal aus mathematisch-kybernetischen Methoden sowie spezifischen Zugängen und Herangehensweisen wirksam und gezielt eingesetzt werden kann.

1. Substitutionsprozesse bei der energetischen und stofflichen Nutzung der Primärenergieträger

Stabile langfristige Versorgung der Volkswirtschaft der DDR mit Primärenergieträgern, ihre rationelle Wandlung und Nutzung für energetische und stoffliche Zwecke stellen ein äußerst wichtiges komplexes Problem dar. Fossile Primärenergieträger erfüllen dabei eine Doppelfunktion als Quelle für die Energieerzeugung und für die Herstellung von Chemiegrundstoffen: Elektroenergie, Wärme, Ferngas sowie Ausgangsprodukten für ein breites Spektrum von Erzeugnissen, darunter für Plaste und Elaste, Chemiefasern, Pharmazeutika Farb- und Riechstoffe, Waschmittel und andere. Bekanntlich schließt die stoffliche Nutzung im obengenannten Sinne die energetische teilweise oder gänzlich aus. Auf sinnvolle Kombinationen der beiden Funktionen kommt es an, wenn ein stabiles Wachstum der Volkswirtschaft unter den jeweiligen konkreten Bedingungen der Entwicklung, die durch Vielzahl von verschiedenartigen Faktoren gekennzeichnet wird, gewährleistet werden soll. Verschiedene strategische Möglichkeiten, die sich daraus ergeben, umfassen qualitative und quantitative Aspekte, Probleme der sozialökonomischen Entwicklung und des wissenschaftlich-technischen Fortschritts, sind gesellschaftswissenschaftlicher wie gleichermaßen naturwissenschaftlicher und technischer Natur.

Als ein komplexes Problem hat die Versorgung der Volkswirtschaft mit Primärenergieträgern mehrere Dimensionen. Auf der globalen Ebene[1] ist sie von der Disponibilität der Primärenergieträger abhängig:

- von den Weltvorräten, der Disponibilität einzelner Energiequellen, den Kosten für ihre Erschließung, vom Angebot und Nachfrage auf dem Weltmarkt, die nach einzelnen Primärenergieträgerarten gestaltet werden, wobei dem Erdöl besondere Bedeutung zukommt;
- von den Möglichkeiten der Erschließung von alternativen Energiequellen und ihrer Konkurrenzfähigkeit, sich im Wettbewerb mit den traditionellen Energiequellen durchzusetzen;
- von ökonomischen, sozialökonomischen und politischen Entwicklungen in der Welt, in einzelnen Regionen und zwischen militärpolitischen und ökonomischen Gruppierungen. Die letzte Gruppe von Faktoren gestaltet sich besonders dynamisch und beeinflußt alle mittelfristigen Prognoseaussagen maßgeblich.

Der gegenwärtige und zukünftige Primärenergieträgerverbrauch in der Welt wird durch starke Unterschiede zwischen Industrieländern und Entwicklungs-

Tab. 1: Primärenergieverbrauch pro Kopf (KW).

Länder	1975	angenommene Entwicklung	
		2030 (hohes Szenarium)	2030 (niedriges Szenarium)
1	2	3	4
Industrieländer	5,8	13,5	10,9
Entwicklungsländer	0,45	2,7	1,4
Welt	2,1	5,2	3,3

Quelle: W. Haefele, Perspektiven langfristiger Energieversorgung in: Umschau 20/1979, S. 630.

[1] Unter der globalen Ebene bzw. den globalen Problemen werden generell diejenigen verstanden, die über nationale Grenzen hinaus nur auf der Basis von gemeinsamen Anstrengungen mehrerer Länder adäquat angegangen werden können.

ländern sowie ständige Steigerung des Verbrauchs pro Kopf der Bevölkerung charakterisiert (vgl. Tab. 1).

Diesem Energieverbrauch stehen Vorräte an Primärenergieträgern gegenüber, in dem die Kohle anteilmäßig am stärksten vertreten ist. Die Erdölressourcen in allen Kostenkategorien (d. h. einschließlich derjenigen, die unter den gegenwärtigen Förderbedingungen aus ökonomischen und technischen Gründen nicht gewinnbar sind) betragen voraussichtlich ca. 10% der gesamten fossilen Rohstoffe.

Das ökonomische Wachstum einiger RGW-Länder sowie wichtiger kapitalistischer Staaten beruhte auf hohem Verbrauch von flüssigen und gasförmigen Brennstoffen (für kapitalistische Länder lagen Anteile zwischen 60 und 80%, 1978). Anteile der gleichen Energieträger betrugen 1978 für die DDR und die ČSSR 26,7% und 28,2% entsprechend. Flüssige und gasförmige Brennstoffe sind besonders günstige Energiequellen.[2]

Das Erdöl stellt die am meisten favorisierte Energiequelle dar, die durch zwei Umstände charakterisiert werden kann: es ist gegenwärtig schwer substituierbar (d. h. wenn nicht nur rein technische Optionen, sondern auch die ökonomischen und sozialökonomischen Kriterien herangezogen werden) und macht den geringsten Anteil in den Weltvorräten der Primärenergieträger aus. Die Annahme ist deswegen nicht von der Hand zu weisen, daß das bisherige ökonomische Wachstum führender kapitalistischer Länder mit seinen charakteristischen Merkmalen von Massenproduktion und entsprechendem Konsumverhalten in einer engen Beziehung zur spezifischen Struktur der billigen Energiebasis zu sehen ist. Dies erklärt u. a. die Tatsache, daß sich der Druck auf das Erdöl verstärkt, der sich nicht nur im Marktverhältnis von Angebot und Nachfrage, sondern in der verschärften allgemeinen internationalen Lage äußert. Es kommt noch hinzu, daß Energieexporte mancher Entwicklungsländer weder mit dem Überfluß an diesen Ressourcen zusammenhängen, noch der Ausdruck einer internationalen Arbeitsteilung auf Grundlage des gegenseitigen Nutzens sind. Sie sind auch auf die aus der Zeit der kolonialen Entwicklung dieser Länder vererbten Strukturen zurückzuführen, die die Entwicklungsländer zu überwinden bestrebt sind. In diesem Zusammenhang soll auf die auf der VI. Sondertagung der Vollversammlung der UNO diskutierte „Neue Ökonomische Weltordnung" hingewiesen werden.

Als Reaktion auf die Instabilität in der Energieversorgung hat sich in den kapi-

[2] So zeigt zum Beispiel das Erdöl große Energiedichte, ist leicht zu transportieren und günstig bei der Wandlung und Herstellung von energetischen und stofflichen Produkten. Hinsichtlich der Reduzierung der Umweltbelastung zeigt es deutliche Vorteile. Ökonomische Entwicklungen hängen deswegen nicht nur von der in den Primärenergieträgern enthaltenen Energie, sondern auch von der Art der Primärenergieträger ab. (Nach der Höhe des Verbrauchs an Primärenergieträgern pro Kopf der Bevölkerung liegt die DDR zum Beispiel in der Spitzengruppe der Industrieländer der Welt. Durch die starke Verwendung der Braunkohle ergeben sich in der Struktur der Primärenergieträger deutliche Unterschiede im Vergleich zu den meisten anderen Industrieländern.)

talistischen Ländern eine Energiestrategie herausgebildet, die im wesentlichen auf folgendes hinzielt:[3]

— Drosselung des wachsenden Energieverbrauchs insgesamt und der flüssigen und gasförmigen Brennstoffe insbesondere.. In dieser Richtung werden Maßnahmen zur direkten Energieeinsparung, zur Erhöhung der Effektivität der Nutzung von Energieressourcen und zur Substitution von mehr defizitären durch weniger defizitäre Energiequellen anvisiert und durchgeführt;
— Erweiterung der einheimischen Basis der Versorgung mit flüssigen und gasförmigen Brennstoffen durch verstärkte Erkundung und Ausbeutung von Naturressourcen (als mittelfristige Perspektive), Schaffung wissenschaftlich-technischen Vorlaufs für den Übergang zur Massenproduktion von synthetischen Brennstoffen aus festen Brennstoffen (als langfristige Perspektive), Lagerung von großen „strategischen" Erdölvorräten;
— Intensivierung der Arbeiten, die den Übergang zu einer breiteren Nutzung der sogenannten unerschöpflichen Energieressourcen (Sonne, Wind, geothermale Energie, Kernfusion usw.) vorbereiten.

Kenntnis der globalen Entwicklungen im Energiesektor ist von großer Bedeutung. Gleichzeitig muß berücksichtigt werden, daß die sozialistischen Länder ihre energetischen Bedürfnisse zum größten Teil im RGW-Bereich befriedigen. Mit der Steigerung der Erdölförderung von 603 Mio t (1980) auf 620 bis 645 Mio t behält die UdSSR auch in Zukunft ihre Stellung als führender Erdölproduzent[4] der Welt. Die RGW-Länder und in erster Linie die UdSSR verfügen über große Ressourcen an allen Primärenergieträgerarten, vor allem über Kohle und erhebliche Mengen des Erdgases. Allerdings verschlechtern sich die Bedingungen ihrer Gewinnung mit der Zeit, so daß zusätzliche Erschließungskosten sowie Kosten der Förderung benötigt werden, um Energiebedarf der Länder zu decken. Dabei muß beachtet werden, daß nach sowjetischen Berechnungen Investitionsaufwendungen in die Maßnahmen der Energieeinsparung in der Größenordnung von 2—3mal niedriger als in die Erschließung von neuen Vorkommen liegen. Es ist dewegen sinnvoll, die rationelle Gestaltung aller Prozesse von der Erschließung bis zur effektiven Nutzung der Primärenergieträger zum eigentlichen Schwerpunkt der Untersuchungen zu machen: durch volle Auslastung von technisch-technologischen Möglichkeiten, vor allem durch die komplexe Meisterung des wissenschaftlich-technischen Fortschritts, durch sinnvolle Energieeinsparung und rationellen Einsatz der Primärenergieträger für energetische und stoffliche Zwecke. Hiermit werden technisch-technologische wie ökonomische und sozialökonomische Aspekte bis hin zur sozialistischen Lebensweise angesprochen.

[3] Autorenkollektiv, Novye javlenia v energetike kapitalisticeskogo mirs, Moskva 1979, S. 3—4.

[4] N. A. Tichonov, Die Hauptrichtungen der wirtschaftlichen und sozialen Entwicklung der Jahre 1981 bis 1985 und für den Zeitraum bis 1990, in: Presse der Sowjetunion 6/1981, S. 114—126.

Die neuen Dimensionen des Problems sind universell,[5] sie betreffen alle RGW-Länder. In diesem Sinne sprechen wir von der Entwicklung des Brennstoff-Energiekomplexes im RGW, von einem langfristigen Zielprogramm, von der Zusammenarbeit der sozialistischen Länder, die auf Reduzierung der Abhängigkeit der Energieversorgung von Eventualitäten des Weltmarktes sowie auf die Erschließung der Vorteile der internationalen Arbeitsteilung im RGW-Bereich bei der Lösung des Energieproblems gerichtet sind.

Besteht bei globalen Betrachtungen zur langfristigen Energieprognose die Möglichkeit, unter Berücksichtigung aller vorhandenen Ressourcen der Erde relativ unabhängig vom Ort des Vorkommens Analysen zu betreiben, so ist bei der nationalen Problematik die Situation anders. Es ergeben sich — insbesondere bei kleineren Nationen — einige Besonderheiten, die als Restriktionen oder aber auch als zusätzliche Möglichkeiten einer stabilen Energieversorgung wirken können. Zunächst haben Vorhandensein oder Fehlen nationaler Energieressourcen sowie bei eigenen Vorkommen die Menge und die Qualität einen wesentlichen Einfluß auf die Energiepolitik und die technologische Struktur.

Bei der Suche nach Alternativen und Substitutionen hat die Möglichkeit des Zugriffs zu Energieträgern über den Außenhandel eine große Bedeutung — im Unterschied zu globalen Prognosen, bei denen der Zugriff mehr oder weniger weltweit vorausgesetzt wird.

Eine nationale Energieprognose muß weiterhin von einem ganz genau bestimmten Niveau der Energieversorgung ausgehen, das u. a. vom erreichten technischen Entwicklungsniveau und den Lebensgewohnheiten sowie Lebensbedingungen (Klima, Größe des Territoriums und anderes mehr) bestimmt wird. Im Zusammenhang damit findet man weiterhin eine spezifische Produktionsstruktur vor, deren Produkte sowohl auf den spezifischen Energieverbrauch als auch auf die Möglichkeiten des Außenhandels rückwirken. Diese Struktur hat naturgemäß eine historische Komponente und bedingt eine weitere wichtige Besonderheit: der Wissensstand der Produzenten, ihr Vermögen, auf Änderungen reagieren zu können, ist entsprechend dem technologischen Entwicklungsstand ausgebildet.

Gegenüber globalen Prognosen zeigt die Erforschung des nationalen Problems auch größere Möglichkeiten, exaktere Voraussagen zu erzielen. Dabei ist größere Aussagekraft von globalen nationalen Zahlen möglich (zum Beispiel Energieverbrauch und das Nationaleinkommen). Weiter sind die erreichten und möglichen technologischen Strukturen und ökonomischen Zusammenhänge gerade wegen der Restriktionen überschaubarer. Ebenso sind Probleme der Standorte zu bewerten und zu lösen.

Insgesamt zeigt sich, daß bei der Analyse nationaler Probleme über den Weg der Abbildung der technologischen Verarbeitungsstruktur wichtige Aussagen zum

[5] Unter den universellen Problemen werden diejenigen ausgewiesen, die zwar in einer oder anderen Form in allen Ländern auftreten, jedoch in nationalen Grenzen behandelt werden.

Bedarf sowie zu Versorgungsmöglichkeiten möglich sind. Dies ist deshalb von Bedeutung, weil Ergebnisse des wissenschaftlich-technischen Fortschritts nur durch ihre Manifestation in der materiellen Produktion wirksam werden. Bei globalen Analysen fällt dagegen auf, daß Ergebnisse des wissenschaftlich-technischen Fortschritts von vornherein ohne Prüfung der Einordnung in bestehende Strukturen als realisierbar angenommen werden (zum Beispiel „Wasserstoffenergetik" in den Analysen des Internationalen Instituts für Angewandte Systemanalyse, Umfang und Weges der Kernenergetik und ähnlichem).

Der Zusammenhang zwischen globalen und nationalen Analysen ist vermutlich vordergründig durch die Außenwirtschaftsbeziehungen gegeben. Dies betrifft einerseits die langfristige globale Vorratslage und Prognosen zur Erschöpfung von Vorräten (zum Beispiel Erdöl und Erdgas), andererseits die Aussagen zur Entwicklung neuer Energieressourcen (Kohlenrenaissance). Weiterhin stellt sich die Frage nach den zu beziehenden Rohstoffen, wobei aus globalen Tendenzen auch ableitbar ist, daß verarbeitete Produkte unter Umständen einmal die Handelsprodukte sein müssen (zum Beispiel Gas und Flüssigprodukte aus Kohle, Elektroenergie) im Gegensatz zur heutigen Praxis, die geförderten Rohstoffe zu verteilen. Zum anderen ergeben sich aus globalen Voraussagen Hinweise auf international zu entwickelnde Technologien, die zur Gestaltung der Außenwirtschaftsbeziehungen als Äquivalent für zu importierende Energie die Produktionsstrukturen in industriell entwickelten Ländern beeinflußt, wenn entsprechend der bisherigen Praxis sich eine Lieferung von Rohstoffen gegen fertige Industrieerzeugnisse fortsetzt.

Inhaltliche Ausführungen dieser Art sind eine Illustration und stellen den Ausschnitt aus einer umfassenden und systematisch aufgebauten Hintergrundinformation dar, die als relativ eigenständiger Teil eines Szenariums Vermittlung von Kenntnissen über Tendenzen, Entwicklungsrichtungen, Probleme und Faktoren in ihrem Zusammenhang und in ihren Wechselwirkungen zum Ziel hat. Daran schließen sich die detaillierte modellmäßige Abbildung von technisch-technologischen Wandlungsstufen (vgl. dazu Zielmatrix in Tabelle 2) bzw. die durchgehende aggregierte Modellierung von 5 Produktionsfaktoren (Arbeitskräfte, Investitionen, Energieeinsatz, Wasserverbrauch, Landbeanspruchung) und Ausstoß von energetischen und stofflichen Produkten an.

Diese Modellierung bildet auch den geeigneten Rahmen für eine komplexe Darstellung von möglichen Auswirkungen von wissenschaftlich-technischen Alternativen: einmal auf Technologien der Wandlung der Primärenergieträger zum Zweck der eingehenden Untersuchungen, zum anderen auf Einsatz von Produktionsfaktoren und Ausstoß von energetischen und stofflichen Produkten (Ausweis von Größenordnungen, Reihenfolgen und Schätzungen).

Beide Teile bilden eine Einheit und werden in den Simulationen zum Testen von verschiedenen Optionen genutzt, indem in der Form „wenn . . . dann" Annahmen und Hypothesen überprüft und durch die Heranziehung der Hintergrundinformation bis zu einem gewissen Grade auch begründet werden können.

Tab. 2: Zielmatrix der Wandlungsstufen von Erdgas, Erdöl, Braun- und Steinkohle, Kernenergie und Wasserkraft (Erdgas I: DDR, Erdgas II: Import).

	Elektroenergie	Wärme	Brikett	Braunkohle-Koks	Steinkohle-Koks	Vergaser-kraftstoff	Diesel	Heizöl	Stadtgas	Flüssiggas	Aromaten	Olefine	Paraffine	Methanol	Ammoniak	Äthin	Öle	Phenole	Schwefel	Lösungsmittel	Abwärme	SO_2	Feststoffe
Erdgas I	×	×							×												×		
Erdgas II	×	×							×					×	×						×		
Erdöl	×	×				×	×	×		×	×		×	×	×		×	×	×	×	×	×	×
Braunkohle	×	×	×	×		×	×	×	×	×	×		×	×	×	×	×	×	×	×	×	×	×
Steinkohle					×				×		×					×			×		×		×
Steinkohle-E	×	×			×																×	×	×
Kernenergie	×	×																			×		
Wasserkraft	×																						

2. Entwicklung der interdisziplinären Arbeit und Funktion der Systemanalyse

Die interdisziplinäre Forschung wurde auf Bemühungen von drei Forschungsbereichen der Akademie der Wissenschaften der DDR (Chemie, Mathematik-Kybernetik, Gesellschaftswissenschaften) ins Leben gerufen, wobei der Bereich Chemie die gesamte Projektleitung übernommen hat.[6] Die Forschung nahm ihre konkrete Gestalt in Form einer interdisziplinären Arbeitsgruppe an, die allerdings aus ihren Bereichen und Institutionen nicht herausgelöst wurde. Die Gruppe wurde mit zwei Funktionen betraut:

- Durchführung der eigenen interdisziplinären Forschung, insbesondere bei der Ausarbeitung von konzeptionellen Grundlagen, Orientierung von benötigten disziplinären Untersuchungen, bei der interdisziplinären Aufarbeitung von Teilergebnissen u. ä.

[6] Neben Chemie, Wissenschaftstheorie und Systemanalyse wurden Wirtschaftswissenschaft durch Dr. G. Schirmer und mathematische Modellierung durch Dr. G. Böttner vertreten.

— Vorbereitung der Voraussetzungen für eine vertiefte disziplinäre Forschung, die durch den disziplinären und interdisziplinären Hintergrund der interdisziplinären Arbeitsgruppe gewährleistet werden sollte.

Im ersten Fall spielte die Entwicklung des gemeinsamen Problemverständnisses in der Gruppe eine wichtige Rolle. Die Arbeit begann mit Vorträgen einzelner Mitarbeiter der interdisziplinären Arbeitsgruppe über ihre Forschungsgebiete und Vorstellungen zur Lösung der Probleme. Kontaktpflege wurde durch die räumliche Unterbringung der Gruppe gefördert. Eine relativ lange Anlaufphase erwies sich als notwendig und für den weiteren Forschungsverlauf als wichtig. Dies alles trug zur Herausbildung eines gemeinsamen Problemverständnisses sowie zur besseren Einordnung des eigenen Gebiets und der eigenen Aufgabe bei.

Als eine weitere Spezifik hat sich herausgestellt, daß sich von dieser Ausgangsbasis die Systemanalyse als gewissermaßen notwendiges und zweckmäßiges Herangehen in seiner bereits angepaßten Form durchgesetzt hat und anerkannt wurde.[7]

Die Wirksamkeit der Systemanalyse zeigte sich in der Unterstützung der inhaltlichen Leitungstätigkeit bei der systemgerechten Gestaltung der gesamten Arbeit und Ausführung ihrer disziplinären Fragmente.

Um dem Umstand besser Rechnung tragen zu können, daß es sich bei der Lösung der Energie- und Rohstoffproblematik um einen Erkenntnisprozeß in der Grundlagenforschung und angewandten Forschung handelt, wurden Zwischenetappen angelegt, die die Bestandsaufnahmen und den kritischen Rückblick auf den bereits erreichten Stand zum Ziel hatten. Es zeigte sich, daß ein Zwischenergebnis (möge es manchmal noch so unwichtig erscheinen) erforderlich ist, um die gesamte Forschung besser zu orientieren, zu gestalten, moralisch aufzuwerten und inhaltlich zu straffen. Diskussionen und Kolloquien, an denen in einigen Fällen auch die Forschungsbereichsleiter teilgenommen haben, trugen zur Qualifizierung der Forschung und Schaffung des günstigen Forschungsklimas bei.

Das Fazit der interdisziplinären Forschung zur Substitutionsproblematik zusammenfassend ist zu vermerken, daß in ihrem bisherigen Verlauf zwar mehr Probleme als erkannt und nicht als gelöst angesehen werden dürfen, ihre Ergebnisse aber durchaus als positiv und wichtig einzuschätzen sind. Die positive Charakterisierung wird nicht nur durch einzelne Ergebnisse der Gruppe, vielmehr durch Kenntnisse und Erfahrungen unterstrichen, die neue Möglichkeiten bei der

[7] Im Unterschied zu den üblichen Anwendungsfällen, wenn die Systemanalyse die gesamte konzeptionelle, systemgerechte Gestaltung der Arbeit bereits zu Beginn nach generalisierten Merkmalen und Arbeitsweisen sowie Modellvorstellungen dieses Herangehens bestimmt. Der Zugang zur Systemanalyse wird im letzten Fall zwar erleichtert, ihre Anpassung an konkrete Anwendungsbedingungen, was in der Grundlagenforschung und angewandten Forschung von besonderer Bedeutung ist, kann sich dagegen als besonders schwierig erweisen.

Behandlung der Energie- und Rohstoffproblematik andeuten. Horizonte wurden über disziplinäre Sichten hinaus erweitert, notwendiges Verständnis für interdisziplinäre Arbeit entwickelt, interdisziplinäre Forschungsstrukturen angelegt, die nach Bedarf schnell und wirksam zu neuen Forschungsaktivitäten aktiviert werden können.

Im Ergebnis der interdisziplinären Untersuchungen haben sich zwei Schwerpunkte herausgebildet: ein technologisches Substitutionsmodell, in dem naturwissenschaftliche und technische Erkenntnisse quantitativ zur Verrechnung der Restriktionen für die Betrachtung längerer Zeiträume zusammengestellt wurden und die globale Modellierung (im Sinne der Modellierung von aggregierten volkswirtschaftlichen und gesellschaftlichen Zusammenhängen) und Vorbereitung der Szenarien, bei denen gesellschaftswissenschaftliche und vor allem wirtschaftswissenschaftliche Aspekte teilweise qualitativer Natur dominierten. Beide Kristallisationspunkte ergaben sich aus der interdisziplinären Forschung und stellten eine Synthese dar, in der sich natur-, technische und gesellschaftswissenschaftliche Erkenntnisse unterschiedlich verhielten und sich jedoch gegenseitig bedingten. Offensichtlich besteht ein Effekt der Integration gleichzeitig darin, daß die neu entstandenen interdisziplinären Sichten, das heterogene interdisziplinäre Wissen von einem bestimmten Quantum an erst richtig aufgenommen und aufgearbeitet werden müssen, bevor das weitere Erfordernis nach der Interdisziplinarität in einem ad hoc Kollektiv in seiner Notwendigkeit und Möglichkeit erkannt wird.

Für die Durchführung der interdisziplinären Forschung galt die Systemanalyse als allgemeiner methodologischer Rahmen. Sie gestaltete sich nach folgenden Schritten der Bearbeitung des Problems:

- Identifizierung, Herausstellung des Problems und seiner Eingrenzung;
- Analyse und Diagnose des Problems;
- Entwicklung von Zielvorstellungen für die Lösung des Problems, Bestimmung von Zielen, Ausarbeitung von Alternativen und Vergleich von Alternativen im Lichte bestimmter Kriterien;
- Ausarbeitung der Problemlösung;
- Einordnung der Problemlösung in das bestehende System hinsichtlich anderer exogener Ziele und vorhandener Realisierungsbedingungen.

International zeigt sich, daß die Systemanalyse überall dort in Verbindung mit der Leitungs- und Planungspraxis in Erscheinung tritt, wo neuartige praktische Probleme mit kombinierten heterogenen sozialen, technischen und naturwissenschaftlichen Inhalten entstehen. Ihre Behandlung läßt keine routinemäßige Wiederholbarkeit zu, indem ausschließlich bisherige Erfahrungen, Traditionen u. ä. genutzt werden. Sie bedarf der wissenschaftlichen Forschung. Es stellt sich häufig die Frage nach der Art der Forschung, die bei der Bearbeitung dieser Probleme benötigt wird. Ein weiteres Merkmal der genannten Probleme besteht darin, daß sie in die moderne disziplinär strukturierte Wissenschaft nicht ohne weiteres eingeordnet werden können. Wir nennen sie komplex und bringen damit zum Ausdruck, daß die Erforschung dieser Probleme grenzüberschreitende Aktivitäten nach sich zieht. Jede Reduzierung der Substanz der Probleme auf monodisziplinäre Forschung erweist sich als unzureichend.

Die Aufteilung der Probleme und die Zuordnung von Teilproblemen zu einzelnen Disziplinen ist eine Möglichkeit, komplexe Probleme zu erfassen. Für sich genommen führt sie allerdings zur multidisziplinären Forschung. Die letzte setzt voraus, daß „irgendwo" in der letzten Instanz disziplinäre Resultate einer Synthese, einer ganzheitlichen „Redaktion" zugeführt werden. Es zeigt sich aber, daß nicht nur diese synthetische Phase, sondern das gesamte interdisziplinäre Aufarbeiten eines Problems ein wichtiger forschungsmäßig durchzuführender Erkenntnisprozeß ist, der bei der multidisziplinären Forschung ausbleibt.

Auch die Einführung der Systemtheorie bzw. der Allgemeinen Systemtheorie als Basis für das gemeinsame Forschen führt zur Entstehung der transdisziplinären Forschung, die sich letzten Endes von konkreten Untersuchungen der konstituierenden fachspezifischen Inhalte zu trennen tendiert und häufig keine in dem Maße benötigte praxisadäquate Problembearbeitung gewährleisten kann.[8]

Daraus wird ersichtlich, daß in der Regel eine andere Art der Forschung erforderlich ist, nämlich die interdisziplinäre Forschung, um die genannten Unzulänglichkeiten zu überwinden. Die wichtigsten Impulse erhält sie dank der Notwendigkeit, einen immer breiter werdenden Kreis von aktuellen Problemen der Praxis anzugehen, ihre Entstehung vorauszusehen, ihre Entwicklung und Verhalten zu kontrollieren.

Es können zwei Gruppen von komplexen gesellschaftlichen Problemen herausgestellt werden, die der interdisziplinären Forschung bedürfen:
— direkt induzierte soziale Probleme,
— indirekt induzierte soziale Probleme.

Die erste Gruppe von Problemen kann mit der Bearbeitung der bereits erörterten Substitutionsprozesse veranschaulicht werden: das gesellschaftliche Erfordernis wurde erkannt, die Aufgabe formuliert, der „Kern" eines interdisziplinären Kollektivs bestimmt. Die zweite Gruppe kristallisiert sich als Ergebnis des wachsenden Bewußtseins von Wissenschaftlern heraus, die verschiedenen Disziplinen angehören. Dies manifestiert sich in Annahmen, daß Forschungsprobleme, die jeder dieser Wissenschaftler zu bearbeiten hat, ohne Einbeziehung anderer Wissenschaftsdisziplinen nicht adäquat behandelt werden können. Im

[8] Zur Charakterisierung und Unterscheidung dieser Arten von Forschungen vgl. F. A. Rossini/A. L. Porter/P. Kelly/D. E. Chubin, Frameworks and Factors Affecting Integration Within Technology Assessments, Report to the National Science Foundation, Grant No ERS 76-04474, Atlanta, Georgia, Georgia Institute of Technology, 1978; D. Schulze, Wissenschaftstheoretische und methodologische Probleme interdisziplinärer Forschung in: Deutsche Zeitschrift für Philosophie, 2/1981, S. 148—160. Die Darstellung der interdisziplinären Forschung in Beziehung zu disziplinären Entwicklungen wird von E. M. Mirskij gegeben. Vgl. E. M. Mirskij, Meždisciplinarnye issledovania i disciplinarnaja organizija nauki, Moskva 1980.

Rahmen dieses Beitrags wird jedoch nur auf die direkt induzierten sozialen Probleme eingegangen.

Bei der Bearbeitung der direkt induzierten sozialen Probleme zielt die Systemanalyse darauf hin, die Komplexität der Forschung inhaltlich, organisations- und leitungsmäßig zu beherrschen, Rationalität in den gesamten Prozeß der interdisziplinären Forschung und bei der Integration der Erkenntnisse in die benötigten Vorbereitungsphasen der Entscheidungsfindung hineinzutragen. In diesem Zusammenhang sollen folgende Aspekte beachtet werden:

Die erste Etappe der Forschung besteht in der Ausarbeitung einer Systemkonzeption und Herausstellung von tragenden Ideen für die Lösung des komplexen Problems. Dafür sind das zeitlich reichlich bemessene Anfangsstadium sowie die Förderung eines „Parlaments der Ideen", d. h. ein möglichst breit und tolerant gehaltener wissenschaftlicher Meinungsstreit mit der anschließenden Bewertung der Ideen erforderlich.

Die Interdisziplinarität soll gewährt werden. Die Systemanalyse verhindert einmal die Verdrängung einzelner Disziplinen und Substitution der Interdisziplinarität durch die Monodisziplinarität. Dies geschieht, wenn eine der partizipierenden Wissenschaften versucht, ihre disziplinäre Arbeitsweise, Begriffe, Methoden, Modelle bis hin zu Paradigmen als einzig legitime zu erklären und durchzusetzen. Diese offensichtlich objektiv bestehende Unverträglichkeit der Disziplinen bei ihrer einfachen Summierung soll als eine mögliche Konfliktsituation aufgefaßt werden, die mit Hilfe der Systemanalyse in der konstruktiven Richtung zu bewältigen ist. Zum anderen entwickelt sich die interdisziplinäre Forschung in keinem disziplinlosen Vakuum. Eine der partizipierenden Wissenschaften übernimmt die integrierende Funktion. Sie wird nicht durch den eigentlichen Entwicklungsstand der Disziplin für sich, sondern vom Charakter des Nutzers, der disziplinären Herkunft des Leiters des Kollektivs bzw. des Systemanalytikers bestimmt oder geprägt. Bereitschaft der profilierten Wissenschaftler vom Fach, an der interdisziplinären Forschung in einer oder anderer Form mitzuwirken, steigt, wenn durch die Anwendung von disziplinären Bewertungskriterien für relevante Forschungsinhalte Seriosität der Forschung zum Ausdruck gebracht wird. Dadurch soll die Senkung des Niveaus der Forschung ebenfalls verhindert werden. Die Funktion der Verbindung von Interdisziplinarität und Disziplinarität obliegt einer relativ kleinen „Stabsgruppe" (Bezeichnet auch als Kerngruppe „core group"). Die Systemanalytiker besitzen Erkenntnisse über Bildung und rationelle Leitung von verschiedenartigen und in Größe unterschiedlichen Kollektiven. Bereits dadurch können Beziehungen zum disziplinären Hinterland variabel und zweckgemäß gestaltet werden.

Ein integrierendes Instrument des interdisziplinären Forschens bildet die Modellierung. Die Modellierung ermöglicht den Mitarbeitern der Gruppe, über ihre disziplinären Grenzen hinaus interdisziplinär zu forschen: durch Formulieren und Stellen von Fragen, durch Probieren von verschiedenen Annahmen und Hypothesen. Eine wichtige Arbeitsweise ist die sich auf Modellierung stützende

Simulation. Die Simulation wirkt komplettierend zu disziplinären Sichten, erweitert Horizont bei Erfassung von Zusammenhängen und ersetzt unzureichende Voraussetzungen für das Testen der Alternativen im „Großexperiment".[9]

Gleichzeitig soll vermerkt werden, daß Modellierung, für sich genommen, kaum imstande ist, kausale Zusammenhänge auszuleuchten, neuen Einblick in herausgestellte Sachverhalte zu geben. Sie muß also an fachspezifische Interpretation gebunden werden, die von Experten von Fach vorgenommen wird (wieder Rückkehr zur Disziplinarität).

Richtig angewendet, bringt die Systemanalyse größere Rationalität bei der Gestaltung der Kommunikation und Information in der interdisziplinären Forschung. Mit Hilfe von bestimmten Methoden sorgt sie für das Entstehen eines gewissen Konsensus, eines gemeinsamen Problemverständnisses der Wissenschaftler, ohne die die Systemkonzeption für die gesamte Problembearbeitung nicht möglich wäre. Sie hilft bei der Herausstellung von Teilproblemen, zu denen relevante Forschungsaktivitäten eingeleitet werden müssen.

Rationelle Gestaltung von Informationsbeziehungen in der interdisziplinären Forschung ist von großer Bedeutung. Dieser hohe Stellenwert kommt ihr deswegen zu, weil grenzüberschreitende Forschungen sich nicht auf sonst übliche disziplinäre Infrastrukturen stützen können. In einem interdisziplinären Kontext angewendet, können hochspezialisierte Fachsprachen Kommunikation in einem interdisziplinären Kollektiv eher erschweren,[10] Nutzung von disziplinären Begriffen, Meßeinheiten u. ä. ist nicht selten dafür verantwortlich, daß ein Wissenschaftler den anderen „nicht versteht".

Die Schwierigkeiten bei der Beherrschung komplexer Probleme sind auch dem Umstand zuzuschreiben, daß der Mensch nur eine relativ begrenzte Zahl von Faktoren von etwa gleicher Ordnung übersehen und kontrollieren kann. Diese Zahl nimmt ab, wenn Faktoren qualitativ unterschiedlich sind (z. B. verschiedenen Disziplinen angehören).

Es darf offensichtlich nicht vergessen werden, daß ein Wissenschaftler erst durch eine lange Vorbereitung und Sammlung von Erfahrungen in die Lage versetzt wird, sein Fachgebiet komplex zu beherrschen. Es entwickelt sich bei ihm das „Gefühl" für Größenordnungen und Reihenfolgen, für teilweise intuitive Bewertung von großen Wissenskomplexen u. a. m. Die disziplinäre Vorbereitung eines Wissenschaftlers bringt ebenfalls viel „Forschungsroutine" im Verständnis der Probleme und hinsichtlich Wege ihrer Bearbeitung, in der Information und Kommunikation, in der Anwendung von Forschungsergebnissen mit sich, die

[9] Es ist zum Beispiel nicht möglich, verschiedene volkswirtschaftliche Strategien der Energieversorgung in einem Realexperiment zu überprüfen. Die Simulation bietet Möglichkeit, fehlende Voraussetzungen dafür bis zu einem gewissen Grade zu kompensieren.

[10] Auf das Problem der Sprache in der interdisziplinären Forschung weist D. Schulze hin, vgl. D. Schulze, Wissenschaftstheoretische und methodologische Probleme in interdisziplinärer Forschung, in: Deutsche Zeitschrift für Philosophie 2/1981, S. 148—160.

die Kontrolle zahlreicher Faktoren in der disziplinären Forschung erleichtert. Die interdisziplinäre Forschung in den genannten Gruppen von Problemen wird von solcher „Forschungsroutine“ auch in dem Fall nicht begleitet, wenn komplexe Probleme nach etwa gleichen „Mustern“ abgearbeitet werden. Noch komplizierter erweist sich die Beherrschung der Komplexität, die mit der Nutzung erarbeiteter Erkenntnisse bei der Vorbereitung von Entscheidungen außerhalb der Forschung zusammenhängt. Deswegen wird die Beherrschung der Komplexität bei der Anwendung von interdisziplinär erarbeiteten Forschungsergebnissen als ein gesondertes und wichtiges Problem gehandhabt, so daß die Systemanalyse gerade diesem „technischen“ Aspekt der Bewältigung der Komplexität größere Aufmerksamkeit schenkt. Einige Anregungen erhält man aus der Entwicklung von komplizierten technischen Systemen. In den komplizierten „Mensch-Maschine“-Systemen wird die Komplexität durch zweckgemäße Reduzierung der Anzahl der zu kontrollierenden Faktoren, durch spezielles Training, Arbeitsregime, Unterbringung und Einordnung von Geräten, ihre möglicherweise farbige Gestaltung, Spezialverfahren, zum Beispiel Nutzung von „Checklisten“, bewältigt.

Es soll an dieser Stelle allerdings vermerkt werden, daß die bereits genannten Funktionen der Systemanalyse auf die große Bedeutung dieses Herangehens hindeuten; sie sind aber, für sich genommen, auch Voraussetzungen für die Forschungstätigkeit als kognitiver Prozeß, in dem neues Wissen generiert werden soll. In dem Sinne sprechen wir von der Systemanalyse als einem möglichen methodologischen Rahmen für die Durchführung der interdisziplinären Forschungen. Es bedarf gleichzeitig eines historischen Exkurses und der Darstellung der gegenwärtigen Entwicklung der Systemanalyse, um die gesellschaftliche Signifikanz der Verbindung der Systemanalyse mit der interdisziplinären Forschung einzuschätzen.

3. Entstehung und Entwicklung der Systemanalyse in Verbindung mit der interdisziplinären Forschung

Es ist sicher schwierig, bei der Untersuchung der Genesis der Systemanalyse sie soweit rückwärts zu verfolgen, bis ihre Geburtsstunde exakt festgehalten werden kann. Schwierig genug, wenn der leichte Weg gegangen wird, diese objektiv aus dem Charakter der Entwicklung der modernen Produktivkräfte entstandene Entwicklung mit ihrer heutigen Bezeichnung formell zu identifizieren und danach die ganze Geschichte nur im Zusammenhang mit dem Namen „Systemanalyse“ zu beurteilen. Noch schwieriger, wenn auf die eigentliche Substanz eingegangen und versucht wird, sie historisch als eine zwar nützliche, jedoch möglicherweise zufällige Anwendung eines bestimmten Herangehens einzuordnen.

Die Entwicklung der Systemanalyse kann vielleicht mit einem historischen Exkurs begonnen werden, der nicht Chronologie, sondern vielmehr die Evolution des Selbstverständnisses der Systemanalyse darstellt.

Mit dem Terminus „Systemanalyse“ wurde zum Beispiel in den USA ein breites Spektrum von Forschungen bezeichnet. Sie erstrecken sich von der Bewertung des politischen Weltbildes in der Zukunft, von der Auswahl von strategischen Waffensystemen bis hin zu Maßnahmen der Bepflanzung von Städten, der Ausarbeitung von Empfehlungen zur rationellen Ernährung für Hausfrauen, zur Erziehung von Kindern oder Verteilung des Familienbudgets.[11]

Entstehung und Entwicklung der Systemanalyse begleiteten stets solche Umstände wie ungeheure Vielfältigkeit von Anwendungsfällen. Offensichtlichkeit und doch schlechte Faßbarkeit des Herangehens, ihre enge Beziehung zur Praxis, ja Empirie und das ständige Aufwerfen von Fragen nach ihrer Wirksamkeit, breites Praktizieren der Systemanalyse einerseits und Aufwerfen von Fragen nach ihren wissenschaftlichen Grundlagen andererseits. Dies veranlaßte einen der Mitbegründer der amerikanischen Systemanalyse E. Quade zur Feststellung: „... nicht der Systemcharakter dieser Forschungen, sondern das Wesen der zu untersuchenden Gegenstände war der eigentliche Grund für Erscheinen dieses Terminus.“[12]

Die einseitige Hervorhebung der methodischen Seite der Systemanalyse ist dagegen offensichtlich weniger fruchtbar. Eine Reihe amerikanischer Wissenschaftler und darunter Ackoff zogen keine deutlich markierte Grenze zwischen der breit verstandenen Operationsforschung und der Systemanalyse, andere hielten sie für ein Gebiet der Operationsforschung.[13]

Es setzte sich allerdings eine deutliche Trennung zwischen der Operationsforschung und der Systemanalyse durch. Obwohl in der Systemanalyse oft gleiche mathematische Methoden genutzt werden, wird sie mit der Klasse von Problemen assoziiert, deren Schwierigkeitsgrad die Notwendigkeit der Entscheidung verlangt, *was* zu machen und nicht *wie* zu machen ist.[14] Die Analyse von Strategien hat eine andere Art von Problemen hervorgebracht im Unterschied zu denjenigen des II. Weltkrieges, die mit Hilfe der Operationsforschung behandelt wurden. Die Systemanalyse weist nicht nur darauf hin, wie ein Problem zu untersuchen, sondern auch darauf, was das wesentliche Problem in einer konkreten Situation ist.[15] Eine Unterscheidung zur Operationsforschung ist möglich mit dem Hinweis auf die Ebene der zu bearbeitenden Probleme sowie durch die Charakterisierung verschiedener Arten von solchen Problemen. „Die

[11] Autorenkollektiv, SŠA, Sovremennye metody upravlenia, Moskva 1971, S. 73.

[12] E. Kveid, Analiz složnych system, Moskva 1969, S. 26.

[13] Vgl. z. B. R. Dorfman, Survey of Economic Theory Resource Allocation Vol. III, New York 1966, S. 32.

[14] E. Kveid, Analiz složnych system, a. a. O., S. 31.

[15] Manche englische Wissenschaftler sehen bis heute weitere Fortschritte in der Systemanalyse in Verbindung mit der Weiterentwicklung der in England begonnenen Operationsforschung. Dies soll nun zeigen, daß nationale Gesichtspunkte einen wissenschaftlichen Streit ebenfalls färben können.

Systemanalyse ist eine Untersuchung, die durchgeführt wird, um bei der Entscheidungsfindung zu helfen, die Handlungsweise durch eine systematische Erforschung entsprechender Ziele — wo möglich durch den Vergleich von Kosten, Effektivität und Risiko — zu wählen. Dies hängt mit den Alternativen in der Politik und der Strategie zusammen, die für die Realisierung von Zielen erforderlich sind. Wenn diese Alternativen bei ihrer Überprüfung als unzureichend erachtet werden, so werden zusätzliche formuliert."[16]

Hilfreich erweist sich die Klassifizierung der Probleme nach drei Arten[17]: „gut strukturierte" (Probleme, die in quantitativen Ausdrücken adäquat beschrieben werden können. Bei ihrer Lösung setzt man erfolgreich die Operationsforschung ein), „nichtstrukturierte" Probleme, die keiner quantitativen Darstellung zugänglich sind, sowie „schwachstrukturierte" Probleme, die teilweise metrisch, teilweise nur in qualitativer Form beschrieben werden können. Zu Anfang waren es schwachstrukturierte Probleme, die in den Mittelpunkt der systemanalytischen Untersuchungen gerückt waren. Gegenwärtig wendet sich die Systemanalyse den Problemen verstärkt zu, die als teilweise „mathematisierbare" oder auch als „nichtmathematisierbare" Situation bezeichnet werden.

Es ergaben sich damit zwei Richtungen der Entwicklung der Systemanalyse: Eine Richtung hob die starke Mathematisierung der Arbeitsweise der Systemanalyse hervor und hatte durchaus Ähnlichkeit mit der Operationsforschung, so daß bei der Betrachtung dieser Richtung die berechtigte Frage nach Grenzen zwischen der Operationsforschung und der Systemanalyse legitim war, wobei manche Anwendungsfälle gerade diese Richtung der Systemanalyse fördern (zum Beispiel die Systemanalyse auf der betrieblichen Ebene).[18]

Die zweite Richtung legte starkes Gewicht auf die „Logik der Systemanalyse" und sah ihr „raison d'être" in Zuwendung zur Untersuchung von schwachstrukturierten Problemen. Typisch für die zweite Richtung war die Feststellung, die von Cleland und King gemacht wurde: „. . . die Praxis der Systemanalyse ist weder die dogmatische Anwendung eines Satzes von Regeln auf eine Situation, die sich der Steuerung schlechthin zu entziehen vermag, noch ist sie die Anerkennung des Vorrechts der Entscheidungsfindung an irgendeine mystische Kollektion mathematischer Gleichungen oder an den Computer."[19] Die Lösung eines Problems mit Hilfe der Systemanalyse setzt das Vorhandensein einer bestimmten Konstellation von subjektiven Eigenschaften wie Kenntnisse, Erfah-

[16] B. Rudwick, Systems Analysis for Effective Planning, New York 1969, S. 3.

[17] H. Simon/A. Newell, Heuristic Problem Solving: the Next Advance in Operations Research, in: Operations Research Baltimore/USA, Vol. 6, 1/1958, S. 4.

[18] Diese Unterscheidung wurde von Rudwick vorgenommen, vgl. B. Rudwick, Systems Analysis for Effective Planning, a. a. O., S. 2—3.

[19] D. Cleland/W. King, Systems Analysis and Project Management, New York 1966, zitiert nach D. M. Gvišiani, Management, Eine Analyse bürgerlicher Theorien von Organisation und Leitung, Berlin 1974, S. 487.

rungen und Fähigkeiten eines Systemanalytikers voraus, die zum Beispiel im Unterschied zur Operationsforschung mindestens gegenwärtig als Ansammlung von festen Regeln (geschweige „Rezepten") schwer erlernbar sind. Es wäre deswegen angebracht, von der großen Bedeutung des „Know How" in der Systemanalyse zu sprechen, indem auch im Fall der Systemanalyse ihre wissenschaftliche Wiederholbarkeit und ihre wissenschaftliche Überprüfbarkeit durch andere Wissenschaftler vom Prinzip her gegeben sind.

Es soll im Kontext dieses Beitrages besonders hervorgehoben werden, daß gerade die Interdisziplinarität bei der systemanalytischen Behandlung von Problemen analog der Operationsforschung stets als etwas Selbstverständliches betrachtet wurde, d. h. als etwas, worüber es sich nicht lohnt, ein weiteres Wort zu verlieren. Alles schien hier klar zu sein, obwohl die simple Frage nach dem Verständnis der Interdisziplinarität zu anderen Ergebnissen führen würde. Die Interdisziplinarität wurde verstanden als gemeinsame Forschung von Spezialisten-Systemanalytikern, die nach ihrer disziplinären Herkunft verschiedenen Disziplinen angehörten und sich durch Bestimmung ihrer Forschungen als „Systemanalyse" im gewissen Sinne „berechtigt" fühlten, außerhalb ihrer ursprünglichen disziplinären Grenzen zu forschen (nicht selten tendiert gerade so aufgefaßte Systemanalyse dazu, benötigte konkrete disziplinäre Untersuchungen durch relativ abstrakte Modellierung im Sinne der transdisziplinären Forschung zu substituieren).

Unter der Interdisziplinarität wurde Einbeziehung von Experten (zum Beispiel in Form von Delphi-Befragungen) gemeint, die für sich genommen eine multidisziplinäre Forschung war.

Mit der Interdisziplinarität brachte man auch die instrumentelle Seite der Systemanalyse zum Ausdruck, die durch das Aufarbeiten von Erkenntnissen der Kybernetik, Mathematik, Allgemeinen Systemtheorie, Informationstheorie und anderer Querschnittswissenschaften gebildet wurde und weiterentwickelt wird. Man versuchte und versucht, das enge Verhältnis der Systemanalyse zur Systemforschung zur Grundlage für ihre Disziplinierung zu machen. Es kommt noch hinzu, daß in diesem Kontext Abgrenzungen der Systemanalyse zum Systemherangehen bzw. zum komplexen Herangehen so fließend sind, daß häufig vom Systemherangehen schlechthin gesprochen wird, um eine gemeinsame Denkweise in den Vordergrund zu stellen.

Plazierung der Systemanalyse innerhalb der Systemforschung (und dadurch wird sie erst zum wissenschaftlichen Instrument der Bearbeitung von komplexen Problemen), weist eine Reihe von Vorteilen auf, läßt allerdings ein wichtiges Problem offen, das Problem der Interdisziplinarität. Es muß gleichzeitig unterstrichen werden, daß sich dahinter Beziehungen einer Problemlösung zum wissenschaftlichen disziplinären Hinterland verbergen, die vom Prinzip her erst in die Lage versetzen, eine wissenschaftlich adäquate Problemlösung unter der Erschließung der Wissenschaft als Ganzes „maßgeschneidert" auszuarbeiten. Nun zeichnet sich ein Dilemma ab: Entwicklung der Methodologie der Systemanalyse und ihre Vorbereitung für breitere Anwendung erfordert ihre Disziplinierung; jede eng verstandene voreilige Disziplinierung würde sich gerade in puncto Interdisziplinarität auf die praktische Wirksamkeit der Systemanalyse negativ auswirken.

Die Rückkehr zu einer mehr historischen Darlegung des Entwicklungsweges der Systemanalyse soll die Schwierigkeit der Problematik des Selbstverständnisses erneut demonstrieren.

Erste Anwendungsfälle der Systemanalyse waren mit einer pragmatisch angelegten komplexen Bearbeitung von Aufgaben verbunden, deren heterogene Inhalte im Systembegriff aufgefaßt und in einer Reihe von Schritten bearbeitet wurden, so daß im Ergebnis mehrere Alternativen der Zielrealisierung nach Kriterien „Kosten-Effektivität" bzw. „Kosten-Nutzen" überprüft werden konnten. „Kosten-Effektivität" stellt sich als eine analytische Methode der Bewertung von breit aufgefaßten ökonomischen Folgen der Verwirklichung von alternativen Maßnahmen dar. „Kosten-Nutzen" beinhaltete eine möglichst vollständige Bewertung nicht nur ökonomischer, sondern sozialer, politischer und ethischer Folgen von Regierungsmaßnahmen.[20] Manchmal „offensichtlich nicht ganz begründet, wird der Terminus „Kosten-Effektivität" als Synonym der Systemanalyse verwendet".[21] In jedem Fall wird daraus eine enge Beziehung der Systemanalyse zur Entscheidungsfindung sowie der Leitungspraxis auf zentralen Ebenen ersichtlich, die bis heute weiter qualifiziert wird.

Diese Entwicklung fördert vor allem metrische Untersuchungen und Modellierung, Einsatz der EDV bei der Verarbeitung von großen Informationsmengen, so daß die Systemanalyse häufig mit der Anwendung von mathematisch-kybernetischen Methoden und dem Einsatz der EDV schlechthin identifiziert wurde.[22]

Die Ausarbeitung von komplexen technischen Systemen, Mensch-Maschinesystemen eröffnete breitere Perspektiven für eine ingenieurmäßig verstandene Bearbeitung und Synthese von Erkenntnissen aus verschiedenen, vor allem aber technischen Wissenschaften durch Projektieren und Konstruieren von großen Systemen. Hiermit wurden Ganzheitsaspekt und ganzheitliches Verhalten in ihrer praktischen Realisierung, Funktionsauflösung unter Zielaspekt, Systembetrachtung aller Komponenten, Rationalität bei der Gestaltung von Teil-Ganzesbeziehungen und anderem mehr beinahe bis zur Perfektion entwickelt. Dies führte dazu, daß die Systemanalyse auch mit dieser Arbeitsweise und mit diesem Denk-

[20] Autorenkollektiv, SŠA, sovremennye metody upravlenia, a. a. O., S. 119, 135.

[21] Ebenda, S. 119.

[22] (Bis heute trifft man sie manchmal unter der Bezeichnung von ökonomisch-mathematischen Methoden). Diese Gleichstellung ist vom heutigen Standpunkt nicht berechtigt, hatte allerdings auch positive Aspekte. Anreicherung des Erkenntnisapparates der Systemanalyse mit mathematisch-kybernetischen Methoden, Beherrschung der modernen Datenverarbeitungstechnik waren signifikant und leisteten einen wichtigen Beitrag zur Herausbildung der modernen Systemanalyse.

stil angereichert wurde, andererseits gleichzeitig Grenzen zwischen der Systemtechnik (System engineering) und der Systemanalyse verwischt zu werden schienen, sobald man Analogien zu gesellschaftlichen Problemen überforderte.

Erstarken der „Systembewegung“, Fortschritte in der Systemforschung führten zu Ansichten, daß die Systemanalyse eine Art angewandter Systemtheorie bzw. angewandte Allgemeine Systemtheorie mit der dafür üblichen Denkweise und den Problemen dieser Theorien sei. Die Verwechselung der Systemanalyse mit der Systemtheorie ist auch heute häufig anzutreffen, wobei auf die grundsätzliche Bedeutung von systemtheoretischen Erkenntnissen für die Entwicklung der Systemanalyse anerkennend hingewiesen werden soll.

Offensichtlich darf man bei der Evolution des Selbstverständnisses der Systemanalyse dieses nicht als primäre Folge des internen methodologischen und methodischen Vervollkommnungsprozesses und der Sammlung von Erfahrungen, sondern als Reflektierung eines ständigen Drucks von der Seite der Praxis auffassen, adäquates wissenschaftliches Herangehen für Auseinandersetzungen mit einer wachsenden Zahl von wichtigen Problemen zu entwickeln und zu profilieren. In diesem Druck und in dieser Forderung nach Adäquatheit liegt die eigentliche Schwierigkeit der Disziplinierung der Systemanalyse.

Bei der Weiterentwicklung der Systemanalyse fanden Fragen der Herausbildung des Selbstverständnisses, der Wissenschaftlichkeit ihrer Grundlagen, der Notwendigkeit der adäquaten Behandlung von qualitativen Aspekten stärkere Beachtung. Die wichtige Rolle der interdisziplinären Forschung wurde als gesondertes Problem hervorgehoben.[23] In diesem Zusammenhang zeigte sich die wachsende Bedeutung des Problembegriffs, der zwar mehr intuitiv als ein wissenschaftliches Phänomen vom Anfang an in seiner Relevanz anerkannt wurde, jetzt insbesondere in Verbindung mit dem Forschungsproblem bewußt abgehoben wurde.[24] Man verband Fortschritte in der Systemanalyse mit einem praktischen und aktuellen Bezugssystem: mit der Vervollkommnung der Leitung und Planung und insbesondere mit der Entwicklung der Ziel- und Programmplanung.[25]

[23] Vgl. z. B. V. Nikolajew, Komplexes Prognostizieren des wissenschaftlich-technischen Fortschritts, Kapitel II, Berlin 1977.

[24] Einführung des Problembegriffs in die Systemanalyse, der ursprünglich in einem philosophischen Kontext ausgearbeitet wurde (vgl. H. Parthey/W. Wächter, Das Problem und seine Struktur in der wissenschaftlichen Forschung, in: Rostocker Philosophische Manuskripte, Rostock 3/1966, S. 26—38) verstärkte theoretische Grundlagen der interdisziplinären Forschung im Rahmen der Systemanalyse.

[25] Vgl. W. Salecker, Aktuelle Probleme der Ausnutzung der angewandten Systemanalyse für die komplexe Vorbereitung von Maßnahmen zur Beschleunigung des wissenschaftlich-technischen Fortschritts und zur Durchsetzung des Ziel-Programm-Herangehens, in: Ökonomische und soziale Probleme des wissenschaftlich-technischen Fortschritts, Abhandlungen der AdW der DDR, Veröffentlichungen der Wissenschaftlichen Räte, 3. Tagung der gemeinsamen Kommission der Ökonomen der UdSSR und der DDR, Berlin 1978, S. 182.

Es erweist sich als äußerst schwierig, auch nach der historischen Schilderung der Herausbildung der Systemanalyse, ihre „endgültige“ Definition als eine „endgültige“ und abschließende Antwort auf die Frage „Was ist die Systemanalyse?“ zu geben.[26] Die Verbindung der Systemanalyse mit der interdisziplinären Forschung deutet auf neue Dimensionen in der Erhöhung der Praxiswirksamkeit der Wissenschaft im Kontext der Bearbeitung von komplexen Problemen des gesellschaftlichen Lebens hin. Man muß gleichzeitig gestehen, daß vieles in diesen Beziehungen sowie in der Natur der interdisziplinären Forschung noch nicht klar ist und weiterer Erforschung bedarf. So können wir offensichtlich starke fruchtbare Rückkopplungen von systemanalytischen Untersuchungen auf die Entwicklung der disziplinären Forschung erwarten, die in der bisherigen Betrachtung so gut wie völlig ausgeklammert wurden. Wenn die Systemanalyse von diesem Standpunkt aus betrachtet wird, befinden wir uns insgesamt noch am Anfang einer wichtigen Entwicklung. Die Gefahr ist deswegen groß, durch Hervorhebung einer reinen Definitionsproblematik sowie Markierung der Grenzen und Zuständigkeiten der Systemanalyse künstliche Schranken auf dem Wege ihrer Weiterentwicklung zu errichten bzw. diese Weiterentwicklung unter großen Zeit- und Effektivitätsverlusten in andere Kanäle zu zwingen.

Es soll allerdings versucht werden, im Sinne einer Arbeitsdefinition die Systemanalyse zu beschreiben, um bereits sich abzeichnende Gemeinsamkeiten transparenter zu machen:

„Die Systemanalyse kann als ein bestimmtes Herangehen an die Lösung von komplexen Aufgaben auf verschiedenen Gebieten von Wissenschaft und Praxis definiert werden, das gekennzeichnet wird durch einen adäquaten Erkenntnis- und Begriffsapparat, Prinzipien des Aufbaus sowie entsprechende Technik und Technologie der Durchführung, die in der Regel mit dem interdisziplinären und interinsitutionellen Charakter der Arbeit zusammenhängt.

Ein wichtiges Merkmal der Systemanalyse besteht darin, daß sie Erkenntnisse mehrerer Wissenschaftsdisziplinen benutzt und sie zweckentsprechend auf die Lösung eines komplexen Problems synthetisch ausrichtet. Insofern stellt sie ein Gebiet der Anwendung für eine Reihe von wissenschaftlichen Erkenntnissen dar und wächst in ihrer Qualität mit der Vervollkommnung dieser Erkenntnisse. Andererseits kristallisiert sich um die Systemanalyse ein wissenschaftlicher Fundus an instrumentellem Wissen heraus, der bereits als eigenständige Ausstattung der Systemanalyse bezeichnet werden kann.

Die Systemanalyse strebt eine mehrdimensionale, das heißt vielseitige Behandlung eines Problems an. Am häufigsten treten Kombinationen von inhaltlichen

[26] Es muß berücksichtigt werden, daß im Rahmen dieses Beitrages nur beabsichtigt wurde, auf das Verhältnis der Systemanalyse und der interdisziplinären Forschung vordergründig einzugehen. Ansonsten muß auf die zahlreiche Fachliteratur verwiesen werden.

Untersuchungen mit der effektiven Gestaltung der Organisation und Leitung sowie Informationsprozesse auf . . ."[27]

Im Zusammenhang mit der Interdisziplinarität wird die Systemanalyse „als ein aus verschiedenen Wissenschaftsdisziplinen sich bedienendes und gespeistes Instrument verstanden, wobei durch das Zusammenwirken verschiedenster Einzelwissenschaften praktisch relevante Resultate erzielt werden."[28]

Eine andere Definition der Systemanalyse besagt: „Viele in operierenden sozialen Systemen enstehende Probleme können durch die Bündelung des Wissens in entsprechender Weise gestützt auf logische, quantitative und strukturierende Instrumente der modernen Wissenschaft und Technologie angegangen werden. Die Kunst, die dies vollbringt, heißt Systemanalyse. Sie ermöglicht Anwendung der Kenntnisse und Methoden der modernen Wissenschaft und Technologie in Verbindung mit Konzepten der sozialen Ziele und Werte, mit Elementen der Interpretation und des Könnens. Sie zieht Gesichtspunkte der umfassenden Kontexte und Unbestimmtheiten in Betracht, die solche Probleme unvermeindlich enthalten."[29]

Diese ausgewählten Dastellungen der Systemanalyse beziehen sich auf Bearbeitung von komplexen Problemen und weisen mehr oder weniger explizit den interdisziplinären Charakter der Forschungen auf.

Die Systemanalyse erfährt gegenwärtig eine Verbreitung, die nicht zuletzt dem Umstand zu verdanken ist, daß im Oktober 1972 in Laxenburg bei Wien das Internationale Institut für Angewandte Systemanalyse (IIASA) gegründet wurde, ausgehend vom „gemeinsamen Wunsch, Potentiale der internationalen wissenschaftlichen Zusammenarbeit zu nutzen, um neue Typen von Problemen zu erforschen, mit denen die Menschheit in der Ära der wissenschaftlich-technischen Revolution und schnellen sozialen Veränderungen konfrontiert wird . . . Eines der Hauptziele vom IIASA besteht in der Herausstellung von dringenden Weltproblemen, die mit Hilfe verschiedener Wissenschaftsdisziplinen gelöst werden können. Das Institut darf in seinen methodologischen Forschungen praktische Anwendbarkeit ihrer Ergebnisse im realen Leben nicht übersehen."[30]

Im Institut, das ein konkretes Ergebnis der Politik der friedlichen Koexistenz und Entspannung darstellt, forschen in interdisziplinären Kollektiven Wissenschaftler aus sozialistischen und kapitalistischen Ländern. Sie pflegen enge

27 V. Nikolajew, Komplexes Prognostizieren des wissenschaftlich-technischen Fortschritts, a. a. O., S. 133.

28 K. Bichtler, Bemerkungen zur Systemanalyse, in: Autorenkollektiv, Anwendungsaspekte der Systemanalyse, Berlin 1980, S. 11.

29 H. J. Miser, What is Systems Analysis, IIASA, PF-80-9. vom September 1980, S. 6 (Gleichzeitig soll vermerkt werden, daß das englische Wort „art" mit dem deutschen „Kunst" nicht adäquat übersetzt werden kann, weil sich der englische Wortgebrauch auch auf die Bezeichnung einiger Wissenschaften erstrecken kann).

30 G. Gvishiani, The concept of IIASA, in: IIASA Conference 76, 10—13 May 1976, Vol. I, IIASA Laxenburg, Austria, S. 11—12.

Kontakte zu ihren Kollegen in den Heimatländern, damit die Intensivität der Bindungen zu nationalen Forschungen „vor Ort“ nicht nachläßt. Im RGW, in einer Reihe von sozialistischen Ländern wurden ähnliche bzw. verwandte Institute sowie nationale Komitees gegründet, die in erster Linie mit der nationalen Problematik sowie mit der Problematik des RGW beauftragt wurden. Als Beispiel dient die Bildung des Komitees für Angewandte Systemanalyse beim Präsidenten der AdW der DDR. „Dieses Komitee vertritt die AdW der DDR im IIASA und hat die Aufgabe, als leitendes und koordinierendes Organ zur Wahrnehmung der Mitgliedschaft im IIASA zu wirken. Es sieht aber seine Aufgabe zugleich darin, systematische Untersuchungen zu initiieren sowie Forschungsergebnisse des IIASA für die DDR nutzbar zu machen.“[31]

Es zeichnet sich die Tendenz ab, den Begriff der Systemanalyse mit der gesamten Tätigkeit bestimmter Institute schlechthin zu identifizieren, abgesehen davon, wie einzelne Forschungen den methodischen und methodologischen Anforderungen der Systemanalyse entsprechen bzw. ob manche eigentliche systemanalytische Untersuchungen außerhalb der institutionalisierten Systemanalyse durchgeführt werden. Diese Dichotomie und mögliche Begriffsdifferenzierungen sind eher formeller als inhaltlicher Natur und müssen mindestens als Möglichkeit ins Auge gefaßt werden.

Man kann also die gegenwärtige Systemanalyse auf zwei Säulen stützend vorstellen: die eine stellt Modellierung im breiten Sinne dieses Wortes dar (Die Modellierung prägte die bisherige Entwicklung der Systemanalyse), die andere wird von der interdisziplinären Forschung gebildet. Stärkere Zuwendung zur interdisziplinären Forschung (also zur zweiten Säule) hat nicht nur graduellen Charakter, sondern zeigt über diesen oder jenen gelungenen bzw. mißlungenen Einzelfall einen vielversprechenden Weg der intensiven Anwendung wissenschaftlicher Potentiale und ähnelt dem Paradigmenwechsel im Selbstverständnis der Systemanalyse. Dabei erhöht sich der interdisziplinäre Wissensgehalt der systemanalytischen Forschungen in dem Maße, wie es gelingt, interdisziplinäre Forschungen so zu gestalten, daß für die Zeitdauer der Forschung Rationalität durch die bewußte Anwendung von Kenntnissen über Gesetz- und Regelmäßigkeiten der interdisziplinären Forschung und darüber hinaus des „Know How“ der Erforschung von komplexen Problemen eingetragen werden. Dadurch können historisch übliche lange Zeiträume stark verdichtet, die benötigte Kombination von Wissenschaftsdisziplinen angesprochen und ihr Zusammenwirken in einem zweckmäßigen Verhältnis aus Interdisziplinarität und Disziplinarität gewährleistet werden.

[31] K. Bichtler, Bemerkungen zur Systemanalyse, in: Autorenkollektiv, Anwendungsaspekte der Systemanalyse, a. a. O., S. 10.

Wolfgang Motsch

Interdisziplinäre Aspekte der Grammatikforschung

Der Entwicklungsweg der modernen Grammatikforschung erfordert mit seinen zentralen Fragestellungen und methodologischen Prinzipien interdisziplinäre Forschung. Die Grammatikforschung ist durch eine schrittweise Überwindung zu enger, „autonomer" Grammatikkonzepte gekennzeichnet.[1] Sie beginnt mit der These, die Grammatik natürlicher Sprachen könne lösgelöst von psychologischen, logischen und gesellschaftlichen Aspekten sprachlicher Erscheinungen erforscht und beschrieben werden. In der Gegenwart steht die Grammatikforschung vor der Aufgabe, eine integrative, interdisziplinäre Aspekte einschließende Grammatiktheorie zu entwickeln. In diesem Rahmen sind auch die methodologischen Grundlagen der Grammatikforschung neu zu bestimmen.[2]

1. Entwicklungsaspekte der Grammatiktheorie

Die moderne Linguistik ist durch eine zentrale Grundannahme geprägt: Es ist möglich, aus dem vielschichtigen und variantenreichen Konglomerat von Erscheinungen, die das Sprachverhalten ausmachen, einen Kernbereich herauszustellen, der die konstitutiven Eigenschaften einer Sprache umfaßt. Dieser Kernbereich ist die Grammatik einer Sprache.

In der älteren Sprachwissenschaft war der Begriff der Grammatik zwar ebenfalls bekannt, er hat eine bis in die Antike reichende Tradition, er wurde aber

[1] W. Motsch, Zur ‚Autonomie' der Sprachwissenschaft, in: Beiträge zur romanischen Philologie (Berlin) 1967, S. 125—156.

[2] Methodologische Probleme der Grammatikforschung werden u. a. diskutiert in: Skizzen zur Methodologie der Linguistik, hg. von W. Neumann, in: Linguistische Studien des Zentralinstituts für Sprachwissenschaft der Akademie der Wissenschaften der DDR, 40/1977. Theoretische und methodologische Fragen der Sprachwissenschaft (Hrsg. W. Neumann), in: Linguistische Studien des Zentralinstituts für Sprachwissenschaft der Akademie der Wissenschaften der DDR, 62/1979; W. Motsch, Gesichtspunkte für die Gliederung der Sprachanalyse in Unterrichtsgebiete und die dominierende Rolle des Handlungscharakters der Sprache. In: Zeitschrift für Phonetik, Sprachwissenschaft und Kommunikationsforschung 31/1978, S. 536—541.

eher als eine logische Konstruktion denn als eine empirische Gegebenheit betrachtet. Jedenfalls blieb das Verständnis der Beziehungen zwischen genuin sprachlichen Erscheinungen, ihren psychologischen Grundlagen, ihren logischen Entsprechungen und ihren sozialen und kulturellen Gebrauchsbedingungen weitgehend unbestimmt. Psychologische, logische und sozial-kulturelle Aspekte gingen undifferenziert in den Sprachbegriff ein. Im 19. Jahrhundert galt eine Sprache als der zentrale Bestandteil einer ,Volksseele', die alle kulturellen, religiösen, moralischen und juristischen Besonderheiten einer ,Sprachgemeinschaft', meist einer Nation, umfaßt. Dieses vage Verständnis von Sprache war so lange nicht störend, wie die Forschungsprobleme mit theoretisch ungenau bestimmten sprachlichen Ausdrücken als Ausgangsmaterial behandelt werden konnten: mit Lauten und Lautketten, Wörtern und Wortverbindungen, Flexionsformen und einzelnen grammatischen Konstruktionen. Das vorrangige Ziel der Sprachwissenschaft des 19. Jahrhunderts bestand darin, die Verwandtschaftsbeziehungen zwischen Sprachen anhand eines Vergleichs früher Sprachzustände zu bestimmen, sowie die Regelmäßigkeiten herauszufinden, die die Entwicklung einzelner Sprachen leiten. In diesem Rahmen wurden beachtliche Leistungen vollbracht. Die Verwandtschaftsbeziehungen vor allem zwischen indoeuropäischen Sprachen sowie die Geschichte einzelner Sprachen dieser ,Sprachfamilie' wurde in minutiöser Kleinarbeit erforscht. In den theoretischen Grundlagen dieser Forschungen spielte die genauere Bestimmung der grammatischen Struktur einer Sprache in einem zeitlich begrenzten Zustand eine untergeordnete Rolle. Die sprachlichen Mittel, die dem Sprachvergleich bzw. der Sprachgeschichtsforschung zugrunde gelegt wurden, dachte man sich zwar ebenfalls als Elemente einer Grammatik, diese schien aber nicht mehr zu sein als eine Sammlung einzelner vage klassifizierter sprachlicher Mittel. Die Entwicklung der Sprachwissenschaft nahm eine entscheidende Wende durch die These Ferdinand de Saussure's, man könne unter den mit Sprache verbundenen Erscheinungen einen Bereich herausstellen, den er als ,langue' oder ,Sprachsystem' bezeichnete.[3] Das Sprachsystem ist der innere Aufbau einer Sprache, ihre Grammatik. Es umfaßt alle Einheiten und Relationen, die die grammatische Struktur der Sätze einer Sprache determinieren. Bereits Saussure wies darauf hin, daß die Grammatik einer Sprache nicht lediglich die Konstruktion von Linguisten sei, sondern ein im Gehirn der Sprecher gespeichertes, sozial abgestimmtes Regelsystem, das es ermöglicht, Bedeutungen mit Hilfe von strukturierten lautlichen Gebilden auszudrücken. Er forderte eine strikte Unterscheidung zwischen Grammatik einer Sprache und dem Sprachgebrauch, zwischen ,langue' und ,parole'. Ferner führte er die Dichotomie zwischen ,Synchronie' und ,Diachronie' ein. Im Gegensatz zur älteren Forschung räumte er der Beschreibung von Sprachzuständen den Vorrang gegenüber der Darstellung historischer Abläufe ein. Die Beschreibung von Grammatiken als für begrenzte Zeiträume geltende Zeichensysteme war für Saussure der eigent-

[3] Vgl. F. de Saussure, Cours de linguistique générale, Paris 1916.

liche Gegenstand der Linguistik.[4] Die Darstellung der Grammatik natürlicher Sprachen in ihren einzelsprachlichen und universellen Aspekten wurde mehr und mehr zur zentralen Aufgabe der Sprachwissenschaft; zentral deshalb, weil man die mit Sprache verbundenen Fragen umso schärfer formulieren und umso tiefgreifender beantworten kann, je präziser die sprachlichen Regeln und Strukturen, die im Rahmen solcher Fragen eine Rolle spielen, bestimmt werden. In der Tat ist die Untersuchung von Fragen wie den folgenden stark von der Genauigkeit des zugrunde liegenden Sprachkonzepts abhängig:

— Welche geistigen Leistungen müssen Menschen vollbringen können, um Kenntnissysteme vom Format natürlicher Sprachen erwerben und beherrschen zu können?
— Wie werden Mitteilungsabsichten in sprachlichen Äußerungen kodiert?
— Wie werden Äußerungen verstanden?
— Auf welche Weise finden kulturelle und soziale Systeme (etwa die Verwandtschaftssysteme) in der Sprache ihren Niederschlag?
— Welche Bedingungen kommunikativer Situationen haben Einfluß auf die aktuelle Bedeutung eines Satzes?
— Wie wirken sich gesellschaftliche Veränderungen auf die Veränderung einer Sprache aus?

Als besonders kompliziert erwies sich von Anfang an die genauere Abgrenzung des Gegenstandsbereichs der Grammatiktheorie sowie die genauere Charakterisierung des Aufbaus von Grammatiken. Dies vor allem aus zwei Gründen:

1. Jede natürliche Sprache ist eine hochgradig komplexe und variable Erscheinung. Die Grammatik einer Sprache besteht aus mehreren Komponenten (Phonologie, Morphologie, Syntax, Semantik, Lexikon). Es gibt ferner verschiedene Sprachformen (wie Hochsprache, Umgangssprachen, Dialekte), unterschiedliche Stilsphären und soziale Geltungsbereiche für bestimmte sprachliche Mittel. Das gleiche Wort kann bis zu einem gewissen Grad verschieden ausgesprochen werden, und die Bedeutung vieler Wörter variiert stark in Abhängigkeit von dem Kontext, in dem sie gebraucht werden. Diese Tatsachen machen es außerordentlich schwer, invariante Eigenschaften von variablen und von Zufälligkeiten zu unterscheiden, d. h. zu bestimmen, welche Eigenschaften zur Grammatik einer Sprache gehören. Die Aufspaltung einer Sprache in verschiedene Sprachformen und Verwendungsweisen muß zunächst vernachlässigt werden. Untersucht wird die Grammatik einer homogenen Sprachform (etwa der Hochsprache der Gegenwart). Unberücksichtigt bleiben weiterhin sozial und individuell bedingte Unterschiede im Grad der Sprachbeherrschung. Das bedeutet zum Beispiel, daß Äußerungen

[4] Auf dieser Grundlage wurde zwischen ‚Sprache' (= langue, System einer Einzelsprache), ‚Sprachgebrauch' (= parole) und ‚menschliche (*s*) Sprache, Sprachvermögen' unterschieden. Diese terminologische Regelung wird aber nicht von allen Sprachwissenschaftlern akzeptiert. Einige ziehen es vor, ‚Sprache' zur Bezeichnung des undifferenzierten Objekts zu verwenden.

mit grammatischen Fehlern nicht zur empirischen Begründung von Regeln der theoretischen Grammatik benutzt werden dürfen. Dies führt zu einer Idealisierung, zu einem idealen Sprecher/Hörer, der die Grammatik einer homogenen Sprachform perfekt beherrscht und durch keine physiologischen oder psychologischen Störfaktoren beeinflußt wird (wie Stottern, Taubheit, mangelnde Aufmerksamkeit, Konzentrationsschwäche usw.). Die auf der Grundlage dieser Idealisierung entwickelte Grammatiktheorie muß aber auch die Möglichkeit bieten, die mit der sprachlichen Variabilität verbundenen Erscheinungen wissenschaftlich zu erfassen.

2. Die grammatischen Eigenschaften von Sätzen einer Sprache können nur zum Teil aus Daten entnommen werden, die durch direkte Beobachtung von Äußerungen gewonnen werden. Die Oberflächengestalt sprachlicher Äußerungen reflektiert nur bruchstückhaft und uneindeutig die zugrunde liegende Struktur. So ist zum Beispiel die Interpretation des Ausdrucks *die Kritik des Kollektivs* nicht eindeutig. Zwei Deutungen sind möglich: *das Kollektiv kritisiert jemanden* bzw. *jemand kritisiert das Kollektiv.* Die Paraphrasen deuten an, daß die Bedeutung des genannten Ausdrucks komplizierter ist als seine Oberflächenstruktur. Dem syntaktischen Genitiv entsprechen unterschiedliche semantische Beziehungen. Es ist deshalb notwendig, die intuitiven Sprachkenntnisse geübter Sprecher/Hörer einer Sprache als Daten zu verwenden.

Die hier genannten Schwierigkeiten schlagen sich vor allem in den Beziehungen zwischen Theorie und empirischer Begründung und Rechtfertigung nieder.[5] Sie begünstigen die Verwendung simulierender Modelle als methodologische Basis der Grammatikforschung. Ausgehend von als grammatische Daten anerkannten Eigenschaften, werden systematisierende Modelle konstruiert, formale Grammatiken, die zur Beschreibung von neuen Daten verwendbar sein müssen. Am weitesten ausgearbeitet wurden Generative Grammatiken.[6] Das sind formale Regelsysteme, die Sätze erzeugen und diesen Informationen über die Laut-, die morpho-syntaktische und die semantische Struktur zuordnen. Eine Generative Grammatik als formales Regelsystem kann dann als Simulation realer Grammatiken interpretiert werden; d. h. sie wird damit zu einer Hypothese über Eigenschaften der tatsächlichen Grammatik im Kopf der Sprecher einer Sprache. Die durch die formale Grammatik erzeugten Sätze und grammatischen Informationen sind dann mit wirklichen Sätzen und anderen empirischen Daten zu vergleichen. Bei der Anwendung einer formalen Grammatik im Forschungsprozeß läßt sich prüfen, ob den erzeugten Sätzen oder Ausdrücken grammatische Daten entsprechen, bzw. ob vorgefundene grammatische Daten im Rahmen

[5] Vgl. W. Motsch, Grammatiktheorie und sprachliche Wirklichkeit. Zu einigen Fragen der empirischen Begründung linguistischer Aussagen, in: Linguistische Studien des Zentralinstituts für Sprachwissenschaften der Akademie der Wissenschaften der DDR, 40/1977, S. 44—61.

[6] Vgl. N. Chomsky, Aspekte der Syntaxtheorie, Berlin 1970, sowie die beim Akademie-Verlag erscheinende Reihe ‚studia grammatica'.

der formalen Grammatik rekonstruiert werden können. Im negativen Falle muß die formale Grammatik entweder spezifiziert oder erweitert werden. Es kann sich auch herausstellen, daß eine Modifikation notwendig ist, die zu mehr oder weniger grundsätzlichen Umstruktuierungen der formalen Grammatik führt.

Dieses methodologische Grundschema ist der Dialektik des Forschungsprozesses angepaßt. Wird es bewußt im Sinne der materialistischen Dialektik gehandhabt, so erweist es sich als ein außerordentlich starkes Forschungsinstrument. Man beginnt mit formalen Grammatiken, die zunächst relativ einseitig und simpel, jedoch empirisch gerechtfertigt sind, das heißt man kann Daten als Beispiele anführen, die tatsächlich die Eigenschaften besitzen, die die formale Grammatik abbildet. Durch weitere Daten wird dann die Allgemeingültigkeit der mit der formalen Grammatik verbundenen Hypothese geprüft. Das gleiche Prinzip gilt auch für einzelne Komponenten bzw. für einzelne Regelmengen oder Regeln der formalen Grammatik. Das Verfahren kann durch die bewußte Suche nach Gegenbeispielen beschleunigt werden, d. h. man muß nicht unbedingt riesige Datenmengen auf der Basis der zu prüfenden Annahmen beschreiben, sondern man konzentriert sich von vornherein auf mögliche Gegenbeispiele. Im Deutschen und anderen indoeuropäischen Sprachen können z. B. prädikative Adjektive meist auch attributiv verwendet werden. Aufgrund dieser Daten wurde vorgeschlagen, den attributiven Gebrauch aus dem prädikativen herzuleiten. Die in (a) aufgeführten Ausdrücke können durch eine genau formulierbare Regel aus den Ausdrücken (b) abgeleitet werden:

(a) *ein kluger Rat*
ein breiter Fluß
ein fleißiger Schüler

(b) *ein Rat, der klug ist*
ein Fluß, der breit ist
ein Schüler, der fleißig ist

Um die Gültigkeit dieser Regel zu testen, muß man entweder prädikative Adjektive suchen, die nicht attributiv verwendbar sind, oder attributive, die nicht in prädikativer Position vorkommen können. Beide Fälle sind tatsächlich belegbar. *Entzwei, gang und gäbe, zu* sind mögliche Gegenbeispiele der einen Art, *mein alter Freund* (= langjährig), *ein starker Raucher, sein handwerkliches Können* der anderen Art. Nun kann aber argumentiert werden, daß die Menge der nur-prädikativen Adjektive sehr beschränkt ist und daß zudem der Adjektivstatus in diesen Fällen fraglich ist. Ferner kann *ein starker Raucher* auf *jemand, der stark raucht* zurückgeführt und *sein handwerkliches Können* auf *das, was jemand als Handwerker kann.* Die These, daß die attributive Position eines Adjektivs nur eine abgeleitete Form ist, wäre dann aufrechtzuerhalten.

Die Entwicklung der modernen Grammatikforschung verlief zu einem guten Teil auf dieser Grundlage. Sie begann mit relativ einfachen und stark isolierten Modellen und gelangte zu immer komplexeren, komplizierte Zusammenhänge berücksichtigenden formalen Grammatiken. Ursprünglich bestand die Hoffnung, man könne sich ganz auf die Beschreibung der Lautstruktur (Phonologie), der Morphologie und der Syntax beschränken, alle für die Semantik relevanten Distinktionen seien auf diese Weise ebenfalls erfaßbar. Es stellte sich jedoch heraus, daß das Verhältnis zwischen Semantik und Syntax in natürlichen Sprachen weitaus komplizierter ist. Diese Erkenntnis führte zu zwei gegenwärtig noch konkurrierenden Lösungsvorschlägen.[7] Der eine nimmt eine abstrakte syntaktische Struktur als vermittelndes Glied zwischen Semantik und syntaktischer Oberflächenstruktur an; der zweite geht davon aus, daß die syntaktische Struktur aus der semantischen abzuleiten ist. Nach dem ersten Vorschlag wäre z. B. der Ausdruck *die Kritik des Kollektivs* als eine syntaktische Oberflächen-

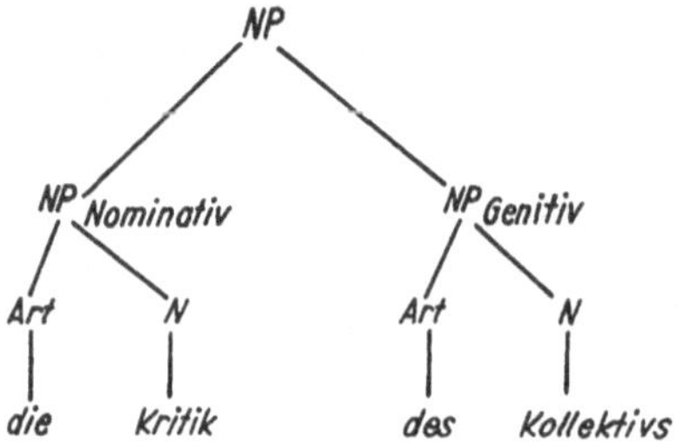

Abb. 1: Syntaktische Oberflächenstruktur des Ausdrucks „die Kritik des Kollektivs".

struktur darzustellen (siehe Abb. 1), die auf zwei syntaktische Tiefenstrukturen zurückgehen kann (siehe Abb. 2), je nachdem, welche der beiden semantischen Interpretationen gewählt wird:
Der zweite Weg beginnt mit einer semantischen Repräsentation des Ausdrucks, die dann in eine syntaktische zu überführen ist.

Der Bereich semantischer Fakten wurde zunächst ebenfalls stark begrenzt. Eine grundsätzliche Beschränkung ergab sich daraus, daß man die Verflechtung zwischen der Bedeutung sprachlicher Ausdrücke und kommunikativen Faktoren unberücksichtigt ließ. Man konzentrierte sich auf semantische Probleme, die sich studieren lassen, wenn man von einem neutralen Kontext ausgeht, d. h. wenn man den Kontext konstant hält. Ferner wurden die Probleme nicht gesehen, die sich für die Semantik ergeben, wenn man den unterschiedlichen Status von Aussagen, Fragen, Aufforderungen und anderen Sätzen mit Ausdrücken, die die kommunikative Rolle des geäußerten Satzes indizieren (vgl. z. B. *Ich verspreche dir, daß ich dir helfe; Ich verlange, daß du mich grüßt.*) reflektiert. Es geht hier um die Abgrenzung von Semantik und Pragmatik in natürlichen Sprachen, eine Fragestellung, die gegenwärtig mit zum Teil kontroversen Positionen diskutiert wird.

[7] Vgl. R. Pasch/I. Zimmermann, Die Rolle der Semantik in der Generativen Grammatik, in: Richtungen der modernen Semantikforschung, hg. von W. Motsch/D. Viehweger, Berlin (im Druck).

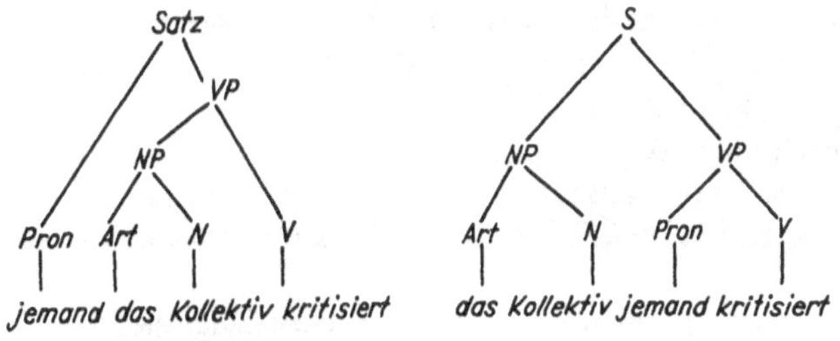

(NP=Nominalphrase; Art=Artikel; N=Nomen; Pron=Pronomen;
VP=Verbalphrase; V=Verb)

Abb. 2: Syntaktische Tiefenstruktur des Ausdrucks „die Kritik des Kollektivs".

Obwohl der Forschungsprozeß insgesamt gesehen in der hier skizzierten Weise verlief, wurden seine Gesetzmäßigkeiten doch erst allmählich entdeckt und in den methodologischen Grundlagen einzelner Theorien reflektiert. Im einzelnen vollzog sich diese Entwicklung in einem energischen Meinungsstreit zwischen Anhängern traditioneller Auffassungen einerseits und auf methodologische Strenge orientierten Schulen andererseits. Diese Schulen vertraten ihrerseits zum Teil stark abweichende theoretische und methodologische Standpunkte. Die traditionell orientierten Linguisten wiesen mit Recht auf eine Reihe von Vereinfachungen und anderen Unzulänglichkeiten der theoretischen Grammatiken hin. Auf der anderen Seite fehlte ihnen das Verständnis für den methodologischen Wert formaler Grammatikmodelle, der allerdings erst auf der Grundlage einer dialektisch-materialistischen Erklärung des Verhältnisses zwischen Daten, theoretischen Konstruktionen und formalen Instrumentarien zum Tragen kommen dürfte.

Der frühe sprachwissenschaftliche Strukturalismus, der den Beginn eines neuen Methodenbewußtseins in der Sprachwissenschaft einleitet, war noch ganz durchdrungen von den wissenschaftstheoretischen Postulaten des Behaviorismus, des logischen Positivismus und anderer Formen neopositivistischen Denkens.[8] So läßt sich die bereits erwähnte Annahme, man könne die wesentlichen Züge der Grammatik allein durch Phonologie, Morphologie und Syntax, d. h. durch die Ausdrucksebene einer Sprache, beschreiben, mit dem empirischen Wissenschaftsideal erklären. Alle Eigenschaften der Grammatik sollten möglichst ausschließlich durch induktive Verallgemeinerung von Beobachtungsdaten darstellbar sein. Daraus resultierte eine Beschränkung der Daten, der Methoden und der Grammatikmodelle. Andere Richtungen in dieser Frühphase (L. Hjelmslev) betrachteten das Sprachsystem als eine abstrakte Algebra, die man auch ohne Berücksichtigung der Lauteigenschaften sowie der konkreten Bedeutungen sprachlicher Zeichen studieren könne. Trotz dieser Einseitigkeiten, die aus einer isolationistischen Betrachtungsweise resultieren, führte der methodologische Rigorismus doch zu Erkenntnisfortschritten. Gerade weil man bemüht war, die vorausgesetzten

[8] Vgl. W. Motsch, Zur Kritik des sprachwissenschaftlichen Strukturalismus, Berlin 1974.

Grammatikmodelle und die angewandten Methoden so genau wie möglich zu formulieren, wurde es möglich, die Grenzen dieser Modelle exakt zu bestimmen und alternative Vorschläge zu entwickeln.

So ist die Generative Grammatik aus der Polemik gegen die behavioristisch orientierte strukturalistische Grammatikforschung in den USA entstanden. Sie nimmt aber wichtige Erkenntnisse dieser Richtung in sich auf und wäre ohne sie nicht zustande gekommen.

Die Theorie der Generativen Grammatik des amerikanischen Linguisten Noam Chomsky stellte einen wesentlichen Fortschritt in der Entwicklung der Grammatikforschung dar. Ihre Verdienste sind vor allem folgende:

1. Chomsky präzisierte die formalen Instrumentarien, mit deren Hilfe man die Grammatik natürlicher Sprachen studieren kann. Er befaßte sich mit den mathematischen Eigenschaften von Regeltypen, die zur Beschreibung empirischer grammatischer Befunde notwendig sind, und entwickelte Regelsysteme, die das komplizierte Zusammenspiel verschiedener Strukturebenen zu modellieren gestatten (Phonologie, Morphologie, Syntax, Lexikon). Damit wurde der Weg zur Mathematisierung von grammatischen Aussagen eröffnet.

2. Chomsky faßte die Grammatik als ein im Bewußtsein angesiedeltes Kenntnissystem auf, das zusammen mit anderen Kenntnissystemen (wie enzyklopädisches Wissen und darauf beruhende Schlüsse, Kenntnis der Bedingungen für sprachliches Handeln) der Bildung und dem Verständnis sprachlicher Äußerungen zugrunde liegt. Der Prozeß der Produktion und des Verstehens sprachlicher Äußerungen wird im Rahmen eines speziellen Zweigs der Psychologie untersucht, in der Psycholinguistik. Aber auch das Sprachsystem kann nach dieser Einordnung nicht absolut unabhängig von psychologischen Befunden untersucht werden, denn als mentales Kenntnissystem ist es den allgemeinen psychologischen Gesetzmäßigkeiten der Wahrnehmbarkeit, der Lernbarkeit, des Gedächtnisses unterworfen. Chomsky zog daraus die Konsequenz, daß eine erklärende Grammatiktheorie die psychologischen Bedingungen für Kenntnissysteme beachten muß. Die Psychologie soll demnach Kriterien liefern, die es gestatten, unter mehreren alternativen formalen Beschreibungen für die gleichen grammatischen Erscheinungen eine Auswahl zu treffen. Mit anderen Worten, psychologische Kriterien wie Wahrnehmbarkeit, Lernbarkeit, Gedächtniskapazität unter anderem sind zur Bestimmung der empirischen Angemessenheit formaler Regelsysteme heranzuziehen.

3. Durch die Betonung des mentalen Charakters der Grammatik wurde es möglich, neben den Sätzen einer Sprache auch Stellungnahmen der Sprecher zu Eigenschaften der Sätze als Datenbasis zu berücksichtigen. Die intuitiven Kenntnisse perfekter Sprecher über die Mehrdeutigkeit von grammatischen Ausdrücken, Synonymie, Antonymie, Enthaltensein, syntaktische Korrektheit und semantische Verträglichkeit usw. wurden bewußt als Daten benutzt. Vergleiche dazu die folgenden Beispiele: *Peter fährt mit dem Zug nach Berlin* ist mehrdeutig. Peter fährt entweder nach Berlin oder er benutzt nur den Zug, der nach

Berlin fährt, um in eine andere Stadt zu gelangen. *Die Eisentür* und *die Tür aus Eisen* sind verschieden strukturierte Ausdrücke mit der gleichen Bedeutung. *Mann* und *Frau* sind Antonyme bzgl. des Merkmals Geschlecht. Der Satz *Rosen blühen mehrmals* enthält *Rosen sind Blumen. Die Kinder in Schule die gehten* ist syntaktisch inkorrekt. *Der Stein dachte angestrengt nach, bevor er sich fallen ließ* ist unter normalen Bedingungen semantisch inkorrekt, da *Stein* und das Prädikat *nachdenken* nicht verträglich sind. Diese Bedingungen können bei übertragenem Gebrauch aufgehoben werden.

4. Chomsky verdeutlichte die methodologischen Grundlagen der Grammatikforschung. Sein Verdienst ist es, die bereits angedeutete Methode der Benutzung formaler Modelle, die durch Beispiele und Gegenbeispiele empirisch begründet oder widerlegt werden, eingeführt zu haben.

Aus marxistisch-leninistischer Sicht ist vor allem an folgenden Seiten der Grammatiktheorie Chomskys Kritik zu üben: Erstens ist die empirische Absicherung der entwickelten formalen Instrumentarien außerordentlich schwierig, da: a) die Grammatikkenntnisse eines idealen Sprecher/Hörers beschrieben werden sollen, um die soziale und regionale Variabilität konstant halten zu können, intuitive Sprachkenntnisse aber immer nur konkrete Sprecher besitzen können; b) eine Unterscheidung zwischen Grammatikkenntnissen und anderen Kenntnissystemen vorausgesetzt wird. Der Sprecher hat jedoch kaum Intuitionen, gerade in schwierigen Grenzfällen; c) die Berufung auf Sprachkenntnisse überhaupt methodologisch relativ unbestimmt ist; d) psychologische Kriterien, wie sie als Erklärungsinstanz angenommen werden, kaum zur Verfügung stehen. Dieser Tatbestand fördert die Gefahr der Verselbständigung des formalen Apparats. Tatsächlich können gerade in dieser Hinsicht ernste Einwände gegen vorgeschlagene generative Modelle vorgebracht werden. Die bisher entwickelten formalen Grammatiken orientieren sich zu stark an künstlichen Sprachen. Sie setzen zum Beispiel genau abgegrenzte grammatische Begriffe, einen strikten Regelbegriff und eindeutig bestimmte Bedeutungen voraus. Begriffe wie ‚Wort' lassen sich aber aufgrund widersprüchlicher Entwicklungstendenzen innerhalb der Grammatik einer Sprache nur prototypisch charakterisieren. Man kann lediglich sagen, was ein typisches Wort in Grammatiken eines bestimmten Typs ist.[9] Ebenso gibt es Regelmäßigkeiten, die sehr generell formuliert werden können, neben solchen, die stark beschränkt sind, wobei die Beschränkungen nicht in die

[9] Die Bestimmung des Begriffs ‚Wort' bereitet vor allem deshalb Schwierigkeiten, weil semantische, morphologische, phonologische und phonetische Kriterien nicht in allen Fällen zusammenfallen. So gibt es Einheiten, die ohne Zweifel ins Lexikon einer Sprache gehören, weil sie eine einheitliche Bedeutung im Gedächtnis bezeichnen, die aber morphologisch gesehen in mehr als ein Wort zerfallen: *saure Gurke, mathematische Logik*. Auf der anderen Seite gibt es phonetische Wörter wie *im, am, beim*, die syntaktisch und semantisch in zwei Einheiten zu zerlegen sind, nämlich *in dem, an dem, bei dem*.

Beschreibung der Regel eingehen können. Letztere sind z. B. im Bereich der Wortbildung häufig anzutreffen.[10] Schließlich gibt es zahlreiche Wörter, deren Bedeutung nicht durch eine feste Denotatmenge definiert werden kann. *Hügel, Berg, Linker* sind Beispiele aus der deutschen Alltagssprache.

Chomsky orientierte zweitens die Forschung auf die universellen Eigenschaften von Grammatiken, deren allgemeinpsychologische Begründung und Deutung nach seiner Auffassung generelle Einsichten in die Struktur und das Funktionieren des menschlichen Verstandes ermöglicht.[11] Er vernachlässigt die Beziehungen zwischen der Grammatik und ihrer Rolle in der gesellschaftlichen Kommunikation und damit die sozialen Aspekte der Grammatik in ihrer allgemeinen und historischen Ausprägung. Er untermauert die Einseitigkeit seiner Perspektive durch eine Berufung auf den philosophischen Rationalismus von Descartes. Die jüngste Entwicklung hat aber gerade dadurch zu wesentlichen Fortschritten geführt, daß die Beziehungen zwischen Grammatik, speziell zwischen Semantik und Bedingungen der Kommunikation[12] thematisiert wurden, wie auch durch die Einbeziehung historischer Fakten in den Datenbereich.[13]

Trotz dieser durchaus substantiellen Kritik muß betont werden, daß die formalen Systeme, die empirischen Begründungen und die philosophischen Deutungen nicht mit dem Grundschema der Methode zusammenfallen, die Chomsky und seine Anhänger entwickelten. Die konkreten Grammatikmodelle sind nichts anderes als formale Grundlagen für Hypothesen, die nach bestimmten wissenschaftstheoretischen Maßstäben zu bewerten sind. Ohne jeden Zweifel enthalten diese Hypothesen wesentliche Einsichten in den Aufbau von Grammatiken natürlicher Sprachen. Chomsky hat sich selbst mehrfach gegen dogmatische Auslegungen seiner Vorschläge ausgesprochen, und er hat mehrere Versionen Generativer Grammatiken entwickelt, die durch neue empirische Erkenntnisse notwendig wurden. Man darf den dialektischen Kern seiner Ideen nicht in der Kritik an einzelnen Aspekten seines Paradigmas untergehen lassen.

2. Zum gegenwärtigen Stand der Grammatikforschung

Ich muß mich hier auf eine Zusammenfassung grundlegender Entwicklungstendenzen beschränken. Es ist unmöglich, ein auch nur annähernd genaues Bild von der in zahlreichen Richtungen und Schulen zerfallenden gegenwärtigen Grammatikforschung zu geben. Mir kommt es auf zentrale Fragestellungen an,

[10] Vgl. W. Motsch, Zum Status von Wortbildungsregularitäten, in: DRLAV-Papier Nr. 20 (Paris) 1979, S. 1—40.

[11] Vgl. N. Chomsky, Language and Mind, New York 1968.

[12] Vgl. D. Vieweger, Semantik und Pragmatik, in: Richtungen der modernen Semantikforschung, a. a. O.

[13] Vgl. W. U. Wurzel, Anforderungen an eine phonologische Theorie. Ein methodologischer Exkurs, in: Linguistische Studien des Zentralinstituts für Sprachwissenschaft der Akademie der Wissenschaften der DDR, 40/1977, S. 110—132.

die das Verhältnis verschiedener Wissenschaftsdisziplinen zum Objekt natürliche Sprache beleuchten. In meiner Deutung der Entwicklungslinien wird ein dialektisch-materialistisches Verständnis methodologischer Zusammenhänge vorausgesetzt, wie es in einschlägigen Publikationen von Mitarbeitern des Zentralinstituts für Sprachwissenschaft an der Akademie der Wissenschaften der DDR dargelegt wurde (vgl. Anmerkung 2).

In der gegenwärtigen Situation genießen zwei Themengebiete das vorrangige Interesse der theoretischen Linguistik: die psychologische Bedingtheit der Grammatik und ihre kommunikative Rolle und Abhängigkeit. Eine Sprache wird also nicht mehr als ein völlig ‚autonomes' Gebilde betrachtet, sondern als ein psychologisch und sozial determiniertes Regelsystem. Daten über sprachliche Erscheinungen stammen, wenn man den Beobachtungsradius genügend weit ansetzt, aus dem Bereich psychisch gesteuerter Verhaltensabläufe. Sie können einer spezifisch linguistischen, psychologischen oder kommunikationstheoretischen Analyse unterworfen werden. Für das Verhältnis zwischen Linguistik und Psychologie sind folgende Gesichtspunkte wesentlich.[14] Da die Grammatik ein psychisches Kenntnissystem ist, sind die Ergebnisse der kognitiven Psychologie über die Struktur und Funktionsweise von Kenntnissystemen überhaupt als empirische Bedingungen für Grammatiktheorien heranzuziehen. Im Forschungsprozeß sind die Beziehungen zwischen beiden Disziplinen aber nicht einseitig. Die Linguistik stellt nämlich grammatische Vorgaben für sprachbezogene psychologische Fragestellungen bereit. So zum Beispiel Angaben über die Repräsentation von Bedeutungen aus linguistischer Sicht. Die Ergebnisse entsprechender psychologischer Untersuchungen können dann als Kriterien für Grammatiken aufgefaßt werden. Natürlich hat nicht jede grammatische Fragestellung ein psychologisches Komplement. Die Linguistik geht also nicht einfach in der Psychologie auf, sie hat ihren eigenen Gegenstand, die Grammatik natürlicher Sprachen. Diese ist nur insofern für die Psychologie von Interesse, als es sich um ein psychisches Kenntnissystem handelt, das menschlichem Verhalten zugrunde liegt. Die Psychologie interessiert sich für grammatische Regeln einer Sprache nur dann, wenn sie als Beispiele für die allgemein-psychologische Untersuchung psychischer Leistungen wie Wahrnehmung, Gedächtnisfixierung und Weiterverarbeitung herangezogen werden können. Linguistische Erkenntnisse über Grammatiken gehen ferner in Untersuchungen über die Produktion, das Verstehen und die Gedächtnisfixierung sprachlicher Äußerungen sowie in die Erforschung des Spracherwerbs ein. Dieses Forschungsgebiet innerhalb der Psychologie, die Psycholinguistik, gewinnt gegenwärtig wachsende theoretische und praktische Bedeutung. Da sich psychologische Prozesse in diesem Falle direkt auf grammatische Strukturen und Regeln beziehen, ist diese Teildisziplin eng an die Linguistik gebunden. Es hat sich

[14] Vgl. M. Bierwisch, Strukturen und Prozesse im Sprachverhalten. Einleitende Bemerkungen, in: Psychologische Effekte sprachlicher Strukturkomponenten, hg. von M. Bierwisch, Berlin 1979, S. 1—28.

gezeigt, daß psychologische Fragestellungen auf diesem Gebiet umso aufschlußreicher sind, je präziser die linguistischen Grundlagen ausgewiesen werden. Die Psycholinguistik ist einerseits abhängig von der Linguistik. Die Linguistik beschreibt die Regeln und Prinzipien für sprachliche Strukturen, die die Psychologie im Hinblick auf Realisierungsprozesse beim Produzieren bzw. Verstehen untersucht (Zuordnung von Wahrnehmungen zu Gedächtnisbesitz, Codierungs- und Entscheidungsprozesse usw.). Andererseits kann jedoch größere Einsicht in die Prozesse der Sprachverwendung auch zu größerer empirischer Adäquatheit der grammatischen Vorgaben führen, die als Hypothesen in psychologische Untersuchungen eingehen.

Sehr enge Beziehungen zwischen Linguistik und Psychologie bestehen im Hinblick auf die semantische Struktur sprachlicher Äußerungen. Diese steht in einem engen Zusammenhang mit der Bewußtseinsrepräsentation der Umwelterfahrung, einem Gebiet, das die kognitive Psychologie erforscht. Die kognitive Psychologie liefert Erkenntnisse über die Art der Beziehung der semantischen Struktur von Äußerungen zu Gegenständen und Sachverhalten, über die gesprochen wird. Die Beziehungen zwischen semantischer Struktur und Gegenständen sowie Sachverhalten wird unter speziellen Aspekten auch von der logischen Semantik untersucht. Die linguistische Semantiktheorie steht deshalb vor der Aufgabe, Zusammenhänge und Unterschiede der linguistischen, psychologischen und logischen Zugänge zum gleichen Objekt näher zu bestimmen. In den letzten Jahren wurden detaillierte Vorstellungen und Programme vorgelegt, die eine integrative Betrachtung ermöglicht.[15] Die Überlegungen, die hier nicht im einzelnen wiedergegeben werden können, laufen auf das folgende Grundschema hinaus. Die modelltheoretische logische Semantik befaßt sich mit den Begriffen Intension und Extension unter rein formalen Gesichtspunkten. Als Denotatbereich ist jede beliebige, mengentheoretisch charakterisierbare Struktur zugelassen. Beim Aufbau einer Logiksprache und ihrer Interpretation ist aus den mit der Mengentheorie gegebenen möglichen Strukturen eine auszuwählen, die den in dieser Logiksprache geltenden Folgerungsbeziehungen gerecht wird. Für die linguistische Semantik ist jedoch die Frage entscheidend, wie man ausgehend von der Struktur natürlicher Sprachen den Aufbau des Denotatbereichs spezifizieren kann. Dies ist möglich durch die Einbeziehung der Psychologie.

Um den Denotatbereich für sprachliche Strukturen empirisch zu strukturieren, sind zwei Bedingungen zu berücksichtigen:

a) die Struktur der Realität, b) die organismisch bedingten und gesellschaftlich erzeugten Strukturen und Operationen, mit denen Realität angeeignet wird. Diese Bedingungen determinieren das ‚innere Modell der Welt', das als Denotat-

[15] Vgl. M. Bierwisch, Psychologische Aspekte der Semantik natürlicher Sprachen, erscheint in: Richtungen der modernen Semantikforschung, hg. v. W. Motsch/D. Viehweger (im Druck); G. A. Miller/Ph. N. Johnson — Laird, Language and Perception, Cambridge 1976.

bereich für semantische Strukturen von Äußerungen natürlicher Sprachen betrachtet werden kann. Diese Auffassung hat zwei Vorteile:

Erstens läßt sie zu, daß der Denotatbereich natürlicher Sprachen neben der wirklichen Welt auch fiktive, irreale, vorweggenommene und andere nicht wirkliche Gebilde erfaßt, wobei die Abhängigkeit der nichtwirklichen Welten von der wirklichen Welt genauer zu bestimmen ist;

zweitens ist in die Untersuchung der Struktur des Denotatbereichs natürlicher Sprachen die Frage nach gesellschaftlich bedingten Kenntnisstrukturen und ihrer organismischen Basis eingeschlossen.

Die logische Semantik, insbesondere die von Montague Cresswell und Lewis entwickelte modelltheoretische Semantik, liefert der linguistischen Analyse formale Grundlagen für die Darstellung der logisch-semantischen Struktur sprachlicher Äußerungen und des Zusammenhangs dieser Strukturebene mit allen anderen Seiten der Struktur sprachlicher Äußerungen.[16] Die Psychologie bietet die Möglichkeit, den Denotatbereich für semantische Strukturen empirisch zu begründen. Damit ist ein Rahmen angedeutet, der eine integrative Semantiktheorie ermöglicht, die linguistische, logische und psychologische Aspekte organisch verbindet und der zugleich von Bedeutung für die marxistisch-leninistische Erkenntnistheorie ist, da er die dialektisch-materialistische Abbildtheorie mit neuen einzel-wissenschaftlichen Details untermauert.

Während die Beziehungen zwischen Linguistik, Logik und Psychologie relativ genau umrissen werden können, ist das Verhältnis zwischen Grammatik und Kommunikation gegenwärtig noch weniger durchsichtig. An diesem Verhältnis sind vor allem die Aspekte von theoretischem Interesse, die es erlauben, die Determination der Grammatik durch gesellschaftliche Faktoren genauer zu studieren. In allgemeinerer Form handelt es sich hier um die Frage, in welcher Weise die Grammatik natürlicher Sprachen durch die Funktion der Sprache im Leben der Gesellschaft bedingt ist. Diese Frage hat einen universellen und einen gesellschaftsspezifischen, historischen Aspekt. Folgende Gesichtspunkte können in diesem Zusammenhang illustrierend angeführt werden.

Eine natürliche Sprache muß zahlreichen Funktionen genügen können. Sie muß es ermöglichen, Feststellungen über Sachverhalte zu treffen, Behauptungen aufzustellen, Bewertungen auszudrücken, Einstellungen bezüglich des Wahrheitsgehalts von Aussagen zu bekunden, Aufforderungen auszusprechen, Appelle zu formulieren, Versprechen abzugeben, Anklage zu erheben, Kontakte zu anderen Menschen aufzunehmen, Stimmungen zu erwecken, politische Wirkungen zu erzielen, um nur einige Fälle zu nennen. Alle diese Beispiele haben bezüglich der sprachlichen Ausdrücke wichtige Gemeinsamkeiten. Sie bestehen in der Regel aus der Charakterisierung eines Sachverhalts und aus sprachlichen Indikatoren

[16] Vgl. E. Lang, Die logische Form eines Satzes als Gegenstand der linguistischen Semantik, in: Richtungen der modernen Semantikforschung, a. a. O.

für die jeweilige Funktion. Eine Aufforderung wie *Gib mir bitte den Hammer!* setzt sich zusammen aus der Sachverhaltsbeschreibung: *du gibst mir den Hammer* und den grammatischen Mitteln des Imperativs für die Bestimmung der Aufforderungsfunktion der Äußerung. Das Beispiel zeigt, daß es in Grammatiken natürlicher Sprachen spezielle Mittel gibt, die es ermöglichen, Faktoren der Kommunikation sprachlich zu fixieren. Damit werden die Aspekte kommunikativer Situationen, die für die Mitteilung der Sprecherabsicht wichtig sind, explizit angebbar. Der Erfolg eines Kommunikationsversuchs kann auf diese Weise gesichert werden. Explizitheit des sprachlichen Ausdrucks bezüglich der Sprecherabsicht ist aber keineswegs in jedem Falle ein Erfolgsmittel. Sie hängt vielmehr von Ökonomieprinzipien sowie von möglichen Gegenreaktionen des Kommunikationspartners ab. Grundsätzlich kann jedoch gezeigt werden, daß Grammatiken natürlicher Sprachen nicht nur Mittel zur Charakterisierung von Sachverhalten bereitstellen müssen, sondern auch solche, die die kommunikative Einbettung von Sachverhaltsdarstellungen ermöglichen. Damit findet die Rolle natürlicher Sprachen als Handlungsinstrument ihren Niederschlag in der Sprachstruktur.[17] Eine Untersuchung der Funktion im einzelnen wird zu Erkenntnissen über universelle und gesellschaftsspezifische kommunikative Determination führen. Diese Problematik wird gegenwärtig im Rahmen verschiedener Ansätze zur Analyse der Besonderheiten sprachlicher Handlungen erforscht. Ein relativ entwickeltes Instrumentarium stellt die von den Sprachphilosophen Austin und Searle initiierte Sprechaktanalyse bereit.[18] Ein anderer Zugang wird auf der Grundlage des Tätigkeitskonzepts sowjetischer Psychologen (Vygotsky, Leont'ev u. a.) aufgebaut.[19] Eine genaue theoretische Klärung der Beziehungen zwischen Grammatik und Kommunikation ist verbunden mit einer Präzisierung der Begriffe gesellschaftliche Tätigkeit, Handlung, kommunikative Handlung sowie sprachlich-kommunikative Handlung. Was den letzen Begriff angeht, so ist hier ein Gebiet markiert, das ein interdisziplinäres Zusammenspiel zwischen Linguistik, Sozialpsychologie, Soziologie und Geschichtswissenschaft voraussetzt. Die Grammatiktheorie stellt in diesem Gefüge entscheidende Vorgaben zur Verfügung. Sie liefert Aussagen über die semantische Interpretation sprachlicher Äußerungen auf der Grundlage der wört-

[17] Vgl. W. Motsch, Einstellungskonfigurationen und sprachliche Äußerungen. Aspekte des Zusammenhangs zwischen Grammatik und Kommunikation, in: Linguistische Studien des Zentralinstituts für Sprachwissenschaft der Akademie der Wissenschaften der DDR, 60/1979, S. 19—72.

[18] Vgl. W. Motsch, Sprache als Handlungsinstrument, in: Kontexte der Grammatiktheorie hg. von W. Motsch, studia grammatica XVIII, Berlin 1978, S. 11—50.

[19] Vgl. Autorenkollektiv unter Leitung von W. Hartung, Sprachliche Kommunikation und Gesellschaft, Berlin 1974, sowie W. Kummer, Grundlagen der Texttheorie. Zur handlungstheoretischen Begründung einer materialistischen Sprachwissenschaft, Reinbek bei Hamburg 1975.

lichen Bedeutung von Sätzen.[20] Die wörtliche Bedeutung ist aber nicht identisch mit dem, was der Sprecher in einer gegebenen Situation mit der Äußerung eines sprachlichen Ausdrucks meint. Mit der Äußerung *der Raum wirkt kalt* kann ein Sprecher je nach dem Kontext meinen: ‚die Temperatur des Raumes ist niedrig' oder ‚seine ästhetische oder emotionale Wirkung ist negativ'. Er kann mit der Äußerung des Satzes ferner entweder eine Mitteilung machen, ein Urteil fällen, einen Vorwurf aussprechen oder eine indirekte Aufforderung zur Veränderung des konstatierten Zustands ausdrücken wollen. Durch eine systematische Untersuchung derjenigen Faktoren der kommunikativen Situation, die zur Feststellung der Sprechermeinung beitragen, ist es möglich, wesentliche Bestimmungsstücke einer theoretischen Fundierung des Begriffs der sprachlichen Kommunikation zu ermitteln.[21] Zentral ist in diesem Rahmen die Frage, welche Kenntnissysteme neben der Grammatik sprachlich-kommunikativem Verhalten zugrunde liegen und in welcher Weise diese Kenntnissysteme zusammenhängen. Neben enzyklopädischen Kenntnissen sind hier vor allem Kenntnisse der sozialen Bedingungen und Normen gesellschaftlichen Handelns anzunehmen. Über die linguistisch fundierte Fragestellung (Bedeutung von sprachlichen Ausdrücken in konkreten Kontexten) wird somit ein spezieller Zugang zu Erscheinungen geschaffen, die unter anderen Gesichtspunkten vor allem in der Soziologie, Sozialpsychologie und Philosophie untersucht wurden, bzw. die bisher allenfalls ansatzweise Gegenstand wissenschaftlicher Untersuchungen sind (Alltagswissen).

Die kommunikativen Bedingungen des Sprachgebrauchs bewirken ferner eine starke Differenzierung von Grammatiken. So gibt es in allen entwickelten Sprachen regional begrenzte Varianten sowie meist eine oder mehrere Standardsprachen mit überregionaler Gültigkeit. Ferner gibt es gruppen- und berufsbedingte Sondersprachen (Soziolekte, Fachsprachen) und sprachliche Mittel, deren Verwendung durch Stilsphären begrenzt wird (dichterisch, gehoben, salopp u. a. m.). Diese Bedingungen führen zu komplizierten Grammatiken mit teilweise selbständigen Varianten und in ihrer Geltung beschränkten Unterstukturen. Eine formale Repräsentation der Struktur einer solchen heterogenen Grammatik ist ein Desiderat der Grammatikforschung.[22] Die angedeuteten Fakten verdeutlichen einen wichtigen Aspekt der Beziehungen zwischen Grammatik und gesellschaftlichen Bedingungen der sprachlichen Kommunikation. Auf die komplizierten Probleme,

20 Vgl. M. Bierwisch, Wörtliche Bedeutung — eine pragmatische Gretchenfrage, in: Linguistische Studien des Zentralinstituts für Sprachwissenschaft der Akademie der Wissenschaften der DDR, 60/1979.

21 Siehe Anmerkung 17.

22 Vgl. M. Bierwisch, Struktur und Funktion von Varianten im Sprachsystem, in: Linguistische Studien des Zentralinstituts für Sprachwissenschaft der Akademie der Wissenschaften der DDR, 19/1975, S. 65—137, und W. U. Wurzel: Grammatik und Nationalsprache, Ebenda, S. 138—168.

die mit einer möglichen Fundierung des Bedeutungsbegriffs auf der Grundlage des Begriffs der Kommunikation verbunden sind, kann hier nur hingewiesen werden.[23]

3. Problem und Methode in der Grammatikforschung

Im vorliegenden Abschnitt soll versucht werden, einige allgemeine Aspekte der Begriffe „Problem" und „Methode" auf die Grammatikforschung zu beziehen. Wir stützen uns dabei vor allem auf folgende Gesichtspunkte:[24]

Erstens, ein Problem stellen heißt die einschlägigen vorhandenen Kenntnisse verwenden, um Kenntnislücken bestimmen zu können;

zweitens, ein Problem stellen schließt die Kenntnis der Wege zu seiner Lösung ein;

drittens, was als Kenntnislücken empfunden wird, hängt von gesellschaftlichen Erkenntnisinteressen ab.

Ein wissenschaftliches Problem unterscheidet sich von vagen Zielen und Fragen. Es wird mit der Absicht formuliert, eine Lösung zu finden. Nun hängt die Klarheit der Formulierung eines Problems vom Entwicklungsstand einer Wissenschaft ab. Je expliziter die in der Wissenschaft verwendete Fachsprache ist, umso eindeutiger lassen sich ihre Aussagen formulieren und umso schärfer können auch Wissenslücken und Lösungswege angegeben werden.

Daraus darf jedoch nicht der falsche Schluß gezogen werden, daß Wissenschaft erst mit weitgehend formalisierten Fachsprachen beginne. Eine solche Festlegung unterschätzt die Dialektik der Entwicklung wissenschaftlicher Erkenntnis; denn einerseits setzen strengere Theorien und die dazugehörenden Sprachen normalerweise einen langen Prozeß der Faktensichtung und -ordnung voraus und andererseits kommt keine Wissenschaft allein mit formalisierten Fachsprachen aus.

In der Grammatikforschung werden theoretische Aussagen durch formale Grammatiken und deren Interpretation bezüglich empirischer Daten dargestellt. Solange die Vorhersagen, die in der formalen Grammatik enthalten sind, zutreffen oder gefundene Daten auf die formale Grammatik beziehbar sind, liegen keine wirklichen Probleme vor. Erst wenn die Anwendung der formalen Grammatik auf Schwierigkeiten stößt, d. h. wenn sich Daten nicht ohne Zwang auf die Theorie beziehen lassen, treten echte Forschungsprobleme auf. Man kann

[23] Siehe Anmerkung 12.

[24] Vgl. Logik der wissenschaftlichen Forschung, hg. von P. W. Kopnin/M. W. Popowitsch, Berlin 1969; H. Parthey/W. Wächter, Das Problem und seine Struktur in der wissenschaftlichen Forschung, in: Rostocker Philosophische Manuskripte (Rostock), 3/1966, S. 21—38; H. Parthey, Wege zur Formulierung von Forschungsproblemen, in: Wissenschaftliche Zeitschrift Humboldt-Universität, Mathematisch-Naturwissenschaftliche Reihe 1/1973, S. 127 bis 131; Problem und Methode in der Forschung, hg. von H. Parthey, Berlin 1978.

mehrere Fälle unterscheiden: Einmal sind die fraglichen Daten von der Grammatiktheorie allein zu erklären. In diesem Falle ist eine Begründung zu suchen, die den Ausschluß der fraglichen Beobachtungen aus der Grammatik rechtfertigen. Zum anderen können die Daten Eigenschaften enthalten, die eine weitere Spezifizierung der formalen Grammatik erforderlich machen. Im einfachsten Falle zum Beispiel eine Einschränkung der Anwendungsbedingungen von Regeln oder die zusätzliche Aufnahme von Regeln. In weiterreichenden Fällen müssen ganze Teilmengen von Regeln innerhalb der Grammatik ergänzt werden. Schließlich kann sich herausstellen, daß eine Grammatiktheorie grundsätzlich verändert werden muß. Das war zum Beispiel der Fall, als die Beziehungen zwischen Semantik und Syntax genauer erkannt wurden. Grammatische Probleme treten also bei der Anwendung formaler Grammatiken auf die empirischen Daten auf. Sowohl die theoretischen Aussagen als auch die Aussagen über Daten sind in der Grammatikforschung durch relativ präzise Wissenschaftssprachen formulierbar. Die Lösung ist durch empirisch interpretierbare Veränderungen des formalen Apparats vorgezeichnet.

Solange vorausgesetzt werden kann, daß die Gegenstandsbestimmung genügend präzise und empirisch gerechtfertigt ist, ist die Formulierung und Lösung von Problemen in einen stabilen Rahmen eingeordnet. Schwieriger wird es, wenn die Gegenstandsbestimmung in Frage gestellt wird. Dies kann durch Anstöße innerhalb einer Forschungsrichtung geschehen oder durch verstärktes gesellschaftliches Interesse an Gebieten, die in einer gegebenen Schule nicht erfaßt werden. Im ersten Falle treten begründete Zweifel an den bestehenden Festlegungen zur Rechtfertigung der Theorie und speziell zur Überprüfung ihrer empirischen Adäquatheit bei der Arbeit mit einer formalen Grammatik auf. Im zweiten Falle werden neue Gebiete entdeckt oder wiederentdeckt, die in einer zunächst nicht genau angebbaren Beziehung zur Grammatiktheorie einer bestimmten Schule stehen. Im allgemeinen erzeugt eine starke Grammatiktheorie, wie zum Beispiel die Theorie Chomskys, eher eine konservative Haltung in bezug auf die methodologische Basis, speziell auch bezüglich der Gegenstandsbestimmung. Die Anhänger dieser Thorie diskutieren vorrangig solche Probleme, die sich im vorgegebenen Rahmen lösen lassen. Störende Daten werden entweder außer acht gelassen, oder es wird versucht, sie als nicht in den Bereich der Grammatiktheorie fallend zu klassifizieren. Das trifft zum Beispiel auf Daten zu, die das Zusammenwirken zwischen grammatischen und kommunikativen Faktoren reflektieren. Anhänger der generativen Grammatik versuchten lange Zeit diesen Bereich zu umgehen oder einfach mit den bereits entwickelten syntaktischen und semantischen Mitteln darzustellen. Vertreter der Kommunikationsforschung hingegen befaßten und befassen sich häufig mit solchen Fragen, die ohne expliziten Bezug auf die Grammatik behandelt werden können. Zunächst überwogen allgemeine Betrachtungen mit vorwiegend orientierendem Charakter sowie die Suche nach in den Bereich der Kommunikation fallenden Tatsachen. Die Ansätze zur Theoriebildung im strengeren Sinne sind noch ungenau. Das führt letztlich dazu, daß auch die Forschungsprobleme auf dem Gebiet der sprachlichen Kommunikation weder von der einen noch von der anderen Position aus präzise genug formuliert werden können. Es zeigt sich, daß Probleme umso bestimmter gestellt werden können, je klarer die Vorstellungen über den Rahmen sind, in dem sie gelöst werden können. Die Beziehungen zwischen Grammatiktheorie und einer zu entwickelnden Theorie der sprachlichen Kommunikation lassen sich zum Beispiel im Rahmen der oben schon angedeuteten Grundfrage genauer untersuchen, welche Faktoren der kommunikativen Situation die Kontextbedeutung sprachlicher Äußerungen bestimmen. Damit ist ein Weg vorgezeichnet, der es gestattet, Probleme zu formulieren und zu lösen; wobei die Formulierung in dem Maße ungenau bleiben muß, wie die wissenschaftlichen Kenntnisse über Bedingungen und Strukturen der sprachlichen Kommunikation empirisch und theoretisch vage sind.

Probleme, die die Beziehungen zwischen linguistischen, logischen und psychologischen Aspekten sprachlicher Ausdrücke betreffen, sind dagegen klarer formulierbar aufgrund der Vorgaben der einschlägigen Wissenschaften. Natürlich erreicht sowohl die Formulierung als auch die Lösung entsprechender Probleme aufgrund der interdisziplinären Perspektive einen außerordentlich hohen Komplexitätsgrad, der allein von der Linguistik aus nicht mehr zu bewältigen ist. Erforderlich ist vielmehr die interdisziplinäre Zusammenarbeit von Spezialisten verschiedener Disziplinen. Diese müssen jedoch einen Blick für die integrative Fragestellung haben.

Zu fragen bleibt nun noch, wie sich die Bedürfnisse der gesellschaftlichen Praxis als Stimulator der Forschung auf dem Gebiet der Grammatik auswirken. Dazu kann festgestellt werden, daß eine solche Stimulation bisher vorwiegend indirekt erfolgte. Die beiden großen Gebiete der Anwendung grammatischer Erkenntnisse, Sprachunterricht und automatische Sprachverarbeitung, wenden zwar Ergebnisse der Grammatikforschung an und liefern so eine allgemeine Rechtfertigung für Grammatikforschungen, sie sind aber bisher nicht in der Lage, ihre Anforderungen an die Grammatiktheorie so präzise zu formulieren, daß sie in Probleme der Grammatikforschung umgesetzt werden könnten.[25] Deshalb gibt es keine Anstöße von dieser Seite, die über sehr allgemeine Forderungen hinausgehen. Alle entscheidenden theoretischen Vorstöße wurden von Linguisten erzielt, die sich nicht direkt um den Sprachunterricht oder um die automatische Verarbeitung natürlicher Sprachen kümmerten. Diese Feststellung darf nicht als Argument gegen die wohlbegründete dialektisch-materialistische Erkenntnis verstanden werden, daß sich der wissenschaftliche Erkenntnisprozeß in Abhängigkeit von gesellschaftlichen Determinanten und speziell von gesellschaftlichen Interessen am Erkenntnisgegenstand vollzieht. Sie zeigt nur, daß der Erkenntnis-

[25] Vgl. K. E. Heidolph, Thesen über Aufgaben und Möglichkeiten einer praktischen Grammatik der deutschen Sprache in der DDR, in: Linguistische Studien des Zentralinstituts für Sprachwissenschaft der Akademie der Wissenschaften der DDR, 19/1975, S. 169—199.

prozeß einerseits auch durch die innerwissenschaftlichen Mechanismen der Erkenntnisgewinnung präformiert ist, in unserem Falle durch die Anwendung simulierender formaler Grammatiken unter bestimmten Adäquatheitsbedingungen, und andererseits macht sie deutlich, daß die Beziehungen zwischen gesellschaftlichen Bedürfnissen und wissenschaftlicher Problemstellung verwickelt sein können. Damit Anwendungsbedürfnisse auf die Formulierung grammatischer Probleme einen direkten Einfluß gewinnen können, ist ein entwickeltes theoretisches Niveau notwendig. Die Sprachdidaktik oder die automatische Sprachverarbeitung müssen einen Stand erreicht haben, der es ermöglicht, Lücken in der Kenntnis grammatischer Eigenschaften genau zu formulieren. Richtungen auf dem Gebiet der automatischen Sprachverarbeitung, die sich eng an die Linguistik anlehnen, gelangen in dem Maße, in dem sie Fragen der semantischen Informationsverarbeitung aufwerfen, immer näher an aktuelle Probleme der Linguistik heran. Für die Beziehungen zwischen Linguistik und automatischer Sprachverarbeitung ist grundsätzlich zu beachten, daß die verwendeten Modelle im ersten Falle Grundlagen des menschlichen Sprachverhaltens abbilden sollen und im zweiten Falle die Basis für Analyse- und Syntheseprozeduren bilden, die nicht unbedingt entsprechende menschliche Operationen simulieren, sondern technischen Bedingungen und praktischen Zwecken untergeordnet sind.

Unsere Überlegungen zu interdisziplinären Aspekten der Grammatikforschung und zur Anwendung grammatischer Erkenntnisse, die ebenfalls als interdisziplinäre Aufgabe verstanden werden kann, sollten zeigen, daß die forschungswirksame Formulierung wissenschaftlicher Probleme in erheblichem Maße von der Präzision der Wissenschaftssprachen der beteiligten Theorien sowie von integrierenden Fragestellungen abhängt. Je präsziser die beteiligten Wissenschaftssprachen und je genauer ein integrativer Rahmen bestimmt ist, umso forschungswirksamer können Probleme formuliert und interdisziplinär gelöst werden.

Erhard Gey

Der Zusammenhang von interdisziplinären Forschungssituationen und Kooperationsverhalten bei der Bildung und Entwicklung neuer Spezialgebiete, dargestellt am Beispiel der Quantenchemie

Wissenschaftshistorische Untersuchungen zur Herausbildung neuer Spezialgebiete ermöglichen im Prinzip Aussagen über den Zusammenhang zwischen der jeweiligen konkreten Forschungssituation und der Struktur der kooperativen Beziehungen zwischen den Wissenschaftlern verschiedener Disziplinen und Institutionen. Die wesentliche Ursache für das Zustandekommen derartiger Beziehungen besteht darin, daß sich in traditionellen Wissenschaftsdisziplinen Forschungssituationen ergeben haben, die nicht mehr in den Rahmen solcher Disziplinen passen. Hieraus folgt die Notwendigkeit einer Kooperation von Wissenschaftlern über disziplinäre und institutionelle Grenzen hinweg. Eine solche Kooperation beginnt gewöhnlich mit einer Phase der intensiven Kommunikation und führt im Verlauf der weiteren Entwicklung zu solchen mehr oder weniger festen Formen der Zusammenarbeit wie Koautorenschaft, institutionalisierte Kollegenschaft, Lehrer-Schüler-Verhältnis und ähnlichem. Solche Kooperationsformen können sich allerdings nur dann herausbilden, wenn eine Forschungssituation entstanden ist, die die Formulierung des Problems ermöglicht, und wenn gleichzeitig die wissens- und gerätemäßigen Voraussetzungen für seine Bearbeitung gegeben sind. Eine Analyse der zeitlichen Entwicklung der wissenschaftlichen Tätigkeit auf einem bestimmten Gebiet erfordert ein solches Verständnis der Forschungssituation und der Kooperationsformen.

Im folgenden soll die Entwicklung der Quantenchemie erörtert werden mit dem Ziel, eine Charakteristik der Besonderheiten der Forschungssituation zu geben, die zur Herausbildung dieses Spezialgebietes führten.

1. Periodisierung der Entwicklung der Quantenchemie unter dem Gesichtspunkt des Zusammenhanges von Forschungssituation und Kooperationsform

Die Quantenchemie ist ebenso wie die statistische Thermodynamik und die Theorie der chemischen Reaktionskinetik ein Teilgebiet der theoretischen Chemie. Sie stützt sich auf die Grundprinzipien der Quantenmechanik, die im wesentlichen im ersten Viertel des 20. Jahrhunderts erarbeitet wurden sowie auf die Vorstellungen der klassischen chemischen Strukturtheorie und der Elektronentheorie.

Da das Mehrteilchenproblem nicht gelöst werden kann, erlaubt die Quantenmechanik exakt nur die Berechnung von Ein- und Zweiteilchen-Systemen wie dem Wasserstoffatom; bei Anwendung der Born-Oppenheimer-Separation von Kern- und Elektronenbewegung auf Grund des erheblichen Massenunterschiedes beider Teilchenarten können auch Dreiteilchen-Systeme wie das Wasserstoffmolekülion H_2^+ berechnet werden.

Die Herausbildung der Quantenchemie[1], d. h. der theoretischen Chemie auf quantenmechanischer Grundlage, erfolgte im wesentlichen so, daß man sich bemühte, die bekannten Regeln der klassischen Valenztheorie quantentheoretisch zu interpretieren, da eine rein deduktive Herleitung neuer Gesetze über Struktur und Eigenschaften von Molekülen aus der Quantenmechanik auf unüberwindliche Schwierigkeiten stieß. Erst im Verlaufe einer mehr als fünfzigjährigen Entwicklung konnte die Quantenchemie im zunehmenden Maße zur Behandlung chemischer Probleme herangezogen werden.

Um die der geschichtlichen Entwicklung der Quantenchemie zugrundeliegenden Gesetzmäßigkeiten besser zu verstehen, wird in Anlehnung an andere Autoren[2] eine Periodisierung vorgenommen, die auf der Analyse der wichtigsten methodischen Entwicklungen sowie der Anwendungsgebiete beruht. Man kann im wesentlichen vier Entwicklungsperioden unterscheiden, die im folgenden kurz charakterisiert werden sollen.

1.1. Die erste Periode (1927—1933)

Basierend auf den Grundlagen der Quantenmechanik und den Regeln und Vorstellungen der klassischen Valenztheorie, wurde erstmals von Heitler und London 1927[3] die Natur der chemischen Bindung theoretisch gedeutet. Da Berechnungen

[1] Es besteht zur Zeit keine einheitliche Auffassung darüber, was Quantenchemie ist. Ausgehend davon, daß sie ein Teilgebiet der Chemie ist, kann sie als Gesamtheit der auf den Prinzipien und Ideen der Quantenmechanik basierenden theoretischen Methoden, die auf chemische Systeme und deren Umlagerungen Anwendung finden, definiert werden. In der Literatur werden daneben noch andere, teilweise umfassendere Definitionen diskutiert, siehe G. V. Bykov, Istorija organiceskoi khimii. Strukturnaya teorija. Fiziceskaya organičeskaya khimija. Pasčetnije metody, Moskva 1976, S. 96.

[2] G. V. Bykov, Istorija organičeskoi khimii, a. a. O.; G. G. Hall, The Growth of Computational Quantum Chemistry from 1950 to 1971, in: Chemical Society Reviews (London), 2/1973, S. 21—28; F. Hund, Frühgeschichte der quantenchemischen Behandlung der chemischen Bindung, in: Angewundte Chemie (Weinheim), 89/1977, S. 89—94; L. Zülicke, Alte und neue Probleme der Quantenchemie, in: Mitteilungsblatt der Chemischen Gesellschaft der DDR (Berlin), 25/1978, S. 1—9; W. Kutzelnigg, Einführung in die Theoretische Chemie, Die chemische Bindung, Weinheim—New York, 1978.

[3] W. Heitler/F. London. Wechselwirkung neutraler Atome und homöopolare Bindung nach der Quantenmechanik, in: Zeitschrift für Physik (Berlin—Heidelberg—Göttingen), 44/1927, S. 455—472.

an größeren Molekülen wegen der noch sehr gering entwickelten Rechentechnik nicht möglich waren, erwies sich hierfür eine qualitative Behandlung unter Einführung solcher Begriffe wie „Hybridisierung", „Valenzzustand", „Resonanz" u. ä. ebenso wie die Klassifizierung der bindenden Elektronen in σ- und π-Elektronen[4], die Deutung der gerichteten Valenzen und der Geometrie der Doppelbindung[5] als unumgänglich. Die bei der Berechnung bzw. qualitativen Betrachtung von Atomen und deren Spektren bis dahin erzielten Erfolge, insbesondere die zwischen den Energieniveaus von Molekülen und den sie bildenden Atomen gefundenen Analogien, die durch Korrelationsdiagramme zum Ausdruck gebracht werden können, ermöglichten es in der Folgezeit, die Spektren zweiatomiger und mehratomiger Moleküle zu interpretieren.[6]

Die Quantenchemie entwickelte sich mehr und mehr zu einer selbständigen Teildisziplin der Physik, die im starken Maße auf chemischen Vorstellungen basiert: das bedeutet jedoch nicht, daß die Chemie ausschließlich auf der Quantenmechnaik beruht oder anders ausgedrück, nur die Physik der Elektronenhülle ist, wie zuweilen geschlußfolgert wurde unter Bezugnahme auf folgende Formulierung von Dirac. „Die allgemeine Theorie der Quantenmechanik existiert nunmehr ... Die wesentlichen physikalischen Gesetze, auf denen die mathematische Theorie eines großen Teils der physikalischen Wissenschaften und der gesamten Chemie beruht, sind vollständig bekannt und die Schwierigkeiten bestehen nur darin, daß eine exakte Anwendung dieser Gesetze zu Gleichungen führt, deren Lösung zu kompliziert wird."[7] Dieser Standpunkt wird u. a. dadurch verständlich, daß die Pioniere der Quantenchemie ihrer Ausbildung nach im wesentlichen Physiker und zum Teil Mathematiker waren. Er ist jedoch nicht gerechtfertigt, da die Konzeptionen der Quantenchemie nur teilweise auf der Quantenmechanik beruhen, zum wesentlichen Teil aber auf chemischen Vor-

4 F. Hund, Zur Deutung der Molekülspektren I, in: Zeitschrift für Physik (Berlin—Göttingen—Heidelberg), 40/1927, S. 742—764.

5 L. Pauling, Nature of the Chemical Bond, New York 1939; The Calculation of Matrix Elements for Lewis Electronic Structures of Molecules, in: Journal chemical physics (New York), 1/1933, S. 280—283; E. Hückel, Die Quantentheorie der Doppelbindung, in: Zeitschrift für Physik (Berlin—Göttingen—Heidelberg), 60/1930, S. 423—456; Quantentheoretische Beiträge zum Benzolproblem, I. Die Elektronenkonfiguration des Benzols und verwandter Verbindungen, Ebenda, 70/1931, S. 204—286; II. Quantentheorie der induzierten Polaritäten, Ebenda, 72/1931, S. 310—337.

6 F. Hund, Zur Deutung der Molekülspektren I, a. a. O.; R. S. Mullikan, Assignment of Quantum Numbere for Electrons in Molecules I, in: Physical Reviews (New York), 32/1928, S. 186 bis 222; J. E. Lennard-Jones, The Electronic Structure of some Diatomic Molekules, in: Transactions Faraday Society (London) 25/1929, S. 668; The Electronic Structure of some Polyenes and Aromatic Molecules, I. The Nature of the Links by the Method of Molecular Orbitals, in: Proceedings Royal Society (London), 158/1937, S. 280.

7 P. A. M. Dirac, Quantum Mechanics of Many-Electron Systems, in: Proceedings Royal Society (London), 123/1929, S. 714.

stellungen. Das wird deutlich, wenn man solche quantenchemische Methoden wie Molekülorbital- (MO-) und Valenzbindungs- (VB-)Methode, die das Molekül ausgehend von seinen Bestandteilen beschreiben, betrachtet. Die Schöpfer der einfachen Varianten dieser Methoden stützten sich nicht nur auf die Quantentheorie, sondern im starken Maße auch auf die chemische Intuition bzw. waren selbst Chemiker. Die MO-Methode[8], deren allgemeinste Formulierung von Hartree[9] und Fock[10] stammt, behandelt das Molekül so, als bewege sich jedes Elektron nahezu unabhängig von den übrigen. Die auf Grund der gegenseitigen Coulombschen Wechselwirkung auftretende Korrelation von Elektronen unterschiedlichen Spins wird dabei vollständig vernachlässigt, für Elektronen gleichen Spins wird sie hingegen teilweise berücksichtigt. Eine nachträgliche Korrektur des dadurch bedingten Fehlers ist möglich, zum Beispiel durch Berücksichtigung angeregter Konfigurationen, bei denen ein oder mehrere besetzte MO der Grundkonfiguration durch energetisch höhere „virtuelle", d. h. ursprünglich unbesetzte MO ersetzt sind. Im Rahmen der Methode der Konfigurationenwechselwirkung (Configuration Interaction, CI)werden durch Linearkombination der Beiträge dieser Konfigurationen Gleichungssysteme erhalten, deren Lösung zu einer verbesserten Wellenfunktion führt. Zur weiteren Vereinfachung werden die Molekülorbitale als Linearkombinationen bestimmter fester Basisfunktionen eingesetzt[11]. Hierfür werden vorzugsweise Funktionen verwendet, die die freien Atome beschreiben (MO-LCAO (Linear Combination of Atomic Orbitals)-Näherung)[12].

Sieht man einmal vom Wasserstoffmolekül und einigen kleinen zweiatomigen Molekülen ab, so bedeutet der Einsatz der MO-LCAO-Näherung für alle chemischen Systeme einen erheblichen Rechenaufwand, der mit den um 1930 gegebenen Möglichkeiten nicht realisierbar war. Um dennoch chemisch interessante Probleme zu behandeln, blieb nur der Ausweg der Einführung zusätzlicher Näherungen, die es gestatten, den Aufwand drastisch zu reduzieren, zum Beispiel die ausschließliche Berücksichtigung der Valenzelektronen oder sogar nur eines Teils derselben, der π-Elektronen, die Vernachlässigung des größten Teils der bei vollständiger Berechnung auftretenden Mehrzentrenintegrale und schließ-

[8] F. Hund, Zur Deutung der Molekülspektren I, a. a. O.; J. E. Lennard-Jones, The Electronic Structure of some Diatomic Molecules, a. a. O.; R. S. Mulliken, Assigment of Quantum Numbers for Elektrons in: Molecules I, a. a. O.

[9] D. R. Hartree, The Wave Mechanics of an Atom with a Non-Coulomb Central Field 1. Theory and Methods, in: Proceedings Philosophical Society (Cambridge), 24/1928, S. 89—110.

[10] V. A. Fock, Näherungsmethode zur Lösung des quantenmechanischen Mehrkörperproblems, in: Zeitschrift für Physik (Berlin—Göttingen—Heidelberg), 61/1930, S. 126.

[11] E. Hückel, Die Quantentheorie der Doppelbindung, a. a. O.; R. S. Mulliken, Assignment of Quantum Numbers of Electrons, in Molecules, a. a. O.

[12] Diese Näherung der Linearkombination von Atomorbitalen (AO) liegt der Molecularorbital LCAO — (Linear Combination of Atomic Orbitals) Methode zugrunde; sie beinhaltet, daß das Molekülorbital in der Nähe eines bestimmten Atoms im Molekül an das entsprechende Atomorbital „erinnert".

lich der Ersatz der verbleibenden Integrale durch empirisch angepaßte Parameter. Erstmals wurde ein solches Verfahren mit empirischen Parametern, das zum Unterschied von den im Rahmen der MO-LCAO-Methode möglichen, nur auf physikalischen Grundgrößen basierenden nichtempirischen oder ab initio-Versionen als halbempirisches Näherungsverfahren bezeichnet wird, für konjugierte und aromatische Verbindungen, deren π-Elektronensystem von den σ-Elektronen absepariert werden kann, hergeleitet[13]; es wird heute nach seinem Autor als Hückel-MO-Verfahren bezeichnet.

Im Unterschied zur MO-Methode beruht die VB-Methode[14] darauf, daß die Wellenfunktion durch Überlagerung mehrerer, zum Teil ungewöhnlichen Bindungsverhältnissen entsprechender unterschiedlicher Funktionen erhalten wurde, deren Koeffizienten durch Konfigurationsentwicklung optimiert wurden. Eine stark vereinfachte Version der VB-Methode, die Resonanztheorie,[15] bedient sich ähnlich wie die damals insbesondere unter organischen Chemikern verbreitete Mesomeriemethode[16] der Überlagerung einer Anzahl von ausgewählten Valenzstrukturen, die teilweise ungewöhnlichen Bindungsverhältnissen entsprechen. Bei der Herleitung solcher Strukturen wurden die Vorstellungen der Spinvalenztheorie über die Paarung der Elektronenspins herangezogen, mittels derer auch die Strukturformeln der klassischen Chemie erstmalig quantenmechanisch gedeutet werden konnten. Sowohl in der MO- als auch in der VB-Näherung und insbesondere bei deren vereinfachten halbempirischen oder qualitativen Versionen zeigt sich einerseits die modellbildende Funktion der Quantenmechanik in der Chemie und andererseits die Notwendigkeit der Übernahme und Weiterentwicklung von Vorstellungen der klassischen chemischen Strukturtheorie. Analoges gilt auch für die Kristallfeldtheorie[17], mittels der die Voraussetzungen für eine quantentheoretische Behandlung anorganischer Komplexverbindungen erarbeitet wurden.

[13] E. Hückel, Die Quantentheorie der Doppelbindung, a. a. O.; Quantentheoretische Beiträge zum Benzolproblem, a. a. O.

[14] L. Pauling, Nature of the Chemical Bond, a. a. O.; G. Rumer, Theorie der Spinvalenz, in: Nachrichten der Akademie der Wissenschaften in Göttingen, Mathematisch-Physikalische Klasse (Göttingen) 1932, S. 337—341; J. C. Slater, Directed Valence in Polyatomic Molecules, in: Physical Reviews (New York), 37/1931, S. 481—489; Molecular Energy Levels and Valence Bonds, in: Physical Reviews (New York), 38/1931, S. 1109—1144.

[15] L. Pauling, Nature of the Chemical Bond, a. a. O.; G. W. Wheland, Theory of Resonance and its Application to Organic Chemistry, New York 1945.

[16] C. K. Ingold, Structure and Mechanism in Organic Chemistry, London 1953.

[17] H. Bethe, Termaufspaltung in Kristallen, in: Annalen der Physik (Leipzig), 53/1929, S. 133; Zur Theorie der Metalle 1. Eigenwerte und Eigenfunktionen der linearen Atomkette, in: Zeitschrift für Physik (Berlin—Göttingen—Heidelberg), 60/1930, S. 218; J. H. van Vleck, Theory of Electric and Magnetic Susceptibilities, Oxford—New York, 1932.

1.2. Die zweite Periode (1931—1950)

Nachdem die Mehrzahl der Pioniere der Quantenchemie, die größtenteils Physiker waren und kein besonders enges Verhältnis zur Chemie hatten, sich mit anderen physikalischen Problemen insbesondere auf dem Gebiet der Festkörper, der Atomkerne und der Elementarteilchen zu beschäftigen begannen, gab es in der Folgezeit nur noch wenige Theoretiker, die grundlegende chemische Fragestellungen bearbeiteten[18]. Zu diesem Zeitpunkt waren bei den Chemikern vor allem qualitative Untersuchungen im Rahmen der Resonanztheorie[19] populär, während die einfache MO-LCAO-Theorie der π-Elektronensysteme [20] zunächst wenig Verbreitung fand, obwohl sie die Stabilität zum Beispiel von konjugierten und aromatischen Verbindungen besser erklärt. Erste quantenchemische Ansätze zur Erklärung des Zustandekommens einer chemischen Bindung[21] fanden nur wenig Beachtung. Die Ende der dreißiger Jahre für die Hückel-MO-Methode[22] und Ende der vierziger Jahre für die Mesomeriemethode[23], eine vereinfachte VB-Version, eingeführten Moleküldiagramme enthalten solche quantenchemischen Indizes wie Elektronendichte, Bindungsordnungen, Freie Valenzen u. ä., die mit verschiedenen Moleküleigenschaften korrelierten. Erst dadurch war es möglich, größere organische Moleküle zu untersuchen. Die Grenzen der Resonanztheorie zeigten sich in dem Maße, wie es einerseits möglich wurde, numerische Berechnungen, zum Beispiel im Rahmen der Hückel-MO-Methode durchzuführen und andererseits neue experimentelle Befunde nicht mehr richtig interpretiert

18 H. Hellmann, Einführung in die Quantenchemie, Leipzig—Wien 1937; H. Eyring/J. Walter/ G. E. Kimball, Quantum Chemistry, New York 1945.

19 L. Pauling, Nature of the Chemical Bond, a. a. O.; G. W. Wheland, Theory of Resonance and its Application to Organic Chemistry, a. a. O.; Ja. K. Syrkin/M. E. Dyatkina, Khimičeskaja swjaz i stroenije molekul, Moskva—Leningrad 1946.

20 E. Hückel, Die Quantentheorie der Doppelbindung, a. a. O.

21 R. S. Mulliken, Assignment of Quantum Numbers for Electrone in Molecules, a. a. O.; R. S. Mulliken, New Electronegativity Scale: Together with Data on Valence States and on Valence Ionisation Potentials and Electron Affinities, in: Journal chemical physics (New York), 2/1934, S. 782—793; R. S. Mulliken, Electronic Structure of Polyatomic Molecules-XI. Electroaffinity, Molecular Orbitals and Dipole Moments, in: Journal chemical physics (New York), 3/1935, S. 573; R. S. Mulliken, Quelques aspects de la theorie des orbitales moleculaires, on: Journal chimie physique et physico-chimie de biologique (Paris), 46/1949, S. 497—542, S. 675—693.

22 W. G. Penney, Electronic Structure of Polyenes and Aromatic Molecules III, in: Proceedings Royal Society (London), Bd. A 158/1937, S. 306—324; C. A. Coulson, Bond Fixation in Compounds Containing Carbonyl Group, in: Transactions Faraday Society, (London), 42/1946, S. 106—112; C. A. Coulson/H. C. Longuet-Higgins, The Electronic Structure of Conjugated Systems I. General Theory, in: Proceedings Royal Socety (London), A 191/1947, S. 39—60.

23 R. Daudel/A. Pullman, Sur le calcul de la repartition du nuage electronique dans les molecules aromatiques, in: Comptes-rendus seances society (Paris), 220/1945, S. 888—889.

werden konnten. Es wurde zunehmend Kritik an ihr geübt, die zum Teil sogar überzogen war, wie das Beispiel einer Diskussion in der UdSSR deutlich macht. Neben der Hückel-Methode und der Mesomeriemethode wurde die Methode des freien Elektrons[24] (FE-Modell), die sich besonders für π-Elektronensysteme eignet, für Berechnungen organischer Moleküle benutzt. Generell kann die Situation in der Quantenchemie vor 1950 so eingeschätzt werden, daß die Grundlagen erarbeitet, die rechentechnischen Voraussetzungen für die Anwendung in der Chemie jedoch noch sehr unzureichend waren. So erforderte z. B. die ab-initic-Berechnung eines zweiatomigen Moleküls bzw. eine MO-LCAO-Berechnung nach Hückel für 12π-Zentren ca. ein Jahr. Um zwecks Vereinfachung der Untersuchungen die Ergebnisse der Gruppentheorie zu nutzen, wurden meist symmetrische Moleküle betrachtet. Wegen dieser Beschränkungen konnte die Quantentheorie für viele Verbindungsklassen nur qualitative oder gar keine Aussage liefern. Charakteristisch für den relativ geringen Stellenwert, den die Quantenchemie damals für die Chemiker hatte, ist, daß die elektronische Struktur meist nur qualitativ mit Hilfe solcher Konzepte wie Elektronegativität, Resonanz, mesomerer und elektromerer Effekt u. ä. beschrieben wurde.[25]

Über die Quantenchemie gab es zwar zu dieser Zeit bereits einige zusammenfassende Monographien[26], jedoch kaum Vorlesungen und Weiterbildungsveranstaltungen. Die Zahl der Spezialisten auf diesem Gebiet war noch sehr klein und da sie viele für die Chemiker „einfache" Fragen nicht beantworten konnten, waren sie bei den Chemikern nur wegen ihrer Kenntnis der Statistik und der Integralrechnung anerkannt.

Die Entwicklung der Quantenchemie wurde besonders dadurch beeinträchtigt, daß in der Zeit vor und während des zweiten Weltkrieges eine Verschiebung der Schwerpunkte der naturwissenschaftlichen Forschung erfolgte. Zum einen bedingte die Vertreibung der jüdischen und antifaschistischen Wissenschaftler aus Nazi-Deutschland eine Verlagerung der Zentren der theoretischen Forschung nach den USA und England sowie der Sowjetunion, zum anderen wurde, bedingt durch die Kriegsrüstung, die Entwicklung der Kernphysik, Mikrowellen-(Radar-)-Technik und der Computer-Technik forciert. Auf dieser Grundlage wendeten sich in den ersten Nachkriegsjahren viele Wissenschaftler neuen Spezialgebieten zu.[27] Die Entwicklung der Quantenchemie wurde nach dem II. Weltkrieg

[24] H. Kuhn, Free Electron Model for Absorption Spectra of Organic Dyes, in: Journal chemical physics (New York), 16/1948, S. 840; H. Kuhn, Elektronengasmodel zur quantitativen Deutung der Lichtabsorption von organischen Farbstoffen I, in: Helvetica chimica Acta (Bern), 31/1948, S. 1441—1455.

[25] C. K. Ingold, Structure and Mechanism in Organic Chemistry, a. a. O.

[26] H. Hellmann, Einführung in die Quantenchemie, a. a. O.; H. Eyring/J. Walter/G. E. Kimball, Quantum Chemistry, a. a. O.; C. A. Coulson, Valence, Oxford 1953.

[27] J. C. Slater, The Current State of Solid-State and Molecular Theory, in: International Journal of Quantum Chemistry, 1/1967, S. 37—102.

durch den Einsatz moderner physikalisch-chemischer, insbesondere spektroskopischer Analysenmethoden gefördert.[28] In verschiedenen Universitäten und Instituten entstanden quantenmechanische Arbeitsgruppen, zunächst in den USA, England, Frankreich, Schweden, Japan und der UdSSR, später auch in anderen Ländern. Es fanden erste Konferenzen über Quantenchemie in Frankreich, den USA und Japan statt.[29]

1.3. Die dritte Periode (1950—1965)

Diese Periode ist vor allem durch den Einsatz von Computern ständig wachsender Leistungsfähigkeit geprägt. Auf den in der Zeit nach 1925 entwickelten theoretischen Grundlagen wurden laufend neue vervollkommnete Berechnungsmethoden insbesondere MO-Ansätze erarbeitet, die programmierbar und damit jedermann zugänglich sind. Die Entwicklung und Anwendung der zahlreichen bisher vorliegenden ab-initio- und halbempirischen Berechnungsverfahren hätte ohne die parallele Entwicklung der Computertechnik nicht erfolgen können.

Die größten Fortschritte bewirkte die Vervollkommnung und Anwendung der MO-Theorie. Einerseits erlebte die Hückelsche MO-Methode als ihre einfachste Version eine Renaissance.[30] Sie wurde im Zusammenhang mit der zunehmenden Bedeutung der UV-Spektroskopie besonders in der organischen Chemie angewandt[31]. Da sie auch ohne die Durchführung von Berechnungen

[28] Von diesen Methoden sind insbesondere NMR- (Nuclear Magnetic Resonance) und EPR- (Electron Paramagnetic Resonance) Spectroskopie sowie ESCA (Electron Spectroscopy for Chemical Application) zu nennen.

[29] G. V. Bykov, Istorija organičeskoi khimii, a. a. O.; G. G. Hall, The Growth of Computational Quantum Chemistry from 1950 to 1971, a. a. O.; F. Hund, Frühgeschichte der quantenchemischen Behandlung der chemischen Bindung, a. a. O.; L. Zulicke, Alte und neue Probleme der Quantenchemie, a. a. O.; W. Kutzelnigg, Einführung in die theoretische Chemie, Bd. 2, a. a. O.; J. C. Slater, The Current State of Solid-State and Molecular Theory, a. a. O.

[30] W. G. Penney, Electronic Structure of Polyenes and Aromatic Molecules, a. a. O.

[31] M. J. S. Dewar, Color and Constitution I. Basic Dyes, in: Journal chemical Society (London), 1950, S. 2329; M. J. S. Dewar, II. Aromatic Hydrocarbons, Ebenda, 1952, S. 3532 bis 3544; M. J. S. Dewar, III. Polyphenyls, Polyenes, and Phenylpolyenes, and the Significance of Cross-Conjugation, Ebenda, 1952, S. 3544—3550; M. J. S. Dewar/H. C. Longuet-Higgins, The Correspondence between the Resonance and Molecular Orbital Theories, in: Proceedings Royal Society (London), A 214/1952, S. 482—493; K. Fukui/T. Yonezawa/C. Nagata/H. Shingu, Molecular Orbital Theory of Orientation in Aromatic, Heteroaromatic, and other Conjugated Molecules, in: Journal chemical physics (New York), 22/1954, S. 1433 bis 1442; K. Fukui/T. Yonezawa/C. Nagata, Interrelations of Quantum-mechanical Quantities Concerning Chemical Reactivity of Conjegated Molecules, in: Journal chemical physics (New York), 26/1957, S. 831—841; A. Streitwieser Jr., Molecular Orbital Theory for Organic Chemistry, New York 1962.

qualitative Voraussagen ermöglicht[32], fand sie zunehmend Verbreitung unter den Chemikern. Andererseits wurde auch im Rahmen der allgemeinsten Formulierung des Vielteilchenproblems mittels eines Eindeterminanten-Ansatzes, der Hartree-Fock-Methode[33] die LCAO-Näherung eingeführt.[34] Da die im Ergebnis der Berechnung erhaltenen Koeffizienten bereits zur Aufstellung der Hartree-Fock-Gleichungen benötigt werden, startete man von einer geeigneten Näherungslösung und wiederholte die Berechnungsprozedur iterativ solange, bis die Ergebnisse der Berechnung zum Beispiel für die elektronische Energie des Systems von zwei aufeinanderfolgenden Iterationsschritten im Rahmen einer vorher festgesetzten Genauigkeitsgrenze miteinander übereinstimmten. Man spricht auch von einem „Self Consistent Field"(-SCF-)Verfahren.[35] Dieses Beispiel zeigt, daß die logische Reihenfolge der Herausbildung von quantenchemischen Näherungsverfahren nicht unbedingt der historischen entsprechen muß, da die Hückel-Näherung bereits zwanzig Jahre vor der MO LCAO SCF-Näherung erarbeitet wurde, obwohl sie aus dieser nach Einführung einer Reihe vereinfachender Annahmen folgt. Für die effektive Nutzung von Computern bei SCF-Rechnungen spielt die Wahl der AO-Basisfunktionen eine wichtige Rolle. Neben den bereits seit langem verwendeten Slaterfunktionen, die Probleme bei der Berechnung von Drei- und Vierzentrenintegralen mit sich bringen, wurden zunehmend Gaußfunktionen eingesetzt.[36] In den fünfziger Jahren waren für die meisten chemisch interessierenden Systeme die rechentechnischen Voraussetzungen für die Anwendung von nichtempirischen (ab-initio-)Berechnungen auf größere Systeme noch nicht gegeben. Es wurden daher vorerst gegenüber der Hückelmethode vervollkommnete halbempirische Verfahren entwickelt und benutzt, bei denen einerseits

[32] M. J. S. Dewar, Color and Constitution, a. a. O.; E. Hückel, Grundzüge der Theorie ungesättigter und aromatischer Verbindungen, in: Zeitschrift für Elektrochemie und physikalische Chemie (Weinheim—Berlin), 43/1937, S. 752—788, S. 827—849; D. A. Walsh, The Electronic Orbitals, Shapes, and Spectra of Polyatomic Molecules, Parts I—X, in: Journal chemical Society (London), 1953, S. 2260—2331; von besonderer Bedeutung sind die Woodward-Hoffmann-Regeln, R. B. Woodward/R. Hoffmann, Die Erhaltung der Orbitalsymmetrie, Leipzig 1970.

[33] D. R. Hartree, The Wave Mechanics of an Atom with a Non-Coulomb Central Field 1. Theory and Methods, a. a. O.; V. A. Fock, Näherungsmethode zur Lösung des quantenmechanischen Mehrkörperproblems, a. a. O.

[34] In dieser Näherung wird die Molekülwellenfunktion durch Atomfunktionen (AO) unter Berücksichtigung des Pauli-Prinzip, d. h. der Antisymmetrie, ausgedrückt.

[35] C. C. J. Roothaan, New Developments in Molecular Orbital Theory, in: Reviews of modern Physics (Lancester), 23/1951, S. 69—89; G. G. Hall, The Molecular Orbital Theory of Chemical Valency. A Method of Calculating Ioniation Potentials, in: Proceedings Royal Society (London), A 205/1951, S. 541—552.

[36] S. F. Boys, Electronic Wave Funktions 1. A General Methode of Calculation for the Stationary States of Any Molecular System, in: Proceedings Royal Society (London), A 200/1950, S. 542—554.

die AO-Basis dadurch klein gehalten wurde, daß nur die Valenzelektronen oder ein Teil derselben, die π-Elektroden behandelt werden und andererseits die meisten der auftretenden Integrale vernachlässigt sowie die verbleibenden Integrale durch empirische Parameter ersetzt werden.[37] Generell sind halbempirische Verfahren weniger fundiert als ab-initio-Methoden, sie können jedoch wegen des erheblich niedrigeren Rechenzeitaufwandes vielseitiger eingesetzt werden und liefern zum Teil genauere Ergebnisse, da sie der konkreten Aufgabenstellung infolge der Parametrisierung an experimentellen Größen besser angepaßt sind.

Die verbreitete Anwendung halbempirischer MO-Verfahren wurde dadurch begünstigt, daß in allen Industrieländern ein Netz von Rechenzentren entstand und mit den dort vorhandenen Computern mit relativ geringen Kosten Berechnungen für ganze Klassen mittelgroßer Moleküle durchgeführt und Aussagen über spektroskopische, kinetische, strukturelle und andere Eigenschaften gewonnen werden können.

Neben Chemikern und Physikern, die sich auf dem Gebiet der Quantenchemie spezialisiert hatten, beschäftigten sich auch Mathematiker mit theoretischen und numerischen Problemen der Molekülberechnung. Es wurden problemorientierte Programmiersprachen, insbesondere verschiedene FORTRAN- und ALGOL-Versionen erarbeitet und benutzt, die relativ leicht zu erlernen sind. Da trotzdem die Programmierung und Testung quantenchemischer Verfahren sehr aufwendig sind — für halbempirische Verfahren benötigt man bei FORTRAN-Programmierung mehr als 1000, für ab-initio-Verfahren mehr als 10000 80spaltige Lochkarten — wurden die dokumentarische Erfassung und der internationale

[37] Als Beispiel seien erwähnt: das auf der π-Elektronennäherung basierende PPP-(Pariser, Parr, Pople-)-Verfahren, R. Pariser/R. G. Parr, A Semiempirical Theory of the Electronic Spectra and Electronic Structure of Complex Unsaturated Molecules I., II, in: Journal chemical physics (New York), 21/1953, S. 466—471, S. 767—776; J. A. Pople, Electron Interaction in Unsaturated Hydrocarbons, in: Transactions Faraday Society (London), 49/1953, S. 1375 bis 1385; und Alloulenzelektronenverfahren wie EHT (Extended Hückel Theory), R. Hoffmann, An Extended Hückel Theory I. Hydrocarbons, in: Journal chemical physics (New York), 39/1963, S. 1397—1412; CNDO (Complete Neglect of Differential Overlap), INDO (Intermediale Neglect of Differential Overlap), NDDO (Neglect of Diatomic Differential Overlap), J. A. Pople/D. P. Santry/G. A. Segal, Approximate Self-Consistent Molecular Orbital Theory I. Invariant Procedures, in: Journal chemical physics (New York), 43/1965, S. 8129 bis 8135; J. A. Pople/D. L. Beveridge, Approximate Molecular Orbital Theory, New York 1970; und MINDO (Modified Intermediate Neglect of Differential Overlap), M. J. S. Dewar/G. Klopman, Ground States of σ-Bonded Molecules I. Semiempirical SCF MO Treatment of Hydrocarbons, in: Journal American Chemical Society, 89/1967, S. 3089—3098); M. J. S. Dewar/E. Haselbach, 9. The MINDO/2 Method, in: Journal American Chemical Society, 92/1970, S. 590—598; R. C. Bingham/M. J. S. Dewar/D. H. Lo, 25, An Improved Version of the MINDO Semiempirical SCF MO Method, in: Journal American Chemical Society, 97/1975, S. 1285—1293.

Austausch von Rechenprogrammen zu einem entscheidenden Faktor für die verbreitete Anwendung insbesondere halbempirischer Verfahren.

Große Verdienste haben sich hierbei vor allem das QCPE-(Quantum Chemistry Program Exchange-)Zentrum in Bloomington/USA sowie entsprechende Einrichtungen auf nationaler Ebene erworben.[38] Dank dieses Umstandes haben selbst Chemiker ohne spezielle Ausbildung leichten Zugriff zu den Berechnungsverfahren. Nicht zuletzt deshalb gewinnt die Quantenchemie zunehmend an Bedeutung und Ansehen und nimmt heute in nahezu allen Ländern in Hochschulen, Forschungseinrichtungen sowie teilweise in der Industrie eine geachtete Stellung ein. Das betrifft sowohl die Lehre als auch die Forschung. So existieren z. B. eine Vielzahl von Lehrbüchern und Monographien unterschiedlichen Niveaus sowie eine Reihe von Institutionen für die Aus- und Weiterbildung auf diesem Gebiet. Hier seien neben den an vielen Hochschulen teils obligatorischen, teils fakultativen Vorlesungen, die meist periodisch organisierten Schulen, Symposien und Kongresse über Quantenchemie erwähnt. Eine wichtige Rolle bei der Popularisierung der Quantenchemie spielten solche Pioniere auf diesem Gebiet wie Mulliken, der bisher einzige Nobelpreisträger (1966)[39], Coulson, Slater, Löwdin, Preuß u. a. Es wurden eine Reihe von Spezialzeitschriften herausgegeben,[40] außerdem erscheinen regelmäßig in den meisten chemischen, physikalischen und biologischen Zeitschriften quantenchemische Beiträge.

Durch diese Zeitschriften sowie eine Reihe zusammenfassender Publikationen[41] wurden die Ergebnisse quantenchemischer Berechnungen einem großen Interessentenkreis zugänglich.

Es erscheint unter Berücksichtigung dieser Entwicklungen gerechtfertigt, die Phase, in die die Quantenchemie Mitte der sechziger Jahre eingetreten ist, im Gegensatz zu anderen Autoren als eine vierte Periode gesondert zu behandeln, da sich die Quantenchemie nunmehr weltweit als eine in Lehre und Forschung etablierte interdisziplinäre Wissenschaftsrichtung durchgesetzt hat.

[38] F. Ritschl/L. Zülicke/K. Altenburg, Elektronische Datenverarbeitung in der Chemie, Quantenchemie und Computer, in: Zeitschrift für Chemie (Leipzig), 11/1971, S. 281—293.

[39] R. S. Mulliken, Spektroskopie, Molekül-Orbitale und chemische Bindung, in: Angewandte Chemie (Weinheim), 79/1967, S. 541—554.

[40] Die wichtigsten Spezialzeitschriften auf dem Gebiet der Quantenchemie sind „Theoretica chimica Acta" (seit 1962), „Advances in Quantum Chemistry" (seit 1964); International Journal of Quantum Chemistry (seit 1967).

[41] A. Streitwieser Jr., Molecular Orbital Theory for Organic Chemistry, a. a. O.; J. A. Pople/D. L. Beveridge, Approximate Molecular Orbital Theory, a. a. O.; M. Kotani/A. Amemiya/E. Ishigura/T. Kimura, Tables of Molecular Integrals, Maruzen Co. Ltd. Tokyo 1955; H. Preuß, Integraltafeln zur Quantenchemie, Bd. 1—4, Berlin—Göttingen—Heidelberg 1958—1962.

1.4. Die vierte Periode (1965 bis zur Gegenwart)

Diese bisher letzte Entwicklungsphase der Quantenchemie ist einerseits durch den zunehmenden Einsatz immer komplizierterer Berechnungsverfahren und andererseits durch eine Vielzahl neuer zum Teil unter Zugrundelegung von Arbeiten aus dem Anfangsstadium, die lange Zeit in Vergessenheit geraten waren, erhaltener methodischer Entwicklungen gekennzeichnet. Parallel mit dem Einsatz leistungsfähigerer Computer wurden vollständig ab-initio-Programmsysteme, entwickelt,[42] die sehr genaue Berechnungen an zweiatomigen Molekülen mit bis zu 50 Elektronen oder an mehratomigen Molekülen mit bis zu 20 Elektronen ermöglichen und grundsätzliche Fragen der chemischen Bindung und des Molekülbaues aufzuklären gestatten. Außerdem dienen solche Untersuchungen der Fundierung halbempirischer Verfahren, der Abschätzung ihrer Genauigkeit und ihres Anwendungsbereiches, sowie der Charakterisierung kleiner relativ instabiler Spezies, die z. B. in der Astronomie oder in der Plasmachemie eine Rolle spielen und experimentell gar nicht oder nur sehr schwer zugänglich sind. Die bisher für mittelgroße Moleküle mit bis zu 100 Elektronen durchgeführten ab-initio-Berechnungen liefern dagegen genäherte Molekülwellenfunktionen und somit nur orientierende Informationen über den Bau und die Eigenschaften dieser Systeme, die im allgemeinen zuverlässiger als die mit halbempirischen Verfahren erhaltenen Aussagen sind. Für große, insbesondere biologisch interessante Moleküle sind genaue ab-initio-Berechnungen praktisch undurchführbar; hierfür sowie für die Bestimmung von Wechselwirkungspotentialen und Potentialhyperflächen bleibt nur der Einsatz geeigneter halbempirischer und empirischer Verfahren. Ungeachtet dessen gewinnen quantenchemische Berechnungen für die Biologie und die Biochemie heute zunehmend an Bedeutung, auch in interdisziplinär zusammengesetzten Arbeitsgruppen, denen Biologen und Mediziner angehören, wurden solche Berechnungen eingesetzt, um z. B. Informationen über den Zusammenhang von Struktur und Wirkung, über den Aufbau von Eiweißkomponenten zu erhalten. Die zukünftige Entwicklung der Quantenchemie erfordert nicht in erster Linie neue Berechnungsverfahren, die zweifelsohne ein wichtiges Hilfsmittel sind, sondern neue Konzeptionen und Methoden.

Ansätze hierzu sind zum Beispiel die in letzter Zeit entwickelten Varianten der Störungstheorie, die Anwendung der Methode der zweiten Quantisierung und des Formalismus der Greenschen Funktionen. Für die Berechnung symmetrischer Verbindungen, insbesondere anorganischer Komplexe wurde die MS (Multible Scattering) X_α-Methode erarbeitet, die im Vergleich zu MO LCAO

[42] P. Čarsky/M. Urban, Ab inito Calculations. Methods and Applications in Chemistry, Lecture Notes in Chemistry, Bd. 16, Berlin—Heidelberg—New York 1980.

SCF-Ansätzen wesentlich weniger Rechenzeitaufwand erfordert[43]. Für die Behandlung des Problems der Elektronenkorrelation erwiesen sich verschiedene neuere Ansätze als geeignet[44]. Die quantenchemische Untersuchung von Reaktionen, insbesondere die Berechnung von Potentialflächen und Wirkungsquerschnitten rückt gegenwärtig in den Vordergrund[45]. Außerdem finden qualitative Konzepte in letzter Zeit verstärkt Anwendung.[46]

Auch in der Zukunft wird die Quantenchemie für die Chemie eine zweifache Bedeutung haben. Einerseits soll sie Denkmethoden und Konzepte zur theoretischen Fundierung der chemischen Forschung liefern, andererseits soll sie in Fällen, wo Experimente nur mit sehr großem Aufwand oder gar nicht

[43] U. Wahlgren/K. H. Johnson, Determination of the Internal Rotation Barrier in Ethane by the SCF X_2 Scattered Wave Method, in: Journal chemical physics (New York), 56/1972, S. 3715—3716.

[44] Zu diesen neueren Ansätzen gehören die auf „natürlichen Orbitalen", Geminalen (A. C. Hurley/J. E. Lennard-Jones/J. A. Pople, The Molecular Orbital Theory of Chemical Valency 16. A Theory of Paired Electrons in Polyatomic Molecules, in: Proceedings Royal Society (London), A 220/1953, S. 446—455) und Elektronenpaarfunktionen (O. Sinanoglu, Many-Electron Theory of Atoms and Molecules. I. Shells, Electron Pairs vs. Many-Electron Correlation, in: Journal chemical physics (New York), 36/1962, S. 706—717; II. S. 3198 bis 3208; O. Sinanoglu, Many Electron Theory of Atoms, Molecules, and Their Interactions, in: Advances of Chemical Physics (New York), 6/1964, S. 315—412) basierenden Methoden IEPA (Indespendent Electron Pair Approximation) (W. Kutzelnigg in: Selected Topics in Molecular Physics, S. 91, Weinheim 1972) und CEPA (Coupled Electron Pair Approximation) (W. Meyer, PNO-CI Studies of Electron Correlation Effects. I. Configuration Expansion by means of Nonorthogonal Orbitals, and Application to the Ground State and Ionized States of Methans, in: Journal chemical physics (New York), 58/1973, S. 1017 bis 1035).

[45] E. E. Nikitin/L. Zülicke, Selected Topics of the Theory of Chemical Elementary Processes, Lecture Notes in Chemistry, (Berlin—Heidelberg—New York) 8/1978.

[46] Hierzu gehören die bereits seit den zwanziger Jahren benutzten gruppentheoretischen Betrachtungen, die auf der Kristallfeldtheorie (H. Bethe, Termaufspaltung in Kristallen, a. a. O.) beruhende Ligendenfeldttheorie (F. E. Ilse/H. Hartmann, Termsysteme elektrostatischer Komplexionen der Übergangsmetalle mit einem d-Elektron. Untersuchungen über die Absorptionsspektren von Komplexverbindungen, in: Zeitschrift für physikalische Chemie (Leipzig), 219/1951, S. 239—246) für Übergangsmetallkomplexe (C. J. Ballhausen, Introduction to Ligand Field Theory, New York 1962) sowie die Regeln von Hückel (E. Hückel, Grundzüge der Theorie ungesättigter und aromatischer Verbindungen, a. a. O.) Walsh (D. A. Walsh, The Electronic Orbitals, Shapes, and Spectre of Polyatomic Molecules, a. a. O.), Gillespie (R. J. Gillespie, Molecular Geometry, London 1972). Woodward — Hoffmann (R. B. Woodward/R. Hoffmann, Die Erhaltung der Orbitalsymmetrie, a. a. O.), graphentheoretische Betrachtungen (I. Gutman/N. Trinajstic, Graph Theory and Molecular Orbitals, in: Fortschritte der chemischen Forschung (Berlin—Göttingen—Heidelberg), 42/1973, S. 49—93) und feldtheoretische Ansätze (I. Hubač/P. Čarsky, Computational Methods of Correlation Energy, in: Fortschritte der chemischen Forschung (Berlin—Göttingen—Heidelberg), 75/1978, S. 97—164).

durchgeführt werden können, die Zahlenwerte für bestimmte physikalisch-chemische Eigenschaften vorausberechnen[47]. Generell gewinnt sie zunehmend an Bedeutung für die mathematisch-theoretische Durchdringung der Chemie und erhält somit den gleichen Stellenwert wie das Experiment, wenngleich die mehrfach in den 60er Jahren geäußerte Ansicht, daß große Zweige der Chemie bei Vorhandensein einer gut fundierten Theorie überflüssig werden[48] nicht gerechtfertigt ist.

1.5. Besonderheiten der Forschungssituation in der Entwicklung der Quantenchemie

Verallgemeinernd kann hinsichtlich der Besonderheiten der Forschungssituation bei der Herausbildung und Weiterentwicklung der Quantenchemie festgestellt werden, daß ein ständiger Informationsaustausch mit der Physik und der Chemie als den entsprechenden etablierten „Mutter"-Disziplinen ohne Konflikt mit ihnen stattfand. Wesentlich für die Etablierung und Weiterentwicklung des Gebietes war das Vorliegen eines zentralen Problems, das darin bestand, das Zustandekommen der chemischen Bindung ursächlich zu deuten.

Im Anschluß an den Vergleich verschiedener Aspekte bei der Herausbildung neuer Disziplinen, die von D. O. Edge und M. J. Mulkay vorgenommen wurden,[49] führt eine vergleichende Betrachtung bei der Herausbildung erstens (1) der Quantenchemie, zweitens (2) der Molekularbiologie, drittens (3) der Radio-

Tab. 1: Vergleich verschiedener Aspekte bei der Bildung neuer Disziplinen. Erläuterung: (1) Quantenchemie, (2) Molekularbiologie, (3) Radioastronomie und (4) Physikalische Chemie; + bedeutet Merkmal liegt vor, — bedeutet Merkmal liegt nicht vor; (I) Informationsaustausch mit etablierten Disziplinen oder (K) Konflikt.

	1	2	3	4
zentrales Problem	+	+	—	—
im Prinzip einheitlicher Lösungsweg	+	—	+	—
Informationsaustausch mit etablierten Disziplinen	I	K	I	K

47 F. Ritschl/L. Zülicke/K. Altenburg, Elektronische Datenverarbeitung in der Chemie. Quantenchemie und Computer, a. a. O.

48 R. S. Mulliken, Spektroskopie, Molekül-Orbitale und chemische Bindung, a. a. O.

49 D. O. Edge/M. J. Mulkay, Fallstudien zu wissenschaftlichen Spezialgebieten, in: Wissenschaftssoziologie, hg. von W. Stehr/R. König, Köln 1975, S. 212.

astronomie und viertens (4) der physikalischen Chemie zu folgendem Ergebnis.[50] Das für die Quantenchemie zentrale Problem der chemischen Bindung kann zwar im Prinzip mittels des Formalismus der nichtrelativistischen Quantenmechanik auf einheitliche Weise behandelt werden, jedoch kann dieser Lösungsweg in den meisten chemisch interessierenden Fällen auf Grund rechnerischer und teilweise prinzipieller Schwierigkeiten nicht beschritten werden. Stattdessen werden Näherungsverfahren eingesetzt, die teilweise auf der chemischen Erfahrung basieren und sich in vielen Fällen entweder am Experiment geeichter Parameter bedienen (halbempirische Verfahren) oder auf rein empirischer Grundlage basieren. Man kann daher im wesentlichen drei Untersuchungsebenen der Quantenchemie unterscheiden[51], zwischen denen Wechselbeziehungen untereinander sowie zum Experiment, insbesondere zu physikalisch-chemischen Analysemethoden bestehen. Die methodische und inhaltliche Weiterentwicklung wurde zum Zeitpunkt der Herausbildung an wesentlich durch Fortschritte auf den Gebieten der Chemie, der Physik und der Biologie beeinflußt, wobei von der Mathematik und der Computertechnik die Voraussetzungen für die Durchfühung von Berechnungen geschaffen wurden.

Diese spezifische Situation der Quantenchemie, die sich von der bei anderen neuen Spezialgebieten teilweise drastisch unterscheidet, ermöglichte eine relativ ungehemmte Herausbildung der eingangs genannten Kooperationsformen zwischen Wissenschaftlern verschiedener Disziplinen, insbesondere zwischen Chemikern, Physikern, Mathematikern und Biologen.

2. Der Zusammenhang zwischen Problem, Methode und Objekt der Quantenchemie

Die Fragestellung nach der Art der Bindung in Molekülen und makroskopischen Körpern und den daraus folgenden physikalisch-chemischen Eigenschaften resultiert aus der experimentellen Tätigkeit der Chemiker. Sie spielte im Laufe der Entwicklung der Chemie eine wesentliche Rolle und war stets Hauptgegenstand der theoretischen Chemie. So konnten in der zweiten Hälfte des 19. Jahrhunderts im Rahmen der klassischen chemischen Strukturtheorie für eine Vielzahl von Verbindungen eindeutige Strukturformeln aufgestellt und damit wesentliche Voraussetzungen für die Aufklärung von deren Eigenschaften und die Synthese neuer

[50] E. Gey/H. Parthey, Der Zusammenhang von Forschungssituation und Kooperationsform bei der Herausbildung neuer Spezialgebiete im 20. Jahrhundert am Beispiel der Quantenchemie im Vergleich mit anderen Fallstudien, in: Rostocker Wissenschaftshistorische Manuskripte (Rostock), 2/1978, S. 115—126.

[51] F. Hund, Geschichte der physikalischen Begriffe, Teil 2, Mannheim, Wien, Zürich 1978, S. 187.

Verbindungen mit gewünschten Eigenschaften geschaffen werden. Es zeigt sich jedoch, daß mit dieser Theorie weder das Zustandekommen einer chemischen Bindung erklärt noch die Strukturformeln zahlreicher Verbindungsklassen, zum Beispiel der konjugierten und aromatischen Verbindungen aufgestellt werden konnten. Die auf Vorstellungen der klassischen Physik, insbesondere der Elektrizitätslehre basierende Elektronentheorie ermöglichte in manchen Fällen zwar eine Beschreibung, jedoch keine ursächliche Deutung. Die Situation änderte sich grundsätzlich, nachdem der von Physikern und Mathematikern erarbeitete Apparat der Quantenmechanik zur Verfügung stand.

Während die Quantenmechanik allein auf physikalischen Prinzipien beruht, beinhaltet die Quantenchemie darüber hinaus auch chemische Konzeptionen, wobei die Grenzen zwischen Physik und Chemie fließend sind. Hieraus kann allerdings nicht geschlußfolgert werden, daß alle Vorgänge in der Chemie und auch in der Biologie ausschließlich mit physikalischen, insbesondere quantentheoretischen Vorstellungen zu beschreiben sind.

Abgesehen davon, daß wegen prinzipieller Schwierigkeiten bei der Behandlung eines N-Teilchenproblems ($N > 2$) ein solches Vorgehen ohnehin nicht praktikabel wäre, erscheint es unzweckmäßig und dem Verständnis abträglich, komplexe chemische und biologische Systeme und Vorgänge ausschließlich mittels quantenchemischer Kategorien zu beschreiben. Die Benutzung von Modellen, die zwar letztlich auch auf der Quantenmechanik basieren, jedoch daneben die disziplinspezifischen Besonderheiten berücksichtigen, erweist sich hier als geeigneter Weg und wesentlicher Fortschritt gegenüber klassischen auf empirischen oder spekulativen Ansätzen beruhenden Modellen.

In der Quantenchemie müssen, damit sie zu einer für die Chemie praktikablen Theorie wird, gegenüber der Quantenmechanik solche zusätzliche Annahmen gemacht werden, wie sie zum Beispiel MO- und VB-Näherung zugrundeliegen (s. oben). Ihr interdisziplinärer Charakter resultiert daraus, daß sie einerseits auf physikalischer Grundlage beruht, andererseits jedoch auf chemische Fragestellungen zugeschnitten ist. Mit der Erarbeitung der Grundlagen der Quantentheorie war es erstmals möglich, seit langem anstehende Fragestellungen der Theorie der chemischen Bindung auf einheitlicher Basis fundiert zu behandeln. Voraussetzung für die weitere Entwicklung der Quantenchemie und ihrer Anwendung zur Beantwortung aktueller chemischer Fragestellungen sind unter anderem die Erarbeitung geeigneter mathematischer Methoden und numerischer Lösungsverfahren sowie der Einsatz von leistungsfähigen Computern.[52] Das

[52] F. Ritschl/L. Zülicke/K. Altenburg, Elektronische Datenverarbeitung in der Chemie, Quantenchemie und Computer, a. a. O.; P. Plath, Interdisziplinarität in den Naturwissenschaften. Das Verhältnis der Chemie zu ihren Nachbarwissenschaften, in: Theorie und Labor. Dialektik im Programm der Naturwissenschaften, hg. von P. Plath/H. J. Sandkühler, Köln 1978, S. 204—225; W. Schirmer/L. Zülicke, Konzeptionen und Erfahrungen

hatte zur Folge, daß neben Physikern und Chemikern sich auch eine Anzahl von Mathematikern mit Quantenchemie direkt oder indirekt zu beschäftigen begannen.

Wie bereits erläutert, stieß in der ersten und auch in der zweiten Periode der Entwicklung die Anwendung quantenchemischer Methoden in den meisten Fällen auf unüberwindlich erscheinende rechnerische Schwierigkeiten. Daher wurden sie, von wenigen Ausnahmen, zum Beispiel des Moleküls H_2, abgesehen, vorzugsweise für qualitative Betrachtungen eingesetzt. Die Behandlung der Natur der chemischen Bindung unter Benutzung einer Vielzahl sowohl aus der Quantentheorie als auch aus der klassischen chemischen Strukturtheorie und der Mesomerielehre folgender Konzepte[53], bedeutete einen beachtlichen Fortschritt bei der Systematisierung und Interpretation des den Chemikern bis dahin zugänglichen empirischen Datenmaterials. Die Vorausberechnung bzw. Abschätzung der Zahlenwerte vieler physikalisch-chemischer Eigenschaften konnte dagegen vorerst nur mittels empirischer Regeln, additiver Schemata und ähnlichem erfolgen.

Bereits auf diesem relativ einfachen Weg wurden viele wertvolle Aussagen über isolierte organische Moleküle erhalten, zumal die Sonderstellung des Kohlenstoffes im Periodensystem der Elemente es erlaubt, die C-C- und C-H-Bindungen zu klassifizieren. Für solche symmetrischen Moleküle mit sich periodisch wiederholenden Struktureinheiten wie die konjugierten und aromatischen Kohlenwasserstoffe sowie entsprechende Heterocyclen wurden zunächst auf der Basis der Arbeiten von Pauling und Hückel[54] quantenchemische Berechnunggn in π-Elektronennäherung durchgeführt, um den Rechenaufwand niedrig zu halten. Die Erarbeitung und Anwendung von Allvalenzelektronenverfahren, die den Einsatz leistungsfähiger Computer voraussetzt, ermöglichte später die Behandlung einer Vielzahl weiterer Verbindungsklassen[55]. Dadurch wuchs die Zahl der quantenchemischen Publikationen, die nach wahrscheinlich viel zu niedrigen Schätzungen in den dreißiger Jahren 22, in den vierziger Jahren 70 betrug, in den fünfziger Jahren allein für organische Verbindungen auf über 600, in den sechziger

bei der theoretischen Fundierung der naturwissenschaftlichen Forschung, insbesondere der Chemie, in: Planung und Leitung der Wissenschaft, hg. von G. M. Dobrov/D. Wahl, Berlin 1976, S. 365–380; A. A. Pechenkin, Metodiceskije problemy kvantovoi khimii, Moskva 1976.

53 V. A. Fock, Näherungsmethode zur Lösung des quantenmechanischen Mehrkörperproblems, a. a. O.

54 L. Pauling, Nature of the Chemical Bond, a. a. O.; E. Hückel, Grundzüge der Theorie ungesättigter und aromatischer Verbindungen, a. a. O.

55 R. Hoffmann, An Extended Hückel Theory, a. a. O.; J. A. Pople/D. L. Beveridge, Approximate Molecular Orbital Theory, a. a. O.; M. J. S. Dewar/G. Klopmann, Ground States of 6-Bonded Molecules, a. a. O.

Jahren auf mehrere Tausend, und auch in den siebziger Jahren entsprechend weiter anstieg[56].

Die Zielstellung der gegenwärtig alle wesentlichen Zweige der organischen Chemie erfassenden Untersuchungen besteht einerseits in der theoretischen Interpretation bekannter experimenteller Fakten und andererseits in der Voraussage bisher unbekannter Effekte und damit in der Stimulierung neuer Experimente. Die einfachste Möglichkeit des Vergleiches berechneter und experimenteller Größen besteht darin, daß man solche im Rahmen einfacher halbempirischer MO- und VB-Ansätze erhaltene, oft in sog. Moleküldiagrammen zusammengestellte Indizes wie Freie Valenz, π-Elektronenladung, Bindungsordnung und Polarisierbarkeit mit chemischen, insbesondere reaktionskinetischen Daten korreliert. Auf diesem Wege konnten für viele π-Elektronensysteme die Ladungsverschiebungen beim Übergang eines Moleküls in den aktivierten Zustand, die Reaktivität unterschiedlicher Positionen im Molekül sowic dic Substituenteneinflüsse zumindest qualitativ charakterisiert werden. Zum Teil sind auch Abschätzungen von Aktivierungsenergien und Reaktionsabläufen sowie die Voraussage von Reaktionszwischenstadien möglich.

Zahlreiche Klassen gesättigter organischer und elementorganischer Verbindungen entzogen sich zunächst ebenso wie ionische und elektronisch angeregte Spezies einer solchen Betrachtung; für sie war man daher lange Zeit auf eine qualitative, auf empirischen Erfahrungen beruhende Formulierung des Zusammenhanges zwischen Struktur und Eigenschaften angewiesen. Die Notwendigkeit einer vertieften theoretischen Behandlung auch dieser Verbindungen, die in allen Zweigen der Chemie immer dringender wurde, da sie experimentell oft nur schwer oder überhaupt nicht zugänglich sind, war neben der Vervollkommnung der Computer ein Stimulans für die Entwicklung neuer quantenchemischer Verfahren.

Gegenwärtig stehen vielen Forschungseinrichtungen Computerprogramme für halbempirische und auch ab-initic-Berechnungen zur Verfügung, meist Standardmethoden, deren Einsatz zudem den Vorteil bietet, daß in der Literatur die Ergebnisse vergleichbarer Rechnungen an ähnlichen Systemen publiziert sind. Von Wichtigkeit für die Berechnung bzw. Diskussion einer Reihe physikalisch-chemischer Eigenschaften ist die richtige Vorgabe bzw. die geeignete Optimierung der Geometrie des zu untersuchenden Systems. Die bei Einsatz halbempirischer und einfacher ab-initio-LCAO-Verfahren erhaltenen vorwiegend qualitativen Aussagen hängen oft nur unwesentlich von der benutzten Näherung ab und sind für die Deutung der meisten Experimente bzw. für Voraussagen bzgl. ihrer rationellsten Durchführung im allgemeinen ausreichend. Erst wenn die experi-

[56] A. Streitwieser Jr., Molecular Orbital Theory for Organic Chemistry, a. a. O.; C. A. Coulson, The Influence of Wave Mechanics on Organic Chemistry in: Wave Mechanics. The First Fifty Years, London 1974, S. 255—271.

mentelle Nachprüfung sehr aufwendig oder undurchführbar ist, sind kompliziertere Rechnungen sinnvoll[57].

Eng mit dieser Problematik verknüpft ist die Untersuchung von Phänomenen der Adsorption und der Katalyse. Hierbei spielen die zwischenmolekularen Wechselwirkungen eine dominierende Rolle, deren Behandlung zwar bereits seit den Anfängen der Quantenchemie angestrebt wird, aber erst in jüngster Zeit auf einheitliche Weise möglich erscheint.

Die explizite Berücksichtigung der insbesondere für die Dispersionsenergie verantwortlichen Elektronenkorrelation ist dabei von großer Bedeutung. Die Erarbeitung effektiver Verfahren zur Berechnung von Korrelationsbeiträgen bzw.

[57] Neben sehr genauen Berechnungen an kleinen Systemen, insbesondere am Wasserstoffmolekül (H. M. James/A. S. Coolidge, Ground State of the Hydrogen Molecule in: Journal chemical physics (New York), 1/1933, S. 825—835; W. Kolos/C. C. J. Roothaan, Accurate Electronic Wave Funktions for the H_2 Molecule, in: Reviews of modern Physics (Lancester), 32/1960, S. 219—232) sind besonders qualitative VB- und MO'theoretische Betrachtungen. (J. L. Pauling, Nature of the Chemical Bond, a. a. O., A. Streitwieser Jr., Molecular Orbital Theory for Organic Chemistry, a. a. O.; H. Bock, Molekülzustände und Molekülorbitale, in: Angewandte Chemie (Weinheim), 89/1977, S. 631—655; J. J. Danneberg, Molekülorbitalberechnungen für Vorhersagen in der Organischen Chemie, in: Angewandte Chemie (Weinheim), 88/1976, S. 602—608) zu erwähnen, mittels derer solche für die Weiterentwicklung der Theorie äußerst fruchtbare Konzepte wie die Walsh-Regeln (D. A. Walsh, The Electronic Orbitals, Shapes, and Spectra of Polyatomic Molecules, a. a. O.) und das Gillespie-Modell (R. J. Gillespie, Molecular Geometry, London 1972) hergeleitet wurden. Ferner ermöglicht die Ligandenfeldtheorie (F. E. Ilse/H. Hartmann, Termsysteme elektrostatischer Komplexionen der Übergangsmetalle mit einem d-Elektron, a. a. O.; C. J. Ballhausen, Introduction to Ligand Field Theory, a. a. O.) die Deutung der Spektren sowie anderer physikalisch-chemischer Eigenschaften von Komplexverbindungen. Wegen der für Elemente höherer Perioden erforderlichen Berücksichtigung relativistischer Effekte treten bei der Berechnung vieler anorganischer Systeme zusätzliche Schwierigkeiten auf. Dennoch liegen z. Z. eine Reihe von teils mit nichtempirischen, teils mit speziell parametrisierten halbempirischen Verfahren (W. Haberditzl, Quantenchemie — ein Lehrgang. Bd. 4: Komplexverbindungen, Berlin 1979; D. W. Clack/N. S. Hush/J. R. Yandle, All-Valence Electron CNDO Calculations on Transition Metal Complexes, in: Journal chemical physics (New York), 1972, S. 3503—3510; A. Golebiewski/R. Nalewajski/M. Witko, SINDO Theory of Transition Metal Compounds I. General Analysis, in: Acta physica Polonica (Warszawa), 1977, S. 617—627) erhaltenen Ergebnissen vor. Als ein besonders effektives Verfahren für hochsymmetrische Verbindungen hat sich die MS X_2-Methode erwiesen (U. Wahlgren/K. H. Johnson, Determination of the Internal Rotation Barrier in Ethane by the SCF X_2 Scattered Wave Method, a. a. O.). Ungeachtet zahlreicher Ansätze, die Berechnungen zu vervollkommnen, zum Beispiel unter Berücksichtigung der vibronischen Kopplung (I. B. Bersuker, Elektronnoje stroenije i svoistva koordinacionnych soedinenij, Moskva 1976) können die Eigenschaften von Verbindungen mit Schweratomen auch gegenwärtig nicht mit ausreichender Genauigkeit vorausgesagt werden; hier dürfte in der nächsten Zeit einer der Schwerpunkte quantenmechanischer Forschung liegen.

geeigneter Modelle für den Einsatz halbempirischer Näherungsverfahren und moderner physikalisch-chemischer Analysemethoden wie ESCA, NMR- und EPR-Spektroskopie sind wichtige Voraussetzungen für die Weiterentwicklung der Theorie der zwischenmolekularen Wechselwirkungen und ihren Einsatz zur Deutung vieler chemischer Befunde.[58]

Merkliche Fortschritte gibt es in den letzten Jahren bei der Untersuchung chemischer Reaktionen, insbesondere bei der Berechnung von Potentialflächen und Wirkungsquerschnitten. Die Entwicklung auf diesem Gebiet wurde einerseits durch den Einsatz von Computern, andererseits durch die Entwicklung und Vervollkommnung neuer experimenteller Techniken, wie z. B. der Methode der gekreuzten Molekularstrahlen sowie von teilweise auf Laserbasis beruhenden Verfahren zur Untersuchung schneller Reaktionen stimuliert.[59] Die Theorie der Elektronenspektren und der angeregten Zustände[60] erhielt durch die Anwendung der Photoelektronenspektroskopie neue Impulse[61]. An die Stelle einer Behandlung der Eigenschaften molekularer Systeme und ihres Reaktionsverhaltens mittels statischer Modelle und Kenngrößen, insbesondere den aus Grundzustandswellenfunktionen berechneten MO-Indizes tritt zunehmend die Untersuchung der Dynamik der Elementarprozesse[62].

Die Anwendung der Mathematik in der Quantenchemie umfaßt außer numerischen Verfahren zur Lösung linearer Gleichungssysteme und zur Integralberechnung auch den Einsatz der Methoden der Gruppentheorie[63] und der Graphentheorie[64] bei qualitativer Betrachtung bestimmter Stoffklassen sowie verschiedener Varianten der Störungstheorie[65]. Bestimmte quantenchemische Fragestellungen konnten erst beantwortet werden, nachdem ein geeigneter mathematischer Apparat ausgearbeitet war; so erforderten zum Beispiel ab-initio-Berechnungen an mehratomigen Molekülen praktikable Verfahren der Berechnung von Zweielektronen-Drei- und Vierzentrenintegralen oder graphentheoretische Untersuchungen an konjugierten und aromatischen Kohlenwasserstoffen die Formulierung geeigneter Theoreme.

58 J. Koutecky, Quantum Theory of Surface Phenomena in: Progress in surface and membran Science (Oxfort-Braunschweig) 1976, S. 1—70.

59 E. E. Nikitin/L. Zülicke, Selected Topics of the Theory of Chemical Elementary Processes, a. a. O.

60 J. N. Murell, Theorie der Elektronenspektren, Mannheim 1967.

61 F. E. Ilse/H. Hartmann, Termsysteme elektronischer Komplexionen der Übergangsmetalle mit einem d-Elektron, a. a. O.

62 E. E. Nikitin/L. Zülicke, Selected Topics of the Theory of Chemical Elementary Processes, a. a. O.

63 K. Mathiak/P. Stingl, Gruppentheorie, Berlin 1968.

64 I. Gutmann/N. Trinajstic, Graph Theory and Molecular Orbitals, a. a. O.

65 L. Zülicke, Quantenchemie — ein Lehrgang, Bd. 1 Grundlagen und Methoden, Berlin 1973.

Für orientierende Aussagen über Struktur und Eigenschaften von Molekülen, insbesondere ihre Reaktivität, dürften qualitative Modelle und Regeln[66], deren Zahl sicher noch anwachsen wird, auch in Zukunft für Experimentalchemiker von großem Interesse sein.

Die Behandlung der Probleme der chemischen Bindung und des Zusammenhanges zwischen Molekülstruktur und Reaktivität kann, wie bereits erwähnt, für alle interessierenden Systeme zwar im Prinzip, jedoch nicht in der Praxis auf einheitlichem Niveau erfolgen. Gemäß einer Grobklassifizierung sind quantenchemische Untersuchungen auf drei verschiedenen Ebenen möglich, d. h. erstens unter Verwendung strenger quantentheoretischer Ansätze, zweitens mittels Methoden mittleren Verallgemeinerungsgrades, insbesondere den verschiedenen MO- und VB-Ansätzen, drittens unter Benutzung von im wesentlichen auf der chemischen Erfahrung aufbauenden empirischen Ansätzen[67].

Während in der ersten Periode, stimuliert durch atom- und molekülspektroskopische, insbesondere IR- und UV-spektroskopische Untersuchungen, die Grundlagen der Quantenchemie zwar vorlagen, für praktische Berechnungen jedoch im wesentlichen empirische Ansätze und Konzepte Anwendung fanden, wurden in der zweiten Periode bereits in größerem Umfange die einfachsten MO- und VB-Ansätze hierzu herangezogen. Das Anwendungsgebiet für solche Berechnungen wurde durch neue experimentelle, insbesondere spektroskopische Methoden stark erweitert. Dank der Entwicklung der Computertechnik und der Erstellung leicht übertragbarer Programme fanden in der dritten Periode sowohl die bereits vorliegenden einfachen als auch eine Reihe neuentwickelter komplizierterer Programmversionen Anwendung zur Berechnung einer Vielzahl von Verbindungsklassen und Eigenschaften. Dadurch wurde die Bedeutung rein empirischer Konzepte in einigen Bereichen der Chemie eingeschränkt, in vielen anderen waren sie nach wie vor unumgänglich.

Bedingt durch den umfassenden Einsatz quantenchemischer Berechnungsverfahren und physikalisch-chemischer, insbesondere spektroskopischer und empirischer Untersuchungsmethoden können für viele Verbindungsklassen und Eigenschaften in der vierten Periode zuverlässige Aussagen erhalten werden.

Neben ständig vervollkommneten Berechnungsverfahren werden neue theoretische Modelle und Ansätze, zum Teil unter Rückbesinnung auf grundlegende Betrachtungen in der ersten Periode entwickelt.

Zunehmende Bedeutung erlangen gegenwärtig theoretische Untersuchungen biochemisch interessanter Verbindungen und biologischer Prozesse, die Zahl der Publikationen auf diesem Gebiet steigt rapide an und es gibt bereits spezielle Publikationsorgane über Quantenbiochemie und -biologie sowie Institutionen,

[66] R. B. Woodward/R. Hoffmann, Die Erhaltung der Orbitalsymmetrie, a. a. O.; R. J. Gillespie, Molecular Geometry, a. a. O.

[67] F. Hund, Geschichte der physikalischen Begriffe, a. a. O.; H. Preuß, Die Methoden der Molekülphysik und ihre Anwendungsbereiche, Fortschritte der Physik, Berlin 1959.

die sich vorwiegend mit dieser Problematik beschäftigen. Man kann heute von der Quantenbiologie als einem selbständigen Zweig der molekularen Quantentheorie sprechen; sie zeichnet sich gegenüber der Quantenchemie dadurch aus, daß ihr Gegenstand, die Untersuchung größerer molekularer Systeme, von biologischer Bedeutung ist. Es gibt zwar im Prinzip keinen Unterschied in der Untersuchungsmethodik, jedoch sind wegen der Größe der behandelten Systeme ab-initio-Methoden für Berechnungen im allgemeinen nicht praktikabel. Die Entwicklung der Quantenbiologie wurde besonders von Löwdin und seiner Schule sowie von A. und B. Pullman gefördert, wobei sich die Arbeiten der letztgenannten Autoren auf die Quantenbiochemie konzentrieren[68]. Zur Charakterisierung der Reaktivität und der Wirkung biologisch wichtiger Moleküle werden heute neben experimentellen Angaben vielfach bereits Reaktivitätsindizen sowohl für den Grundzustand als auch für den niedrigsten angeregten Zustand eingesetzt.[69]

3. Einschätzung des gegenwärtigen Standes und der Perspektiven der Quantenchemie[70]

Gegenwärtig ist es grundsätzlich möglich, Struktur und Eigenschaften chemischer Systeme, insbesondere die Reaktionsparameter quantenchemisch zu beschreiben. Der hierzu erforderliche Formalismus wurde im Laufe des letzten halben Jahrhunderts erarbeitet und hat sich bei der Anwendung auf einfache Systeme bewährt. Da die Chemie vorwiegend sehr komplexe Systeme untersucht — das gilt bereits für Reaktionen von mehr als zwei Reaktanden in der Gasphase und in noch viel stärkerem Maße für Flüssig- und Festphasenreaktionen — genügt allerdings im allgemeinen die Aussagekraft der bis jetzt vorliegenden Konzeptionen

[68] B. und A. Pullman, Quantum, Biochemistry, New York 1963.

[69] Neben anderen experimentell hergeleiteten Größen wie z. B. Hammett-Konstanten u. ä. finden solche Indizes zunehmend Anwendung für die Struktur-Wirkungs-Analyse von Pharmaka; somit kann ein Beitrag zur Rationalisierung der Forschung und zur Einsparung von Experimenten geleistet werden. Ein Beispiel dafür ist die K-L-Theorie der Kanzerogenität nach A. und B. Pullman. Obwohl diese das wichtige Problem der Krebsbildung betreffende Theorie noch sehr unausgereift ist, sehen ihre Autoren für sie eine Perspektive, zumal sie als einzige seit mehr als 30 Jahren akzeptiert wird.

[70] F. Ritschl/L. Zülicke/K. Altenburg, Elektronische Datenverarbeitung in der Chemie, a. a. O.; E. Gey/H. Parthey, Der Zusammenhang von Forschungssituationen und Kooperationsform bei der Herausbildung neuer Spezialgebiete im 20. Jahrhundert am Beispiel der Quantenmechanik im Vergleich mit anderen Fallstudien, a. a. O.; P. Plath, Interdisziplinarität in den Naturwissenschaften, a. a. O.; W. Schirmer/L. Zülicke, Konzeptionen und Erfahrungen bei der theoretischen Fundierung der naturwissenschaftlichen Forschung, a. a. O.

und Modelle nicht. Die weitere Entwicklung der theoretischen Chemie, insbesondere der Quantenchemie, ist daher nicht nur eine Frage der Vervollkommnung der Rechentechnik. Dem Einsatz geeignet gewählter Näherungsverfahren kommt auch in Zukunft hervorragende Bedeutung zu. Besonders wichtig sind hierbei die richtige Auswahl der zu berücksichtigenden Parameter sowie der vereinfachenden Annahmen.

Für wichtige Teilgebiete der Chemie existiert zur Zeit noch keine geschlossene Theorie, z. B. für die Adsorption, die Katalyse und verschiedene Zweige der anorganischen Chemie. Die Arbeiten zur Lösung dieser Probleme müssen zwangsläufig interdisziplinären Charakter tragen, da sie nur gemeinsam von Physik und Chemie geleistet werden können.

Wie auch in den anderen naturwissenschaftlichen Disziplinen gewinnt die Theorie immer stärker an Bedeutung für die Chemie. Zuweilen wurde sogar die überspitzte Auffassung vertreten, daß die weitere Entwicklung der theoretischen Chemie große Teile der Experimentalchemie überflüssig mache. Mittlerweile hat sich eine realistische Einschätzung der Leistungsfähigkeit der Theorie, insbesondere der Quantenchemie und ihrer Wechselbeziehung zum Experiment, durchgesetzt. Im Zusammenhang mit Problemen der Rationalisierung des Forschungsprozesses und der Überführung in die Praxis und im Hinblick auf Prognose und langfristige Planung auf dem Gebiet der Chemie ist das Verhältnis von Experiment und Theorie in den letzten Jahren verschiedentlich diskutiert worden. Bekanntlich bilden experimentelle und theoretische Forschung eine dialektische Einheit, stehen in engen Wechselbeziehungen und ergänzen sich gegenseitig. Während phänomenologische Theorien lediglich im begrenzten Umfang Voraussagen ermöglichen, sind deduktive Theorien, die von wohldefinierten Voraussetzungen ausgehen, dazu im Prinzip fähig, Ansätze für solche Theorien in der Chemie gibt es erst seit Entdeckung der Quantenmechanik, also seit 50 Jahren. Obwohl die Physik wesentliche theoretische Grundlagen der Chemie geschaffen hat, insbesondere mit der Quantenmechanik, der statistischen Physik und der Thermodynamik, ist eine befriedigende theoretische Fundierung der Chemie auf rein physikalischer Grundlage nicht möglich, sondern die physikalischen Grundgesetze müssen mit solchen spezifisch-chemischen Konzeptionen verknüpft werden wie zum Beispiel Struktur, chemische Reaktivität u. ä. In vielen Bereichen der Chemie haben heute theoretische Ansätze unterschiedlichen Vertiefungsgrades Eingang gefunden. Während für physikalisch-chemische Eigenschaften einfacher Moleküle und für Reaktionen in der Gasphase Anfänge einer einheitlichen deduktiven Theorie, als die man die Quantenchemie ansehen kann, bereits vorliegen, ist das für komplizierte Systeme, die zum Beispiel bei der heterogenen Katalyse, der Adsorption an Grenzflächen u. ä. eine Rolle spielen, noch nicht der Fall. Daher sind die auf diesen Gebieten bisher vorliegenden theoretischen Ansätze meist nur von begrenzter Gültigkeit, und es ist auch in absehbarer Zeit nicht mit der Herausbildung einer einheitlichen Theorie zu rechnen. Ein Ausweg besteht darin, daß im zunehmenden

Maße durch Verallgemeinerung der Resultate quantenchemischer Berechnungen an kleineren Molekülen im Rahmen bewährter empirischer Konzeptionen eine theoretische Fundierung in vielen Zweigen der Chemie erfolgen kann.

Der Anteil der theoretischen Forschung ist vom Entwicklungsstand einer wissenschaftlichen Disziplin abhängig und daher allgemein für die Chemie geringer als für die Physik, wobei allerdings auch innerhalb der Chemie diesbezüglich zum Teil große Unterschiede bestehen. So finden zum Beispiel auf dem Gebiet der physikalischen Methoden in der analytischen Chemie quantenchemische Ansätze wesentlich häufiger Anwendung als in der Grenzflächenchemie.

Entgegen teilweise in der Vergangenheit vertretenen Auffassungen ist nicht zu erwarten, daß sich eine auf quantenmechanischer und statistischer Grundlage basierende Computerchemie herausbildet, durch die wesentliche Teilgebiete der experimentellen Chemie in ihrer Bedeutung eingeschränkt bzw. überflüssig werden. Auf diese Weise entsteht der falsche Eindruck, die theoretische Chemie sei im wesentlichen für die Lieferung von Daten verantwortlich. Damit wird ihre eigentliche Zielstellung verkannt, die in erster Linie in der Ergänzung und nicht in der Verdrängung von Meßmethoden besteht. Theoretische Berechnungen mit der Zielstellung, genaue Meßwerte zu reproduzieren, sind allgemein nur dann sinnvoll und unumgänglich, wenn entsprechende experimentelle Angaben überhaupt nicht oder nur extrem schwer zugänglich sind.

Die Zielstellung der theoretisch-chemischen, insbesondere der quantenchemischen Forschung, besteht in der Entwicklung neuer bzw. der Vervollkommnung bereits vorhandener Methoden und zum anderen in der theoretischen Fundierung der Chemie; von einem ausgewogenen Verhältnis dieser beiden Elemente hängt die Effektivität der Forschung wesentlich ab. Die methodisch orientierte Vorlaufforschung wird, wie die gegenwärtige Entwicklung im nationalen und internationalen Rahmen zeigt, am effektivsten in interdisziplinär aus Physikochemikern, Chemikern, Physikern und Mathematikern zusammengesetzten Kollektiven durchgeführt. Nach internationalen Erfahrungen liegt die optimale Stärke quantenchemischer Arbeitsgruppen bei 10 bis 20 Wissenschaftlern, wobei in speziellen Fällen auch kleinere Gruppen unter 10 Mitarbeitern relativ effektiv sein können, besonders bei enger Zusammenarbeit mit Experimentatoren aus anderen Arbeitsgruppen. Es ist in vielen Fällen sogar sinnvoll, daß Theoretiker, besonders auch Quantenchemiker, in hauptsächlich aus Experimentatoren bestehenden Gruppen mitarbeiten, da dann die erfahrungsgemäß oft schwierige Verständigung untereinander erleichtert wird. Auf diese Weise ist das Funktionieren der Transformationskette zwischen abstrakter Theorie und Experiment am besten gesichert, zumal in der Chemie generell keine starre Trennung zwischen theoretischer und experimenteller Arbeit möglich ist. Der Einsatz speziell ausgebildeter Theoretiker geschieht hauptsächlich im Interesse einer rationellen Arbeitsteilung, da nur auf diese Weise neue theoretische Ansätze und Berechnungsmethoden, die oftmals multivalent nutzbar sind, erprobt werden können.

Nach internationalen Erfahrungen — ein relativ hohes Niveau der Forschung und gute Leitungstätigkeit vorausgesetzt — haben sich das Vorhandensein einer oder mehrerer zentraler Theoretikergruppen und der gleichzeitige dezentralisierte Einsatz von Theoretikern in experimentellen Gruppen bewährt, wobei zu den Aufgaben der zentralen Gruppen neben der Vorlaufforschung die methodische Anleitung der übrigen Theoretiker und teilweise auch der Experimentatoren sowie ihre postgraduelle Weiterbildung im Rahmen überinstitutioneller Einrichtungen gehören.

Günstig für die theoretische Fundierung wirkt sich die besonders in den letzten Jahrzehnten auch in der Chemie zu verzeichnende fortschreitende Mathematisierung aus. Sie ermöglicht die Formulierung theoretischer Zusammenhänge, von empirischen Korrelationen bis hin zu Gesetzmäßigkeiten, die durch eine deduktive Theorie wiedergegeben werden, wobei allerdings zu beachten ist, daß mathematische Darstellung nicht zwangsläufig bedeutet, daß ein bestimmter Zusammenhang richtig erklärt wird. Aussagekräftiger als ein mathematisches Modell ist in jedem Falle ein physikalisches Modell, das elementare Zusammenhänge formuliert und erklärt, wobei jedoch wesentlich höhere Anforderungen hinsichtlich des Entwicklungsstandes der Theorie und der zu ihrer Bestätigung erforderlichen Experimente gestellt werden.

Lothar Sprung und Helga Sprung

Problem und Methode in der Psychologie — disziplinäre und interdisziplinäre Aspekte einer Entwicklungsgeschichte

„Der neue Geist der Naturwissenschaft ist auch in die Psychologie eingedrungen . . .

Da bei der alten Schule die ausschliesslichen Zeichen für den Beruf der Psychologen das Gefallen an der inneren Beobachtung war, so läßt sich ihr Programm in die beiden Worte: Selbstbeobachtung und Schliessen zusammenfassen . . .

Mit ihr läßt die Psychologie sich ebenso wenig gründen, wie die Physiologie mit Hülfe guter Augen und großer Aufmerksamkeit." Theodul Armand Ribot**

Problem und Methode, ein altes immer wieder aktuelles Problem in der Geschichte des Menschen, der die Erscheinungswelt rational analysieren und seinen Zielen gemäß gestalten wollte und will. Ein Problem, das auch für die Psychologieentwicklung seine volle Gültigkeit beanspruchen kann. In seiner allgemeinen Form ist dies in zwei nachdenkenswerten Maximen ausgedrückt. Sie seien daher einleitend in extenso zitiert. Von K. Lorenz ist die wissenschaftsgeschichtliche Sentenz bekannt: „Überall in der . . . Forschung ist der Erfolg zu sehr großem Teile von der Auffindung jenes Objektes abhängig, an dem eine bestimmte Gesetzmäßigkeit in ihrer einfachsten und darum am leichtesten analysierbaren Form auftritt."[1] Zum anderen gilt der ermutigend-mahnende Hinweis von F. Engels: „Schmeicheln wir uns indes nicht zu sehr mit unsern menschlichen Siegen über die Natur. Für jeden solchen Sieg rächt sie sich an uns.[2]" „Und so werden wir bei jedem Schritt daran erinnert, daß wir keineswegs die Natur beherrschen, wie ein Eroberer ein fremdes Volk beherrscht, wie jemand, der außer der Natur steht — sondern daß wir mit Fleisch und Blut und Hirn ihr angehören und mitten in ihr stehn, und daß unsere ganze Herrschaft über sie darin besteht, im Vorzug vor allen andern Geschöpfen, ihre Gesetze erkennen und richtig anwenden zu können."[3]

** Th. Ribot, Die experimentelle Psychologie der Gegenwart in Deutschland, Braunschweig 1881. Theodul Armand Ribot (1839—1916) steht neben J. Charcot (1825—1893), P. Janet (1859—1947) und A. Binet (1857—1911) am Anfang der neueren französischen Psychologiegeschichte. Das Wirken Ribot's ist in vielerlei Hinsicht vergleichbar mit dem Wilhelm Wundts für die Psychologieentwicklung in Deutschland. Seine Einschätzungen, Bewertungen und Aussagen über die Psychologie sind noch heute nachdenkenswert.

[1] K. Lorenz, Oskar Heinroth 70 Jahre! Der Biologe, X. Jg. 2—3/1941, S. 46.

[2] F. Engels, Dialektik der Natur, in: MEW, Bd. 20, Berlin 1975, S. 452.

[3] Ebenda, S. 453.

Wie verhielt es sich aber mit diesem Verhältnis von Problem und Methode in der Vergangenheit und Geschichte der Psychologie?[4] Soweit wir eine hinreichend beurkundete Geschichte zurückverfolgen und ihre Quellen angemessen interpretieren können, haben sich die Menschen stets mit der Beschreibung und Erklärung psychischer Erscheinungen beschäftigt. Angeregt durch abweichendes Verhalten einzelner Menschen (z. B. bei Krankheiten), durch Erscheinungen wie Traum, Ekstase, Tod, Erinnerungen an Vergangenes (Gedächtnis), durch die typologischen Unterschiede zwischen Menschen, Stämmen, Völkern usw. aber auch getrieben durch das „Bedürfnis" zu verstehen, zu erklären, Einfluß zu nehmen usw., entwickelten sich die verschiedenartigsten Psychologien, jahrtausendelang als Philosophie-Psychologien. Wenn auch heute H. Partheys Feststellung vollauf zuzustimmen ist, wenn er schreibt: „Die Funktion der Forschung in konkret historischer Sicht besteht vor allem darin, durch Gewinnung von neuem Wissen zur Lösung von Problemsituationen in der gesellschaftlichen Praxis beizutragen. In welchem Maße das gelingt, hängt wesentlich davon ab, inwieweit ein und derselbe Bereich der Wirklichkeit sowohl Objekt der Forschung als auch Gegenstand der gesellschaftlichen Praxis ist"[5], so ist doch der exemplifizierende Nachweis für die weit zurückliegenden Phasen unserer Wissenschaftsentwicklung nicht leicht zu erbringen. Andererseits ist es aber stets besonders interessant und instruktiv, diese Fragen gleichsam im „Status nascendi" einer neuen Einzelwissenschaftsentwicklung zu verfolgen. Daher werden wir uns, gestützt auf frühere Arbeiten, vor allem dieser Phase der Psychologieentwicklung zuwenden.[6] Es

[4] F. Klix, Gesetz und Experiment in der Psychologie, in: Probleme und Ergebnisse der Psychologie III-IV/1962, S. 1—36; W. Traxel, Über Gegenstand und Methode der Psychologie, Bern—Stuttgart 1968; L. Sprung, Beiträge zum System einer Methodik der Psychologie, in: Fortschrittsberichte und Studien — Beiträge zur Entwicklung der marxistisch-leninistischen Psychologie in der DDR, Teil II, hg. von der Akademie der Pädagogischen Wissenschaften der DDR, Berlin 1978, S. 182—194; L. Sprung/H. Sprung, Grundlagen der Methodologie und Methodik der Psychologie. Eine Einführung in die Forschungs- und Diagnosemethodik für empirisch arbeitende Humanwissenschaftler, Berlin (im Druck).

[5] H. Parthey, Das Problem und Merkmale seiner Formulierung in der Forschung, in: Problem und Methode in der Forschung, hg. von H. Parthey, Berlin 1978, S. 11; Vgl. auch H. Parthey, Einige Fragen der Analyse des Verhältnisses von Disziplinarität und Interdisziplinarität in der experimentellen Forschung, in: Probleme der Methodologie der Wissenschaft — Konferenzmaterial — I. Bilaterale Konferenz UdSSR — DDR, Potsdam, März 1976, hg. von B. S. Grjaznov/H. Parthey/D. Schulze/A. A. Starčenko, 3 Bde., Berlin 1978.

[6] L. Sprung, Grundlagen der Methodik — Integrative Überlegungen zum Stand der Methodik und zur Entwicklung einer allgemeinen Methodentheorie, in: Probleme und Ergebnisse der Psychologie, 70/1979, S. 5—24; L. Sprung/H. Sprung, Grundlagen der Methodologie und Methodik der Psychologie, a. a. O.; vgl. L. Sprung/H. Sprung, Zur Geschichte der Psychologie — Aspekte des progressiven Erbes für die Entwicklung der Psychologie in der DDR, in: Psychologie in der DDR, hg. von F. Klix/A. Kossakowski/W. Mäder, 2. erw. Aufl. Berlin 1980, S. 22—34, und L. Sprung/H. Sprung, Weber — Fechner — Wundt,

geht uns im nachfolgenden Beitrag — bezogen auf den einzelwissenschaftlich-exemplarischen Kontext dieses Bandes — darum, an ausgewählten Beispielen der Entwicklung der Psychologie *zur* Einzelwissenschaft und danach *als* Einzelwissenschaft zu zeigen, in welchem Maße ein disziplinäres und interdisziplinäres Verhältnis von Problem und Methode diese Entwicklung ermöglicht und nach der Etablierung der Psychologie als Einzelwissenschaft in der Mitte des 19. Jahrhunderts gefördert hat. Dabei müssen wir uns begreiflicherweise auf einige, uns wesentlich erscheinende Entwicklungsaspekte beschränken, was notwendigerweise zahlreiche Lücken in der Darstellung der Entwicklung mit sich bringen muß. Dieser beispielhaft gewählte Ausschnitt der Psychologieentwicklung wurde dabei vor allem durch zwei Gründe bestimmt: Zum *einen* durch den psychologiehistorischen Forschungsstand, der erst sehr zögernd die Entwicklung nach dem „Hauptzeitalter der Schulen" (etwa nach 1940) aufgreift. Zum *anderen* — und dies ist der wesentlichere Grund — durch die günstige Möglichkeit, zahlreiche Probleme psychologischer Forschungen, gleichsam im „Status nascendi" verfolgen zu können. Vielleicht könnte in einer späteren, erweiterten Fassung dieses Beitrages auch die nachfolgende Entwicklung eine noch weitergehende Darstellung finden.

Zunächst einmal aber sollte festgehalten werden, was H. Ebbinghaus zu Beginn dieses Jahrhunderts für unsere Wissenschaftsentwicklung vermerkt hat: „Die Psychologie hat eine lange Vergangenheit, doch nur eine kurze Geschichte. Sie ist dagewesen und älter geworden jahrtausendelang, aber eines stetigen und anhaltenden Fortschreitens zu reiferer und reicherer Gestaltung hat sie sich in früheren Zeiten kaum je zu erfreuen gehabt."[7] Wenn wir im nachfolgenden unsere Darstellung des Verhältnisses von Problem und Methode primär auch

Aspekte zur Entwicklungsgeschichte einer neuen Wissenschaft, der Psychologie, in: „Wilhelm Wundt — progressives Erbe, Wissenschaftsentwicklung und Gegenwart", Protokoll des internationalen Symposiums, Leipzig 1.—2. November 1979, Karl-Marx-Universität Leipzig, Wissenschaftliche Beiträge, 1980, S. 282—301; J. Brožek/L. Pongratz, Historiography of Modern Psychology, Toronto 1980; G. M. Haslerud, Which Paradigm is Both Relevant to Concerns of Psychologists and also Scientifically Feasible? (Part I), in: Psychologia, 22/1979, S. 177—188; K. B. Madsen, Theories about History of Sciences, in: Advances in Historiography of Psychology, Proceedings of the XXIInd International Congress of Psychology, Leipzig 1980, Selected Papers on History of Psychology, ed. by G. Eckardt/L. Sprung, Berlin 1983; H. Kühn, Methodologische Probleme der kritischen Analyse von theoretischen Konzeptionen der Psychologie, in: Advances in Historiography of Psychology, Proceedings of the XXIInd International Congress of Psychology, a. a. O.; H. Metzler, Gibt es einen disziplinären Paradigmenwechsel in der Psychologie?, in: Advances in Historiography of Psychology, Proceedings of the XXIInd International Congress of Psychology, a. a. O.; J. Kirsch, Are "Kuhnian" Analyses applicable to the History of Psychology. Paper presented at the XXII International Congress of Psychology, Leipzig 1980 (Summary in: XXIInd International Congress of Psychology, Abstract Guide 1, p. 17). M. Dessoir, Abriß einer Geschichte der Psychologie, Heidelberg 1911, S. 3.

[7] H. Ebbinghaus, Abriß der Psychologie, 3. Aufl. Leipzig 1910, S. 9.

weitgehend auf die kurze, etwa in der Mitte des 19. Jahrhunderts beginnende „Geschichte“ der Psychologie beziehen wollten, so ist dennoch ein kurzer Blick auf die „lange Vergangenheit“ dieser Wissenschaft notwendig, ohne den diese Geschichte nicht verständlich werden kann.[8]

Beginnen wir mit einigen begrifflichen Klärungen, die die Phaseneinteilung betreffen, die bei der nachfolgenden Entwicklungsdarstellung herangezogen wurde.

Die „Vergangenheit“ der Psychologie betrifft die eigentliche Zeit der Philosophie-Psychologie. Sie reicht von den mythologischen Anfängen bis in das 18. Jahrhundert hinein. Sie hatte in den vermögenspsychologischen Vorstellungen zum Beispiel eines Leibniz oder Wolff einen späten Höhepunkt.

Die „Vorgeschichte“ umfaßt die Zeit des ausgehenden 18. und etwa die erste Hälfte des 19. Jahrhunderts. Dies war die Zeit, in der die traditionelle Vermögenspsychologie auf vielen Wegen überwunden und unterschiedliche Formen der neuartigen Verselbständigung der Psychologie nach Gegenstand, Methode und schließlich auch in institutionalisisierter Form versucht wurden.

Die „Geschichte“ der Psychologie beginnt etwa in der Mitte des 19. Jahrhunderts und umfaßt primär die Zeit seit ihrer einzelwissenschaftlichen Verselbständigung nach Gegenstand, Methode und in institutionalisierter Form und schließlich auch als Berufsausbildung. In dieser Zeit können wir weiterhin eine Phase unterscheidend kennzeichnen, in der sehr unterschiedliche — vor allem problemgebietsspezifische — und zum Teil sehr dominierend vorherrschende Verständnisformen von Problem und Methode auftraten, von denen aus jeweils ein Monopolanspruch der Gültigkeit auch für darüber hinausgehende Forschungsbereiche angemeldet wurde. Dies war das sogenannte „Hauptzeitalter der Schulen“, das etwa den Zeitraum von 1890—1940 umfaßte. Für die darauffolgende Zeit war dann vor allem ein unaufhörliches Vordringen der empirisch-objektiven Methodik und der Mathematik in die Psychologie charakteristisch. Die allgemeinen Standards empirischer Naturforschung — wie sie zum Beispiel in der Physik, der Chemie, der Biologie usw. bereits gang und gäbe waren — wurden auch für die Psychologie zur Selbstverständlichkeit; der Streit der Schulen wich größerer Gemeinsamkeit und schließlich hatte sich auch die Psychologie als Beruf etabliert.[9]

[8] Michael Wertheimer, Why we should Study the History of Psychology, in: Advances in Historiography of Psychology, Proceedings of the XXIInd International Congress of Psychology. Selected Papers on History of Psychology, ed. by G. Eckardt/L. Sprung, Berlin 1983.

[9] L. Sprung/H. Sprung, The Communication-Theoretical Approach, Historical Developments and New Foundations of a Theory of Psychological Methods, in: Advances in Historiography of Psychology, Proceedings of the XXIInd International Congress of Psychology, a. a. O.

1. Disziplinarität und Interdisziplinarität in „Vergangenheit" und „Vorgeschichte" der Psychologie

„Was an der alten Psychologie besonders auffällt, ist ihre außerordentliche Einfachheit sowohl in ihrem Gegenstande wie in ihren Mitteln."[10]

Die Ursprünge der Psychologie als „Philosophie-Psychologie" liegen Jahrtausende zurück und reichen bis in die ersten Zeiten hinein, aus denen wir eine hinreichend beurkundete Geschichte besitzen. Offenbar waren es im Altertum vor allem zunächst die griechischen Naturphilosophen, die im 6. Jahrhundert v. d. Z. damit begannen, im Zusammenhang mit ihren kosmologischen Überlegungen auch systematische Vorstellungen vom Psychischen zu entwickeln. Die römische Antike und schließlich das Mittelalter fügten weitere Konzepte hinzu. Bis in die Gegenwart sind beispielsweise noch die Auswirkungen der psychologischen Ansätze zum Beispiel von Platon (ca. 427—ca. 347 v. d. Z.), Aristoteles (384—323 v. d. Z.), Theophrast (ca. 371—287 v. d. Z.), Galenus (ca. 125—ca. 199 n. d. Z.), Augustinus (354—430) oder Th. v. Aquino (ca. 1225—1274) zu verzeichnen, wie es sich bei detaillierterer Darstellung im einzelnen belegen ließe.

Aber erst im Zuge der sozial-ökonomischen Veränderungen innerhalb des Feudalismus und später in der Entwicklung der Renaissance und damit im Zuge der sich empirisch sowie mathematisch entwickelnden Naturforschung des Frühkapitalismus veränderten sich etwa vom 13.—16. Jahrhundert an auch wieder in einem qualitativen Sinne — zunächst vorsichtig und zögernd (zum Beispiel R. Bacon ca. 1220—1292), später stürmisch verlaufend (J. L. Vives 1492—1540) oder T. Paracelsus (ca. 1490—1541) — die psychologischen Vorstellungen. R. Descartes (1596—1650) psychologischer Dualismus und F. Bacons (1561—1626) empirisch-induktive Naturforschung stellen weitere Marksteine in dieser Entwicklung dar.

Es war dies die Zeit in der die Keime einer Vorgeschichte der Psychologie gelegt wurden. Es war die Zeit, in der beispielsweise um 1750 damit begonnen wurde, die Reflextätigkeit (am Frosch) systematischer zu erforschen und entsprechende Methoden zu entwickeln (Astruc, Whytt), die dann im 19. Jahrhundert und zu Beginn des 20. Jahrhunderts ebenso wie die damit zusammenhängenden neuroanatomischen und neurophysiologischen Probleme eine große Bedeutung für die Entwicklung der medizinischen und auch der psychologischen Wissenschaften erlangen sollten.

Das ausgehende 18. Jahrhundert markierte letztlich den entscheidenden Wendebereich in der Entwicklung der Psychologie, in dem ihre „Vergangenheit" endete und ihre „Vorgeschichte" begann. Er bestand im philosophie-psychologischen Sinne vor allem darin, daß in der Leibniz (1646—1716) -Wolff'schen

[10] Th. Ribot, Die experimentelle Psychologie in der Gegenwart in Deutschland, Braunschweig 1881, S. 4.

(1679—1754) Vermögenspsychologie die bisherige psychologische Entwicklung in Deutschland eine Ausformung erreicht hatte, an der vor allem I. Kant (1724 bis 1804) kritisch ansetzen konnte. Mit dessen kritischen Analysen wurde auch von philosophischer Seite aus der Weg frei, der zu einer neuartigen und damit eigenständigen gegenständlich-methodischen Entwicklung sowie institutionellen Verselbständigung der Psychologie als Einzelwissenschaft im 19. Jahrhundert führen konnte.[11]

Im 19. Jahrhundert führte die Entwicklung der Psychologie schließlich von der Philosophie-Psychologie zur Psychologie. Allerdings schlug sie dabei in ihrem eigentlichen Begründungsprozeß nach Gegenstand, Problem, Methode und in institutionalisierter Form sehr unterschiedliche Richtungen ein, die teilweise in späteren Schulbildungen für einige Jahrzehnte fortwirken sollten[12]. Sie entwickelten sich — zunächst einmal sehr vereinfachend zusammengefaßt — vor allem

1. als „Physik der inneren Erfahrung" (vor allem nach dem methodischen Vorbild der „Physik der äußeren Erfahrung"[13]),
2. als „Objektive Psychologie" (vor allem nach dem methodischen Vorbild der heute so bezeichneten — experimentellen Neurowissenschaften)[14],
3. als „Psychophysiologie" (nach dem Vorbild der experimentellen Physiologie und Physik)[15].

[11] Welche Art der — leider noch heute zuweilen anzutreffenden — vermögenspsychologischen Erklärungsweise I. Kant aber ad absurdum geführt hatte, das hat O. Külpe in den 1922 von K. Bühler herausgegebenen „Vorlesungen über die Psychologie" wie folgt veranschaulicht: „Das ist ungefähr so, wie wenn man die Nässe der Straße nicht durch Regen, sondern durch ihre Fähigkeit, naß zu werden erklären wollte" (S. 28).

[12] Vgl. zu dieser Begründungsphase u. a.: J. Ben David/R. Collins, Social Factors in the Origins of a New Science: The Case of Psychology, in: American Sociological Review, 31/1966; J. Ben David/R. Collins, Soziale Faktoren im Ursprung einer neuen Wissenschaft: der Fall der Psychologie, in: Wissenschaftssoziologie 2. Determinanten wissenschaftlicher Entwicklung, hg. von P. Weingart, Frankfurt am Main 1974, S. 122—152; K. Danziger, The Social Origins of Modern Psychology, in: Psychology in Social Context, ed. by A. R. Buss, New York 1979, S. 27—45; M. G. Ash, Wilhelm Wundt and Oswald Külpe on the Institutional Status of Experimental Psychology. An Academic Controversy in Historical Context, in: Wundt Studies, ed. by W. G. Bringmann/R. D. Tweney, Toronto 1980, S. 396—421; W. G. Bringmann/W. D. G. Balance, Wilhelm Wundt, in: Psychologie heute, (Weinheim), Bd. 2/12/1975, S. 12—18 und 74—77; A. Mètraux, Wilhelm Wundt und die Institutionalisierung der Psychologie, in: Psychologische Rundschau, (Göttingen) Bd. XXXI/2/1980, S. 84—98; G. A. Ungerer, Wilhelm Wundt als Psychologe und Politiker, in: Psychologische Rundschau, a. a. O., S. 99—110.

[13] Zum Beispiel von J. F. Herbart (1776—1841) und F. E. Beneke (1798—1854) beabsichtigt.

[14] Vor allem von F. A. Lange (1828—1875) und I. M. Sečenow (1828—1905) geplant.

[15] Zum Beispiel von R. H. Lotze (1817—1881), J. Müller (1801—1858) und H. L. v. Helmholtz

4. als „Psychophysik“ (wie der Name schon sagt, nach dem Vorbild der Physik),[16]
5. und letztlich, zum einen als „Experimental- oder Physiologische Psychologie“ und zum anderen als „Völkerpsychologie“, als welche sie W. Wundt (1832 bis 1920) im ersten Laboratorium für Psychologie der Welt 1879 in Leipzig institutionalisierte.[17]

Dabei sind diese Unterscheidungen natürlich *nicht* als streng gegeneinander unterscheidbare Entwicklungslinien zu verstehen. Vielmehr befruchteten sie einander in mannigfacher Weise. Verfolgen wir diese Entwicklung im nachfolgenden in einem beispielhaft auswählenden kursorischen Abriß etwas genauer.

Mit der Wende vom 18. zum 19. Jahrhundert trat die Psychologie gleichsam in ihr „voremanzipatorisches“, das heißt in das die einzelwissenschaftliche Verselbständigung unmittelbar einleitende Stadium ein. Sehr unterschiedliche Entwicklungslinien bestimmten diese Phase, so vor allem der englische Sensualismus und wissenschaftlich-technischen Revolution, in denen zum Beispiel die interindi-
Empirismus; später der französische und deutsche mechanische Materialismus aber auch der deutsche Idealismus. Weiterhin sind sehr bedeutsame Einflüsse der physiologisch-neuroanatomischen Forschungen dieser Zeit erkennbar, die erst durch eine Weiterentwicklung der naturwissenschaftlichen Forschungsmethodik ermöglicht wurden. Die Psychologie als eigenständige experimentelle Wissenschaft entwickelte sich im 19. Jahrhundert insbesondere aus den verschiedenartigsten gesellschaftlichen Notwendigkeiten heraus, die im Gefolge der beschleunigten Entwicklung der Produktivkräfte des Kapitalismus entstanden. Dies waren beispielsweise die Anforderungen aus den sich entwickelnden technologischen Prozessen in Vorbereitung und Ausgestaltung der sogenannten ersten wissenschaftlich-technischen Revolution, in denen zum Beispiel die interindividuellen Leistungseigenschaftsdifferenzen immer mehr Bedeutung erhielten. Damit im Zusammenhang standen verschiedenartige Probleme der schulischen

(1821—1894) versucht. Vgl. W. Woodward/U. Rainer, Berufungskorrespondenz Rudolf Hermann Lotzes an Rudolf Wagner (13 Briefe: 1. Dezember 1842—11. April 1844), in: Sudhoffs Archiv, Bd. 59/4/1975, S. 356—386; W. R. Woodward, From Association to Gestalt: The fate of Hermann Lotzes Theory of Spatial Perception, 1846—1920, in: ISIS. V. 69/1978, S. 572—582.

[16] In erster Linie von E. H. Weber (1795—1878) und G. T. Fechner (1801—1887) angelegt.

[17] W. Wundt war 1875 nach Leipzig berufen worden. Über die historische Bedeutung seines Laboratoriums für Psychologie in Leipzig siehe: K. Ramul, Wilhelm Wundt als Psychologe, Voprosy psikologii 1/1971; W. G. Bringmann, The Establishment of Wundt's Leipzig Laboratory. An Archival and Documentary Study, in: Wundt Studies, ed. by. W. G. Bringmann/R. D. Tweney, Toronto 1980; W. G. Bringmann/G. A. Ungerer, The Foundation of the Institute for Experimental Psychology at Leipzig University, in: Psychological Research 42/1-2/1980; K. Danziger, Wundt's Psychological Experiment in the Light of His Philosophy of Science, in: Psychological Research 42/1-2/1980; L. Sprung/H. Sprung, Wilhelm Maximilian Wundt — Ancestor or Model?, in: Zeitschrift für Psychologie 189, 1981.

und beruflichen Ausbildung, durch die lernpsychologische, psychodiagnostische und weitergehende psychologische Aufgabenstellungen entstanden. Es muß dabei jedoch den erst „zaghaft" begonnenen psychologisch-historischen Forschungen im einzelnen vorbehalten bleiben, die wesentlichen speziellen gesellschaftlichen Wurzeln dieses bedeutsamen Entwicklungsprozesses unserer Wissenschaft im einzelnen noch genauer aufzuspüren, die Entwicklungslinien nachzuzeichnen und damit auch zum Nutzen gegenwärtiger Wissenschaftsplanung verfügbar zu machen.

Wir wollen im nachfolgenden auf einige Ansätze und empirische Erkenntnisse etwa näher eingehen, die auf diesem Entwicklungsweg zur Geschichte der Psychologie von Bedeutung gewesen sind und die es gestatten, diese Entwicklung besser in ihrem Verhältnis von Problem und Methodik zu verstehen. Von besonderer Relevanz waren in diesem Zusammenhang zweifelsohne die neuroanatomischen und später neurophysiologischen Forschungen, da sie einen ersten objektiven Zugang zu den biologischen Grundlagen des Verhaltens ermöglichten. Durch sie wurde das bisher weitgehend spekulativ erforschte sogenannte „Leib-Seele-Problem" als „psychophysisches Problem" auf eine objektive wissenschaftliche Basis gestellt. Dabei lag es nahe, auch einmal genauer nach dem innerorganismischen Repräsentationen und Lokalisationen der „rational" und „empirisch" (im Sinne von Leibniz-Wolff) unterscheidbaren Seelenvermögen zu fragen. Einige Beispiele für derartige Bemühungen mögen diese Entwicklungslinien illustrieren.

Zu Beginn des 19. Jahrhunderts entwickelte F. J. Gall (1758—1828) seine „Organologie", die später von seinem Schüler G. Spurzheim (1776—1832) in popularisierter Form als „Phrenologie" gelehrt wurde. An Hirnverletzten des Krieges von 1870/71 konnte G. T. Fritsch (1838—1927) und E. Hitzig (1838 bis 1907) im Jahre 1870 die Region der Hirnrinde entlang der sogenannten Roland'schen Furche identifizieren, die mit den motorischen Funktionen verbunden ist. E. du Bois-Reymond (1818—1896) legte — nachdem schon L. Galvani (1737—1798) aus seinen elektrischen Reizversuchen am Froschschenkel die Vermutung einer „tierischen Elektrizität" geäußert hatte — eine Monografie vor, in der er nachwies, daß die Nervenaktivität von einer elektrischen Tätigkeit begleitet wird. Obwohl J. Müller (1801—1858), der sich durch seine exakten empirisch-physiologischen Arbeiten (1832—1840) und seine Interpretation der spezifischen Reaktionsweise jedes Sinnesorgans auch bei unspezifischer Reizung mit Hilfe des von ihm 1826 erstmals formulierten „Gesetzes der spezifischen Sinnesenergie" einen berühmten Namen gemacht hatte, 1844 behauptete, daß die Fortpflanzungsgeschwindigkeit der Erregung in einem Nerv so groß sei, daß sie nicht meßbar wäre (eventuell höher als die „Lichtgeschwindigkeit" vermutete er), gelang es H. v. Helmholtz (1821—1894) im Jahre 1850 in Königsberg, diese Nervenleitungsgeschwindigkeit zu messen (30—50 m/s am Nerven-Muskel-Präparat eines Froschschenkels). Im Jahre 1863 erbrachte I. M. Sečenov (1829 bis 1905) den Nachweis, daß Tiere bereits mit Hilfe der Spinalreflexe in der

Lage sind, bestimmte zielorientierte angepaßte Handlungen auszuführen.[18] Die neuroanatomischen und neurophysiologischen Untersuchungen waren auch aus methodologischen, methodischen und sogar aus wissenschaftsorganisatorisch-institutionellen Gründen für eine Entwicklung der Psychologie bedeutsam. Methodologisch, weil sie einen Standard theoretischer und empirischer Art kennzeichneten, mit dem objektive Erkenntnisse über biologischen Grundlagen „psychischer Leistungen" erzielbar waren und weil sie die Haltlosigkeit reiner Spekulationen, die Unbrauchbarkeit ausschließlich „rationaler" und d. h. in diesem Zusammenhang wiederum spekulativer Methoden in der Forschung demonstrierten. Bekanntlich hat G. T. Fechner (1801—1887) später diesen pseudowissenschaftlichen Typ neurowissenschaftlicher Forschungen in seiner Schrift „Vergleichende Anatomie der Engel" (1825) treffend ironisiert.[19] Wissenschaftsorganisatorisch-institutionell, weil bereits an diesen Beispielen gezeigt wurde, daß die wissenschaftlich-objektive Erfassung psychischer Erscheinungen hinreichend materiell-technische Voraussetzungen in Form von Laboratorien, Geräten, eventuell auch von Hilfskräften usw. erfordert, wie es sich für andere Wissenschaften durch die Einrichtung naturwissenschaftlicher Laboratorien zum Beispiel auf den Gebieten der Chemie (J. Liebig, Gießen 1824) oder der Physik (R. W. Bunsen, Marburg 1840) usw. bereits als notwendig erwiesen hatte.

Entwicklungslinien dieser Art beeinflussen in besonderer Weise auch die Bemühungen der Wissenschaftler, die aus den unterschiedlichsten „Mutterwissenschaften", insbesondere aus der Philosophie, Medizin und Physik kommend, unmittelbarer das — zumindest implizit formulierte — Ziel verfolgten, eine „Neue Psychologie" zu schaffen. Sie sollte sich von der überwundenen Vermögenspsychologie (z. B. Leibniz, Wolff) ebenso unterscheiden, wie von den *Auflösungsversuchen* der Psychologie zum Beispiel in eine allgemeinere „Anthropologie", wie dies beispielsweise I. Kant vorgeschwebt hatte[20] oder auch in eine ausschließlich neurowissenschaftliche ausgerichtete Disziplin. Diese neue Psychologie sollte die Erkenntnisse der Neuroanatomie, Physiologie, Mathematik, Methodik der empirischen Naturforschung usw. ebenso in sich vereinigen — wenn auch mit teilweise sehr unterschiedlichen Schwerpunkten — wie die

[18] Vgl. zur medizinischen Kontextbildung z. B. den unlängst erschienen Band: hg. von D. Tutzke, Geschichte der Medizin, Berlin 1980; Zur psychologischen Würdigung von Helmholtz vgl. vor allem den Beitrag von F. Klix, Hermann von Helmholtz' Beitrag zur Theorie der Wahrnehmung, in: Zur Geschichte der Psychologie, hg. von G. Eckardt, Berlin 1979, S. 45—59.

[19] Vgl. M. E. Marshall, Gustav Fechner, Dr. Mises and the Comparative Anatomy of Angels, in: Journal of the History of the Behavioral Sciences, Vol. V, 1, 1969, S. 39—58; L. Sprung/H. Sprung, Gustav Theodor Fechner — Wege und Abwege in der Begründung der Psychophysik, in: Zeitschrift für Psychologie 186/1978, S. 439—454.

[20] L. Sprung, Immanuel Kant in der Geschichte der Psychologie — Aspekte seines Beitrages in der Entwicklung zur Einzelwissenschaft, in: Zur Geschichte der Psychologie, hg. von G. Eckardt, Berlin 1979, S. 33—42.

positiven Erkenntnisse aus der Entwicklung der jahrtausendealten Philosophie-Psychologie. Diesen weiteren, die Vorgeschichte unmittelbar abschließenden, Entwicklungslinien wollen wir uns im nachfolgenden kurz zuwenden. Sie waren — wie oben bereits angedeutet — durch zum Teil sehr unterschiedliche Intentionen gekennzeichnet. Objektiv gesehen haben aber alle diese Bemühungen sehr vieles gemeinsam, so daß sie aus heutiger Sicht in einem starken Maße als Aspekte eines einheitlichen aber widersprüchlichen Entwicklungsprozesses angesehen werden sollten. Wenden wir uns diesen, oben bereits aufzählend genannten, vier Entwicklungslinien zu, die im „Vorfeld" der Wundt'schen wissenschaftspolitischen Leistung — „Leipziger Institutionalisierung" der Psychologie — zu unterscheiden wären.

Eine *erste* dieser Bemühungen bestand darin, die Psychologie als „Physik der inneren Erfahrung" zu begründen, wie dies beispielsweise von J. F. Herbart (1776—1841) und von F. E. Beneke (1798—1854) versucht wurde. Herbart ging es darum, eine „Psychologie als Wissenschaft, neu gegründet auf Erfahrung Metaphysik und Mathematik" (2 Bände 1824/25) zu entwickeln, die er in Form einer „Vorstellungsmechanik" konzipierte. Das psychische Geschehen als „Zentralreale" (in Anlehnung an Leibniz „Zentralmonade") sollte in seinen hemmenden, anziehenden, abstoßenden usw. Prozessen begrifflich analysierbar und mathematisch beschreibbar, wenn auch nicht experimentell erfaßbar sein. Benekes Psychologie als „Physik der inneren Erfahrung" besaß große Ähnlichkeit mit der Herbarts. Sie sollte sich, wie er in seinem „Lehrbuch der Psychologie als Naturwissenschaft" (1833) schrieb, von der Physik im wesentlichen nur dadurch unterscheiden, daß sich diese auf die „äußere Erfahrung" bezog, während es die Psychologie mit der „inneren Erfahrung" zu tun habe. Seine „Spurentheorie" des Gedächtnisses, nach der die äußeren Reize als „Kräfte" und „Fähigkeiten" der Seele erhalten bleiben und durch andere Erlebnisse wieder ins Bewußtsein gerufen werden können, sollte noch eine weiterführende Auswirkung innerhalb der späteren Gedächtnispsychologie besitzen.

Eine *zweite* Ausrichtung bestand darin, die Psychologie als „Objektive Psychologie" zu entwickeln, wie es vor allem I. M. Sečenov (1829—1905) und F. A. Lange (1828—1875) versuchten.[21] Da wir auf Sečenovs Untersuchungen der Spinalreflexe oben bereits näher eingegangen sind, sei hier nur einiges zum Konzept F. A. Langes ausgeführt. In seiner Arbeit „Die Grundlagen der mathematischen Psychologie" (1865) und vor allem in seiner „Geschichte des Materialismus" (1866) hatte er dargelegt, daß nur die „greifbaren Dinge", die mit der „somatischen Methode" (kontrollierte Beobachtung) erfaßbar sind, den Gegenstand der Psychologie ausmachen können. Eine besondere Bedeutung maß

[21] J. Brožek/S. Diamond, Die Ursprünge der objektiven Psychologie, in: Die Psychologie des 20. Jahrhunderts, hg. von H. Balmer, Bd. 1, Die europäische Tradition, Zürich 1976, S. 721—819.

Lange dabei der Statistik als Methodik zu, wobei die von ihm geäußerten Meinungen in vielem durchaus auch noch den gegenwärtigen Einschätzungen entsprechen dürften. R. B. Watson (1878—1958) und vor allem I. P. Pawlov (1849—1936) haben etwa 40 Jahre später ein Programm einer objektiven Psychologie entworfen und realisiert, wie es in Teilen bereits F. A. Lange vorgeschwebt hatte. Allerdings berühren sich Langes Vorstellungen in ihren Vereinfachungen zuweilen mit den vulgärmaterialistischen psycho-physiologischen Auffassungen zum Beispiel von K. Vogt (1817—1895) oder J. Moleschott (1822—1893). Hier sollten erst die weltanschaulichen Fundierungen der Psychologie durch den dialektischen und historischen Materialismus, vor allem durch die sowjetischen Psychologen im 20. Jahrhundert verwirklicht, der Psychologie eine angemessene philosophische Basis entwickeln.[22]

Eine *dritte* Bemühung ging darauf hinaus, die Psychologie als „Psycho-Physiologie" zu konstituieren. In diesem Zusammenhang sind vor allem J. Müller (1801—1858), R. H. Lotze (1817—1881) und vor allem H. L. F. v. Helmholtz (1821—1894) zu nennen.[23] Hatte J. Müller die Psychologie noch als Teil der Physiologie begriffen („nemo psychologus nisi physiologus"), so suchte R. H. Lotze konsequent nach den „Beziehungen des geistigen Lebens zu den körperlichen Tätigkeiten", suchte er nach „den Elementen und dem physiologischen Mechanismus des Seelenlebens", wie er es als Programm in seinem Werk: „Medicinische Psychologie oder Physiologie der Seele" (1852) konzipierte. Der bedeutendste unter den oben genannten drei Wissenschaftlern war für die Entwicklung der Psychologie aber zweifelsohne H. L. F. von Helmholtz, auf den wir in einem anderen Zusammenhang bereits näher eingegangen sind. Sein „Handbuch der physiologischen Optik" (1856—1866) und seine „Lehre von den Tonempfindungen" (1862) bilden Meilensteine in der Entwicklungsgeschichte der Psychologie.

Eine *vierte* wesentliche Entwicklungslinie stellte schließlich die „Psychophysik" dar. Aufbauend auf einer langen Tradition, zu der u. a. J. Buridan (gestorben nach 1350), J. H. Lambert (1728—1777), W. Bessel (1784—1846) gehörten, schufen vor allem E. H. Weber (1795—1878), F. C. Donders (1818 bis 1889) und G. T. Fechner (1901—1887) die Grundlagen dieser für die

[22] A. N. Leontjew, Karl Marx und die Psychologie, in: Sowjetwissenschaft, Gesellschaftswissenschaftliche Beiträge 5/1969; Methodologische und theoretische Probleme der Psychologie, hg. von E. W. Schorochowa, Berlin 1974; J. A. Budilowa, Philosophische Probleme in der sowjetischen Psychologie, Berlin 1975; M. Jaroschewski, Psychologie im 20. Jahrhundert, Theoretische Entwicklungsprobleme der psychologischen Wissenschaft, Berlin 1975.

[23] F. Klix, Hermann von Helmholtz Beitrag zur Theorie der Wahrnehmung— Bleibendes und Vergängliches in einem großen Lebenswerk, in: Wissenschaftliche Zeitschrift Humboldt-Universität Berlin, Mathematisch-Naturwissenschaftliche Reihe 22/1973.

Verselbständigung der Psychologie besonders bedeutsamen Disziplin.[24] Mit ihren grundlegenden Arbeiten schufen sie das begriffliche (zum Beispiel Unterschiedsschwelle), methodische (zum Beispiel Skalierungsmethoden, Zeitzerlegungsmethoden) und empirische Repertoire an Erkenntnissen (zum Beispiel Weber-Fechnersches Gesetz), durch das später die verschiedenartigsten psycho-physischen Beziehungen empirisch erforschbar wurden.[25] Das Grundanliegen der Psychophysik besteht dabei darin, das psychische Verhalten durch die Bestimmung seiner Relation zu den auslösenden physikalischen Reizgrößen meßbar zu machen. Auf dieser Basis wurde zum Beispiel ein Maß der Empfindungen entwickelt, wie es im sogen. Weber-Fechnerschen Gesetz ausgedrückt ist. Danach ist die Empfindung (E) dem Logarithmus des Reizes (R) proportional und es gilt die Beziehung $E = k \cdot \log R$, wobei k eine für jede Sinnesmodalität spezifische Konstante darstellt. Damit war es erstmals erreicht worden, eine real existierende psycho-physische Beziehung mit mathematischen Mitteln als psychophysisches Gesetz auszudrücken. Später wurden dann die in der Psychophysik entwickelten Methoden nicht nur wesentlich weiter entwickelt, sondern auch für andere Gebiete der Psychologie nutzbar gemacht, so zum Beispiel in Form der Skalierungsmethoden, wie etwa Paarvergleich, für die Sozialpsychologie u. a. zur Einstellungsmessung.

Die „Elemente der Psychophysik" (erschienen 1860) von Gustav Theodor Fechner und die Arbeit „Die Schnelligkeit psychischer Prozesse" (erschienen 1868) von Franz Cornelius Donders markieren somit wesentliche Etappen auf dem Wege der disziplinären und interdisziplinären Entwicklung unserer Wissenschaft in ihrer Geschichte, der wir uns in dem nachfolgenden Absatz zuwenden werden.[26]

[24] M. E. Marshall, Gustav Fechner, Dr. Mises and the Comparative Anatomy of Angels, a. a. O.; M. E. Marshall, William James, Gustav Fechner and the Question of Dogs and Cats in the Library, in: Journal of the History of the Behavioral Sciences, July 1974; L. Sprung/H. Sprung, Gustav Theodor Fechner — Wege und Abwege in der Begründung der Psychophysik, a. a. O.

[25] Vgl. auch: W. Meischner, Ernst Heinrich Weber, „Vater der experimentellen Psychologie" (Wundt), in: Zeitschrift für Psychologie 186/2/1978, S. 160—169.

[26] Vgl. H. J. Lander, Hauptentwicklungslinien in der Entstehungsgeschichte der wissenschaftlichen Psychologie und ihre psychologiehistorische Bedeutung, in: „Wilhelm Wundt — progressives Erbe, Wissenschaftsentwicklung und Gegenwart" Protokoll des internationalen Symposiums, Leipzig 1.—2. November 1979, Karl-Marx-Universität Leipzig, Wissenschaftliche Beiträge, Leipzig 1980, S. 21—47.

2. Disziplinarität und Interdisziplinarität in der „Geschichte“ der Psychologie und ihre Ausprägung in wissenschaftlichen Schulen

„Was er (der „Geist der Selbstbeobachtung“, L. u. H. S.) zu leisten vermag, haben die beiden letzten Jahrhunderte gezeigt; man verdankt ihm gute Beschreibungen, vorzügliche Analysen, aber sein Feld ist abgeerntet. ... Er ergreift das Allgemeine nicht; *er erklärt nicht.*“[27]

Zum Oktober 1875 wurde der Physiologe mit philosophischen Intentionen W. Wundt von Zürich aus auf einen Lehrstuhl für Philosophie an die Leipziger Universität berufen. Mit diesem Ereignis begann — nach weitverbreitetem psychologie-historischen Verständnis — eine neue Entwicklungsetappe der Psychologie auf ihrem Weg zur Einzelwissenschaft.[28] Unter Vernachlässigung weiterer zahlreicher bedeutender Wegbereiter, zu denen unter anderem J. Purkinje (1787—1869), E. Hering (1835—1918), E. Mach (1838—1916) gehören, erfolgte der eigentliche Durchbruch zur eigenständigen Psychologieentwicklung und damit der Übergang von ihrer Vorgeschichte zur Geschichte nach diesem Verständnis mit dem Lebenswerk von W. Wundt (1832—1920)[29]. Ihm gelang es

[27] Th. Ribot, Die experimentelle Psychologie der Gegenwart in Deutschland, a. a. O., S. 4.

[28] Vgl. unter anderem: W. Fischel, Wilhelm Wundt und Emil Kraepelin, Gedanken über einen Briefwechsel, in: Karl-Marx-Universität 1409—1959, Bd. 1, Leipzig 1959; M. Vorwerg, Wilhelm Wundt und die Stellung der Psychologie im System der Wissenschaften, in: Zeitschrift für Psychologie 183/4/1975, S. 337—350; A. Kossakowski, Wilhelm Wundt und sein wissenschaftliches Erbe, in: Wissenschaftliche Zeitschrift Universität Leipzig, Gesellschafts-Sprachwissenschaftliche Reihe 4/5/1966, H. Ley, Zu Wilhelm Wundt's Selbstverständnis seiner philosophischen Position, in: Wissenschaftliche Zeitschrift Humboldt-Universität Berlin, Gesellschafts-Sprachwissenschaftliche Reihe XXIV 2/1975, S. 207—213; W. Meischner/E. Eschler, Wilhelm Wundt, Leipzig-Jena-Berlin 1979; L. Sprung, Wilhelm Wundt — Bemerkenswertes und Bedenkliches aus seinem Lebenswerk, in: Zur Geschichte der Psychologie, hg. von G. Eckardt, Berlin 1979; 73—82, gekürzte Fassung in: Geschichte der Psychologie, hg. von W. Meischner/G. Eckardt, Symposium 2 des 4. Kongresses der Gesellschaft für Psychologie der DDR. Kongreßband, Berlin September 1975, S. 10; H. Hiebsch: Wilhelm Wundt und die Anfänge der experimentellen Psychologie, in: Sitzungsberichte der Sächsischen Akademie der Wissenschaften Leipzig, Philosophisch-historische Klasse, 198/4/1977; D. Fensch, Zur Rolle Wilhelm Wundt's bei der Institutionalisierung der Psychologie in Leipzig, in: Psychologie-historische Manuskripte 1, hg. von „Gesellschaft für Psychologie der DDR“; Berlin 1977, S. 60—66; A. Arnold, Wilhelm Wundt — Sein philosophisches System, Berlin 1980.

[29] G. Eckardt, Aspekte der wissenschaftshistorischen Bewertung Wilhelm Wundt's, in: Advances in Historiography of Psychology, Proceedings of the XXIInd International Congress of Psychology, a. a. O.; C. F. Graumann, Wundt vor Leipzig — Entwürfe einer Psychologie, in: „Wilhelm Wundt — progressives Erbe, Wissenschaftsentwicklung und Gegenwart“, Protokoll des internationalen Symposiums, Leipzig 1.—2. November 1979, Karl-Marx-Universität Leipzig, Wissenschaftliche Beiträge, Leipzig 1980; W. Meischner, Wilhelm Wundts wissenschaftsgeschichtliche Bedeutung, in: Advances in Historiography of Psychology, Proceedings of the XXIInd International Congress of Psychology, a. a. O.

nach seiner Berufung auf einen der beiden Leipziger Philosophischen Lehrstühle, in dieser Stadt das erste psychologische Laboratorium der Welt zu etablieren (1879), eine psychologische Zeitschrift zu gründen (bezeichnenderweise zunächst noch „Philosophische Studien“ genannt, 1883) und eine eigenständige Psychologie als „Physiologische Psychologie“ (Experimentalpsychologie) und als „Völkerpsychologie“ zu entwickeln, wie es seinem monumentalen Lebenswerk zu entnehmen ist.[30] In seiner Zeit hat Wilhelm Wundt einerseits die Experimentalpsychologie maßgeblich mit begründet und andererseits zugleich mit dazu beigetragen, ihr den experimentellen Zugang zu den höheren psychischen Leistungen und Prozessen, wie zum Beispiel den Gedächtnis-, Denk- und Motivationsprozessen, zu erschweren. Daß Wundts Auffassungen von der experimentellen Unzugänglichkeit dieser Prozesse schon von einigen seiner Zeitgenossen unter den Psychologen wie beispielsweise von H. Ebbinghaus (1850—1909), G. E. Müller (1850—1934), O. Külpe (1862—1915) und erst recht von vielen der „zweiten Psychologengeneration“, wie beispielsweise N. Ach (1871—1946) und O. Selz (1881—1944) nicht geteilt wurde, geht aus deren Lebenswerk hervor.[31] Wie aber steht es mit der anderen bedeutenden Entwicklungslinie, die ebenfalls von Leipzig aus ihren wesentlichen Ausgangspunkt nahm und die als „Psychophysik“ vor allem mit den Namen E. H. Weber und G. Th. Fechner verbunden ist?

Sehr verkürzt und zugespitzt ließe sich unser nachfolgend zu diskutierendes Problem in die vereinfachende Frage kleiden: Warum gelang Fechner zwar bereits der *sachliche* und *inhaltliche* Durchbruch zu einer neuen Psychologie als „Psychophysik“ und „Experimenteller Ästhetik“, aber erst W. Wundt der *faktische* Durchbruch zur selbständig institutionalisierten Einzelwissenschaft?

[30] Nach E. G. Boring waren es 491 Titel; W. Meischner und A. Metge kommen nach einer neueren Zählung, die auch die Auflagenzahl seiner Werke berücksichtigt, auf 540 Veröffentlichungen. R. Simon, Ein Beitrag zur Entwicklungsgeschichte der Experimentalpsychologie am Beispiel des sogenannten Methodenstreits zwischen der ersten Leipziger und der Würzburger Schule, in: Kongreßband, 4. Kongreß der Gesellschaft für Psychologie der DDR, hg. vom Vorstand der Gesellschaft für Psychologie der DDR, September 1975, S. 180; vgl. dazu W. Wundt, Grundriß der Psychologie, 2. Aufl., Leipzig 1837, S. 22—29.

[31] Vgl. z. B. F. Klix, Hermann Ebbinghaus, Ursprünge und Anfang psychologischer Forschungen an der Berliner Universität, in: Forschungen und Wirken, Festschrift zur 150-Jahrfeier der Humboldt-Universität zu Berlin, Band 1, Berlin 1960, S. 281—305; A. Blumenthal, Wilhelm Wundt — Problems of Interpretation, in: Advances in Historiography of Psychology, Proceedings of The XXIInd International Congress of Psychology, a. a. O.; W. van Hoorn/Th. Verhave, Wilhelm Wundt's Conception of the Multiple Foundations of Scientific Psychology, in: „Wilhelm Wundt — progressives Erbe, Wissenschaftsentwicklung und Gegenwart“, Protokoll des internationalen Symposiums, Leipzig 1.—2. November 1979, Karl-Marx-Universität Leipzig, Wissenschaftliche Beiträge, Leipzig 1980, S. 107—120; H. V. Rappard, A Monistic Interpretation of Wundt's Psychology, in: Psychological Research 42/1—2/1980, S. 123—134.

Begreiflicherweise kann eine derartige historische und komplexe Frage im strengen Sinne nicht beantwortet werden, sie soll nur Anlaß dazu sein, den speziellen Beitrag zweier bedeutender Wissenschaftler aus der „Gründungsvätergeneration" für die Entwicklung der Psychologie der Wissenschaft global wertend vorzustellen.[32]

Weder ist es zutreffend, in Fechner primär nur den monomanen Psychophysiker zu sehen — so umfaßt bereits das erste, nach seinem Tode im Jahre 1889 angefertigte Publikationsverzeichnis nahezu 10 Druckseiten und die thematischen Publikationsgebiete sind beträchtlich weit — noch ist es angemessen, in Wundt primär nur den monumentalen Wissenschaftler und ideenreichen sowie wissenschaftspolitisch für die Psychologie engagierten Polyhistor zu sehen, obwohl sein Lebenswerk allein vom Umfang[33] und Themenspektrum her gesehen dies rechtfertigen würde. Vielleicht trifft Wundt, von dem wir schöne Zeugnisse über Fechner besitzen, den Kern der Fechnerschen Persönlichkeit und ihres Wirkens in der Entwicklungsgeschichte der Psychologie am besten, wenn er beispielsweise in seiner Rede am Sarge Gustav Theodor Fechners am 21. November 1887 sagt: „Unser Freund gehörte nicht zu den Gelehrten, deren Stärke die Beschränkung ist. Sein Interesse war vielen Gebieten des Wissens zugewandt, und daneben erfüllten ihn von Jugend auf künstlerische Neigungen. Aber nie hat diese Vielseitigkeit der Gründlichkeit geschadet, mit der er sich in einzelne Probleme zu vertiefen wußte."[34]

Und dennoch — und das charakterisiert auch seinen spezifischen Beitrag in der Entwicklung der Psychologie — heißt es an anderer Stelle in der erwähnten Grabrede: „Das Streben, welches seine Philosophie beseelte, der Phantasie in der Deutung der Welt den ihr gebührenden Raum zu gönnen, und überall Außen- und Innenwelt zu einander in Beziehung zu setzen —

32 Vgl. auch: M. E. Marshall, Gustav Fechner, Dr. Mises and the Comparative Anatomy of Angels, a. a. O., S. 39—58; M. E. Marshall, William James, Gustav Fechner and the Question of Dogs and Cats in the Library, a. a. O., S. 304—312; M. E. Marshall, G. T. Fechner, Premises Toward a General Theory of Organism (1823), in: Journal of the History of the Behavioral Sciences, Vol. X/4/1974, S. 438—447; W. G. Bringmann/W. D. G. Balance, Der Psychologe, der sich selbst geheilt hat. Das Leben und Werk von Gustav Theodor Fechner, in: Psychologie heute (Weinheim), 3/9, 1976, S. 43—48; L. Sprung/H. Sprung, Gustav Theodor Fechner — Wege und Abwege in der Begründung der Psychophysik, a. a. O., S. 439—454; W. Schreier, Über historische Wurzeln von Fechners Psychophysik, in: Zur Geschichte der Psychologie, hg. von G. Eckardt, Berlin 1979, S. 61—71.

33 Nach E. G. Boring hatte Wundt 491 Veröffentlichungen; W. Meischner und A. Metge (1979/1980) kommen nach einer neuen Zählung, die auch die Auflagenzahl seiner Werke berücksichtigt, auf 540 Veröffentlichungen; nach der Aufstellung seiner Tochter waren es insgesamt 53735 Druckseiten.

34 J. E. Kuntze, Gustav Theodor Fechner (Dr. Mises). Ein deutsches Gelehrtenleben, Leipzig 1892, S. 352.

dieses doppelte Streben mußte ihn fast mit innerer Nothwendigkeit *zwei* Gebieten zuführen, die in der letzten Zeit seines Lebens beinahe ausschließlich seine Thätigkeit in Anspruch nahmen: der Betrachtung der künstlerischen Phantasiethätigkeit, der Aesthetik, und der Erforschung der Wechselbeziehungen zwischen den äußeren Einwirkungen der Sinne und dem menschlichen Bewußtsein, der Psychophysik."[35] „So hat er dort einer experimentellen Elementaraesthetik, hier durch seine Psychophysik der heutigen experimentellen Psychologie die Bahn gebrochen". „Am dauerndsten hat ihn die Psychophysik gefesselt, und wie sehr auch der Kampf über einzelne Fragen noch schweben mag, unbestritten gelten hier seine Arbeiten als gewaltige Marksteine auf dem Wege, welcher Natur- und Geisteswissenschaften zu verbinden bestimmt ist. Bescheiden hat er selbst seinen älteren Freund Ernst Heinrich Weber den Vater der Psychophysik genannt."[36]

Wir wollen in diesem Rahmen den weitergehenden spezifischen Beitrag Fechners zur Begründung der experimentellen Psychologie nicht weiter vertiefen, zumal wir uns an anderer Stelle bereits einmal genauer damit beschäftigt haben.[37]

Auf diesem Hintergrund gesehen entwickelte sich — vor allem von Leipzig ausgehend — die Psychologie geradezu sprunghaft im letzten Drittel des 19. Jahrhunderts sowie im ersten Drittel des 20. Jahrhunderts in Deutschland und in dieser Zeit auch schon in vielen anderen Ländern der Welt.[38] Es würde aber den thematischen Rahmen unseres Beitrages sprengen, wollten wir diese Entwicklungslinien vollständig nachzeichnen. Daher nur einige beispielhaft skizzierte Entwicklungslinien, die in der Lebens- und Wirkungszeit W. Wundts ihren unmittelbaren Ausgangspunkt besaßen.[39] Die weltweite von Deutschland aus-

[35] Ebenda, S. 357.

[36] Ebenda, S. 357.

[37] L. Sprung/H. Sprung, Gustav Theodor Fechner — Wege und Abwege in der Begründung der Psychophysik, a. a. O.; L. Sprung/H. Sprung, Gustav Theodor Fechner y el surgimiento de la psicologia experimental, in: Revista Latino-americana de psicologia 15, 1983 (en prensa).

[38] M. G. Ash, Experimental Psychology in Germany Before 1914: Aspects of an Academic Identity Problem, in: Psychological Research 42/1980 (Heidelberg—Berlin—New York), S. 75—86; M. G. Ash, Die Experimentelle Psychologie in Deutschland vor 1914: Aspekte eines Akademischen Identitätsproblems, in: Wilhelm Wundt — progressives Erbe, Wissenschaftsentwicklung und Gegenwart. Protokoll des internationalen Symposiums, Leipzig, 1. bis 2. November 1979, Karl-Marx-Universität Leipzig, Wissenschaftliche Beiträge, Leipzig 1980, S. 257—272.

[39] Pan Shu/Chen Li, Wilhelm Wundt and Chinese Psychology, in: Advances in Historiography of Psychology, Proceedings of the XXIInd International Congress of Psychology, a. a. O.; D. Sinha, Wundt Tradition and the Development of Scientific Psychology in India, in: Advances in Historiography of Psychology, Proceedings of the XXIInd International Congress of Psychology, a. a. O.; H. W. Tutundjan, W. Wundt in World Psychological Historiography, in: Advances in Historiography of Psychology, Proceedings of the XXIInd International Congress of Psychology, a. a. O.

Tab. 1: Ausgewählte Beispiele von Gründungen psychologischer Institute im Zeitraum von 1879—1895 (nach W. S. Sahakian 1975).

Gründungsjahr	Gründer	Ort	Land
1879	W. Wundt	Leipzig	Deutschland
1881	G. E. Müller	Göttingen	Deutschland
1883	G. S. Hall	John-Hopkins-Universität	USA
1886	V. Bechterev	Kasan	Rußland
1886	H. Ebbinghaus	Berlin	Deutschland
1886	A. Lehmann	Kopenhagen	Dänemark
1887	J. McKeen Cattell	Pennsylvania	USA
1888	H. Münsterberg	Freiburg/Br.	Deutschland
1888	Y. Motora	Tokio	Japan
1889	H. Beaunis und A. Binet	Paris	Frankreich
1889	C. Stumpf	München	Deutschland
1889	G. Sergi	Rom	Italien
1890	J. M. Baldwin	Toronto	Kanada
1890	B. Bourdon	Rennes	Frankreich
1891	Th. Flournoy	Genf	Schweiz
1891	J. Ward	Cambridge	England
1894	A. Meinong	Graz	Österreich
1894	H. Ebbinghaus	Breslau	Deutschland
1894	O. Külpe	Würzburg	Deutschland
1895	V. Bechterev	St. Petersburg	Rußland
1895	A. Tokarski	Moskau	Rußland

gehende Ausbreitung der Psychologie im ausklingenden 19. Jahrhundert[40] mag ein kurzer Blick auf ausgewählte Jahreszahlen der Psychologischen Institutsgründungen verdeutlichen, die wir nach W. S. Sahakian[41] in der nachfolgenden Tabelle 1 zusammengestellt haben:

Mit der institutionellen Etablierung der Psychologie wurde zugleich auch ihr thematisches Forschungsspektrum, vor allem aber ihr theoretisches und methodologisches Bild vielgestaltiger und heterogener. Es entstanden „Schulen“ und

[40] Vgl. G. Eckardt, Die Gründung der Psychologischen Anstalt in Jena (1923), in: Wissenschaftliche Zeitschrift Friedrich-Schiller-Universität Jena, Gesellschafts-Sprachwissenschaftliche Reihe, 4/1973, S. 517—559; M. Jääskeläinen, Eino Kaila and the Development of the Theory of Scientific Psychology in Finland, in: Advances in Historiography of Psychology, Proceedings of the XXIInd International Congress of Psychology, a. a. O.; Psychology araound the World, hg. von V. Staudt Sexton/H. Misiak, Monterey 1976.

[41] W. S. Sahakian, History and Systems of Psychology, New York—London—Sydney—Toronto 1975, S. 138—140.

Richtungen der Psychologie, die bis in die vierziger Jahre des 20. Jahrhunderts das Gesicht der Psychologie bestimmen sollten.[42] In diese Zeit fallen aber auch die Anfänge der verschiedenartigsten Anwendungsgebiete der Psychologie mit ihren speziellen Gegenstandsgebieten.

Als Beispiele seien genannt:

— die testpsychologische Psychodiagnostik
— die empirische Entwicklungspsychologie
— die Forensische Psychologie
— die Psychotechnik
— die Pharmakopsychologie.

Von besonderer Bedeutung aber sollten zunächst die verschiedenartigen Schulen für die weitere allgemeine Entwicklung werden. Dies vor allem auch deshalb, weil sie in ihrem jeweiligen Verhältnis von Problem und Methode einen zum Teil sehr pointiert vorgetragenen Monopolanspruch für alle darüber hinausgehende Forschungsgebiete anmeldeten.

Einige ausgewählte Strömungen dieser Art sollen im nachfolgenden kurz skizziert werden, um die weitere Entwicklung zu verdeutlichen.

Bemerkenswert ist dabei bereits die Tatsache, daß sich schon zu Lebzeiten W. Wundts alle die wesentlichen Strömungen entwickelten, die das Bild der Psychologie bis in die vierziger Jahre des 20. Jahrhunderts bestimmen sollten. Diese Schulen oder Strömungen waren zum Teil lose, mehr oder weniger lokal bestimmte Gemeinschaften von Lehrern und Schülern sowie von Wissenschaftlern verwandter theoretischer Positionen. Es waren Lehr- und Forschungsgruppen wie etwa die „Göttinger Schule“ um G. E. Müller (1850—1934), sie wurden im wesentlichen durch eine hervorragende Persönlichkeit getragen, so zum Beispiel im Falle von H. Ebbinghaus (1850—1909), sie hatten einen allgemeinen theoretischen Konsensus (zum Beispiel die „Gestaltpsychologie“), bzw. sie waren nahezu religionsgemeinschaftliche Zusammenschlüsse, wie dies beispielsweise bei der psychoanalytischen Bewegung um S. Freud (1856—1939) längere Zeit der Fall war.

Wenden wir uns im nachfolgenden einigen dieser Entwicklungslinien zu. Vor allem in Wien, Prag, Graz und München entstand im ausgehenden 19. Jahrhundert eine Schule, die sogenannte „*akt- und ganzheitspsychologische Schule*“, die vor allem den Elementarismus und Assoziationismus der vorherrschenden Forschungen zum Beispiel innerhalb der Leipziger Schule um W. Wundt korrigieren wollte. Sie betonte die Phänomenologie sowie ein natürliches biotisches Experimentieren und bekämpfte die Dominanz des systematischen Laborexperiments als Forschungsmethode. Ausgangspunkt und Zielpunkt jeder naturwissenschaft-

[42] Vgl. allgemeiner zur Schulenproblematik: Wissenschaftliche Schulen, hg. von S. R. Mikulinskij/M. G. Jaroševskij/G. Kröber/H. Steiner, Bd. 1, Berlin 1977, Bd. 2, S. R. Mikulinskij, M. G. Jarošesvskij, H. Steiner, R.-L. Winkler, Berlin 1979 (Reihe Wissenschaft und Gesellschaft, Bd. 11/1, 11/2).

lichen Analyse müssen danach die „Phänomene" selbst sein, nicht so sehr die Reizbedingungen ihrer Entstehung. Die Psychologie habe die geistigen Funktionen („Akte" im Sinne von F. von Brentano (1838—1917)) und die Beziehungen zwischen den phänomenalen Gegebenheiten zu untersuchen. Diese Entwicklungslinie sollte später von Bedeutung für die Gestaltpsychologie werden, durch die der antielementarische Tenor in der theoretischen Orientierung der Psychologie eine besondere Ausformung erfuhr. Diese akt- und ganzheitspsychologische Forschungsrichtung ist neben dem bereits erwähnten F. v. Brentano vor allem noch mit dem Namen von A. Meinong (1853—1920), Chr. von Ehrenfels (1859—1932) und insbesondere C. Stumpf (1848—1936) verknüpft, durch dessen Berufung nach Berlin im Jahre 1893 derartige Vorstellungen auch maßgeblich zur Entwicklung der Berliner Gestaltpsychologie beigetragen haben dürften. Diese „*Gestaltpsychologie*", die in Frankfurt a. M. vor allem mit den Arbeiten von K. Goldstein (1878—1965) und Max Wertheimer (1880—1943) ihren Ausgangspunkt genommen hatte, versuchte die „phänomenologische Methode" mit dem „ganzheitlichen Denken" („das Ganze ist mehr als die Summe ihrer Teile"), dem „psychophysischen Problem" (Isomorphismus) und der exakten naturwissenschaftlichen Experimentaltechnik zu verbinden. 1910 erkannte Wertheimer in seiner experimentellen Arbeit die große Bedeutung der Tatsache, daß diskontinuierliche visuelle Reizungen eine kontinuierliche Bewegungswahrnehmung ergeben können. Die Wahrnehmung erfolgt danach „gestalthaft" und nicht elementaristisch-reizhaft, lautete einer seiner wesentlichen Schlußfolgerungen aus dieser 1912 erschienenen Studie über das sogenannte „Phi-Phänomen". Mit der Übernahme des Berliner Lehrstuhls durch W. Köhler (1887—1967) im Jahre 1922 bekam diese Strömung innerhalb der Psychologieentwicklung in Berlin bis zum Jahre 1935 eine besondere Heimat, bis W. Köhler vor dem Faschismus in Deutschland in die USA emigrieren mußte. Zuvor hatten schon viele andere Psychologen das faschistische Deutschland verlassen. An weiteren Vertretern dieser gestaltpsychologischen Entwicklungsinie sind vor allem noch K. Koffka (1886 bis 1941), K. Duncker (1903—1940) und nicht zuletzt K. Lewin (1890—1947) zu nennen, von denen letzterer auf diesem Hintergrund eine eigenständige dynamische „Feldtheorie" des Psychischen entwickelte.[43]

Eine weitere Entwicklungslinie, die sogenannte „*Würzburger Schule*", wurde für einige Jahre die ernsthafteste Rivalin der Leipziger Schule um Wundt. O. Külpe (1862—1915), ein Schüler Wundts, hatte 1894 den Lehrstuhl in Würzburg übernommen und sich mit den Arbeiten seiner Schüler, vor allem denen K. Bühlers (1879 bis

[43] Vgl.: M. G. Ash, Gestalt Psychology as a Case Study in the Social History of Science, in: Advances in Historiography of Psychology, Proceedings of the XXIInd International Congress of Psychology, a. a. O.; in einem erweiterten Sinne auch: B. M. Velichkovsky/W. P. Sintschenko, From Cognitive Psychology to Psychology, Paper presented at the XXIInd International Congress of Psychology, Leipzig 1980 (Summery in: XXIInd International Congress of Psychology, Abstract Guide 1, S. 20).

1963), in einen methodischen und theoretischen Gegensatz zu Wundt gebracht, da dieser die Möglichkeiten einer experimentellen Analyse höherer psychischer Prozesse wie die des Denkens, Gedächtnisses, der Motivation usw. für aussichtslos hielt. Die Würzburger Schule, aus der viele bedeutende Psychologen wie zum Beispiel N. Ach (1871—1946), K. Marbe (1869—1953), O. Selz (1881—1944). A. Michotte (1881—1965) hervorgingen, dürfte beispielsweise für die experimentelle Denkpsychologie von ähnlicher Bedeutung gewesen sein, wie dies von dem Werk von H. Ebbinghaus (1850—1909) hinsichtlich der experimentellen Gedächtnispsychologie behauptet werden könnte.

H. Ebbinghaus (1850—1909), der 1885 seine später berühmt gewordene Monographie „Über das Gedächtnis" veröffentlicht hatte, mit der die „Psychophysik höherer kognitiver Prozesse" (F. Klix) in analoger Weise begründet wurde (z. B. Gedächtnisuntersuchungsmethoden, sinnlose Silben als Untersuchungsmaterial, Gedächtnisgesetze), wie dies 1860 mit den „Elementen der Psychophysik" von G. T. Fechner für die „äußere Psychophysik" geschehen war, gehörte keiner der traditionellen Schulen an und begründete auch keine Schule im engeren Sinne. Dies tat eher sein vielleicht bekanntester Schüler W. Stern (1871—1938), dem u. a. die empirische „Entwicklungspsychologie" und insbesondere die „Differentielle Psychologie" bedeutende Entwicklungsimpulse verdankt. Insofern wäre im Falle W. Sterns auch eher von Entwicklungsrichtung als von Schulenbildung zu sprechen. Ebbinghaus, der 1886 an der Berliner Universität als a. o. Professor seine Vorlesungen über „Psychologie und Ästhetik" begann und Übungen in „Experimenteller Psychologie" durchführte, demonstrierte auch auf anderen Gebieten seine überragenden Fähigkeiten, so beispielsweise im Jahre 1897, als er den ersten brauchbaren Intelligenztest für Schulkinder veröffentlichte.

Von einer Schule im eigentlichen Sinne ist auch im Falle der Entwicklungsimpulse, die von G. E. Müller (1850—1934) in Göttingen ausgingen, nicht zu sprechen. Müller war ein konsequenter Experimentator, der zahlreiche Untersuchungen zur Psychophysik, Gedächtnispsychologie, Aufmerksamkeit, optischen Wahrnehmung usw. durchführte und dabei insbesondere den methodischen Standard bereicherte. Bekannt ist auch sein z. T. sehr polemischer Gegensatz zur Gestaltpsychologie, die er 1923 einer scharfen Kritik unterzog, in der er behauptet, daß sie nichts Neues erbracht habe, sondern nur Bekanntes neu formuliert habe. Müller hatte zweifelsohne auch über seine große Anzahl bedeutender Schüler eine Auswirkung auf die Psychologieentwicklung gehabt. Zu ihnen gehören u. a. D. Katz (1884—1953), der später das Institut an der Universität Rostock aufbaute, E. Rubin (1886—1951), N. Ach (1871—1946) und A. Jost (1874 — Todesjahr unbekannt).

Waren all diese Richtungen, die die psychologische Entwicklung im Hauptzeitalter der Schulen von etwa 1890—1940 bestimmten, weitgehend innerhalb der sogenannten „akademischen" Psychologie, d. h. innerhalb der an den Universitäten und Hochschulen betriebenen Psychologie erfolgt, nicht aber innerhalb der z. B. klinisch praktizierten Psychologie, so gab es daneben zumindest eine bedeutsame und umfangreiche Entwicklungslinie, die zunächst versuchte, sich in einem zum Teil bewußten Gegensatz zur akademischen Psychologie außerhalb der Universitäten und Hochschulen zu entwickeln, die *tiefenpsychologisch-psychoanalytische* Entwicklungsrichtung. Eine Darstellung dieses weitverzweigten Teilgebietes unserer Wissenschaft würde bei hinreichender Würdigung einen eigenen Beitrag umfassen. Bei der hier gebotenen Kürze, die wir auch den anderen Entwicklungslinien aufbürden mußten, sei daher nur auf ihren Ausgangspunkt und ihre frühen Vertreter verwiesen. Diese Richtung ist vor allem mit den Namen S. Freud (1856—1939), C. G. Jung (1875—1961) und A. Adler (1870 bis 1937) verbunden. In ihrem ursprünglichen Ausgangspunkt verstand sich die Psychoanalyse S. Freuds als eine dynamische Antithese zur assoziationspsychologisch orientierten, von ihr als „Schulpsychologie" gekennzeichneten, akademischen Psychologie. Die Psychoanalyse sah, ihrem Selbstverständnis im ausgehenden 19. Jahrhundert gemäß, das Wesen des Psychischen nicht primär im Bewußten, sondern im Unbewußten und wollte mit Hilfe seiner Erforschung eine Erklärung zum Beispiel der Genese von Fehlentwicklungen (vor allem der der Neurosen) erreichen, wozu sie u. a. Assoziationsexperimente aber auch Traumanalysen und Traumdeutungen vornahm. Ohne auf Einzelheiten in den Auffassungen der Formen, der Funktionen und der Entstehung des Unbewußten z. B. als ontogenetisches (Freud), kollektives und phylogenetisches (Jung) oder individuelles und instrumentelles (Adler) Unbewußtes usw. eingehen zu können, sollte in diesem Zusammenhang aber zumindest auf den hohen heuristischen Wert tiefenpsychologischer Vorstellungen innerhalb der Entwicklungsgeschichte unserer Wissenschaft verwiesen werden. Sie haben der experimentellen Psychologie ebenso fruchtbare Hypothesen und Erklärungsansätze geliefert, wie dies auch von der *geisteswissenschaftlich-verstehenden* Psychologie (zum Beispiel W. Dilthey 1833—1911, E. Spranger 1882—1963) behauptet werden kann, die zunächst auch als destruierend auftretende Alternative gegenüber der jungen Experimentalpsychologie um die Wende zum 20. Jahrhundert auftrat, wie dies auch der sogenannte Streit um eine — später so bezeichnete — „verstehende" versus „erklärende" Psychologie zwischen W. Dilthey und H. Ebbinghaus belegen könnte. Ihrem Selbstverständnis gemäß als beschreibende und verstehend vorgehende Psychologie hat es die Psychologie mit einmaligen unwiederholbaren Geschehnissen zu tun, die zwar geistesgeschichtlich verstehbar, nicht aber naturwissenschaftlich erklärbar gemacht werden können. Diese Position konnte erst in den nachfolgenden Jahrzehnten mühsam überwunden werden und ist unter philosophiepsychologisch orientierten Psychologen zuweilen noch heute vereinzelt anzutreffen.

Dieses „Hauptzeitalter der Schulen" innerhalb der Psychologieentwicklung ging, international betrachtet, um das Jahr 1940 zu Ende. Die Psychologie hatte sich auch als Beruf etabliert, die Rivalitäten der Richtungen und Schulen waren größerer produktiver Diskussion untereinander gewichen. Einen bedeutenden Anteil daran hatte vor allem das unaufhaltsame Vordringen der wissenschaftlich-objektiven Methodik und der Mathematik. „Die Zeiten, als in jeder psychologischen Zweigdisziplin eine neue Theorie aufgestellt und für das Ganze als gültig angemeldet werden konnte, sind allenthalben vorbei“[44], denn „. . . die Psychologie beginnt, sich über alle ihre Teildisziplinen hinweg, als ein eigenständiges, relativ abgeschlossenes und einheitliches Theoriesystem zu etablieren . . .“[45], daß sie dadurch auch in der Lage ist, die „Last des Provinzialismus“[46] zu überwinden, ist heute bereits weitaus mehr als nur eine Hoffnung[47]. Die Psychologie stellt vielmehr heute eine national und international bedeutsame gesellschaftliche Realität dar, wie nicht zuletzt der XXII. Internationale Kongreß, der im Juli 1980 in Leipzig stattfand, bestätigt hat.

3. Verallgemeinerungen entwicklungsgeschichtlicher Aspekte für die Bildung neuer Wissenschaftsdisziplinen

Wenn wir zum Abschluß dieses historiographisch angelegten Beitrages über das disziplinär und interdisziplinär orientierte Verhältnis von Problem und Methode in der wechselvollen Entwicklung der Psychologie *zur* und *als* Einzelwissenschaft ein Resümee und einen Ausblick versuchen, dann kann ein solches Bemühen begreiflicherweise keine Vollständigkeit anstreben. Dies hat seine Begründung nicht nur in der Umfänglichkeit, Komplexität und Schwierigkeit der Stoffgebiete sowie in den erst vor etwa zwei Jahrzehnten — international gesehen — begonnenen systematischen psychologiehistorischen Forschungen, sondern auch in der Meinung der Autoren, daß erschöpfend angelegte Darstellungen allzuoft den Leser (und die Autoren) erschöpfen. Worum kann es demnach nur gehen? Es sollen Aspekte, Akzente resümierender Art aus der „sensiblen“ Phase der Verselbständigung und frühen Entwicklung der Psychologie zur und als institutionalisierte Einzelwissenschaft formuliert werden, die bis zu einem gewissen Grade protypisch für Wissenschaftsentwicklungen sein könnten.

Die Psychologie begann — wie andere Einzelwissenschaften auch — als Teilgebiet innerhalb der philosophischen Mutterwissenschaft. Jahrtausendelang existierte sie in den vielfältigsten Formen als Philosophie-Psychologie.

[44] F. Klix, Information und Verhalten, Berlin 1971, S. 17.

[45] H. Hiebsch, Perspektiven und Aufgaben der Psychologie in der entwickelten sozialistischen Gesellschaft, in: Aufgaben, Perspektiven und methodologische Grundlagen der marxistischen Psychologie in der DDR, hg. von H. Hiebsch/L. Sprung, Berlin 1973, S. 14.

[46] Rubinstein 1962, zitiert nach H. Hiebsch, ebenda, S. 13.

[47] L. M. Wekker, Über den Kategorienapparat in der Psychologie, in: Methodologie der psychologiehistorischen Forschung, Moskau 1974, (russ.); W. van Hoorn/Jacqueline Meulman/Ben Vincent, De maatschappelijke Ontwikkeling van de Psychologie in de 20 Eeuw Kollegediktaten "Geschiedenis van de Psychologie II" 1980, Psychologisch Instituut Rijksuniversiteit te Leiden, Februari 1980.

Mit dem Neuaufkommen und vor allem der massiven Entwicklung der empirischen Naturforschung in der Renaissance und in der nachfolgenden Zeit, der systematischen Einführung der Experimente und der Mathematik vor allem in die Physik, kam es auch vereinzelt zu experimentellen psychologischen Untersuchungen, so zum Beispiel auf dem Gebiet der Wahrnehmungspsychologie. Dies hatte seine Ursache häufig in der Notwendigkeit, die Sinnestüchtigkeit, die Reaktionsfähigkeit usw. der physikalischen Experimentatoren[48], der astronomischen Betrachter[49] usw. genauer zu überprüfen. Diese Notwendigkeit erweiterte und vertiefte sich im Gefolge der „industriellen Revolution", die in der ersten Hälfte des 19. Jahrhunderts in Europa und damit auch in Deutschland ihre grundlegende Ausprägung erfuhr. Die Bedeutung interindividueller und intraindividueller psychophysischer Unterschiede, d. h. die bestehenden Differenzen zwischen den Menschen und innerhalb jeweils eines Menschen, wurden zunehmend bedeutsamer, wenn es um die Ablesegenauigkeiten von Beobachtungsinstrumenten, die Bedienungssicherheit von Geräten und Maschinen, die Anlernfähigkeit von Personen innerhalb industrieller Technologien usw. ging. Umgekehrt wirkte auch die Industrie auf die Entwicklung der Methoden zurück. So ermöglichte beispielsweise die sich entwickelnde Industrie zunehmend mehr die billige Produktion verschiedenartiger Methoden, zum Beispiel zur physikalischen, psychophysiologischen, physiologischen, medizinischen usw. Forschung. Diese Methodiken eröffneten zugleich neue Möglichkeiten, alte psychologische, medizinische, physikalische usw. Probleme neu aufzugreifen, zu untersuchen und einer veränderten oder vertieften Lösung zuzuführen. Als psychologisches Beispiel sei an das jahrtausendealte „Leib-Seele-Problem" erinnert, das um die Wende zum 19. Jahrhundert zunächst spekulativ, aber auch schon mit verbesserter Beobachtungsmethodik in der „Organologie" (F. J. Gall, 1758—1828) und „Phrenologie" (G. Spurzheim, 1776—1832) aufgegriffen wurde. Im 19. Jahrhundert wurde es als „psychisches Funktionslokalisationsproblem"[50] mit den verfeinerten physiologischen Methodiken weitergeführt und damit letztlich die experimentelle Neurowissenschaft geschaffen, die in diesem 20. Jahrhundert nicht nur bedeutsame Entwicklungen durchlaufen konnte, sondern — aus psychologischer Sicht — eine der wesentlichen Basiswissenschaften für die gegenwärtige Psychologie darstellt.

Diese neuen Methodiken beeinflußten aber auch zahlreiche andere Wissenschaften, wie wir dies oben bereits kurz angedeutet haben. So entstanden auch in dieser Zeit sehr verschiedenartige, neue, das heißt experimentell und mathematisch fundierte, sowie laboratoriumsmäßig ausgerüstete eigenständige Einzel-

[48] Zum Beispiel P. Bouguer (1698—1758), J. H. Lambert (1728—1777).

[49] Zum Beispiel W. Bessel (1784—1846).

[50] Zum Beispiel Ch. Bell (1774—1824), F. Magendie (1783—1855), P. Broca (1824—1880), G. T. Fritsch (1838—1927), E. Hitzig (1838—1907).

wissenschaften.[51] In dieser Zeit entstand auch die — für die experimentelle Begründung der Psychologie sehr wesentliche — experimentelle Physiologie.[52] Insbesondere über diese experimentelle Physiologie entwickelte sich dann etwa eine Generation später — in der Mitte des 19. Jahrhunderts — die experimentelle Psychologie.[53] Mit der institutionellen Verankerung der Psychologie im deutschen Universitätssystem im Jahre 1879 — vor allem durch das imponierend umfangreiche Wirken W. Wundts und seiner Begründung des ersten Psychologischen Instituts der Welt in Leipzig bedingt — war eine erste Stufe in der systematischen „Rekrutierung" eines wissenschaftlichen Nachwuchses erreicht. Sie eröffnete die Möglichkeit zu der weltweiten Ausweitung der Psychologie, auf die wir in Tabelle 1 exemplarisch verwiesen haben. Die Einführung der ersten „Diplomprüfungsordnung" im Fachgebiet Psychologie in Deutschland, 62 Jahre nach der ersten Leipziger Institutsgründung, im Jahre 1941 besiegelte schließlich eine weitere Entwicklungsetappe, über die — vor allem durch die wissenschaftliche und praktische Arbeit der Psychologen in den zwanziger und dreißiger Jahren dieses Jahrhunderts verwirklicht — diese „akademische Psychologie" auch zu einer staatlich anerkannten, praxisbezogenen Berufsausbildung und Berufsbezeichnung geworden war. Mit diesen Ereignissen war gleichsam eine zweite Stufe der „Rekrutierung" des Nachwuchses erreicht, auf deren Basis die Psychologie dann nach dem II. Weltkrieg die massive Entwicklung durchlaufen sollte, in deren weiterwirkenden Prozessen wir noch heute stehen. Wissenschaftstheoretisch betrachtet könnte man mit Blick auf die bisherige Gesamtentwicklung der Psychologie eine allgemeine Regelhaftigkeit formulieren, wonach es für die Psychologieentwicklung in der Vergangenheit, Geschichte und Gegenwart typisch war, daß die Theorien und Methodiken der jeweils führenden Wissenschaft einer Zeit immer eine besondere, das heißt eine entwicklungsstimulierende Rolle gespielt hat. Hierin wirkt sich in einem besonderen Maße die interdisziplinäre Funktion einer Wissenschaft aus.[54]

Kehren wir jedoch noch einmal zurück in die Zeit, in der im ausgehenden 19. Jahrhundert die neue Psychologie ihren gewaltigen Aufschwung nahm. Für die Zeit nach der ersten institutionellen Verselbständigung der Psychologie war für mehrere Jahrzehnte vor allem eine Entwicklung charakteristisch, die man sum-

[51] So gründeten beispielsweise J. v. Liebig (1803—1873) 1824 in Gießen und R. W. Bunsen (1811—1899) 1840 in Marburg berühmte naturwissenschaftliche Laboratorien.

[52] Zur Herausbildung der experimentellen Physiologie haben vor allem J. Müller (1801 bis 1858), E. du Bois-Reymond (1818—1896), H. v. Helmholtz (1821—1894) und I. M. Sečenov (1829—1905) beigetragen.

[53] Die Begründung der experimentellen Psychologie ist wie oben dargestellt — in erster Linie durch E. H. Weber (1795—1878), G. T. Fechner (1801—1887) und W. Wundt (1832—1920) erfolgt.

[54] Siehe: L. Sprung/H. Sprung, The Communication-Theoretical Approach: Historical Developments and New Foundations of a Theory of Psychological Methods, a. a. O.

marisch als das „Hauptzeitalter der Schulen" bezeichnen kann (ca. 1890—1940). Werfen wir einen exemplarischen Blick auf die deutschsprachige Szenerie: Was war typisch für diese Zeit? Typisch waren verschiedene Richtungen, die einen Monopolanspruch für das Ganze beanspruchten. Dies sei an einigen Beispielen demonstriert. So gab es beispielsweise Auffassungsunterschiede von der Rolle des Bewußten oder Unbewußten für die Erklärung psychischer Erscheinungen[55] oder es wurden gegensätzliche methodologisch-methodische Konzeptionen vertreten.[56] Es gab Institute, die durch sehr dominante Persönlichkeiten getragen wurden (zum Beipiel W. Wundt, G. E. Müller, H. Ebbinghaus, S. Freud, A. Meinong, W. Stern). In der Regel waren alle diese Richtungen interdisziplinär orientiert und durch unterschiedliche Problemgebiete der Bearbeitung getrennt — Wahrnehmungsprozesse (zum Beispiel Gestaltpsychologie), psychische Fehlentwicklungen (zum Beispiel Psychoanalyse), Denkprozesse (zum Beispiel Würzburger Schule) — und dennoch meldeten alle diese Schulen, Richtungen und Strömungen, mehr oder weniger dominant und manchmal auch recht polemisch vorgetragen, einen Monopolanspruch ihrer Auffassungen für das Gesamtgebiet der Psychologie an. Dabei bekämpften sich einige der Schulen in einem ausgedehnten Umfange, so beispielsweise die verschiedenen tiefenpsychologischen Richtungen insbesondere um S. Freud, C. G. Jung und A. Adler.

Überblickt man aus heutiger Sicht diesen „Streit der Schulen", so ist man fast geneigt, an G. Ch. Lichtenbergs Sentenz zu denken: „Zwei Sekten bekämpfen sich um so mehr, je ähnlicher sie einander sind." Um nicht mißverstanden zu werden, sollte aber sogleich auch hinzugefügt werden, daß in allen diesen Richtungen mehr als ein Körnchen Wahrheit enthalten war und ist, das es teilweise heute wiederzuentdecken gilt. Wiederzuentdecken, weil manches Wissen dieser Zeit, in den vierziger Jahren dieses Jahrhunderts massiv beginnend und sich bis heute fortsetzend, von der berechtigterweise zunehmenden experimentellen und mathematischen Fundierung der Psychologie zu Unrecht in ein „vorwissenschaftliches Zeitalter" abgedrängt worden ist. Diese „Verarmung" der Psychologie durch die Anwendung eines — historisch verständlichen — zuweilen zu rigorosen Experiment- und Mathematikverständnisses in der Psychologie wird inzwischen zweifelsohne gesehen und zunehmend — zum Beispiel über psychologiehistorische Recherchen — berücksichtigt. Dies ist die eine Entwicklungslinie, die sich markieren läßt, wenn wir den Blick auf das letzte Jahrhundert Psychologiegeschichte richten. Es läßt sich aber noch ein weiteres feststellen, wenn wir diese Entwicklung näher verfolgen. Mit dieser auseinanderstrebenden Schulenentwicklung ging — und das ist wissenschaftsgeschichtlich gesehen ein noch genauer aufzu-

[55] Zum Beispiel Völkerpsychologie (z. B. W. Wundt) versus „Tiefenpsychologie" (z. B. S. Freud, C. G. Jung, A. Adler).

[56] Zum Beispiel mehr oder weniger elementaristische Analysen (u. a. von W. Wundt, G. E. Müller) versus ganzheitlich — gestalthafte Analyse (z. B. Max Wertheimer, W. Köhler, K. Koffka).

klärender Sachverhalt — zugleich auch eine *integrative* Entwicklung der Psychologie einher, die größtenteils auch von diesen Hauptvertretern der verschiedenen Schulen, Richtungen und Strömungen mit getragen wurde, wenn auch die eigentlichen Kräfte in der nachfolgenden Psychologengeneration zu sehen wären. Dieser Prozeß begann bereits in den 80er Jahren des 19. Jahrhunderts und verstärkte sich zunehmend. Diese Integration äußerte sich vor allem in dem schrittweisen Eindringen der Experimente und der Mathematik in immer weitere psychologische Arbeitsbereiche, in der Gründung übergreifender wissenschaftlicher Gesellschaften auf nationaler und internationaler Basis, in der Gründung und Weiterentwicklung übergreifender wissenschaftlicher Zeitschriften, in der Durchführung übergreifender nationaler und internationaler Kongresse, im Entstehen berufsständischer Fragen und deren Lösung in Form juristischer Kodifizierungen der erzielten Ergebnisse (zum Beispiel Diplomprüfungsordnung 1941, Berufsbilder). In diesem noch immer andauernden Entwicklungsprozeß steht auch die Psychologie der Gegenwart. Insbesondere nach dem II. Weltkrieg hat sie — und das ist weltweit zu beobachten — in immer neue Praxisbereiche, zum Beispiel der materiellen Produktion, des Gesundheits- und Erziehungswesens usw., Eingang gefunden. Zugleich sind immer wieder neue Teilgebiete, insbesondere an ihren „Grenzflächen" entstanden. Bezeichnungen wie beispielsweise Psychochemie, Psycholinguistik, Informationspsychologie, Kybernetische Psychologie, Psychobionik, Neuropsychologie, Psychogenetik usw. mögen teilweise auch manches modische Beiwerk enthalten und auch in der Wortprägung nicht immer befriedigen, im Kern enthalten sie aber richtige Aussagen über das interdisziplinäre Verständnis der Psychologie auf vielen ihrer Teilgebiete. Daneben gab und gibt es, je nach Entwicklungsstand und Entwicklungsphase eines psychologischen Teilgebietes aber auch gegenüber den jeweiligen potentiellen Nachbarwissenschaften unterschieden, auch immer zahlreiche *intradisziplinäre* Entwicklungen, die teilweise sogar eine „Vorreiterfunktion" für andere Wissenschaften besaßen und besitzen. Dies betrifft beispielsweise die Standardisierungstheorie und -methodik psychologischer Forschungs- und Diagnosemethoden, die zum Beispiel später auf andere Wissenschaften (zum Beispiel empirische Soziologie, empirische Pädagogik, Medizin usw. übertragen werden konnte.[57]

Überblicken wir das Ganze dieser Entwicklung zum Abschluß dieses Beitrages noch einmal, so läßt sich festellen: Die Psychologie ist spätestens seit den vierziger Jahren dieses Jahrhunderts durch den beschriebenen Entwicklungsprozeß, der — allgemein gesprochen — im Kern auf eine ständige Ausweitung, Differenzierung und Vertiefung des Problem-und-Methode- sowie Theorie-und-Methode-Verhältnisses zurückgeführt werden kann, zu einer so umfänglichen Wissenschaft

[57] Vgl. L. Sprung/H. Sprung, Grundlagen der Methodologie und Methodik der Psychologie. Eine Einführung in die Forschungs- und Diagnosemethodik für empirisch arbeitende Humanwissenschaftler, Berlin (im Druck).

geworden, wie dies für andere Wissenschaften (zum Beispiel Physik, Chemie, Biologie) schon seit vielen Jahrzehnten, wenn nicht gar Jahrhunderten, der Fall ist.

Auf diesem Hintergrund gesehen können wissenschaftshistoriographische Studien spätestens seit diesen Zeitraum, wenn sie hinreichend repräsentativ und fundiert sein sollen, nur noch teildisziplinär oder sogar nur noch spezialproblemorientiert durchgeführt werden. Der zweite mögliche historiographische Weg wurde in diesem abschließenden Ausblick unseres Beitrages gegangen, in dem wir versucht haben, einige wesentliche allgemeine Entwicklungslinien der Psychologie etwa seit den vierziger Jahren dieses Jahrhunderts in ihren Grundzügen nachzuzeichnen. Daß die dabei aufgezeigten Regelhaltigkeiten zugleich auch einen überdisziplinären Charakter tragen, ist die feste Überzeugung der Autoren. Wie dem auch sei, die Absicht der Autoren ist bereits erfüllt, wenn wir, am Beispiel der Psychologieentwicklung exemplifiziert, einen Denkanstoß vermittelt haben, der das fundamentale Verhältnis von Problem und Methode in der Geschichte der menschlichen Erkenntnistätigkeit berührt.

Helmut Drost

Eine verallgemeinerte Auffassung von der Wissenschaftsmethode als Zugang zur Interdisziplinarität in den Naturwissenschaften, dargestellt an der Entwicklung der Plasmaphysik

Unter Wissenschaftsmethode wird im folgenden nicht eine bestimmte Untersuchungs- oder Meßmethode verstanden, sondern im verallgemeinerten Sinne die Art, Wissenschaft (hier: Naturwissenschaft) überhaupt zu betreiben, das heißt, die Wissenschaftsmethode wird letztlich als Ausdruck einer bestimmten Auffassung von Wissenschaft, einer bestimmten Art des wissenschaftlichen Arbeitens aufgefaßt. Diese verallgemeinerte Auffassung von wissenschaftlicher Methode erscheint aus mehreren Gründen geboten.

Einmal gibt es in den verschiedenen Disziplinen der Naturwissenschaften eine Reihe von wissenschaftlichen Untersuchungsmethoden, die, wie die optische Spektroskopie in der Physik oder die Thermodynamik in der physikalischen Chemie, seit vielen Jahrzehnten und auch heute noch, obendrein mit zunehmender Bedeutung, angewandt werden. Es ist darum oft gar nicht so einfach, die Bedeutung dieser Untersuchungsmethoden näher zu charakterisieren und sie mit den adäquaten Problemen in Beziehung zu setzen; zu mannigfaltig und zu zahlreich sind die mit diesen Methoden untersuchten und gelösten Probleme, als daß es gelänge, verallgemeinerte Ordnungsprinzipien entsprechend der Zuordnung „Probleme und Methoden“ herauszuarbeiten.

Zum anderen treten Unstetigkeitsstellen im Sinne von „qualitativen Sprüngen“ in der Entwicklung der Naturwissenschaften oder in einzelnen Disziplinen meist nicht als Resultat der Einführung neuer Untersuchungsmethoden auf, sondern sind stets die Folge neuer Denkansätze, neuer Theorien oder Hypothesen. Hierin kann man, wenn man will, gewisse Bezüge zu den Auffassungen von Th. S. Kuhn finden, insbesondere zu seinen Vorstellungen zur Strukturierung der Wissenschaftsentwicklung in den Naturwissenschaften, allerdings unter Verzicht auf die damit verknüpften Folgerungen und Verabsolutierungen.[1] Beispiele derartiger neuer Denkansätze sind u. a. das Experiment-Prinzip, die Vorhersage realer Zusammenhänge auf Grund von Theorien, die wissenschaftliche Bearbeitung praktisch-technischer Fragestellungen etc. Selbst in den Fällen, wo bei der Anwendung wissenschaftlicher Untersuchungsmethoden zufällig „neue Effekte“ beobachtet werden, sind die Effekte solange wissenschaftlich wenig bedeutungs-

[1] Th. S. Kuhn, Die Struktur der wissenschaftlichen Revolutionen, Frankfurt/a. M. 1973. Siehe dazu auch: R. Mocek, Gedanken über die Wissenschaft. Berlin 1980.

voll, solange sie nicht theoretisch gedeutet, d. h. in das theoretische Modellsystem einer Wissenschaftsdisziplin eingefügt werden. Und wenn die theoretische Deutung nur durch „neue Ideen“ möglich wird, dann sind für die Wissenschaft eben nur jene „neuen Ideen“ bedeutungsvoll. Auch die Nutzung der gefundenen neuen Effekte als wissenschaftliche Untersuchungsmethoden erfolgt erst zu einem späteren Zeitpunkt, nachdem die Effekte theoretisch gedeutet wurden.

Weiterhin muß betont werden, daß die Anwendung wissenschaftlicher Untersuchungs- oder Meßmethoden in den Naturwissenschaften nur Informationen, Meßwerte oder Größenabhängigkeiten liefert. Mit der Untersuchungsmethode *allein* lassen sich keine wissenschaftlichen Probleme lösen. Deren Lösung gelingt erst über das theoretische Modellsystem, d. h. durch Einfügung der erhaltenen Informationen und Abhängigkeiten in bestehende oder neu zu konzipierende Theorien. Eine Wechselbeziehung zwischen wissenschaftlichem Problem und wissenschaftlicher Untersuchungsmethode ist somit nur auf einer höheren Ebene gegeben — innerhalb des theoretischen Modellsystems, in das beide integriert sein müssen.

So muß und wird bei der Formulierung wissenschaftlicher Probleme Bezug genommen auf bereits vorhandene bzw. auf Grund des Wissensstandes prinzipiell entwickelbare wissenschaftliche Untersuchungsmethoden. Es ist nicht sinnvoll, Probleme zu formulieren, deren Lösung von noch nicht verfügbaren Untersuchungsmethoden abhängig ist. Die Wissenschaft hat es zu tun mit *lösbaren* Problemen, zumindest mit Problemen, von denen man glaubt, daß sie lösbar sind. Auch wenn man die „wissenschaftliche Methode“ im eingeschränkten Sinne als „Untersuchungsmethode“ auffaßt, besteht zwischen Problem und zugehöriger wissenschaftlicher Methode eine sehr weitreichende Kompatibilität. Beide spiegeln in gleicher Weise den selben Denkansatz wider, der ein theoretischer, ein experimenteller oder ein technisch-orientierter Denkansatz sein kann. Alle revolutionären Konzepte, denen die Naturwissenschaften ihre Entwicklung verdanken, zum Beispiel die Idee des Atomismus, die Kontinuumvorstellung, die Quanten-Vorstellung etc., sind in diesem Sinne wissenschaftliche Methoden nach dem hier verstandenen verallgemeinerten Konzept. Mit dem hier vertretenen Problembegriff wird an verallgemeinerte Definitionen von H. Korch[2], von H. Parthey und W. Wächter[3] angeknüpft und versucht, diese für den Bereich der Naturwissenschaften zu spezifizieren. Im Hinblick auf Untersuchungen von E.

[2] Die wissenschaftliche Hypothese, hg. von H. Korch, Berlin 1972.

[3] H. Parthey/W. Wächter, Das Problem und seine Struktur in der wissenschaftlichen Forschung, in: Problemstruktur und Problemverhalten in der wissenschaftlichen Forschung, hg. von H. Parthey/H. Vogel/W. Wächter, Rostocker Philosophische Manuskripte, Rostock, 3/1966, S. 21—38.

Lang, W. Wächter[4] und G. Wangermann[5] ist der Methodenbegriff seinem Wesen nach pragmatisch, er ist jedoch nicht um eine Problemlösung bemüht, sondern um eine Problem*formulierung*, wobei der wissenschaftshistorische Bezug der Definition eine größere Allgemeingültigkeit verleihen soll.

Allgemein gesehen zeigen die Geschichte der Naturwissenschaften und auch die individuellen Erfahrungen einzelner Wissenschaftler, daß es keine allgemeine, für alle Zeiten und für alle Wissenschaftler verbindliche Auffassungen von Wissenschaft gibt, und das nicht nur, weil die wissenschaftlichen Probleme und die wissenschaftlichen Untersuchungsmethoden eine dauernde Veränderung erfahren. Es wird auch zu verschiedenen Zeiten und von verschiedenen Wissenschaftlern unterschiedlich gedacht. A. von Humboldt dachte anders über Wissenschaft als M. Planck oder W. Heisenberg, und ein Theoretiker denkt wissenschaftlich in anderen Kategorien als ein mit der Lösung praktischer Probleme befaßter Wissenschaftler. Der unterschiedliche Denkansatz betrifft zum Beispiel die Frage der Exaktheit, die Frage der theoretischen Modellierung, die Frage darüber, was überhaupt als „Lösung" eines wissenschaftlichen Problems anzusehen ist etc.

Auch können die Untersuchungs- oder Meßmethoden erst im Zusammenhang mit technischen Geräten und Apparaturen wirksam werden, d. h. sie sind an technische Voraussetzungen gebunden, die ebenfalls bei der Problemformulierung berücksichtigt werden müssen. Wenn zum Beispiel kein Gerät zur Strukturanalyse von Molekülen zur Verfügung steht, dann ist es nicht sinnvoll, Probleme zu formulieren, deren Lösung an das Vorhandensein eines derartigen Gerätes gebunden ist. Eine Reduzierung der „wissenschaftlichen Methoden" auf die Untersuchungs- bzw. Meßmethoden würde damit den heuristischen Wert der wissenschaftlichen Methoden weiter einschränken und von nichtwissenschaftlichen, zum Beispiel technischen Voraussetzungen, abhängig machen.

Schließlich sind die wissenschaftlichen Untersuchungs- und Meßmethoden zwar über das disziplinspezifische theoretische Modellsystem mit der Entwicklung der Wissenschaftsdisziplin verbunden, sie unterliegen aber darüber hinaus eigenen Entwicklungstendenzen. Dazu gehören unter anderem die Abhängigkeit von der technischen Entwicklung, die Zunahme an Aussagegenauigkeit, die Ausweitung der einer Untersuchung zugänglichen Parameterbereiche, die Tendenz zur Anwendbarkeit auf immer kleiner dimensionierte Systeme, die Tendenz nach zunehmender Selektivität in der Aussage und andere Momente, wie sie zum Beispiel im Detail von H. Parthey und D. Wahl[6] für die „experimentelle

[4] E. Lang/W. Wächter, Aspekte des methodischen Vorgehens in der Forschung, in: Problem und Methode in der Forschung, hg. von H. Parthey, Berlin 1978, S. 48—70.

[5] G. Wangermann, Der Problemlösungsprozeß in der naturwissenschaftlich-experimentellen Forschung. Dissertation B, Akademie der Wissenschaften der DDR, Berlin 1978.

[6] H. Parthey/D. Wahl, Die experimentelle Methode in Natur- und Gesellschaftswissenschaften, Berlin 1966.

Methode" aufgezeigt wurden bei ihrem Bemühen, deren Entwicklung im historischen Ablauf zu strukturieren. Alle angeführten Momente legen es nahe, den Begriff „wissenschaftliche Methode" in einem umfassenderen, dem theoretischen Aspekt stärker rechnungtragenden Sinn aufzufassen, d. h. als bestimmte Art, Wissenschaft zu betreiben.

1. Zu einigen „Wissenschaftsmethoden" in den Naturwissenschaften

Nachfolgend seien einige der im Sinne der gegebenen Definition verstandenen verallgemeinerte Wissenschaftsmethoden zusammengestellt und charakterisiert — Wissenschaftsmethoden als spezifische Art und Weise, wissenschaftliche Probleme zu lösen. Es wird weder der Anspruch erhoben, daß diese Klassifizierung die einzige mögliche wäre, noch daß mit den aufgeführten Methodenarten die Gesamtzahl möglicher wissenschaftlicher Methoden erfaßt werden sollte. Man kann im Gegenteil davon ausgehen, daß sich die in den Naturwissenschaften wirksam gewordenen wissenschaftlichen Methoden in anderer Weise klassifizieren und charakterisieren lassen, zum Beispiel nach dem Genauigkeits- bzw. dem Exaktheitsgrad der Untersuchungsmethoden, nach dem Ausmaß der theoretischen Modellierung, nach dem Anteil technisch-relevanter Probleme bzw. der Überführung wissenschaftlich erarbeiteter Lösungen in die Praxis und ähnlichem (vgl. J. D. Bernal[7]). Die technische oder Entwicklungsphase einer Problemlösung wird als eigenständiger Bereich angesehen und in dem hier in Frage stehenden wissenschaftlichen Problem-Methode-Konzept nicht berücksichtigt.

1.1. Die phänomenologische Wissenschaftsmethode

Diese Methode zielt darauf, einen *vorgegebenen* Tatbestand zu erfassen, zusätzliche bzw. möglichst viele Informationen über ihn zu erhalten, um ihn dadurch zu verstehen bzw. sich mit ihm fundierter auseinandersetzen zu können. Grundelement dieser Methode ist die Beobachtung, im weitesten Sinne des Wortes verstanden. Die Methode ist ihrem Wesen nach passiv, da keine bewußt herbeigeführte Änderung der zu untersuchenden Tatbestände vollzogen wird. Die Vorgehensweise wird vor allem am Anfang der Entwicklung der Naturwissenschaft bzw. bei der Ausbildung neuer Wissenschaftsdisziplinen und Unterdisziplinen praktiziert. Prominenter Repräsentant dieser Wissenschaftsmethode ist A. von Humboldt und die von ihm praktizierte Form, die wissenschaftliche Naturbeschreibung.[8] Zur phänomelogischen Vorgehensweise gehört auch die Systemati-

[7] J. D. Bernal, Die Wissenschaft in der Geschichte, Berlin 1961.
[8] A. von Humboldt, Tagebuch vom Orinoko, Berlin.

sierung von Beobachtungen, zum Beispiel an Pflanzen oder an Tieren; ferner — zwangsläufig auf Grund unzugänglicher Objekte — die Astronomie bzw. Astrophysik sowie weite Bereiche der Verhaltensforschung. Elemente dieser Methode lassen sich auch in hochentwickelten Wissenschaftsdisziplinen feststellen und zwar jedes Mal dort, wenn „neue Effekte“ entdeckt werden, die sich nicht ohne weiteres in das bestehende theoretische Modellsystem einordnen lassen. Von der Seite der wissenschaftlichen Probleme her entspricht dieser Wissenschaftsmethode die „problemlose Forschung“, wo wegen des fehlenden theoretischen Modellsystems oder wegen der Schwierigkeit, sie in das existierende Modellsystem einzuordnen, wissenschaftliche Probleme noch nicht formuliert werden können.

1.2. Die experimentelle Wissenschaftsmethode

An die Stelle der vom Wesen her passiven Beobachtung bei der phänomelogischen Methode tritt bei der experimentellen Wissenschaftsmethode die aktive Untersuchungsform — das Experiment. Im Experiment werden die zu untersuchenden Tatbestände disziplinspezifisch abgewandelt und auf solche Systeme zurückgeführt, daß sie der Untersuchung zugänglich werden. Anstelle des mehr oder minder ungeordneten Informations- und Datenanfalls bei der passiven Beobachtung werden mit Hilfe der experimentellen Methode Abhängigkeiten und sogar disziplinspezifische Gesetzmäßigkeiten ermittelt. Es herrschen im allgemeinen keine wissenschaftlichen Probleme im Sinne von singulären Punkten im theoretischen Modellsystem vor, denn für die untersuchten Tatbestände bestehen im allgemeinen noch keine theoretischen Modellsysteme, bzw. es gelang noch nicht, die Tatbestände in die bestehenden Modellsysteme einzufügen. Vorhanden sind immerhin konkrete auf eine Wissenschaftsdisziplin beschränkte Fragestellungen, die als Vorstufe für disziplinspezifische wissenschaftliche Probleme angesehen werden können. Wichtiger Repräsentant und offenbar auch Schöpfer der experimentellen Wissenschaftsmethode ist G. Galilei mit seinen Fallversuchen. Elemente der experimentellen Wissenschaftsmethode sind derzeit in der sogenannten Erkundungsforschung enthalten, wo man neue Kombinationen von System und Untersuchungsmethode quasi konzeptionslos darauf testet, ob sie zu neuen Informationen, zu neuen Abhängigkeiten oder zu neuen Effekten führen.

1.3. Die methodenorientierte Wissenschaftsmethode

Bei dieser Art, Wissenschaft zu betreiben, steht die Untersuchungs*methode* im Vordergrund, Untersuchungsmethode hier sowohl als Meß- als auch als Berechnungsmethode verstanden. Charakteristisch für das methodenorientierte Wissenschaftskonzept ist, daß sowohl die wissenschaftliche Zielsetzung als auch das

Untersuchungssystem einer Untersuchungs- bzw. Meßmethode angepaßt werden. Entsprechend sind auch die zu lösenden Probleme methodenspezifisch; sie werden für die Methode gesucht und manchmal sogar „erfunden". Es geht hier weniger um das „Was", sondern mehr um das „Wie" der Forschung. Wissenschaft erfolgt hier nicht nach einer bestimmten theoretischen Konzeption, sondern meist im Sinne des Durchprobierens von Möglichkeiten, von Möglichkeiten der jeweiligen Untersuchungsmethode. Dabei wird die Erwartung gehegt, daß mehr oder weniger zufällig neue Eigenschaften oder Effekte erfaßt werden, die die Ausbildung neuer Denkansätze stimulieren könnten. Aber selbst in den Fällen, wo diese Erwartungen nicht bestehen — zum Beispiel bei der thermodynamischen oder quantenmechanischen Charakterisierung von Systemen — werden mittels der methodenorientierten Wissenschaftsmethode Informationen erhalten, die neue Einsichten vermitteln und damit eine bessere Modellierung der realen Vorgänge und Erscheinungen ermöglichen. Von der Problemseite her korreliert diese Wissenschaftsmethode mit den „methodischen Problemen", auf die sie jedoch nicht reduziert werden kann. Beispiele für die methodenorientierten Wissenschaftsmethode sind alle zu Disziplinen avancierten Meßmethoden, zum Beispiel die verschiedenen spektroskopischen Methoden in der Physik, die Kinetik in der physikalischen Chemie, die verschiedenen Berechnungsmethoden wie Thermodynamik, Quantenmechanik etc.

1.4. Die theoretisch-konzeptionelle Wissenschaftsmethode

Auf der Grundlage dieser Wissenschaftsmethode wird Wissenschaft nach einer vorher entwickelten Konzeption — einer Theorie oder Hypothese — betrieben. Die Konzeption zielt immer auf eine Verbesserung bzw. eine Neustrukturierung des theoretischen Modellsystems einer Disziplin, das heißt, der theoretisch-konzeptionelle Wissenschaftsansatz befaßt sich mit grundlegenden, ihrem Wesen nach theoretischen Problemen einer Wissenschaftsdisziplin. Er umfaßt den Bereich, den man heute als Grundlagenforschung bezeichnet. Wichtig bei dieser Wissenschaftsmethode ist das Wechselspiel von Theorie (bzw. von Konzeption) und Experiment, denn in den Naturwissenschaften müssen Theorien nicht nur in sich widerspruchsfrei und geschlossen sein, sie müssen vor allem „richtig" sein, das heißt die Theorien bedürfen stets der Verifizierung durch das Experiment. Die theoretisch-konzeptionelle Wissenschaftsmethode lebt von den kreativen Beiträgen der Einzelwissenschaftler. Zu ihren Wesensmerkmalen gehört aber auch die wachsende Quantifizierung, das heißt die möglichst genaue Bestätigung einer Theorie durch das Experiment. Von der Problemseite her besteht ein Zusammenhang zu den disziplinspezifischen Problemen, Problemen, für die ein theoretisches Modellsystem existiert, in das sie — als singuläre Punkte — eingebaut werden können. In welcher Weise die theoretisch-konzeptionelle Methode in der Wissenschaft erfolgreich praktiziert wird, zeigt für den Fall der Chemie, speziell der Säuren-Basen-Theorie, die Untersuchung von R. Simon[9]. Beispiele für die theoretisch-konzeptionelle wissenschaftliche Methode ist die Grundlagenforschung, soweit sie auf grundlegende (theoretische) Probleme orientiert ist bzw. nach theoretisch-konzeptionellen Vorstellungen durchgeführt wird. Die zur Problemlösung gewählte Untersuchungs-, Berechnungs- oder Meßmethode ist — im Gegensatz zur methodenorientierten Wissenschaftsmethode — von untergeordneter Bedeutung; sie wird weitgehend als Hilfsmittel angesehen.

1.5. Die interdisziplinäre Wissenschaftsmethode

Diese Wissenschaftsmethode besteht in der Übertragung eines disziplinspezifischen theoretischen Modellsystems auf ein anderes disziplinspezifisches theoretisches Modellsystem bzw. in der Verknüpfung zweier unterschiedlicher theoretischer Modellsysteme zu einem neuen theoretischen Modellsystem. Mit den Modellsystemen werden disziplinspezifische Wissenschaftsauffassungen vereinigt, die zur Herausbildung neuer Denkansätze führen, in deren Gefolge neue Kombinationen von Problem, System und Untersuchungsmethode entstehen, die zu neuen Informationen und meist auch zu neuen Erkenntnissen führen. Voraussetzung für die Ausbildung einer solchen Wissenschaftsmethode ist die Kenntnis bzw. die Beherrschung der theoretischen Modellsysteme beider zu vereinigenden Ausgangsdisziplinen. Die interdisziplinäre Wissenschaftsmethode entsteht auf einer bestimmten Entwicklungsstufe einer disziplinspezifischen Forschung. In ihr können — unter interdisziplinären Aspekten — Elemente aller der vorher charakterisierten verallgemeinerten Wissenschaftsmethoden wirksam werden. Beispiele für das Wirksamwerden der interdisziplinären Wissenschaftsmethode sind die Herausbildung der physikalischen Chemie durch Vereinigung von Teilbereichen des theoretischen Modellsystems der Physik und der Chemie, die Biochemie durch Fusionierung bestimmter Bereiche der Modellsysteme von Biologie und Chemie und — für den Bereich der Physik — die Zusammenfügung von Spektroskopie und Plasmaphysik zur Atomphysik. Von der Problemseite her darf man die interdisziplinäre Wissenschaftsmethode den interdisziplinären Problemen zuordnen, wobei der Begriff „disziplinär" hier auf die neue Disziplin Bezug nimmt. Das ergibt sich aus dem Umstand, daß die interdisziplinäre Wissenschaftsmethode ihrem Wesen nach eine theoretisch-konzeptionelle Methode ist, selbst wenn Elemente anderer Wissenschaftsmethoden in ihr wirksam sein sollten.

[9] R. Simon, Chemie — Dialektik — Theorienentwicklung, Berlin 1980.

1.6. Die technisch-orientierte Wissenschaftsmethode

Die technisch-orientierte Wissenschaftsmethode kommt dann zur Anwendung, wenn es darum geht, praktisch-technisch bedeutsame Zielsetzungen mit Hilfe der Wissenschaft zu realisieren. Zur Voraussetzung dieser Methode gehören die Vorgabe einer realistischen Zielstellung, die Einordnung dieser Zielsetzung in ein disziplinspezifisches Modellsystem, ihre Formulierung als disziplinspezifisches wissenschaftliches Problem und die Erarbeitung von Arbeitshypothesen als Lösungsleitlinien. Dadurch ergibt sich formal eine enge Beziehung zur theoretisch-konzeptionellen Wissenschaftsmethode. Trotzdem besteht das Wesen der technisch-orientierten Wissenschaftsmethode nicht darin, die im Rahmen der theoretisch-konzeptionellen Wissenschaftsmethode erhaltene Problemlösung „in die Praxis zu überführen". Die technisch-orientierte Wissenschaftsmethode benötigt zunächst eine realisierbare technisch-orientierte Problemstellung, denn nicht jedes Problem aus dem theoretisch-konzeptionellen Methodenbereich ist für eine technische Anwendung geeignet und nicht jedes technische Problem ist einer wissenschaftlichen Untersuchung zugänglich. Sie ist ferner abhängig von der „richtigen" Wahl des zu untersuchenden Systems und der dazugehörigen Untersuchungsmethode; das System muß zum Beispiel einfach, die Meßparameter müssen mit makroskopischen Eigenschaften in Beziehung stehen. Letztlich zeichnet sich die technisch-orientierte Wissenschaftsmethode durch eine bestimmte Art des wissenschaftlichen Herangehens aus, zum Beispiel die Inkaufnahme eines niedrigeren Exaktheitsgrades, die Bevorzugung der Suche nach Effekten, der weitgehende Verzicht auf eine theoretische Interpretation der gefundenen Ergebnisse etc. Es handelt sich bei der technisch-orientierten Wissenschaftsmethode um eine spezifische Art von Wissenschaft, die sich nicht auf die theoretisch-konzeptionelle Wissenschaftsmethode zurückführen läßt.

Der Einsatz der Wissenschaft für die Lösung technischer Probleme stellt einen relativ modernen Wissenschaftsansatz dar. Er ist zu unterscheiden von der experimentellen Wissenschaftsmethode, die auch zur Lösung technischer Probleme eingesetzt wird. Forschung im gegenwärtigen Stadium der Wissenschaft auf der Grundlage der experimentellen Methode zu betreiben, bedeutet jedoch, bei der wissenschaftlichen Lösung technischer Probleme auf die Nutzung der im theoretischen Modellsystem fixierten wissenschaftlichen Erkenntnisse zu verzichten, was zweifellos eine Erschwerung der Problemlösung nach sich zieht. Umgekehrt sind die Voraussetzungen für eine wissenschaftliche Lösung technischer Probleme um so günstiger, je dichter und strukturierter das zugehörige disziplinspezifische theoretische Modellsystem ist und je besser es gelingt, das in Frage stehende technische Problem in dieses Modellsystem einzubauen. Als typische Beispiele für die Anwendung der technisch-orientierten Wissenschaftsmethode können für die Chemie die Synthese von chemischen Verbindungen mit bestimmten Eigenschaften, zum Beispiel von Medikamenten, oder für die Physik die Entwicklung neuer Lichtquellen mit hoher Leuchtdichte bei hohem elektro-optischen Wirkungsgrad angeführt werden.

1.7. Zusammenhang zwischen verschiedenen Wissenschaftsmethoden

Zur Frage der Wissenschaftsmethode in dieser hier definierten Linie lassen sich noch folgende Bemerkungen anführen: Es besteht ein Zusammenhang zwischen dem Entwicklungsstand einer Disziplin und der Art der zur Informations- und Erkenntnisfindung angewendeten Wissenschaftsmethode. Das gilt in Sonderheit für die phänomenologische, die experimentelle und die theoretisch-konzeptionelle Wissenschaftsmethode, die in der genannten Reihenfolge dem Entwicklungsverlauf der betreffenden Wissenschaftsdisziplin entsprechen. Trotzdem können die einzelnen Wissenschaftsmethoden in der hier vertretenen Auffassung auch nebeneinander praktiziert werden, denn welche Wissenschaftsmethode von einem Forscher gehandhabt wird, ist außer von der Entwicklungsphase einer Wissenschaftsdisziplin bzw. -unterdisziplin auch von anderen Faktoren abhängig, so unter anderem von der Ausbildung, besser von der „Schule", durch die ein Forscher geprägt wurde. Jemand, der zum Beispiel nur gelernt hat, Wissenschaft auf der Grundlage der experimentellen Methode zu betreiben, wird nur schwer mit der theoretisch-konzeptionellen Wissenschaftsmethode zurechtkommen. Andererseits ist eine frühzeitige Beschäftigung mit technischen Problemen meist Voraussetzung für die Aneignung und Anwendung der technisch-orientierten Wissenschaftsmethode. Gleichzeitig „denkt" ein auf eine bestimmte Methode fixierter Forscher zwangsläufig „methodenspezifisch" und wird wenig Neigung verspüren und wahrscheinlich auch dazu nicht in der Lage sein, eine andere Wissenschaftsmethode anzunehmen. Darüber hinaus kann es zu einer Überlagerung zwischen einzelnen der aufgeführten Wissenschaftsmethoden kommen. Insbesondere können sich die theoretisch-konzeptionelle Wissenschaftsmethode mit der technisch-orientierten Wissenschaftsmethode vereinigen. Das ist dann der Fall, wenn technische Probleme wissenschaftlich, das heißt unter Nutzung des disziplinspezifischen Modellsystems, gelöst werden sollen. Es besteht daneben eine enge Analogie zwischen der experimentellen und der methodisch-orientierten Wissenschaftsmethode. Ferner können Lösungen für technische Probleme auch auf der Grundlage der experimentellen Methode gesucht werden. Da hierbei Lösungen mehr oder minder zufällig gefunden werden, ist diese Kombination von Wissenschaftsmethoden auf die Bearbeitung einfacher Probleme beschränkt. Letztlich kann es zu einer Überlagerung und wechselweisen Praktizierung von phänomenologischer und experimenteller Wissenschaftsmethode kommen.

Es erscheint ferner bedeutungsvoll, darauf hinzuweisen, daß es notwendig wäre, das „System" in den Methodenbegriff einzubeziehen und dies, weil die Art des Systems das wissenschaftliche Denken ebenfalls determiniert. Die Beschäftigung mit atomaren oder subatomaren Systemen erfordert eine andere wissenschaftliche

Haltung als zum Beispiel die Beschäftigung mit dem Verhalten von Graugänsen oder mit dem Problem, den Energieaufwand für eine spezielle Stoffsynthese um einen bestimmten Prozentsatz herabzusetzen. Verallgemeinert bedeutet das, daß der wissenschaftliche Denkansatz und damit die von den Wissenschaftlern praktizierte Wissenschaftsmethode wesentlich vom Entwicklungsstand des theoretischen Modellsystems einer Disziplin geprägt werden.

2. Wissenschaftsmethoden in der Entwicklung der Plasmaphysik

Im folgenden wird versucht, die im Vorangehenden entwickelten Vorstellungen zur „wissenschaftlichen Methode“ auf die Geschichte der Plasmaphysik anzuwenden, das heißt die Entwicklung der Plasmaphysik unter dem Aspekt der einzelnen Wissenschaftsmethoden zu strukturieren.

Die Anfänge der Plasmaphysik als Wissenschaft reichen zurück ins 18. Jahrhundert; sie lassen sich der *phänomenologischen Wissenschaftsmethode* zuordnen und umfassen die Beobachtung und Beschreibung von sogenannten „elektrischen Entladungen“.[10] M. Woll war der erste, der eine solche „Entladung“ beobachtete und beschrieb — den Austritt eines Funkens aus elektrisiertem Bernstein. Er beschrieb den Funken in den „Philosophic Transactions“ von 1698 als von einigen Zoll Länge, bei dem ein Laut erklang „als wäre im Ofen ein Kohlestück geplatzt“. In den Jahren von 1733—37 gelang es G. Du Fay im Zusammenhang mit der Elektrisierung Funken aus elektrisierten menschlichen Körpern zu ziehen. Der Ausdruck „elektrische Entladung“ stammt von L. Muschenbroek, der 1746 die ersten Leidener Flaschen baute, bei deren Entladung sich elektrische Funken ausbilden. Ähnlich phänomenologisch angelegt sind die Beobachtungen natürlicher Leuchterscheinungen — des Blitzes sowie des sogenannten St. Elms-Feuers und ihre Bedeutung als „elektrische Entladungen“. Die Deutungen erfolgten im wesentlichen auf Grund von Analogien zu gleichgearteten Erscheinungen im Laboratorium. So erzeugten B. Franklin und M. V. Lomonosov um 1750 mit Hilfe von Leidener Flaschen künstlich „Blitz und Donner“ und waren dadurch in der Lage, die elektrische Natur dieser Erscheinungen zu demonstrieren. Durch derartige Analogiebeziehungen zu künstlich im Laboratorium nachvollzogenen Vorgängen gelang es auch, das St. Elms-Feuer als eine „stille stromschwache elektrische Entladung“, als eine sogenannte Korona-Entladung, zu deuten. Motiviert waren diese Untersuchungen lediglich durch ein nicht näher definierbares individuelles Interesse der beteiligten Forscher; eine wissenschaftliche Problematik ist hinter diesen Bemühungen nicht erkennbar. In der vorliegenden Form, das heißt als problemlose Beobachtung von Naturerscheinungen, ist die phänomenologische Wissenschaftsmethode innerhalb der Plasmaphysik

[10] N. A. Kapzow, Elektronische Vorgänge in Gasen und im Vakuum, Berlin 1955.

zeitlich beschränkt auf die ersten Anfänge ihrer Entwicklung. Aber selbst in diesem frühen Stadium werden Elemente der experimentellen Wissenschaftsmethode wirksam, die sich zum Beispiel in den Versuchen ausdrücken, die Naturerscheinungen im Laboratorium nachzuahmen. Nichtsdestotrotz wird die phänomenologische Wissenschaftsmethode in Form einer möglichst genauen exakten Beobachtung und Beschreibung „plasmaphysikalischer Phänomene" bis in die Gegenwart hinein in der Plasmaphysik praktiziert und zwar immer dann, wenn es nicht gelingt, eine beobachtete neue „Erscheinung" theoretisch zu deuten, sie ins theoretische Modellsystem der Plasmaphysik einzuordnen. Dafür scheint die Plasmaphysik auch prädestiniert, denn es gibt kaum eine andere Wissenschaftsdisziplin, die es mit so vielen visuell beobachtbaren „Phänomenen" zu tun hat wie die Plasmaphysik und wo auch gegenwärtig immer wieder neue „Phänomene" entdeckt werden.

Die *experimentelle Wissenschaftsmethode* wird in der Plasmaphysik — wie bereits erwähnt — vom Beginn ihrer Entwicklung an praktiziert[11]. Dies erfolgt in zweifacher Weise — einmal im Nachahmen von Naturerscheinungen unter Laborbedingungen und zum anderen in Form der Durchführung von Experimenten im Sinne des „Durchprobierens von Möglichkeiten", wie sie sich bei einer Variation von Systemen und Untersuchungsmethoden ergeben. Die Experimente erfolgten analog denen im Falle der phänomenologischen Wissenschaftsmethode zunächst meist ohne eine konkrete Zielsetzung und ohne Bezugnahme auf ein wissenschaftliches Problem. Diese Wissenschaftsmethode wurde insbesondere von der Mitte des 18. bis zum Ende des 19. Jahrhunderts praktiziert; es ist die Zeit, in der das Gebiet der „Physik elektrischer Entladungen" von der Seite ihrer äußeren Erscheinungen her abgesteckt und datenmäßig erschlossen wurde, d. h. die Voraussetzungen für das theoretische Modellsystem der heutigen Plasmaphysik geschaffen wurden. In diese Zeit fallen auch die wichtigsten Entdeckungen, zum Beispiel die Entstehung und Untersuchung der Dunkelentladung durch C. A. Coulomb 1785, die Entdeckung des elektrischen Bogens durch H. Davy 1821 bzw. der Glimmentladung durch P. Plücker und I. W. Hittorf 1869. Das ist insofern nicht überraschend, da die Entdeckung neuer Effekte bzw. neuer Entladungserscheinungen zur wichtigsten Zielsetzung der experimentellen Wissenschaftsmethode gehört, wogegen man deren theoretischer Interpretation keine Beachtung schenkt.

Die *methodenorientierte Wissenschaftsmethode* wird in der Plasmaphysik in zweierlei Weise wirksam — einmal in Form einer Spezialisierung auf eine bestimmte Untersuchungs- bzw. Meßmethode und ihre durchgängige Anwendung,

[11] Handbuch der Physik, hg. von S. Flügge, Bd. 21 und 22, Gasentladungen I und II, Berlin—Göttingen—Heidelberg, Springer-Verlag 1956; R. Seeliger, Einführung in die Physik der Gasentladungen, Leipzig 1934; A. v. Engel/M. Steenbeck, Elektrische Gasentladungen, Berlin 1934.

zum anderen in der Wahl eines bestimmten Untersuchungssystems[12]. Charakteristische Beispiele für eine methoden-orientierte Forschung in der Entladungs- bzw. Plasmaphysik sind die optische Spektroskopie und die Sondenmeßtechnik. Beide Untersuchungsmethoden sind mitsamt ihren Varianten nahezu „zeitlose" Methoden. Die Spektroskopie elektrischer Entladungen datiert zurück auf die Mitte des 19. Jahrhunderts, die Sondenmethode auf die zwanziger Jahre dieses Jahrhunderts, das Prinzip der Strom-Spannungs-Kennlinie zur Charakterisierung einer Entladung, die Grundlage der Sondenmethode, ebenfalls ins 19. Jahrhundert. Beide Methoden haben im Verlauf der Jahre hinsichtlich ihrer Genauigkeit, des Anwendungsbereichs und der Aussagefähigkeit eine bemerkenswerte Entwicklung erfahren, so daß sie heute genau so wichtige — wenn nicht gar noch wichtigere — Untersuchungsmethoden darstellen wie zum Zeitpunkt ihrer Einführung. Das deutet darauf hin, daß in diese Methode viel wissenschaftliche Aktivitäten investiert wurden — auf der Grundlage einer methodenorientierten Wissenschaftsmethode.

Einen starken meßmethodischen Charakter besitzt in der Plasmaphysik auch die Spezialisierung auf ein bestimmtes Untersuchungssystem, was in der überwiegenden Zahl von Fällen mit der Reduzierung der Plasmaphysik auf die Beschäftigung mit einer der verschiedenen Entladungsformen — Dunkel-Entladung, Bogen-Entladung, Glimm-Entladung etc. — hinausläuft[13]. Es interessieren hierbei nicht mehr die Probleme der Entladungs- bzw. Plasmaphysik allgemein, sondern die Probleme der einzelnen Entladungsformen. Darüber hinaus fällt auf, daß die methodenorientierte Wissenschaftsmethode sehr viele Beziehungen zur experimentellen Wissenschaftsmethode besitzt, insofern beide Methoden das Ausloten von Möglichkeiten als Grundprinzip praktizieren.

Die *theoretisch-konzeptionelle Wissenschaftsmethode* vollzog sich parallel und wohl auch als Folge der experimentellen bzw. methodenorientierten Wissenschaftsmethode. Sie wird bestimmt von dem Bestreben der sie Praktizierenden, das vorhandene wissenschaftlich ermittelte Datenmaterial zu „verstehen", d. h. es anhand theoretischer Konzepte zu ordnen und zu strukturieren, was zum Aufbau und Ausbau des disziplinspezifischen Modellsystems führt. Der Beginn dieser Entwicklung in der Plasmaphysik ist um die Mitte des vergangenen Jahrhunderts anzusetzen und zwar mit der Entwicklung der statistischen Theorie der Gase durch J. C. Maxwell und L. Boltzmann. Es folgen die „Theorie der elektrischen Entladung in Gasen" durch J. J. Thomson in den 80er und 90er Jahren, die quantitative Theorie von L. Townsend über die Ausbildung der Dunkelentladung und ihr Übergang in die Glimmentladung von 1910—15, die Theorie von W. Schottky über die Rolle der Elektronen bei elektrischen Entladungen aus demselben Zeitraum sowie etwas später die grundlegende Theorie des Plasmas durch

[12] J. Dosse/G. Mierdel, Der elektrische Strom im Hochvakuum und in Gasen, Leipzig 1945.

[13] J. J. Thomson, Conduction of Electricity Trough Gases. Cambridge 1933; W. L. Granowski, Der elektrische Strom im Gas, Berlin 1955; P. D. Tolmpson, Gases and Plasmas, 1968.

G. Langmuir und L. Saha in den zwanziger Jahren dieses Jahrhunderts, um einige der wichtigsten theoretischen Ansätze in der Plasmaphysik anzuführen.

Im Gefolge der theoretisch konzeptionellen Wissenschaftsmethode bildet sich auch eine ganz spezifische Auffassung über das Wesen der „Wahrheit naturwissenschaftlicher Behauptungen" und vom „Erklären naturwissenschaftlicher Vorgänge" aus. „Wahr" ist in diesem Sinne eine Theorie, wenn sie sich quantitativ durch experimentelle Daten verifizieren läßt, und „erklärt" wird ein Vorgang dann, wenn es gelingt, ihn auf der Basis klassisch-mechanischer Vorstellungen theoretisch zu charakterisieren. Zur theoretisch-konzeptionellen Wissenschaftsmethode gehört in der Plasmaphysik dadurch zwangsläufig das enge Wechselspiel von Theorie und Experiment.[14] Das „Experiment" im Rahmen der theoretisch-konzeptionellen Wissenschaftsmethode ist jedoch grundsätzlich unterschieden von dem der experimentellen bzw. methodenorientierten Wissenschaftsmethode. Nach der theoretisch-konzeptionellen Wissenschaftsmethode liegt den Experimenten immer eine Theorie oder zumindest eine Hypothese zugrunde, und entsprechend werden die Experimente nach einer Konzeption vorbereitet und durchgeführt. Die zunehmende Komplexität und Spezifität von Erscheinungen, mit denen es die Plasmaphysik gegenwärtig zu tun hat, führte dazu, daß die derzeitigen plasmaphysikalischen Theorien entsprechend kompliziert sind und meist nur einen engen Geltungsbereich haben. Auf diese Weise gelang zwar auf der Grundlage der theoretisch-konzeptionellen Wissenschaftsmethode eine genaue theoretische Modellierung der plasmaphysikalischen Vorgänge, gleichzeitig ging jedoch das Konzept einer *einheitlichen* theoretischen Modellierung der Plasmaphysik verloren, das heißt, das plasmaphysikalische theoretische Modellsystem spaltete in Untersysteme auf. In der Praxis führte das zur Herausbildung einzelner Arbeitsgebiete der Plasmaphysik als selbständige Disziplinen mit eigenen theoretischen Modellsystemen. Als Beispiel seien hier angeführt die Aufspaltung in die einzelnen Entladungen und deren Verselbständigung mit jeweils eigenen theoretischen Modellsystemen. Diese Tendenz zur Spezialisierung scheint weniger die Folge der theoretisch-konzeptionellen Wissenschaftsmethode zu sein, sondern eher der Ausdruck der allgemeinen Entwicklung der Wissenschaften in Richtung auf einen zunehmenden Informationsanfall und des Eindringens in immer komplexere Zusammenhänge.

Was die *technisch-orientierte Wissenschaftsmethode* anbetrifft, so ist sie historisch dominant. Die Plasmaphysik ist eine Wissenschaftsdisziplin mit einem hohen Anwendungsbereich, das heißt, technische Probleme und parallel dazu eine technisch-orientierte Auffassung von Wissenschaft spielt in der Plasmaphysik von ihren Anfängen her eine große Rolle[15]. Der technische Aspekt läßt sich in der Plasmaphysik in drei verschiedenen Varianten nachweisen:

[14] R. Rompe/H.-J. Treder, Über Physik, Berlin 1979.

[15] J. L. Delacroix, Plasma Physics, Vol. 1, 2 1968; G. Mierdel, Was ist Plasma, Berlin 1973; D. A. Frank-Kamenczki, Plasma — der vierte Aggregatzustand, Moskau 1968.

erstens als direkte Anwendung (Überführung) wissenschaftlicher Entdeckungen mit einer Weiterentwicklung bzw. Anpassung an die praktischen Erfordernisse im Rahmen der Technik,

zweitens als Suche nach praktisch verwertbaren Lösungen auf der Basis einer experimentellen Wissenschaftsmethode, das heißt im Rahmen des Ausprobierens von Möglichkeiten ohne direkte Bezugnahme auf das theoretische Modell,

drittens auf der Grundlage einer theoretisch-konzeptionellen Wissenschaftsmethode.

Als Beispiel für eine direkte Anwendung plasmaphysikalischer Entdeckungen können die Entladungs-Leuchtröhren angeführt werden, die von ihrer Entdeckung her — als sogenannte Geissler-Röhren — eine praktische Anwendung fanden. Das gleiche gilt für den Lichtbogen, der bald nach seiner Entdeckung eine vielfältige Anwendung fand — als Lichtquelle (sogenannte Bogen-Lampen), als Wärmequelle (zum Beispiel zum Schweißen), als Hochfrequenz-Sender, sowie in der Gegenwart für die Laser-Entladungen. In den Rahmen der technisch-orientierten Wissenschaftsmethode auf experimenteller Basis fällt zum Beispiel die sogenannte technische Plasmaphysik, insbesondere ihre Anwendung in der Elektronik — bei den Gleichrichtern, den Schaltern, den Schweißbrennern etc.

Als Beispiele für die Bearbeitung bzw. Lösung technischer Probleme mit Hilfe der technisch-konzeptionellen Wissenschaftsmethode können die Entwicklung von Entladungslampen (Lampen bestimmter spektraler Verteilung mit einem hohen elektrischen Wirkungsgrad oder einer hohen Leuchtdichte), die Lösung des Problems der sogenannten magnetohydrodynamischen Generatoren[16] sowie die Erzeugung und Aufrechterhaltung von Plasmen mit extrem hohen Temperaturen (einige 10^7 Grad) für die Zwecke der Kernfusion gelten. Auch wenn bei der wissenschaftlichen Lösung technischer Zielstellungen alle der drei genannten Varianten nach wie vor praktiziert werden, so ist der Trend zur theoretisch-konzeptionellen Methode unverkennbar. Das resultiert zwangsläufig aus dem Umstand, daß die technischen Probleme innerhalb der Plasmaphysik meist so komplex und kompliziert sind, daß nur unter Zuhilfenahme des theoretischen Modellsystems der Plasmaphysik Aussicht besteht, sie zu lösen.

Schließlich läßt sich innerhalb der Plasmaphysik auch die *interdisziplinäre Wissenschaftsmethode* nachweisen, bei der durch Kombination zweier Disziplinen eine neue wissenschaftliche Disziplin bzw. durch das Zusammenfügen

[16] In magnetohydrodynamischen Generatoren kann thermische Energie unmittelbar in elektrische umgewandelt werden. Das geschieht durch starkes Erhitzen des Gases (auf Temperaturen von 2000 bis 3000 °C) mittels herkömmlicher oder atomarer Wärmequellen, so daß das Gas elektrisch leitend wird (sogenanntes Niedrigtemperaturplasma). Die Leitfähigkeit kann durch Hinzufügen von Alkaliverbindungen oder Bestrahlen mit Kernspaltungsprodukten noch erhöht werden. Läßt man dieses Gas nun mit sehr hoher Geschwindigkeit (etwa 1000 m/sec.) durch ein starkes Magnetfeld strömen, so kann an zwei Metallplatten, die an geeigneter Stelle angebracht sind, elektrischer Strom abgenommen werden.

und die Neustrukturierung zweier unterschiedlicher theoretischer Modellsysteme ein neues theoretisches Modellsystem mit spezifischen Merkmalen entsteht. Charakteristische Beispiele hierfür sind die Hochtemperatur-Plasmatechnik, bei der durch Kombination von Plasmaphysik und Kernphysik das Problem der kontrollierten Kernfusion, ein typisches interdisziplinäres wissenschaftliches Problem, gelöst werden soll.

Auch die Plasmachemie, die durch Vereinigung der Modellsysteme von Plasmaphysik und Chemie zustande kam, das heißt die Chemie unter Plasmabedingungen, findet eine Bearbeitung innerhalb einer interdisziplinären Wissenschaftsmethode. Letztlich sei auf die Magnetohydrodynamik hingewiesen, die Kombination von Plasmaphysik und Elektrodynamik. Alle drei aufgeführten Beispiele für interdisziplinäre wissenschaftliche Arbeitsgebiete innerhalb der Plasmaphysik haben sich inzwischen zu selbständigen wissenschaftlichen Disziplinen entwickelt; es sind neue Disziplinen mit eigenen theoretischen Modellsystemen, die sich qualitativ von den Modellsystemen der Ausgangsdisziplinen unterscheiden.

Die vorliegenden Ausführungen zeigen, daß wie immer der Begriff „Wissenschaftsmethode" auch aufgefaßt wird, die enge Verknüpfung von wissenschaftlichem Problem und wissenschaftlicher Methode bleibt davon unbenommen, sie wird lediglich in spezifischer Weise erkenntnismäßig strukturiert. Insofern sind die Ausführungen mit als ein Beitrag zur Strukturierung des wissenschaftlichen Modellsystems — der Naturwissenschaften allgemein bzw. der Plasmaphysik im besonderen — aufzufassen.

Konrad Fichtner

Interdisziplinarität in der Entwicklung und Anwendung naturwissenschaftlicher Analysenmethoden, dargestellt an der Röntgenkristallstrukturanalyse

Unter den experimentellen Methoden ist die Röntgenkristallstrukturanalyse (RKSA) für eine historische Betrachtung aus mehreren Gründen besonders interessant: Einmal ist sie mit einer fast siebzigjährigen Geschichte älter als viele andere Analysenmethoden. Ferner hat sie entscheidende Beiträge zur Entwicklung verschiedener Disziplinen geleistet, was wohl am deutlichsten durch die Verleihung von insgesamt fünf Nobelpreisen für Physik (1914, 1915), Chemie (1962, 1964) sowie Medizin (1962) zum Ausdruck kommt. Schließlich ist die RKSA auch heute eine moderne Analysenmethode, deren Bedeutung insbesondere für die Chemie und Biochemie trotz des Aufkommens anderer leistungsfähiger Analysenmethoden nicht zurückgegangen ist, sondern im Gegenteil weiter im Ansteigen begriffen ist.

Ein besonders wichtiger Aspekt in den einzelnen Entwicklungsphasen ist das Wechselverhältnis zwischen Problem und Methode.

1. Problem, Methode und Objekt in der Röntgenkristallstrukturanalyse

Wie zu jeder anderen physikalischen Analysenmethode gehören zur Röntgenkristallstrukturanalyse (RKSA) ein bestimmtes physikalisches Prinzip, das der Methode zugrunde liegt (Beugung der Röntgenstrahlen in Kristallen, d. h. Streuung an den Atomen des Kristalls und Interferenz der Sekundärwellen), die auf bestimmte Untersuchungsobjekte (Einkristalle einer gewissen Größenordnung, teilweise auch kristalline Pulver) angewandt wird.

Dazu gehören weiterhin Präparationsverfahren, nach denen die Untersuchungsobjekte für die Anwendung der Methode vorbereitet werden (z. B. Orientieren der Kristalle, eventuell auch Schleifen oder Umkristallisieren), Geräte, mit deren Hilfe die Meßdaten gewonnen werden (Röntgenanlage, Goniometer, Diffraktometer) sowie Auswerteverfahren, die die im Experiment gewonnenen Primärdaten (Intensitäten der gebeugten Strahlen) in abgeleitete Daten verschiedener Verarbeitungsstufen (vor allem in Strukturdaten, d. h. räumliche Koordination für die Lage der Atome in einer für die Kristallstruktur repräsentativen Elementarzelle) und schließlich in Aussagen umwandeln.

Im Vergleich mit anderen physikalischen Analysenmethoden spielt bei der RKSA die Umwandlung der Primärdaten in abgeleitete Daten eine besonders große Rolle. Ursache ist, daß die einzelnen Röntgenintensitäten keine unmittelbare, z. B. chemische Interpretation gestatten wie das bei anderen physikalischen Methoden der analytischen Chemie möglich ist (z. B. Änderung der Frequenz bei der hochauflösenden Kernresonanz als „chemische Verschiebung"). In der Entwicklung der RKSA ist deshalb das Finden und die Verbesserung von Verfahren zur Bestimmung der Kristallstrukturen aus den Röntgenintensitäten immer ein zentrales Problem gewesen.

Die Probleme, die bei der RKSA auftreten, kann man wie bei jeder anderen experimentellen Methode in zwei Gruppen einteilen: In Probleme, die mit Hilfe der RKSA gelöst werden sollen und in Probleme, die mit der Erhöhung der Leistungsfähigkeit[1] der Methode zusammenhängen. S. Kulpe[2] spricht in diesem Zusammenhang von themenorientierter und methodenspezifischer Forschung. Wir wollen von Anwendungsproblemen und methodischen Problemen sprechen. Zwischen beiden Problemgruppen besteht eine enge Wechselbeziehung. So wirft die Bearbeitung bestimmter Anwendungsprobleme methodische Probleme auf, deren Lösung die Bearbeitbarkeit auch anderer Anwendungsprobleme begünstigt oder überhaupt ermöglicht. Der allgemeine Entwicklungsstand der Methode bestimmt, welche Anwendungsprobleme mit Aussicht auf Erfolg in Angriff genommen werden können.

Ob eine Gruppe, die RKSA betreibt, vorwiegend Anwendungsprobleme oder methodische Probleme bearbeitet, hängt wesentlich von ihrer organisatorischen Zuordnung und damit ihrem Aufgabenprofil ab. Zu einem guten Teil wird diese Relation aber auch durch den Entwicklungsstand der RKSA in bezug auf das Anwendungsgebiet bestimmt. Es ist typisch für ein frühes Entwicklungsstadium der RKSA, daß sie Bestandteil der physikalischen Forschung ist und das Hauptinteresse den methodischen Problemen gilt. Teilweise resultieren diese methodischen Probleme aus ganz bestimmten Anwendungsproblemen, aber zu einem guten Teil gehörten sie auch zur Entwicklung der Röntgenbeugung als übergeordnetem Gebiet. Charakteristisch ist auch, daß nach der Lösung gewisser methodischer Probleme nach geeigneten Anwendungsmöglichkeiten gesucht wird, ohne primär an den Substanzen, auf die die RKSA angewendet wird, interessiert

[1] Erhöhung der Leistungsfähigkeit heißt hier insbesondere Erweiterung der Anwendungsmöglichkeiten, Erhöhung der Zuverlässigkeit und Genauigkeit der Aussagen, Verringerung des Zeitaufwandes für eine Analyse.

[2] S. Kulpe, Neuere Entwicklungen auf dem Gebiet der Röntgenkristallstrukturanalyse. Vortrag anläßlich des 20jährigen Bestehens des Zentralinstituts für physikalische Chemie der Akademie der Wissenschaften der DDR, Sitzungsberichte der Akademie der Wissenschaften der DDR, 18 N/1978, S. 59—68.

zu sein.[3] Ungeachtet dessen hatten die Ergebnisse oft grundlegende Bedeutung für die Anwendungsdisziplin. Erst später, mit einem gewissen Leistungsstand der Methode, entwickelt sich in breitem Maße der umgekehrte Weg. Die RKSA wird zielgerichtet und mit wachsendem Erfolg zur Lösung ganz bestimmter Anwendungsprobleme eingesetzt. Man kann abschätzen, in welchem Zeitraum gewisse Anwendungsprobleme lösbar sind. Die RKSA wird mehr und mehr integraler Bestandteil der Disziplin, in der sie angewendet wird. Methodische Probleme sind dann abgeleitete Probleme und werden in dem Maße bearbeitet, wie sie für die Lösung des Anwendungsproblems erforderlich sind. Heute kann ein Wissenschaftler oder auch eine Gruppe erfolgreich RKSA betreiben, ohne selbst methodisches Neuland bearbeiten zu müssen. Vor fünfzig Jahren wäre das undenkbar gewesen. Aber auch heute gilt, daß eine Gruppe, die die Möglichkeiten der RKSA voll ausschöpfen will, auf die Lösung methodischer Probleme nicht verzichten kann.

Das Spektrum der Probleme, die mit Hilfe der RKSA bearbeitet werden können, ist breit gefächert. Die meisten Anwendungen hat die RKSA in der Chemie und Biochemie gefunden. Beispiele sind Fragen der chemischen Bindung, Fragen der chemischen Konstitution und Beiträge zur Aufklärung chemischer Reaktionen. Ein sehr aktuelles Gebiet, an dessen Entwicklung die RKSA teilhat, ist die Molekularbiologie. Unter Zuhilfenahme der RKSA werden aber auch seit langem Fragen der Eigenschaften von Werkstoffen und Probleme der Entstehungsbedingungen von Gesteinsschichten bearbeitet.

Interdisziplinär ist die Forschung auf dem Gebiet der Röntgenkristallstrukturanalyse in mehrfacher Hinsicht. Erstens gibt es Interdisziplinarität bei der Problemformulierung und Probenbereitstellung. Beispielsweise ist es unmittelbar einleuchtend, daß aus einer biochemischen Fragestellung eine Fragestellung abgeleitet werden muß, die die RKSA beantworten kann. Dabei kann es notwendig sein, von der interessierenden Substanz kristallisierbare Derivate herzustellen. Die methodische Forschung stützt sich vor allem auf die Physik, die Mathematik und in den letzten dreißig Jahren zunehmend auf die Computerwissenschaften (Kybernetik und Informatik). Schließlich ist eine interdisziplinäre Zusammenarbeit bei der Interpretation der RKSA-Ergebnisse erforderlich. Hier kommt es in starkem Maße auf die Korrelation der RKSA-Ergebnisse mit dem in der Anwendungsdisziplin vorhandenem Wissen sowie mit den Resultaten anderer Analysenmethoden an.

[3] W. L. Bragg, The Growing Power of X-ray Analysis, hg. von P. P. Ewald, Fifty Years of X-ray Diffraction, Oosthoeck, Utrecht 1962, S. 126, schreibt z. B.: „In Manchester setzten wir die Anwendung des neuen Verfahrens bei einer Reihe von Silikaten fort, nicht weil wir an Silikaten interessiert waren, sondern weil ihre Strukturen vom richtigen Grad an Kompliziertheit waren ...“.

2. Entwicklungsstadien der Röntgenkristallstrukturanalyse

Bei einer sehr groben Einteilung ergeben sich in Anlehnung an andere Autoren[4] drei Perioden:

1912—1930 Ausarbeitung einer weitgehend abgeschlossenen Theorie der Röntgenbeugung. Entwicklung wesentlicher experimenteller Verfahren. Aufklärung der Kristallstruktur von Elementen und einfachen anorganischen Verbindungen, woraus wesentliche Schlüsse über die Natur der chemischen Bindung im festen Zustand gezogen wurden.

1930—1955 Die Quantität und Qualität der für eine Strukturanalyse verwendeten Meßdaten steigt wesentlich. Die Grundprinzipien der meisten heute noch verwendeten Verfahren zur Ermittlung der Struktur aus den Meßdaten werden entwickelt. Die RKSA vieler Mineralien und immer komplizierterer organischer Verbindungen gelingt. Die RKSA wird zum Kernstück der modernen Kristallographie.

1955—jetzt Der digitale Rechenautomat revolutioniert die RKSA. Zunächst wird er für die umfangreichen Berechnungen zur Ermittlung der Strukturparameter aus den Primärdaten eingesetzt. Später wurde die Gewinnung der Meßdaten automatisiert und schließlich wird die Rechentechnik zur Gewinnung von Aussagen aus den Strukturdaten herangezogen. Parallel dazu erfolgt eine wesentliche Verbesserung der experimentellen Geräte und eine stürmische Weiterentwicklung der bei der Strukturanalyse eingesetzten mathematischen Verfahren und Algorithmen. Die Gesamtheit dieser Faktoren führt zu einer Erhöhung der Genauigkeit der Resultate der RKSA und zu einer drastischen Verringerung des Zeitaufwandes je Strukturanalyse. Eine Vielzahl von Einsatzmöglichkeiten in der Chemie, in den Bio-, Geo- und Werkstoffwissenschaften werden erschlossen. Die RKSA wird in immer stärkerem Maße mit anderen Analysenmethoden kombiniert.

Diese Gliederung kann man verfeinern. So sieht L. Bragg einen Wendepunkt etwa um 1920. Nach dieser Zeit entwickelt sich die RKSA zu einer quantitativen Methode. Damit wird die Aufklärung komplexerer Strukturen möglich. Nach dem II. Weltkrieg erfolgte ein starker Aufschwung mit der Neugründung bzw. Erweiterung vieler RKSA-Laboratorien. Ursache war die allgemeine Anerkennung der Nützlichkeit von Strukturinformationen für chemische Fragestellungen sowie die gestiegene Leistungsfähigkeit der RKSA. Sicher ist es auch berechtigt, einen Einschnitt in der Mitte der sechziger Jahre zu sehen, als es möglich wurde, die RKSA in wachsendem Maße routinemäßig zu betreiben.

[4] Vgl. hierzu: A. I. Kitaigorodskij, Teorija strukturnogo analiza, Moskva 1957, Vorwort; W. L. Bragg, The Growing Power of X-ray Analysis, a. a. O.; W. C. Hamilton, The Revolution in Crystallography, in: Science (Lancester) 169/1970, S. 133—141.

2.1. Merkmale des ersten Entwicklungsstadiums der Röntgenkristallstrukturanalyse

Die erste Kristallstrukturbestimmung wurde 1913 von W. L. Bragg an den isomorphen Strukturen von NaCl, KCl, KBr und KJ durchgeführt.[5] Grundlage dafür war die Entdeckung der Beugung von Röntgenstrahlen an Kristallen und ihre theoretische Deutung durch M. von Laue.[6] In den nächsten zwei Jahrzehnten wurde eine weitgehend abgeschlossene Theorie der Röntgenbeugung geschaffen, wobei mathematische Gleichungen aufgestellt wurden, die den Zusammenhang zwischen Kristallstruktur und Beugungsdaten beschreiben.[7]

Methodische Probleme, die in diesem Zeitraum gelöst oder teilweise gelöst wurden, waren:

— Finden geeigneter Versuchsanordnungen zur Erzeugung und Registrierung der Interferenzen;[8]
— einfache geometrische Interpretation der Interferenz und Verfahren zur Indizierung der Interferenzreflexe;[9]
— Klärung der Ursache für das unterschiedliche Streuvermögen der verschiedenen Atomsorten und des Abfalls der Intensität mit steigendem Beugungswinkel;[10]

[5] W. L. Bragg, The Structure of Some Crystals as indicated by their Diffraction of X-rays, in: Proceedings Royal Society (London), A 89, 1913, S. 248—277.

[6] Siehe W. Friedrich/P. Knipping und M. v. Laue, Interferenz-Erscheinungen bei Röntgenstrahlen, in: Sitzungsberichte der Bayerischen Akademie der Wissenschaften, 1912, S.303 bis 322; M. v. Laue, Eine quantitative Prüfung der Theorie für die Interferenzerscheinungen bei Röntgenstrahlen, Ebenda, S. 363—373.

[7] Die Elektronendichteverteilung ϱ im Kristall wird nach folgender Formel berechnet:
$\varrho(x, y, z) = \Sigma_{hkl} F_{hkl} \cdot exp\, 2\pi i\, (hx + ky + lz)$.
Die sogenannten Strukturfaktoren $F_{hkl} = |F_{hkl}| \cdot exp\, 2\pi i \varphi_{hkl}$ sind komplexe Zahlen, deren Beträge aus den im Experiment gemessenen Intensitäten bekannt sind. $|F_{hkl}|^2 = t \cdot I_{hkl}$ (t Proportionalitätsfaktor), während die Phasen φ_{hkl} nicht meßbar sind. Mit Hilfe einer analogen Formel kann man die Intensitäten berechnen, wenn die Kristallstruktur bekannt ist. Diese Formeln wurden in den Jahren 1923—1930 aufgestellt und erstmalig für die Röntgenkristallstrukturanalyse genutzt. Siehe: Early Papers on Diffraction of X-rays by Crystals hg. von J. M. Bijvoet/W. G. Burgers/G. Hägg, Bd. II, Oosthoeck, Utrecht 1972, S. 369—408.

[8] Laue-Verfahren 1912, Drehkristallverfahren 1913, Weissenberg-Verfahren 1924 und andere. In der 2. Hälfte der zwanziger Jahre beginnt die Herstellung kommerzieller Geräte für die Röntgen-Feinstrukturanalyse.

[9] Erklärung der Beugung als Reflexion an den Netzebenen durch W. L. Bragg 1913, Verwendung des reziproken Gitters und der sogenannten Ewald-Kugel, Bernalnetze 1926.

[10] Anfang der zwanziger Jahre: Streuung erfolgt an der Elektronenhülle der Atome; Berechnung der Atomformamplituden auf der Grundlage der Wellenmechanik durch D. R. Hartree, Philosophical Magazine (London), 50, 1925, 289; Proceedings Cambridge Phil. Society (Cambridge), 24/1928, S. 89; 25/1929, S. 225.

— Klärung des Zusammenhangs zwischen gitterförmigem Aufbau der Kristalle und Intensität, Bestimmung der Einflußfaktoren auf die Intensität;[11]
— Entwicklung von Vorgehensweisen zur Ermittlung bzw. Kontrolle der Struktur auf der Grundlage der Intensitäten der durch den Kristall abgebeugten Röntgenstrahlen.[12]

In dieser Periode der Herausbildung der RKSA als Methode hatten ihre Ergebnisse entscheidenden Einfluß auf eine Neuorientierung der Kristallographie, auf die Weiterentwicklung der Kenntnisse von der Natur der chemischen Bindung im festen Zustand und auf Teilgebiete der Physik.

Bis zum Beginn des 20. Jahrhunderts war in der Kristallographie eine phänomenologische Beschreibung von Eigenschaften der Kristalle vorherrschend. Mit dem Nachweis der atomaren Struktur trat die Untersuchung der ursächlichen Zusammenhänge immer mehr in den Vordergrund. Als Beispiel sei die gitteroptische Behandlung der Kristalloptik genannt.[13]

Für das Verständnis der Bindungsverhältnisse in anorganischen kristallinen Strukturen lieferte die RKSA Informationen, die zu bewiesenen Vorstellungen über Ionenkristalle und den sterischen Aufbau (Koordination) von Komplexionen führte. Als Beginn der modernen Kristallchemie zählt die Aufstellung von Tabellen über Atom- und Ionenradien (zuerst W. L. Bragg 1920) und die Bestimmung von Bindungsabständen.

Auf der Grundlage bekannter Kristallstrukturen wurde mit Hilfe der Röntgenbeugung eine absolute Messung der Wellenlänge von Röntgenstrahlen möglich, die mehrere Größenordnungen genauer war als frühere Messungen an einem Spalt. Die ersten Kristallstrukturanalysen waren also Voraussetzung für die Entwicklung der Röntgenspektroskopie. Über die Röntgenspektroskopie hat die RKSA in den Jahren 1913—1920 mittelbar zur Entwicklung der Lehre vom Atombau beigetragen.

Obwohl bald nach Laues Entdeckung an sehr vielen Stellen über Röntgenbeugung gearbeitet wurde, blieb die Leistungsfähigkeit der RKSA noch sehr begrenzt.[14] Dafür gab es zwei Ursachen: Einmal war es sehr schwierig, genaue

[11] Entwicklung der Theorie des Mosaikkristalls durch C. G. Darwin und ihre experimentelle Bestätigung. Einflußfaktoren auf die Intensität sind: Polarisationsfaktoren, Lorentz-Faktor, Temperaturfaktor, Absorption, geometrische Faktoren des Verfahrens.

[12] Beispielsweise Braggsches Verfahren 1913, Methode von Wyckoff 1922; Wiederbelebung der Fouriermethoden in der 2. Hälfte der zwanziger Jahre.

[13] Vgl. P. P. Ewald, Dispersion und Doppelbrechung von Elektronengittern (Kristallen), Dissertation München 1912; ferner 2 Arbeiten in den Annalen der Physik 49/1916, S. 1—38, S. 117—143; M. Born, Dynamik der Kristallgitter, Leipzig 1915.

[14] Im September 1924 schreibt P. P. Ewald, Allgemeine Ergebnisse über den Aufbau der festen Körper, in: Zeitschrift für Kristallographie, Kristallgeometrie, Kristallphysik, Kristallchemie (Frankfurt a. M.) 61/1925, S. 5. „Erforscht sind z. Z. etwa 200 Kristalle, die sich mit einiger Willkür in etwa 30 verschiedene Typen einordnen lassen.“ Die bekannten Strukturen waren zumeist hochsymmetrisch und enthielten nur ganz wenige zu bestimmende Para-

Intensitätsdaten zu erhalten, zum anderen fehlten auch noch leistungsfähige Methoden zur Ermittlung der Kristallstruktur aus diesen Meßdaten. In beiderlei Hinsicht gab es in dem nächsten Vierteljahrhundert entscheidende Fortschritte.

2.2. Merkmale des zweiten Entwicklungsstadiums der Röntgenkristallstrukturanalyse

In experimenteller Hinsicht ist vor allem eine Erhöhung der Leistung der Röntgenquellen und der Zuverlässigkeit der Filmkameras zu nennen. Die Genauigkeit der Meßdaten wurde bei Filmaufnahmen durch den Übergang von visuell geschätzten Intensitäten zu photometrierten wesentlich erhöht. Die Verfälschung der Daten durch Absorption wurde entweder durch Untersuchung genügend kleiner Kristalle oder durch Korrektur weitgehend vermieden.

Bei Vorliegen von ausreichend vielen und genügend guten Meßdaten wurde durch den Ausbau der Fouriermethoden, durch die Entwicklung der Pattersonmethoden und schließlich der direkten Methoden[15] eine erfolgreiche Aufklärung immer komplizierterer Kristallstrukturen möglich. Mit Hilfe der Methode der kleinsten Quadrate (engl. Least Squares) wird durch Variation der Atomparameter die bestmögliche Übereinstimmung der aus dem Experiment ermittelten Daten erreicht. In den vierziger Jahren wurden Kriterien für die Genauigkeit einer Strukturanalyse entwickelt. Als globales Maß dafür dient der sogenannte R-Wert (R-residual).

Alle diese Methoden sind mit numerischen Berechnungen verbunden, deren Aufwand mit der Kompliziertheit der Struktur schnell steigt. Groß sind deshalb die Anstrengungen gewesen, diese Berechnungen praktikabel zu machen. Dazu wurden zwei Wege eingeschlagen: Einmal die Rationalisierung der Berechnungen, z. B. durch zweckmäßige Formeln[16], durch Gewinnung von Aussagen aus einem Teil der möglichen Meßdaten (Rechnen von Projektionen), durch besonders zweckmäßige Tabellen der trigonometrischen Funktionen (Beevers-Lipson-Streifen 1936). Zum anderen die Berechnung der Fouriersummen mit Hilfe von Geräten, z. B. mechanische Geräte, Lochkartenmaschinen, optische oder elektrisch-

meter. Bei weitem nicht alle publizierten Strukturbestimmungen waren korrekt. Wenn man diese wegläßt und isomorphe Kristallstrukturen nur einmal zählt, verringert sich die Zahl erheblich. G. L. Clark, Encyclopedia of X-rays and Gamma-Rays, New York—London 1963, stellt bezogen auf das Jahr 1926 fest, daß aus heutiger Sicht „nicht mehr als 15 Kristallstrukturen mit einem gewissen Grad an Sicherheit bekannt" waren.

15 Diese verschiedenen Methoden sind recht gut erklärt unter dem Stichwort „Kristallstrukturanalyse" in: Brockhaus ABC Physik, Leipzig 1972.

16 Vgl. K. Lonsdale, Structure Factor Tables, London 1936.

elektronische Analoggeräte.[17] Bewältigt worden ist das Problem der numerischen Berechnungen erst durch die digitalen Rechenautomaten.

In ihrem zweiten Entwicklungsstadium konsolidierte sich die RKSA als Methode und wurde zum zentralen Teil der modernen Kristallographie. Günstige Bedingungen dafür wurden geschaffen durch die Umgestaltung der „Zeitschrift für Kristallographie" zum internationalen Organ der Kristallstrukturforscher[18], durch Absprachen über eine einheitliche Symbolik für die Raumgruppen[19] und durch die Herausgabe der „Strukturberichte", in denen alle mit den Röntgenmethoden erzielten Strukturbestimmungen kritisch referiert wurden. Nach einer Unterbrechung dieser Entwicklung durch den zweiten Weltkrieg konnte sich die „neue" Kristallographie mit der Gründung der Internationalen Union für Kristallographie (IUC) im Jahre 1947 auch institutionalisieren. Seither spielen die Veranstaltungen und Publikationen[20] der IUC eine stark integrierende Rolle und stimulieren die Entwicklung wesentlich.

Die Anwendung der RKSA nahm im zweiten Entwicklungsstadium sowohl in der anorganischen als auch in der organischen Chemie einen Aufschwung. Als Beispiel für den Einsatz der RKSA in der anorganischen Chemie seien die Untersuchungen an Silikaten genannt. Die Strukturanalysen von W. L. Bragg und seinen Mitarbeitern führten Ende der zwanziger und Anfang der dreißiger

[17] Einen Eindruck von der Vielfalt der dabei eingesetzten Mittel gibt W. Nowacki, Fouriersynthesen von Kristallen, Basel 1952.

[18] 1920 wurde P. Niggli Herausgeber der „Zeitschrift für Kristallographie". Er stellte sich das Ziel, sie zu einem internationalen Organ der Kristallstrukturforscher zu machen. Mit M. v. Laue, P. P. Ewald und K. Fajans wurden drei deutsche Vertreter der Röntgenbeugung in die Redaktion aufgenommen. Ab 1925 konnten 14 hervorragende ausländische Vertreter aus 10 Ländern zur Mitarbeit an der Zeitschrift gewonnen werden. Ab 1928 wurden auch Arbeiten in Französisch und Englisch aufgenommen. Im Ergebnis dieser Bemühungen veröffentlichten in den dreißiger Jahren die meisten Kristallographen ihre wichtigen Arbeiten in der „Zeitschrift für Kristallographie".

[19] Auf Initiative von P. P. Ewald wurde 1929 in London von einer repräsentativen Gruppe von Kristallographen der Beschluß gefaßt, eine einheitliche Nomenklatur für die Raumgruppen auszuarbeiten. Ein Jahr später wurde auf einer Konferenz in Zürich hinsichtlich der wichtigsten Grundsätze Einigkeit erzielt. 1935 erschienen dann die „Internationalen Tabellen zur Bestimmung von Kristallstrukturen" (vgl. P. P. Ewald: Fifty Years of X-ray Diffraction, a. a. O., S. 698—700).

[20] Die IUC führt alle drei Jahre einen großen internationalen Kongreß durch. Dazu kommen regionale Veranstaltungen, z. B. das Europäische Kristallographen-Meeting und Spezialtagungen. Wichtigste Publikationen sind die „Acta Crystallographica", das „Journal of Applied Crystallography", die „International Tables for X-ray Crystallography", die „Structure Reports", das „World Directory of Crystallographers" sowie zwei, die ein Geschichtsbild vermitteln: „Fifty Years of X-ray Diffracion" (700 Seiten) und „Early Papers on Diffraction of X-rays by Crystals" (850 Seiten). DDR-Wissenschaftler beteiligten sich seit den fünfziger Jahren an Aktivitäten der IUC. Seit 1969 gehört die DDR mit einem eigenen Nationalkomitee der IUC an.

Jahre zu einer neuen Klassifikation der kristallinen Silikate. N. V. Belov und seine Schüler nahmen nach dem II. Weltkrieg systematische Röntgenuntersuchungen von Silikaten mit großen Kationen vor. Die dabei erzielten Ergebnisse „warfen Licht auf so wichtige Fragen wie die Entstehung der Minerale der Erdrinde, die Gesetzmäßigkeiten der Verteilung von Schwermineralien und seltenen Elementen in der Erdrinde sowie auf Fragen des Mechanismus von Phasenumwandlungen bei verschiedenen Reaktionen in der Erdrinde und in technologischen Prozessen, beispielsweise dem Abbinden von Zement, auf die Bildung von Gläsern und Kristallen und anderes mehr".[21]

Als erste organische Strukturen wurden 1921 Naphthalin und Anthrazen untersucht.[22] Die Probleme waren für den damaligen methodischen Entwicklungsstand der RKSA zu komplex. „Es wurde gezeigt, daß die Moleküle mit der von der organischen Chemie vorhergesagten Gestalt mit den Kohlenstoff-Kohlenstoff-Abständen gleich denen des Diamants in die gemessenen Elementarzellen eingepaßt werden konnten."[23] In den dreißiger Jahren war die Situation besser: Die RKSA „bestätigte die von den organischen Chemikern vorausgesagte Struktur. Der neue Beitrag war die genaue Bestimmung von Bindungsabständen und Bindungswinkeln und ihre Interpretation in Form der Natur der chemischen Bindung."[24]

Nach dem II. Weltkrieg nahm die RKSA komplizierter organischer Verbindungen einen raschen Aufschwung. Beispielsweise wurde 1947 nach vierjähriger Arbeit die Strukturbestimmung des Penicillins abgeschlossen.[25]

Der Stand in den fünfziger Jahren war also folgender: Die Leistungsfähigkeit der RKSA war enorm gestiegen, insbesondere hinsichtlich der Kompliziertheit der bearbeitbaren Probleme. Immer neue Teilgebiete der anorganischen und organischen Chemie sowie der Biochemie erhielten durch die RKSA von Schlüsselsubstanzen eine neue wissenschaftliche Grundlage. Ihre Anwendung wurde eingeschränkt durch den hohen Aufwand, den sie erforderte. Bereits die Gewinnung der Meßdaten erforderte je nach Kompliziertheit Hunderte bis Tausende von Stunden Meßzeit. Die Strukturbestimmung gelang nur hochspezialisierten Wissenschaftlern mit langjähriger Erfahrung. Die numerischen Berechnungen waren sehr umfangreich, so daß von der Formulierung eines Problems bis zu seiner Lösung durch die RKSA nicht selten Jahre vergingen. Damit war die RKSA nur für langfristige Grundlagenuntersuchungen einsetzbar.

[21] B. K. Wainschtein, Die Beugung von Wellen an Kristallen und die Kristallstruktur, in: „Wissenschaft und Menschheit", Berlin 1967, S. 268.

[22] Vgl. W. H. Bragg, Proceedings Royal Society (London), 34/1921, S. 33.

[23] W. L. Bragg, The Growing Power of X-ray Analysis, a. a. O., S. 127.

[24] Ebenda, S. 129.

[25] Vgl. D. Crowfoot/C. W. Bunn/B. W. Rogers-Low/A. Turner-Jones, The X-ray Crystallographic Investigation of the Structure of Penicillin, Oxford 1949.

2.3. Merkmale des dritten Entwicklungsstadiums der Röntgenkristallstrukturanalyse

Ab 1950 werden elektronische digitale Rechenautomaten für die RKSA zugänglich. Seitdem ist die Entwicklung der Leistungsfähigkeit der RKSA eng mit der Entwicklung der Rechentechnik verbunden: Die Geschwindigkeit der Rechner bestimmt die Kompliziertheit der bearbeitbaren Strukturen und die Anwendbarkeit aufwendiger Methoden (dreidimensionale Patterson- und Fourier- direkte Methoden). Der Übergang von den maschinenorientierten Programmiersprachen zu problemorientierten verringert den Aufwand für die Herstellung von Rechenprogrammen und ermöglicht ihre Übertragbarkeit auf andere Rechenautomaten. Die Größe der Speicher macht Datenbanken mit den Resultaten aller bisherigen Strukturanalysen möglich. Die Entwicklung von Prozeßrechnern führte zur automatischen Datengewinnung.

Entsprechend dem dringenden Bedarf an Rechenhilfsmitteln erfolgt die Nutzung der Computer für die RKSA schnell und in breitem Umfang. Ein Übersichtsartikel[26] aus dem Jahre 1963 berichtet von mehr als 200 Computerprogrammen für kristallographische Probleme und nennt mehr als 40 Rechnertypen, die für die RKSA genutzt werden. Wesentlichen Anteil an der schnellen Verbreitung der jeweils modernsten Methoden zur Nutzung der Rechentechnik haben die von der IUC organisierten Sommerschulen über „Crystallographic Computing“ und der von der IUC geförderte Programmaustausch. Es ist üblich, daß die in den einzelnen Forschungseinrichtungen entwickelten Rechenprogramme jedem Interessenten kostenlos zur Verfügung gestellt werden.

In experimenteller Hinsicht erfolgt seit den sechziger Jahren ein Übergang von den Filmkameras zu vollautomatischen Diffraktometern, bei denen Quantenzähler für die Registrierung der Intensitäten genutzt werden. In den siebziger Jahren werden die Steuerrechner der Diffraktometer so ausgelegt, daß sie auch für die Auswertung der Meßdaten geeignet sind. Die Firmen, die Diffraktometer herstellen, liefern mit den Geräten Programmpakete für die RKSA. Im Labor kann damit die Strukturanalyse bis zu Listen von Atomabständen und Bindungswinkeln sowie bis zu automatisch angefertigten Molekülbildern erfolgen.

Der Einsatz der Computer zur Strukturbestimmung führt zu einer raschen Entwicklung der mathematischen Methoden und Algorithmen zur Bestimmung der Strukturdaten aus den Meßdaten. Am wichtigsten war dabei die Entwicklung

[26] J. R. Holland/J. R. Brathovde, Computer Techniques in Proceeding all Types of X-ray Diffraction Data, in: G. L. Clark, Encyclopedia of X-rays and Gamma Rays, a. a. O., S. 172.

der sogenannten direkten Methoden zur Phasenbestimmung.[27] Sie hatte zur Folge, daß eine große Zahl von Verbindungen der organischen Chemie und der Biochemie, die zuvor für die RKSA nicht zugänglich waren, jetzt in kurzer Zeit aufgeklärt werden können. Es werden spezielle Methoden für hochmolekulare Strukturen und sehr genaue Strukturanalysen entwickelt.[28]

Zusammenfassend kann festgestellt werden, daß im letzten Vierteljahrhundert die Leistungsfähigkeit und die wissenschaftliche Signifikanz der RKSA wesentlich gestiegen sind und daß dieser Trend anhält. Merkmale dieser Entwicklung sind:

— Die Kompliziertheit der bearbeitbaren Probleme wächst.[29]

— Die Genauigkeit und damit die Aussagekraft der Strukturanalysen steigt wesentlich.[30]

— Zeitaufwand und Kosten für eine Strukturanalyse sinken beträchtlich.[31]

— Es werden Datenbanken geschaffen, die auf Magnetspeichern für Tausende von Substanzen bibliographische, kristallchemische und strukturanalytische Informationen enthalten.[32]

27 „Direkte Methoden beherrschen jetzt das Gebiet der Strukturaufklärung von Kristallen, und ‚multisolution methods' (Multan und Shelx) sind für mehr als die Hälfte aller gelösten Strukturen verantwortlich", schreibt M. M. Woolfson in einem Artikel in der Zeitschrift für Kristallographie 149/1979, S. 79.

28 Vgl. „Status and Future Potential of Crystallography", Report of a Conference, USA National Committee for Crystallography, National Academy of Sciences, Washington, D.C. 1976, S. 5, S. 133.

29 Kompliziertheit heißt hier vor allem: Anzahl der Atome je asymmetrische Einheit. Zugänglich werden aber auch „pathologische" Kristallstrukturen, z. B. die sogenannten Order-Disorder-Strukturen. Diese Strukturen bestehen aus Schichten, die in unterschiedlicher Weise gestapelt sind, so daß verschiedene polymorphe Formen und auch fehlgeordnete Strukturen entstehen. Vgl. K. Dornberger-Schiff, Grundzüge einer Theorie der OD-Strukturen aus Schichten, Berlin 1964.

30 Die Genauigkeit der Ergebnisse der Strukturanalyse kann durch 4 Faktoren beeinflußt werden; Größere Genauigkeit der Meßdaten, Untersuchung der Kristalle bei tiefen Temperaturen (Unterdrückung der thermischen Schwingungen der Atome), größere Anzahl der bei einer Struktur gemessenen Intensitäten, volle Ausschöpfung des Informationsgehalts der Meßdaten durch aufwendige Rechnungen.

31 Beispielsweise entwickelten sich die durchschnittlichen Rechenkosten je Strukturanalyse wie folgt: 1970 — 5000 $; 1977 — 2000 $; 1980 — 1000 $. Quelle: S. R. Hall, Large Centralized Computers and Network Computing, Vortrag auf dem 11. IUC-Kongreß, Warschau 1978. Leistungsfähige Laborrechner verringern die Kosten weiter.

32 Pionierarbeit hat bei den Datenbanken das „Cambridge Crystallographic Data File" geleistet. Es ist seit Anfang der 70er Jahre verfügbar, nimmt die Ergebnisse aller Strukturanalysen von organischen und organo-metallischen Verbindungen auf und besitzt heute ca. 30000 Eingänge. Zu einer interessierenden Verbindung können von einem Terminal aus über spezielle Suchroutinen alle verwandten Strukturen des Files gefunden und die Informationen über sie ausgegeben werden. Am Bildschirm ist es möglich, sich Stereobilder der Moleküle oder der Packung der Moleküle im Kristall zu betrachten.

— Die Einarbeitungszeit in die RKSA verkürzt sich wesentlich. In zunehmendem Maße kann sie deshalb von Chemikern, Biologen und Medizinern selbst betrieben werden. Das vorhandene methodische Arsenal reicht aus, um insbesondere im niedermolekularen Bereich (Molekulargewicht bis 1000) viele Anwendungsprobleme lösen zu können. Der Spezialist wird nur benötigt, wenn Komplikationen auftreten.

— Zusatzeinrichtungen ermöglichen die Untersuchung der Proben unter extremen Bedingungen wie tiefen und hohen Temperaturen sowie unter hohem Druck.

— Durch den Einsatz besserer Strahlungsquellen (zum Beispiel Drehanodenröhren hoher Leistung und Synchroton-Röntgenstrahlung) und durch die Schaffung ein- und zweidimensionaler Quantendetektoren wird eine Verringerung der Meßzeit um mehrere Größenordnungen möglich sein.[33] Dann wird die RKSA unmittelbar einsetzbar für die Erforschung dynamischer Prozesse wie Festkörperreaktionen, Phasenumwandlungen und die Stereochemie von Reaktionswegen.

3. Interdisziplinarität in den Entwicklungsstadien der Röntgenkristallstrukturanalyse

In ihrem ersten Entwicklungsstadium wurde die Röntgenkristallstrukturanalyse fast ausschließlich von Physikern betrieben. Das hing sowohl mit der schwierig handhabbaren experimentellen Technik[34] als auch mit den noch in stürmischer Entwicklung befindlichen theoretischen Grundlagen der Röntgenbeugung in Kristallen zusammen. Viele der für die RKSA zu lösenden methodischen Probleme waren von unmittelbar physikalischem Interesse. Etwa ab Mitte der zwanziger Jahre sind die Röntgenmethoden auch in mineralogischen und chemischen Instituten sowie in Einzelfällen bereits in Forschungsstellen der Industrie vertreten.[35] Es beginnt die Ausbildung von Mineralogen und Chemikern in den

[33] Quelle: A. Guinier, New Intense Sources of X-ray and Neutron Radiation and New Detectors, Vortrag auf dem 11. IUC-Kongreß, Warschau 1978.

[34] „Es ist heutzutage schwer vorstellbar, was für Scheusale Röntgenröhren damals waren. Man konnte selbst kurzzeitig nicht mehr als 1 Milliampere durch sie hindurchschicken, sonst wurde die Antikatode zu heiß." schreibt W. L. Bragg, The Growing Power of X-ray Analysis, a. a. O., S. 122.

[35] Seit 1927 gab es eine Röntgengruppe in den Laboratorien der IG Farbenindustrie AG in Ludwigshafen, die sich behaupten konnte. Vgl. H. Mark, Personal Reminiscences, in: P. P. Ewald, Fifty Years of X-ray Diffraction, a. a. O., S. 606—607. Die Anerkennung in der Industrieforschung erwarben sich die Röntgenmethoden zunächst durch Identifikation und quantitative Analyse und erst später auch durch Kristallstrukturanalyse.

Röntgenmethoden.[36] Zunehmend sind die Gruppen, die RKSA betreiben, interdisziplinär zusammengesetzt. So waren unter den zwölf Wissenschaftlern, die 1923 unter W. H. Bragg an der Royal Institution in London arbeiteten, neben Physikern auch ein Mathematiker, ein Chemiker und ein Mineraloge.[37] In dem Maße, wie sich die RKSA interdisziplinär entwickelte und betrieben wurde, war sie erfolgreich. „Das Interesse am speziellen Kristall, das am stärksten in W. L. Braggs langer Reihe von Strukturbestimmungen ausgeprägt war, brachte die Sache dicht an die Grenze zwischen Physik und Chemie, und wo immer das der Fall war, blühte sie. Es ist interessant festzustellen, wie wenig Strukturbestimmungen aus Deutschland kamen, wo die Röntgenbeugung zur Physik gehörte und die große Mehrzahl der Chemiker, stolz auf die mit ihren klassischen Methoden erzielten Ergebnisse, es lange Zeit nicht duldete, daß eine physikalische Methode in ihre Forschung oder Lehre eindrang."[38]

Im zweiten Entwicklungsstadium verlagert sich das Schwergewicht der methodischen Entwicklung. Neben der Röntgenphysik spielen Mathematik und später Computerwissenschaften sowie wissenschaftlicher Gerätebau eine wachsende Rolle. Am Beispiel der Informationstheorie soll das deutlich gemacht werden. Sie kann helfen, folgende Fragen zu beantworten[39]:

1. Wie genau kann man die Atomlagen bestimmen, wenn man die Genauigkeit der Röntgendaten kennt?
2. Wieviel Daten braucht man, wenn man bereit ist, eine näherungsweise Lösung zu akzeptieren?
3. Sind die Daten von einem Kristall mit großen Molekülen (zum Beispiel eines Proteins) ausreichend, um sagen zu können, daß das Problem überbestimmt ist?
4. Um wieviel kann die RKSA einer organischen Verbindung vereinfacht werden, wenn man das Wissen, das die organische Chemie über die Struktur von Atomgruppen der Verbindung hat, nutzen kann?
5. Welche relative Bedeutung haben Phasen und Intensitäten für die RKSA?

Ohne Zweifel ist die Beantwortung solcher Fragen für die RKSA relevant.

Leistungsfähige Rechenprogramme entstehen nur durch sehr enge Zusammenarbeit von Programmierfachleuten und Strukturforschern. Seit den fünfziger Jahren gibt es Spezialisten, die auf beiden Gebieten über Sachkenntnis verfügen.

[36] Beispielsweise wurde an der Universität Göttingen ein Kolleg über die Verwendung der Röntgenstrahlen in der Chemie durchgeführt. Zur Vorbereitung darauf wurde P. A. Thießen 1926 nach seiner Habilitation zu einem Studienaufenthalt nach Freiburg geschickt (Vortrag von P. A. Thießen am 6. 12. 1979 auf dem Laue-Kolloquium des Zentralinstituts für Physikalische Chemie der Akademie der Wissenschaften der DDR).

[37] Vgl. P. P. Ewald, Fifty Years of X-ray Diffraction, a. a. O., S. 412.

[38] Ebenda, S. 696.

[39] D. McLachlan jr., Information Theory: Use in X-ray Crystallography, in: G. L. Clark, Encyclopedia of X-rays and Gamma Rays, a. a. O., S. 484—502.

Im World Directory of Crystallographers[40] sind Hunderte von Wissenschaftlern aufgeführt, deren Interessengebiete neben einem Spezialgebiet der Kristallographie auch „Computer programming“, „Computing techniques“ oder „Automatic data processing“ sind.

Es gibt enge Beziehungen zwischen Computerindustrie, RKSA-Forschungseinrichtungen und gerätebauender Industrie. Viele der ersten kristallographischen Rechenprogramme wurden in den USA durch die Computerindustrie finanziert. In der DDR leistete die RKSA Pionierarbeit bei der Anwendung der Rechentechnik.[41] Ausgangspunkt für die Produktion von RKSA-Geräten waren und sind oft nichtkommerzielle Geräte, die in Instituten entwickelt wurden.[42] Andererseits beschäftigt die gerätebauende Industrie profilierte Spezialisten der Röntgenbeugung und des Rechnereinsatzes für die Kristallographie.

In den letzten Jahrzehnten nimmt die Kombination der RKSA mit anderen Analysenmethoden zu. In erster Linie sei hier auf die Elektronen- und Neutronenbeugung hingewiesen. „Methoden wie die NMR, UV, IR, ESR und Massenspektroskopie können Informationen liefern, die nicht mit Hilfe von Röntgenbeugung erhältlich sind, aber sie sind auf Makromoleküle schwierig anzuwenden, wenn deren Struktur nicht bekannt ist. Die effektivste Analyse biologischer Systeme ergab eine konzentrierte Anstrengung, wobei die RKSA mit anderen biochemischen und biophysikalischen Methoden kombiniert wurde.“[43]

Wie dieses Zusammenspiel der verschiedenen Methoden konkret vor sich geht, wird im folgenden Abschnitt behandelt. Interessant an dem angegebenen Zitat ist die Tatsache, daß die RKSA als „biophysikalische“ Methode bezeichnet wird, das heißt, sie wird als integraler Bestandteil der Molekularbiologie angesehen. Dabei ist im niedermolekularen Bereich das experimentelle und rechentechnische Instrumentarium der „Bio“-RKSA weitgehend identisch mit dem der RKSA als Analysenmethode der Chemie. Das ist die Grundlage dafür, daß für den Forschungsbereich Chemie und das Forschungszentrum Molekularbiologie und Medizin der Akademie der Wissenschaften der DDR ein gemeinsames hochleistungsfähiges 4-Kreis-Diffraktometer finanziert wird. Das neue Gerät wird im Zentralinstitut für physikalische Chemie installiert, das damit die Rolle eines Meßzentrums für die RKSA übernimmt. Wie dieses Meßzentrum arbeitet, wird an anderer Stelle ausgeführt.

[40] G. Boom, World Directory of Crystallographers, 4. Aufl., Utrecht 1971.

[41] Der erste Rechner vom Typ ZRA 1 im Berliner Raum wurde 1962 im Institut für Strukturforschung der Akademie der Wissenschaften der DDR installiert. Die Abteilung Rechentechnik dieses Instituts bildete 1968 den Kern des neugegründeten Rechenzentrums in Berlin-Adlershof.

[42] Beispielsweise basieren alle im VEB Freiberger Präzisionsmechanik produzierten Geräte für die Einkristall-Röntgenkristallstrukturanalyse auf Entwicklungen des Instituts für Strukturforschung der Akademie der Wissenschaften der DDR.

[43] Status and Future Potential of Crystallography, a. a. O., S. 4.

4. Problem und Methode in der Entwicklung der Röntgenkristallstrukturanalyse an Einzelbeispielen

4.1. Laues Entdeckung 1912

Siebzehn Jahre nach der Entdeckung der Röntgenstrahlen war ihre Natur noch immer nicht geklärt. Ein Teil der Physiker glaubte, daß sie elektromagnetische Wellen sind, andere, daß es eine Korpuskularstrahlung ist. Hypothetisch waren auch die Vorstellungen vom Feinbau der Kristalle. Seit dem Ende des 19. Jahrhunderts hatte sich bei vielen Kristallographen die Überzeugung durchgesetzt, daß die Kristalle gitterförmige Atomgebäude sind. Aber auch dafür fehlte ein klarer experimenteller Beweis, und es waren aus diesem Gedanken keine weitergehenden physikalischen Folgerungen gezogen worden.

Laues Experiment, das den Nachweis von Interferenzerscheinungen beim Durchgang von Röntgenstrahlen durch einen als Beugungsgitter wirkenden Kristall erbrachte, basierte also auf zwei durchaus unsicheren Vermutungen aus verschiedenen Gebieten. Die Bedingungen für die Kombination der beiden Hypothosen waren an der Universität München ungewöhnlich günstig. Es wurde intensiv über Röntgenstrahlen gearbeitet. Röntgen selbst leitete ein Institut in München, in dem Laues Mitarbeiter Friedrich und Knipping im Umgang mit Röntgenstrahlen ihre Ausbildung erhielten. Sommerfeld, dessen Institut für theoretische Physik Laue angehörte, berechnete die damals genaueste Wellenlänge für Röntgenstrahlen aus Beugungsversuchen an einem Spalt. Schließlich vertrat P. v. Groth in München die Raumgittertheorie der Kristalle[44]. Bemerkenswert ist auch die wissenschaftliche Kommunikation in München. „Im Gegensatz zu den Entdeckungen von Röntgen, Planck und vielen anderen entwickelte sich die von Laue nicht in der Abgeschiedenheit, sondern, ähnlich wie die Philosophie der alten Griechen sozusagen auf dem Marktplatz. In Sommerfelds Institut und im Café Lutz konnten sich viele durch Ratschläge oder Bedenken daran beteiligen“[45].

1913 führte W. L. Bragg die erste Strukturanalyse durch. Sie ermöglichte es W. H. Bragg, den von ihm aufgenommenen charakteristischen Linien in Röntgenspektren Wellenlängen zuzuordnen. Laues Entdeckung hatte damit nicht nur zwei Hypothesen bestätigt, sondern auch zu zwei Methoden geführt: Zur Strukturbestimmung von Kristallen mit Hilfe Röntgenstrahlen bekannter Wellenlänge

[44] Vgl. M. v. Laue, Über die Auffindung der Röntgenstrahlinterferenzen, Nobelvortrag Karlsruhe 1920, in: M. v. Laue, Gesammelte Schriften und Vorträge, III, Braunschweig 1961, S. 9—10.

[45] G. Menzer, Zu P. Forman's historischen Betrachtungen über die Entdeckung der Röntgenstrahl-Interferenzen an Kristallen, in: Z. Kristallographie 134/1971, S. 436.

(RKSA) und zur Messung der Wellenlänge von Röntgenstrahlen mit Hilfe eines Kristalls bekannter Struktur (Röntgenspektroskopie).

Laues und Braggs Arbeiten fanden schnell Anerkennung. Bester Ausdruck dafür ist die Verleihung des Nobelpreises für Physik für das Jahr 1914 bzw. 1915 an M. v. Laue bzw. die beiden Braggs.

4.2. Die Röntgenkristallstrukturanalyse und die Natur der chemischen Bindung

Der Weg bis zur Aufstellung exakter Tabellen der Ionenradien ist ein hervorragendes Beispiel der gegenseitigen Befruchtung zwischen chemischen Theorien und der Röntgenkristallstrukturanalyse.

Zu Beginn unseres Jahrhunderts vertraten Barlow und Pope in England die Ansicht, daß man sich die Kristallstruktur einfacher Verbindungen als Packungsmodell vorstellen könne. Die Atome sind dabei starre Kugeln, die so dicht gepackt sind, daß sie einander berühren. Diese Vorstellungen waren der Schlüssel für die erste Strukturanalyse von W. L. Bragg.

Mit der RKSA hatten die Braggs eine neue Untersuchungsrichtung in der Kristallographie begründet, „die ihrerseits wieder die Vorstellungen der Chemiker von der Natur der Atome und Moleküle wandeln sollte. Es war, als ob ein neues Mikroskop erfunden worden wäre, mit dem man die Lage der chemischen Atome erkennen konnte. So konnte man nachweisen, daß in einfachen Salzen, wie Natriumchlorid, überhaupt keine Moleküle vorhanden waren; diese Salze sind vielmehr gebildet aus regelmäßig angeordneten, positiv geladenen Natriumionen und negativ geladenen Chlorionen. In anderen Substanzen dagegen, wie Naphthalin, gab es deutlich erkennbare Gruppen von dicht aneinander gelagerten Atomen, die durch relativ weite Zwischenräume von anderen Atomgruppen getrennt waren — ganz wie es dem Begriff des chemischen Moleküls des 19. Jahrhunderts entsprach. Tatsächlich sollte die Röntgenstrukturanalyse diejenigen Vorstellungen von der Struktur der Moleküle zunächst bestätigen und später verfeinern, welche die Chemiker durch geistvolle mathematisch-logische Schlußfolgerungen entwickelt hatten, wobei sie von Molekülumwandlungen (durch Substitutionen) ausgegangen waren. Wo diese chemischen Methoden nicht anwendbar waren, wie bei den Metallen und den Silikaten, konnte jetzt mit Hilfe der Röntgenstrahlen die Atomanordnung direkt ermittelt und gleichzeitig erklärt werden, worauf die besonderen und nützlichen Eigenschaften solcher Substanzen beruhen“.[46]

Wenn man sich die Atome und Ionen als Kugeln vorstellt, so ist es naheliegend, Atom- und Ionenradien anzugeben. Das hat zuerst W. L. Bragg 1920 getan. Mitte der zwanziger Jahre führte V. M. Goldschmidt systematische

[46] J. D. Bernal, Die Wissenschaft in der Geschichte, Berlin 1967, S. 475.

RKSA-Untersuchungen durch und bestimmte die Ionenradien fast aller Elemente, wobei ihm die aus optischen Messungen gewonnenen Radien für Sauerstoff und Fluor als Bezugsdaten dienten. „Es ist erstaunlich, daß die von L. Pauling 1927 auf Grund von wellenmechanischen Überlegungen berechneten Ionen- und Atomradien mit den empirischen Größen von Goldschmidt recht gut übereinstimmten.“[47]

Die Bestimmung von Atomradien und Bindungsabständen sowie die Betrachtung von Radienverhältnissen als wesentliche Ursache für die Struktur einfacher anorganischer Verbindungen bildeten die ersten Beiträge zur modernen Kristallchemie. Diese Ideen wurden 1928 von L. Pauling in seiner Arbeit über die Koordinationstheorie der Struktur von Ionenkristallen weiterentwickelt. Damit waren nicht nur die Grundprinzipien des Baus aller anorganischen Kristallstrukturen enthüllt, sondern gleichzeitig auch ein wesentliches Hilfsmittel für die RKSA bereitgestellt. Bei einer konkreten Strukturanalyse wurden jetzt Hypothesen auf der Grundlage dieser Theorie entwickelt und anschließend mit Hilfe der Röntgendaten ihre Richtigkeit überprüft.

4.3. Der Beginn der Röntgenkristallstrukturanalyse von Eiweißstoffen[48]

Eiweiße sind wesentliche Bestandteile fast jeder Art lebender Materie und bestimmen ihre Eigenschaften. Die Kenntnis der atomaren Architektur der Eiweißmoleküle ist Voraussetzung für ein Verständnis der Chemie der Lebensprozesse, denn die Enzyme, die als Katalysatoren die chemischen Reaktionen lebender Systeme kontrollieren, sind Eiweiße.

Bereits seit Beginn unseres Jahrhunderts ist bekannt, daß Eiweiße Substanzen von großem Molekulargewicht sind, die durch Zusammenschluß gewisser Aminosäuren gebildet werden. Die ersten Röntgenbeugungsaufnahmen von globulären Eiweißkristallen (Insulin und Pepsin) erhielten im Jahre 1934 J. D. Bernal und seine Schülerin Hodgkin-Crowfoot. 1937 begann Max F. Perutz an der Universität Cambridge (England) Röntgenbeugungsdiagramme von kristallinem Haemoglobin auszuwerten. Haemoglobin ist der Sauerstoffträger im Blut. Wenige Jahre später begann John C. Kendrew am gleichen Institut ähnliche Untersuchungen am Myoglobin, das den Sauerstoff in den Muskeln speichert.

[47] Vgl. W. Kleber, Einführung in die Kristallographie, 9. Aufl., Berlin 1965, S. 176—184.

[48] Quellen sind: D. Harker, Myoglobin and Hemoglobin Structural Research awards to Kendrew and Perutz of the 1962 Nobel Prize in Chemistry, in: Clark, Encyclopedia of X-rays and Gamma Rays, a. a. O., S. 638—640; M. F. Perutz, Röntgenanalyse des Haemoglobins, Nobelvortrag 1962, in: Angewandte Chemie (Weinheim) 75/1963, S. 589—595; J. C. Kendrew, Myoglobin und die Struktur der Proteine, Nobelvortrag 1962, in: Angewandte Chemie (Weinheim) 75/1963, S. 595—603.

Myoglobin hat ein Molekulargewicht von 18000 und enthält 2500 Atome je Molekül; Haemoglobin ist viermal so groß. Alle bis dahin bestimmten Strukturen waren mehr als eine Größenordnung kleiner. Zu Beginn der Untersuchungen war kein Weg bekannt, wie derart komplexe Strukturen aufgeklärt werden können. Daß nach einem Vierteljahrhundert Molekülbilder für diese beiden Eiweiße erhalten werden konnten, ist vor allem auf drei Entwicklungen zurückzuführen, die völlig verschiedenen Gebieten zuzuordnen sind: Erstens entdeckte Perutz, daß man an verschiedenen Stellen des Eiweißmoleküls Schweratome einbauen kann, ohne die Atomanordnung im Kristall zu ändern. Zweitens entwickelten Bokhoven, Schoone und Bijvoet ein Verfahren, wie man verschiedene Schweratompositionen nutzen kann, um nicht-zentrosymmetrische Kristallstrukturen aufzuklären. Drittens hatte die Rechentechnik Fortschritte gemacht, die es gestatteten, Zehntausende von Meßdaten sinnvoll zu verarbeiten und außerordentlich aufwendige Rechnungen durchzuführen[49].

Auf der Basis der Strukturmodelle konnte der Mechanismus der Bindung des Sauerstoffs durch Haemoglobin geklärt werden. In der Folgezeit entwickelte sich die RKSA zu einem wertvollen Hilfsmittel bei der Aufklärung des Zusammenhangs von Struktur und Funktion bei Eiweißen. Heute ist die Struktur von mehr als hundert Eiweißen bekannt und jährlich kommen etwa fünfzehn neue hinzu[50]. Obwohl die RKSA die Klärung derartiger Probleme revolutionierte, wurde auch offensichtlich, daß sie der Kombination mit anderen Methoden bedarf. „Um das Verhalten biologischer Moleküle vollständig zu verstehen, brauchen wir die Zusammenarbeit von Chemikern und Kristallographen bei der Planung und Durchführung von Experimeneen, die auf der Kenntnis der Eiweißstruktur beruhen und auf den Grenzen, die diese Struktur möglichen Mechanismen auferlegt. Glücklicherweise gibt es jetzt ein fruchtbares Zusammenspiel der Ideen zwischen verschiedenen Wissenschaftlern, und das multidisziplinäre Herangehen hat sich als außerordentlich produktiv erwiesen".[51]

[49] M. F. Perutz führt in seinem Nobelvortrag aus: „So erforderte beispielsweise die Berechnung eines dreidimensionalen Bildes von Myoglobin bei der Auflösung von 2 Å die Registrierung und Auswertung von etwa 250000 Reflexen und schließlich Addition und Subtraktion von ungefähr $5 \cdot 10^9$ Zahlen. Ganz offensichtlich wäre das ohne rasch arbeitende Rechenanlagen nicht zu bewältigen gewesen, und wir hatten insofern großes Glück, als die Entwicklung der Rechenmaschinen mit den Bedürfnissen unserer Röntgenanalysen stets gerade Schritt hielt." a. a. O., S. 592.

[50] Status and Future Potential of Crystallography, a. a. O., S. 5.

[51] T. L. Blundell/L. N. Johnson, Protein Crystallography, New York—London—San Francisco 1976, S. 518—519.

4.4. Der Einsatz der Röntgenkristallstrukturanalyse zur Strukturaufklärung organischer Verbindungen

Die Strukturaufklärung ist nicht nur der Schlüssel für das Verständnis der Eigenschaften der Stoffe, sondern auch die Basis für die zielgerichtete Synthese neuer Stoffe. Das klassische Vorgehen in der organischen Chemie und in der Biochemie stützt sich auf chemische Verfahren, beispielsweise die Durchführung strukturbeweisender Reaktionsfolgen oder die Darstellung charakterisierender Derivate. Im Laufe der letzten drei Jahrzehnte sind die chemischen Methoden der Strukturbestimmung immer mehr durch physikalische Methoden ersetzt worden. Zuerst setzte sich die optische Molekülspektroskopie durch. Später kamen die Massenspektroskopie, die Kernresonanzspektroskopie (NMR), die Messung der optischen Rotationsdispersion (ORD) bzw. des Circulardichroismus, die Röntgenkristallstrukturanalyse und andere Methoden hinzu. Die physikalischen Verfahren erwiesen sich besonders bei ihrer kombinierten Anwendung der klassisch-chemischen Arbeitsweise als weit überlegen hinsichtlich des Aussagegehaltes, des Substanzbedarfs, der Schnelligkeit des Informationsgewinns und der Möglichkeit der Automatisierung.

Jede der einzelnen Methoden hat ihre spezifischen Möglichkeiten und Vorteile. Beispielsweise kann man mit der IR-Spektroskopie Fragen der Molekülfeinstruktur wie cis-trans-Isomerie, Wasserstoffbrücken und Konformation beantworten. Die NMR gibt Auskunft über die Anzahl, Sequenz und Umgebung von Protonen. Aus ORD-Messungen ermittelt man die relative und absolute Konfiguration, während die Massenspektroskopie zur Bestimmung der Molmasse, der Bruttoformel und zum Erkennen bestimmter Strukturmerkmale wie der Länge von Seitenketten eingesetzt wird. Die RKSA nimmt unter den angeführten Methoden eine gewisse Sonderstellung ein, „weil sie als einziges Verfahren die Gesamtstruktur einer kristallinen Verbindung zu liefern in der Lage ist. Diese hohe Aussagekraft prädestiniert die RKSA eigentlich zur Methode der Wahl, vor allem für komplizierte Naturstoffe. Der routinemäßigen Anwendung steht zur Zeit noch ein relativ hoher Rechen-, Zeit- und damit Kosten-Aufwand entgegen, . . .“[52]

Die Kombination der verschiedenen Methoden unterliegt mit der Weiterentwicklung bekannter Analysenmethoden und dem Einsatz neuer Methoden einer erheblichen Dynamik. Das angeführte Zitat ist mehr als zehn Jahre alt. Wie weiter oben angeführt wurde, konnte der Nachteil des außerordentlich hohen Aufwandes, den die RKSA erfordert, in der Zwischenzeit zu einem guten Teil abgebaut werden. Der Einsatz der RKSA zur Strukturbestimmung organischer Verbindungen hat deshalb erheblich zugenommen. Dabei muß erwähnt werden, daß die RKSA sich auf die Untersuchung von Kristallen beschränkt. Sie setzt

[52] G. Adam, Die Anwendung physikalischer Methoden zur Lösung naturstoffchemischer Strukturprobleme, in: Zeitschrift für Chemie 10/1970, S. 250.

also voraus, daß die zu untersuchende Verbindung ausreichend gut kristallisierbar ist. Wenn das nicht der Fall ist, müssen andere Methoden eingesetzt werden. Durch die Aufklärung kristallisierbarer verwandter Verbindungen hat aber die RKSA oft eine wesentliche Voraussetzung zur Interpretation der Meßergebnisse der anderen Methoden geleistet. Die RKSA beschränkt sich auf Untersuchungen von Objekten im festen Aggregatzustand. Die Übertragbarkeit ihrer Ergebnisse auf andere Aggregatzustände wird zum Beispiel durch spektroskopische Methoden abgesichert.

5. Kooperationsformen beim Einsatz der Röntgenkristallstrukturanalyse

Traditionsgemäß verfügen chemische und biochemische Institute über eigene Labore mit allen für ihre Forschung erforderlichen Analysenmethoden. Die Entwicklung der Großgeräte hat es mit sich gebracht, daß diese Tradition nicht aufrechterhalten werden kann. Ursachen sind einmal die hohen Anschaffungskosten, aber auch der erhebliche Aufwand beim Betreiben eines derartigen Geräts und die Tatsache, daß ein einzelnes Institut ein solches Großgerät oft gar nicht auslasten kann. Das letztere ist aber beim schnellen moralischen Verschleiß derartiger Geräte sinnvoll. Großgeräte werden deshalb mehr und mehr in methodisch-diagnostischen Zentren konzentriert und durch viele Institutionen genutzt. Besonders ausgeprägt ist das bei der Röntgenkristallstrukturanalyse (RKSA). Die moderne Röntgenkristallstrukturanalyse wird mit Hilfe von vollautomatischen Vierkreisdiffraktometern durchgeführt. In der DDR gibt es ein einziges derartiges Gerät[53]. Das Institut, das es besitzt, muß deshalb die Funktion eines Meßzentrums für alle Nutzer der RKSA aus Chemie, Biologie und den Geowissenschaften ausüben.

Bei der Anwendung der RKSA haben sich drei Grundformen der Arbeitsweise des Meßzentrums bewährt. Die erste besteht darin, daß Wissenschaftler des Meßzentrums in die Bearbeitung des Anwendungsproblems voll integriert sind, also nicht nur die Strukturanalysen durchführen, sondern auch wesentlichen Anteil an der Interpretation der Ergebnisse und an der Planung weiterer Experimente haben. Ein derartiges Vorgehen setzt eine langfristige Zusammenarbeit voraus und bietet die besten Garantien für die volle Ausschöpfung der Möglichkeiten der RKSA[54]. Es ist aber klar, daß eine derart intensive Bearbeitung durch das

[53] Ein solches Gerät steht seit 1970 im Zentralinstitut für physikalische Chemie der Akademie der Wissenschaften der DDR in Berlin-Adlershof.

[54] Ausweis für diese erfolgreiche Arbeit ist z. B. die Verleihung von zwei Leibniz-Medaillen durch die Akademie der Wissenschaften der DDR. 1975 erhielt ein Kollektiv, dem neben drei Vertretern der Röntgenkristallstrukturanalyse des Zentralinstituts für physikalische Chemie der Akademie der Wissenschaften der DDR ein Synthesechemiker des Instituts für Bio-

Meßzentrum nur für eine begrenzte Anzahl von Problemen möglich ist. Das genannte Vorgehen wird deshalb durch einen zweiten, ebenso erfolgreichen Weg ergänzt. Dabei verfügen Institute, die die RKSA benötigen, über eigene RKSA-Gruppen, die im eigenen Labor Voruntersuchungen durchführen und das Meßzentrum vor allem zur Nutzung des Großgeräts in Anspruch nehmen. Schließlich muß es noch eine dritte Form der Arbeit des Meßzentrums geben. Für Anwender der RKSA, die diese Methode nur hin und wieder benötigen oder bei denen ihre Anwendung erst beginnt, liefert das Meßzentrum die Meßdaten, führt die Strukturanalyse durch und leistet Hilfe bei der Interpretation der Resultate, ohne in die Forschungsproblematik integriert zu sein.

Das Meßzentrum verfügt in der DDR über das größte personelle Potential auf dem Gebiet der RKSA. Deshalb fällt ihm auch die Hauptverantwortung für die methodische Weiterentwicklung zu, die vor allem auf der Röntgenphysik, der Kristallographie, der Mathematik und der Informatik beruht.[55] Das Meßzentrum arbeitet auf vertraglicher Basis mit der gerätebauenden Industrie zusammen.

chemie der Pflanzen der Akademie der Wissenschaften der DDR angehörte, diese Auszeichnung „für die erfolgreiche Lösung strukturanalytischer Probleme und die Entwicklung neuer strukturanalytischer Methoden". 1976 wurde ein Kollektiv, bestehend aus einem Chemiker des Zentralinstituts für Optik und Spektroskopie der Akademie der Wissenschaften der DDR und aus zwei Vertretern der Röntgenkristallstrukturanalyse des Zentralinstituts für physikalische Chemie der Akademie der Wissenschaften der DDR, für die „Entwicklung einer modernen Konzeption des Polymethinzustandes und dessen röntgenkristallstrukturanalytische Bestätigung" ausgezeichnet. Vgl. Spektrum 9/1975, S. 53 und 8/1976, S. 31.

[55] Eine Reihe von Kollegen der Abteilungen RKSA des Zentralinstituts für physikalische Chemie der AdW der DDR und des Zentralinstituts für Molekularbiologie der AdW der DDR hat durch zahlreiche Hinweise am Zustandekommen dieser Studie mitgewirkt. Besonders danken möchte ich Herrn Dr. K.-O. Backhaus, Frau Prof. Dr. K. Boll-Dornberger und Herrn Prof. Dr. E. Höhne.

Horst Berger

Interdisziplinarität in der Sozialstrukturforschung

Die Erforschung der sozialen Struktur der Gesellschaft gehörte und gehört zu den vorrangigen Aufgaben gesellschaftswissenschaftlicher Forschung. Unter sozialer Struktur der Gesellschaft wird ein relativ stabiles Gefüge von Klassen, Schichten und sozialen Gruppen verstanden, das die Gesamtheit der wesentlichen sozialen Gliederungen und die Qualität der gegenseitigen Beziehungen umfaßt[1]. Kernstück der Sozialstruktur ist die Klassenstruktur. Die Existenz von Klassen und Klassenkämpfen ist eine Tatsache des gesellschaftlichen Lebens, die der menschlichen Geschichte seit mehreren tausend Jahren das Gepräge gibt. „Die Geschichte aller bisherigen Gesellschaft ist die Geschichte von Klassenkämpfen" schreiben K. Marx und F. Engels im Manifest der Kommunistischen Partei[2]; jenem ersten kommunistischen Programm, in dem sie die Theorie des Klassenkampfes begründeten. Die Theorie des Klassenkampfes war die Grundlage für das Verständnis weltgeschichtlicher Vorgänge. W. I. Lenin wies darauf hin, daß die Erkenntnis des gesetzmäßigen Geschichtsprozesses dieser Theorie bedurfte: „Der Marxismus gab uns den Leitfaden, der in diesem scheinbaren Labyrinth und Chaos eine Gesetzmäßigkeit zu entdecken erlaubt: die Theorie des Klassenkampfes. Nur die Untersuchung der Gesamtheit der Bestrebungen aller Mitglieder einer gegebenen Gesellschaft oder einer Gruppe von Gesellschaften ermöglicht es, das Resultat dieser Bestrebungen zu bestimmen. Der Ursprung der gegensätzlichen Bestrebungen liegt aber in der Verschiedenheit der Lage und der Lebensbedingungen der Klassen, in die jede Gesellschaft zerfällt."[3]

1. Historischer Exkurs

Seit es systematische gesellschaftswissenschaftliche Forschung gibt, mußte die Existenz von Klassen, die Realisierung ihrer Interessen in Rechnung gestellt werden. Dabei ging es zunächst um die Darstellung der ökonomischen Interessen.

[1] Vgl. Wörterbuch der marxistisch-leninistischen Soziologie. Berlin 1977, S. 592.
[2] Vgl. K. Marx/F. Engels, Manifest der Kommunistischen Partei, in: Karl Marx/Friedrich Engels, in: Bd. 4, Berlin 1964, S. 462.
[3] Vgl. W. I. Lenin, Karl Marx, in: Werke, Bd. 21, Berlin 1962, S. 46.

Die klassischen bürgerlichen Ökonomen (W. Petty, F. Quesnay, A. Smith, D. Ricardo) analysierten in ihren Hauptwerken die Reproduktionsbeziehungen zwischen den jeweiligen Klassen — freilich vorwiegend unter ökonomischen Aspekten. In der Auflösungsphase der klassischen bürgerlichen Ökonomie wurde die Darstellung der Klassen und sozialen Schichten und ihrer Entwicklung mehr und mehr von den Reproduktionsbedingungen getrennt. Beginnend mit Malthus erhielt die bürgerliche Ökonomie zunehmend apolegetische Züge — Malthus kreierte eine von der realen Klassenstruktur losgelöste Bevölkerungslehre. In seiner „Einleitung zur Kritik der Politischen Ökonomie" unterzog Marx diese diffuse Betrachtungsweise der bürgerlichen Bevölkerungslehre einer prinzipiellen Kritik, indem er schrieb: „Es scheint das Richtige zu sein, mit dem Realen und Konkreten, der wirklichen Voraussetzung zu beginnen, also z. B. in der Ökonomie mit der Bevölkerung, die die Grundlage und das Subjekt des ganzen gesellschaftlichen Produktionsakts ist. Indes zeigt sich dies bei näherer Betrachtung (als) falsch.

Die Bevölkerung ist eine Abstraktion, wenn ich z. B. die Klassen, aus denen sie besteht, weglasse. Diese Klassen sind wieder ein leeres Wort, wenn ich die Elemente nicht kenne, auf denen sie beruhen, z. B. Lohnarbeit, Kapital etc. Diese unterstellen Austausch, Teilung der Arbeit, Preise etc. Kapital z. B. ohne Lohnarbeit ist nichts, ohne Wert, Geld, Preis. Finge ich also mit der Bevölkerung an, so wäre das eine chaotische Vorstellung des Ganzen und durch nähere Bestimmung würde ich analytisch immer mehr auf einfachere Begriffe kommen; von dem vorgestellten Konkreten auf immer dünnere Abstrakta, bis ich bei den einfachsten Bestimmung angelangt wäre. Von da wäre nun die Reise wieder rückwärts anzutreten, bis ich endlich wieder bei der Bevölkerung anlangte, diesmal aber nicht als bei einer chaotischen Vorstellung eines Ganzen, sondern als einer reichen Totalität von vielen Bestimmungen und Beziehungen."[4] Die reiche Totalität des gesellschaftlichen Lebensprozesses wird von Marx aus deren inneren systematischen Strukturzusammenhang erklärt, indem die materiellen gesellschaftlichen Verhältnisse, die Produktions- und Reproduktionsverhältnisse der Gesellschaft, als entscheidende und dominierende Determinante bestimmt werden. Die Gesamtheit gesellschaftlicher Verhältnisse auf einer bestimmten historischen Entwicklungsstufe bezeichnet Marx als ökonomische Gesellschaftsformation.[5] Da der Begriff der ökonomischen Gesellschaftsformation die Gesamtheit der materiellen und ideologischen Verhältnisse der Menschen kennzeichnet, die durch die Dialektik von geschichtlich bestimmten Produktionsverhältnissen und Produktivkräften determiniert sind, ist er auch für die marxistisch-leninistische Soziologie der zentrale Grundbegriff. Seine methodologische Bedeutung für die

[4] Vgl. K. Marx/F. Engels, Einleitung zur Kritik der Politischen Ökonomie, in: MEW, Bd. 13, Berlin 1964, S. 631.

[5] Vgl. K. Marx/F. Engels, Zur Kritik der Politischen Ökonomie, in: MEW, Bd. 13, Berlin 1964, S. 9.

soziologische Sozialstrukturforschung ergibt sich vor allem aus der Tatsache, daß er auf den Systemcharakter der Gesellschaft orientiert und somit ermöglicht, alle Elemente der Gesellschaft sowie deren gesetzmäßige Struktur und Entwicklung wissenschaftlich zu bestimmen und spezielle soziologische Sozialstrukturuntersuchungen richtig in die ganzheitliche Gesellschaftsanalyse einzuordnen.

Die bürgerliche Soziologie — beginnend mit A. Comte und H. Spencer — die sich seit ihrer Entstehung negativ zur bürgerlichen politischen Ökonomie verhielt bzw. an deren Auflösungsprozeß teilhatte, war und ist unfähig, die Beziehungen zwischen den Individuen; zwischen Individuum und Klasse, zwischen Individuum und Gesellschaft wissenschaftlich zu analysieren, weil sie den objektiven Zusammenhang von objektiver ökonomischer Gesetzmäßigkeit und menschlicher Tätigkeit negiert und die Zurückführung der sozialen Struktur auf die ökonomische Struktur bzw. die Klassenstruktur leugnet. Damit wird eine materialistische Betrachtungsweise gesellschaftlicher Erscheinungen, Strukturen und Prozesse von vornherein ausgeschlossen. Die bürgerliche Soziologie entwickelte sich seit der Mitte des 19. Jahrhunderts als Reaktion auf die Herausbildung und Entwicklung der revolutionären Arbeiterbewegung und des Marxismus. Als Alternative zur dialektisch-materialistischen Geschichtsauffassung wurden und werden seitdem der kapitalistischen Ideologie adäquate Gesellschaftsbilder und dementsprechende Interpretationen gesellschaftlicher Strukturen angeboten, die gegen eine wissenschaftliche Erkenntnis der realen Klassensituation gerichtet sind und auf Anpassung an gegebene soziale Strukturen orientieren. Exemplarisch soll dies an hervorragenden Vertretern bürgerlicher Soziologie demonstriert werden.[6] F. Tönnies betrachtet geschichtliche Prozesse als Prozesse menschlichen Geistes und Willens. Um seine Grundbegriffe „Gemeinschaft“ und „Gesellschaft“ entwickelt er ein System ahistorischer formaler Kategorien. Durch zwei Typen des Willens werden nach seiner Auffassung menschliche Interaktionen veranlaßt — den Wesenswillen (emotionaler Wille) und den Kürwillen (rationaler Wille). Während Wesenswille *Gemeinschaft* (Familie, Volk) begründet, begründet Kürwille Gesellschaft (Konvention, Politik, öffentliche Meinung). Durch diese idealistische Beschreibung eines organischen Zusammenhanges zwischen den Individuen (Gemeinschaft) und eines mechanischen Zusammenhanges (Gesellschaft) werden die Auflösungserscheinungen gesellschaftlicher Beziehungen im Kapitalismus romantizistisch verklärt.[7] Ein weiterer bürgerlicher Versuch theoretischer Erklärung der Gesellschaft war die formale Soziologie G. Simmels. Simmel löst die Gesellschaft in ein System abstrakter, unhistorischer und formaler Beziehungen auf, die psychologisch determiniert werden. Nach Simmels Auffassung gibt es weder eine gesetzmäßige Entwicklung der Gesellschaft, noch klassenbedingte

[6] Ausführlicher dargestellt von K. Braunreuther, Geschichte und Kritik der bürgerlichen Soziologie — Methode und Beispiel —, in: K. Braunreuther, Studien zur Geschichte der Politischen Ökonomie und Soziologie, Berlin 1978.

[7] Vgl. F. Tönnies, Gemeinschaft und Gesellschaft, Leipzig 1935, S. 303.

Widersprüche. Wirtschaftliche Formen werden als Ergebnis „tieferer Wertungen und Störungen psychologischer, ja metaphysischer Voraussetzungen" bezeichnet.[8] Den wohl nachhaltigsten Eindruck auf die gegenwärtige bürgerliche Soziologie hat M. Weber hinterlassen. Weber negierte ebenfalls die Erkenntnis objektiver sozialer Gesetzmäßigkeiten und entwickelte eine Konzeption, die das Handeln der Menschen deutend verstehen suchte. In seinem Hauptwerk „Wirtschaft und Gesellschaft"[9] arbeitet Weber den „Idealtypus" als Grundbegriff der verstehenden Soziologie heraus. Idealtypen sind idealistische Konstruktionen der Gesellschaftsanalyse, die wertrational, traditional, affektional und zweckrational determiniert sind. Diese Idealtypen werden nicht als Abstraktionen objektiver Sachverhalte verstanden, sondern als gedankliche Utopien. Der „Idealtypus" ist bei Weber organisch mit der „Interpretation" und dem „Verstehen" des subjektiven Sinns der sozialen Erscheinungen verknüpft; andererseits werden Begriffe über objektive reale soziale Erscheinungen wie Klassenkampf als Werturteile abgetan, die in der Wissenschaft nichts zu suchen hätten. Indem die sich gesetzmäßig vollziehenden Klassenkämpfe und die Determination sozialer Erscheinungen, Strukturen und Prozesse aus der soziologischen Betrachtung Webers ausgeschlossen werden, nimmt sein Konzept der Gesellschaftsanalyse irrationalistische und agnostizistische Züge an. Bedeutenden Einfluß auf die gegenwärtige bürgerliche Sozialstrukturforschung haben E. Durkheim[10], G. Gurvitch[11], G. C. Homans[12] und T. Parsons[13]. Während Durkheim die ideellen Komponenten des gesellschaftlichen Lebens verabsolutiert und ein kollektives psychisches Dasein der Gesellschaft als wesentlichen Determinationsfaktor der Individuen deklariert, benutzen Gurvitch und Homans den Gruppenbegriff als Grundbegriff der Gesellschaftsanalyse. Nach dieser Auffassung setzt sich die Gesellschaft aus einer Vielzahl von Gruppen zusammen. Gefühlsmäßige Bindungen und Beziehungen werden als Kern dieser Gruppen bezeichnet. Parsons wiederum stellt sich die Aufgabe, ein begriffliches Schema für die Analyse sozialer Strukturen und Prozesse zu entwerfen, dessen wesentliche Komponenten Motive, Zielsetzungen, Orientierungen, Bedürfnisse und Erwartungen sind. Zentraler Begriff seiner Konzeption ist der Begriff des sozialen Handelns — soziale Rolle und sozialer Status gelten als primäre Elemente der Gesellschaft. Seit Parsons gewann das „Systemdenken" in der bürgerlichen Soziologie zunehmend an Bedeutung. Den Vertretern dieser strukturell-funktionalistischen Richtung geht es darum, die Stellung des Menschen und sein Verhalten durch die Analyse bestimmter Strukturen, Funktionen und Elemente (Rollen, Normen, Institutionen)

[8] Vgl. G. Simmel, Philosophie des Geldes, München—Leipzig 1920, S. VIII.
[9] Vgl. M. Weber, Wirtschaft und Gesellschaft, Tübingen 1925.
[10] E. Durkheim, Die Regeln der soziologischen Methode, Neuwied 1961.
[11] G. Gurvitsch, Grundzüge der Soziologie des Rechts, Neuwied 1960.
[12] G. C. Homans, Theorie der sozialen Gruppe, Köln und Opladen 1960.
[13] T. Parsons, Beiträge zur soziologischen Theorie, Neuwied 1964.

sozialer Systeme zu bestimmen, wobei die grundlegenden sozialen Strukturen (Klassenstruktur) und Beziehungen (Produktionsverhältnisse) außer Betracht bleiben. Die gegenwärtigen bürgerlichen sozialstrukturellen Ansätze werden vor allem durch stratifikationstheoretische Konzeptionen geprägt. Das Grundmodell dieser Konzeptionen unterteilt folgende soziale Schichten: Obere und untere Oberschicht, obere und untere Mittelschicht, obere und untere Unterschicht. Als wesentliche Schichtungsmerkmale gelten Bildung, Macht, Lebensstil, Lebensstandard und Sozialprestige. In völliger Anpassung an die gegenwärtigen imperialistischen Herrschaftsstrukturen deklarieren die Stratifikationstheoretiker die Theorie vom sozialen Wandel. Neuere Tendenzen der bürgerlichen Soziologie[14] zielen darauf ab, durch die Schaffung eines Systems sozialer Indikatoren ein Instrumentarium zu schaffen, um „Soziale Wohlfahrt" und „Sozialen Wandel" innerhalb des kapitalistischen Gesellschaftssystems nachweisen zu können.

2. Funktion der Sozialstrukturforschung für die Gesellschaftsentwicklung

Die Analyse der sozialen Struktur ist von prinzipieller Bedeutung für die weitere Gestaltung der entwickelten sozialistischen Gesellschaft. Bereits Lenin hob hervor: „Die soziale Struktur der Gesellschaft und der Staatsmacht ist durch Veränderungen charakterisiert, ohne deren Klarstellung kein einziger Schritt vorwärts auf irgendeinem Gebiet gesellschaftlichen Wirkens getan werden kann. Von der Klarstellung dieser Veränderungen hängt die Frage der Perspektive ab, . . . die grundlegenden Tendenzen der ökonomischen und politischen Entwicklung."[15] Daraus leitet sich die Bedeutung der Sozialstrukturforschung für die marxistisch-leninistische Soziologie ab. Natürlich ist die Sozialstrukturforschung keine ausschließliche Domäne der Soziologie. Die soziologische Sozialstrukturforschung konzentriert sich insbesondere auf die Analyse der Entwicklung der sozialen Struktur der sozialistischen Gesellschaft, der Annäherung der Klassen und Schichten unter Führung der marxistisch-leninistischen Partei, der Entwicklung der sozialen Beziehungen in und zwischen den Klassen und Schichten sowie deren speziellen Beitrages für die weitere Gestaltung der sozialistischen Gesellschaft.[16] Der wissenschaftliche Kommunismus leistet einen gewichtigen Beitrag zur Sozialstrukturforschung, indem Triebkräfte der gesellschaftlichen Entwicklung, die weitere Ausprägung der führenden Rolle der Arbeiterklasse und die wachsende politische Aktivität der Arbeiterklasse, der Genossenschaftsbauern und der

[14] Vgl. Lebensbedingungen in der BRD, hg. von W. Zapf, Frankfurt a. M. 1978.

[15] W. I. Lenin, Über die soziale Struktur der Staatsmacht, über die Perspektiven und das Liquidatorentum, in: Werke, Bd. 17, Berlin 1963, S. 127.

[16] Vgl. Zentraler Forschungsplan der marxistisch-leninistischen Gesellschaftswissenschaften der DDR 1981 bis 1985, in: Einheit, 12/1980, S. 1217.

sozialistischen Intelligenz erforscht werden.[17] Die Geschichtswissenschaft liefert durch die Erforschung der geschichtlichen Entwicklung sozialer Klassen und Gruppen einen bedeutsamen Beitrag zur Sozialstrukturforschung.[18]
So kann J. Kuczynskis umfangreiches Werk „Die Geschichte der Lage der Arbeiter unter dem Kapitalismus“ als eine historische Analyse der Strukturentwicklung der Arbeiterklasse angesehen werden.[19] Und bereits 1972 erschien von K. Lungwitz eine demographische Monographie „Über die Klassenstruktur in der DDR“.[20] Diese und andere Arbeiten verschiedener Disziplinen basieren auf statistischem Material und enthalten wichtige Informationen über die quantitative Entwicklung der Sozialstruktur.

In der Sowjetunion und in anderen sozialistischen Ländern rückte die Analyse der Sozialstrukturforschung Mitte der sechziger Jahre mehr und mehr ins Zentrum soziologischer Forschung. Die DDR-Soziologie beschäftigte sich in den Anfangsjahren ihrer Existenz vorwiegend mit der Erforschung spezieller Probleme des gesellschaftlichen Lebens (Qualifizierungsstreben, Fluktuation, sozialistische Gemeinschaftsarbeit, Verhältnis zur Arbeit etc.). Sie hob sich in dieser Zeit insofern von anderen Gesellschaftswissenschaften ab, als sie mittels spezieller empirischer Methoden (Befragung, Beobachtung) konkrete soziale Erscheinungen, Ursachen, Merkmale, Bedingungen und Triebkräfte der gesellschaftlichen Entwicklung aufdeckte und durch derartig gewonnene Forschungsergebnisse die empirische Basis zur Verallgemeinerung sozialer Informationen über konkret historische Prozesse und Zustände erweiterte. Ende der sechziger Jahre bereiteten die Soziologen der DDR größere Sozialstrukturforschungen vor. Damit vollzog die Soziologie der DDR eine Hinwendung zur Erforschung sozialer Grundprozesse der sozialistischen Gesellschaft. Dabei erforscht die marxistisch-leninistische Soziologie „die komplexen sozialen Zusammenhänge, Gesetzmäßigkeiten und Triebkräfte der Entwicklung der Gesellschaft als Ganzes bzw. von wesentlichen Teilbereichen, Teilprozessen und sozialen Gruppen der Gesellschaft. Sie untersucht die sozialen Erscheinungen und Prozesse unter dem Aspekt ihrer Komplexität, ihrer inneren Verflochtenheit, ihres Zusammenhanges zum Ganzen der Gesellschaft und ihrer realen Ausprägung.“[21] Aus dieser Gegenstandsbestimmung folgt, daß die Objekte soziologischer Forschung stets in ihrer Beziehung zur gesamtgesellschaftlichen Entwicklung zu erfassen und erklären sind und die objektiven Wechselbeziehungen zwischen politischen, ökonomischen, ideologischen, technischen und sozialen Prozessen aufzudecken sind. Die Konzentration der soziologischen Forschung der DDR

[17] Ebenda, S. 1216.

[18] Ebenda, S. 1218.

[19] J. Kuczynski, Die Geschichte der Lage der Arbeiter unter dem Kapitalismus, 40 Bände, Berlin 1960—1975.

[20] K. Lungwitz, Über die Klassenstruktur in der DDR, Berlin 1962.

[21] Vgl. Wörterbuch der marxistisch-leninistischen Soziologie, Berlin 1977, S. 600.

(wie auch in anderen sozialistischen Ländern) seit Anfang der siebziger Jahre auf die soziale Struktur und besonders auf die Klassenstruktur der sozialistischen Gesellschaft ergab sich aus der Notwendigkeit, einen eigenständigen Beitrag zur weiteren Ausprägung der sozialistischen gesellschaftlichen Verhältnisse zu erbringen, denn die Klassenverhältnisse prägen in der gegenwärtigen Entwicklungsetappe der sozialistischen Gesellschaft entscheidend die Gesamtheit und den Charakter der gesellschaftlichen Verhältnisse insgesamt.[22] Den Gesetzmäßigkeiten der Sozialstrukturentwicklung kommt im Wirkungszusammenhang ökonomischer, politischer, wissenschaftlich-technischer, sozialer und ideologischer Gesetzmäßigkeiten ein hoher Rang zu. Von besonderer Bedeutung sind dabei die Zusammenhänge von gesellschaftlicher Arbeitsteilung, Eigentumsverhältnissen, materiell-technischer Basis und Sozialstruktur. Diese Zusammenhänge wurden bei der repräsentativen Sozialstrukturforschung, die 1973 in der zentralgeleiteten Industrie der DDR durchgeführt worden ist, offensichtlich[23]. Parallel dazu wurden umfangreiche Sozialstrukturforschungen in der Landwirtschaft der DDR durchgeführt.[24] Im Jahre 1977 bzw. 1978 wurden die Sozialstrukturforschungen auf den Annäherungsprozeß der Klassen und Schichten in einem Bezirk der DDR und auf den Bereich des Binnenhandels der DDR ausgedehnt. Ausgehend von diesem kurzen Überblick über die Sozialstrukturforschungen der siebziger Jahre in der DDR lassen sich folgende Problemtypen der sozialstrukturellen Forschung angeben:

1. Statistische Analyse der Klassen- und Schichtstruktur in der DDR, das heißt der Entwicklung des quantitativen Anteils an der Bevölkerungsentwicklung der DDR;
2. Analyse der inneren Struktur der Arbeiterklasse und der Klasse der Genossenschaftsbauern unter vorwiegend politischen und ökonomischen Aspekten in der DDR;
3. Erforschung des Zusammenhanges von Sozialstrukturentwicklung, Lebensweise, Bedürfnisentwicklung und sozialer Aktivität bei der weiteren Gestaltung der sozialistischen Gesellschaft.

Die Entwicklung der Sozialstrukturforschung in der DDR war und ist nicht nur mit einer Erweiterung des Objektbereiches der Forschung und zunehmender Komplexität verbunden, sondern auch mit einem vertieften Eindringen in die Struktur und die Funktionsweise der sozialistischen Gesellschaft — diese Aussage soll im folgenden eingehender begründet werden.

[22] Vgl. R. Weidig, Soziologische Sozialstrukturforschung in der DDR, in: Jahrbuch für Soziologie und Sozialpolitik, Berlin 1980, S. 34.

[23] Vgl. S. Grundmann/M. Lötsch/R. Weidig, Zur Entwicklung der Arbeiterklasse und ihrer Struktur in der DDR. Berlin 1976.

[24] K. Krambach u. a., Genossenschaftsbauern — gestern, heute, morgen, Berlin 1977.

3. Interdisziplinäre Aspekte im Zusammenhang von Problem und Methode in der soziologischen Sozialstrukturforschung

Bekanntlich ist die Entwicklung einer Wissenschaft untrennbar mit der Entwicklung ihrer Forschungsmethodik verbunden. Entsprechend der unterschiedlichen Problemstellungen sozialstruktureller Forschung erweiterte sich dementsprechend das Methodenarsenal der marxistisch-leninistischen Soziologie. Die Erforschung des (Zusammenhang von Sozialstruktur- und Bevölkerungsentwicklung) erfolgte auf der Grundlage der zentralen Statistik, speziell durch die Auswertung der Volkszählungen. Bei diesen Untersuchungen konnten Charakter und Richtung der Mobilitätsprozesse genauer bestimmt werden. Zugleich zeigte sich, daß die den bisherigen Volkszählungen zugrundeliegende soziale Gruppierungsmethodik dem Entwicklungsniveau der sozialstrukturellen Veränderungen nicht mehr gerecht wurde. Da der in der Statistik ausgewiesene Anteil der Arbeiterklasse (Arbeiter und Angestellte) bereits mehr als 80 % der Berufstätigen ausmacht und die besondere soziale Schicht der Intelligenz nicht gesondert ausgewiesen wird, erwiesen sich die Ergebnisse der bisherigen Volkszählungen als nicht hinreichend für die Analyse der inneren Struktur der Arbeiterklasse. Inzwischen ist für die Volks-, Berufs-, Wohraum- und Gebäudezählung (VBWGZ) 1981 eine neue Zuordnungsmethodik erarbeitet worden, die sich an der beruflichen Tätigkeit in den verschiedenen Wirtschaftsbereichen orientiert. Auf der Grundlage der Daten der VBWGZ wird es möglich sein, die Klassen- und Schichtstruktur der DDR zu modellieren. Die Erforschung des zweiten Typs (Strukturentwicklung der Arbeiterklasse und der Klasse der Genossenschaftsbauern) wurde in Auswertung des VIII. Parteitages der SED begonnen: „In theoretischer Verallgemeinerung der tatsächlichen Prozesse muß nachgewiesen werden, wie die Struktur der Arbeiterklasse und ihr Profil sich entwickeln.“[25] Theoretischer Ausgangspunkt dieser Untersuchungen war die Dialektik von Einheitlichkeit und innerer Differenziertheit der Arbeiterklasse. Einerseits ist die Arbeiterklasse hinsichtlich ihrer Stellung zum Eigentum und zur politischen Macht eine einheitliche Klasse; andererseits ist die Arbeiterklasse aufgrund des Entwicklungsstandes der gesellschaftlichen Arbeitsteilung in sich differenziert. Die vielfältigen Erscheinungsformen der sozialen Differenziertheit wurden unter dem Gesichtspunkt der Einheitlichkeit der Arbeiterklasse im Prozeß ihrer Höherentwicklung analysiert. Die soziale Gruppierung der Arbeiterklasse ergibt sich vor allem aus der konkreten Stellung im gesellschaftlichen Reproduktionsprozeß. Die Gruppierung nach der Stellung im gesellschaftlichen Produktionsprozeß (Funktionsgruppen) war die zentrale Strukturdimension dieser Untersuchungen. Weitere Gruppierungsmerkmale sind: Charakter und Inhalt der Arbeit, Qualifikation und Bildung, Einkommen, Lebensniveau, demographische Merkmale,

[25] Vgl. Protokoll des VIII. Parteitages der SED, Berlin 1971, S. 110.

politische Macht und soziale Verhaltensmerkmale. Eine derart differenzierte Analyse erforderte nicht nur eine komplexe Forschungsmethodik zur Erhebung der entsprechenden Daten (Dokumentenanalyse, Experteneinschätzungen, Arbeitsplatzanalysen, schriftliche Befragung), sondern auch einen interdisziplinären Zugang, der ökonomische, technologische, arbeitswissenschaftliche und psychologische Problemstellungen tangierte. Erkenntnisse über verhaltensdifferenzierende Wirkungen der sozialen Strukturzusammenhänge konnten durch verfügbare statistische Daten nicht gewonnen werden. Durch eine auf die Individuen bezogene Kombination von schriftlicher Befragung und Arbeitsplatzanalyse konnten wichtige empirische Informationen über Zusammenhänge zwischen objektiven Arbeitsbedingungen, Arbeitsverhalten und Bewußtseinsentwicklung der verschiedenen Funktionsgruppen gewonnen werden. Durch diese Kombinationsmethodik von Arbeitsplatzanalyse und Befragungsmethode konnten insbesondere, die in der klasseninneren Struktur liegenden unterschiedlichen objektiven Arbeits- und Lebensbedingungen und Unterschiede zwischen körperlicher und geistiger Arbeit als wesentliche Determinationsfaktoren für die Persönlichkeitsentwicklung bestimmt werden. Um diesen Nachweis zwischen Strukturmerkmalen, Bedingungsmerkmalen, Tätigkeitsmerkmalen und Verhaltensmerkmalen führen zu können, bedurfte es der Anwendung spezieller in der empirisch-soziologischen Forschung erprobter mathematisch-statistischer Testverfahren und Klassifizierungstechniken. Da die empirischen Befunde sich auf alle Werktätigen der zentralgeleiteten sozialistischen Industrie beziehen sollten, mußte eine strukturadäquate mehrstufige geschichtete Wahrscheinlichkeitsauswahl durchgeführt werden. Die Erforschung des dritten Typs (Annäherungsprozeß der Klassen und Schichten) stellte die Sozialstrukturforschung vor neue Probleme. Die Erweiterung des Objektbereiches der Sozialstrukturforschung erfolgte in der Weise, daß die Arbeiterklasse als politische und soziale Hauptkraft des gesellschaftlichen Fortschritts und zudem zahlenmäßig stärkste Klasse, die Klasse der Genossenschaftsbauern als weitere Grundklasse der sozialistischen Gesellschaft, deren Haupttätigkeitsfeld die sozialistische Industrie bzw. die sozialistische Landwirtschaft ist und darüber hinaus die besondere soziale Schicht der Intelligenz, die gegenwärtig bereits mehr als zehn Prozent der berufstätigen Bevölkerung der DDR ausmacht und ihren Anteil bis zum Jahre 2000 auf zwanzig Prozent erhöhen wird und deren Tätigkeitsfeld in faktisch allen Bereichen der Gesellschaft liegt, in die sozial-strukturelle Analyse einbezogen wurden. Damit sind neue Dimensionen für die empirisch-soziologische Forschung gegeben. Ein weiterer Aspekt besteht darin, daß der Annäherungsprozeß zwischen Arbeiterklasse, Klasse der Genossenschaftsbauern und der sozialistischen Intelligenz sich auch auf Gebieten außerhalb des Arbeitsprozesses vollzieht. Die auf Grundlage der gesellschaftlichen Arbeitsteilung bestehenden Beziehungen zwischen Arbeiterklasse, der Klasse der Genossenschaftsbauern und der sozialistischen Intelligenz sind die grundlegenden Beziehungen innerhalb der Sozialstruktur der sozialistischen Gesellschaft. Darüber hinaus existieren innerhalb und zwischen diesen sozialen Hauptgruppen weitere soziale Gruppierungen, die sich in relevanten sozialen Merkmalen unterscheiden.

Der Prozeß der Annäherung dieser sozialen Hauptgruppen unserer Gesellschaft ist daher in enger Verbindung mit dem Prozeß der Höherentwicklung dieser Gruppen zu analysieren. Dies kann in methodischer Hinsicht auf zweierlei Art erfolgen: Erstens, indem der Einfluß der sozialstrukturell relevanten Determinationsfaktoren (einheitlich und unterschieden) in parallelen vergleichenden Studien ermittelt wird und zweitens, indem diese drei sozialen Hauptgruppen in Komplexstudien einbezogen werden. Dafür sind mindestens zwei Voraussetzungen zu erfüllen: einmal muß ein System sozialer Indikatoren entwickelt werden, daß auf die genannten Determinationsfaktoren ausgerichtet ist, und zum anderen ist die Forschungsmethodik um territoriale Analysen zu erweitern (sozial-ökonomische Porträts von Städten und Kreisen). Der *vierte Typ* (Zusammenhang von Sozialstruktur — Lebensweise — Bedürfnissen — sozialer Aktivität) ist der gegenwärtig vorherrschende Problemtyp soziologischer Sozialstrukturforschung. Der theoretische und methodologische Ausgangspunkt dieses Typs sozialstruktureller Forschung besteht darin, daß die vier Kategorien Sozialstruktur, Lebensweise, Bedürfnisse und soziale Aktivität grundlegende soziale Prozesse widerspiegeln, deren historische Qualität durch die sozialistische Produktionsweise bestimmt ist. Die neue Qualität dieses Problemtyps sozialstruktureller Forschung indessen ergibt sich aus der Tatsache, daß den bisherigen Sozialstrukturdimensionen neue Dimensionen, die sich aus der Lebensweise, der Bedürfnisstruktur und den Formen der sozialen Aktivität ableiten, hinzugefügt werden mußten. Natürlich sind bestimmte Elemente und Merkmale dieser sozialen Prozesse bereits bei den vorgenannten Problemtypen erforscht worden, dennoch ist nicht zu verkennen, daß derart neue Dimensionen sozialstruktureller Forschung neue Probleme der interdisziplinären theoretischen und empirischen Forschung und insbesondere der Forschungsmethodik aufwerfen. Einige diesbezügliche Gedanken sollen kurz skizziert werden. Die Bewältigung dieser Forschungsproblematik erfordert eine Intensivierung der theoretischen Arbeit. Eine der wesentlichsten Aufgaben wird die Ausarbeitung spezieller soziologischer Theorien sein und eine Weiterentwicklung des Theoriengefüges der marxistisch-leninistischen Soziologie. Die Beziehungen zwischen theoretischer und empirischer Forschung werden vielfältiger und differenzierter und der Drang zu interdisziplinärer Forschung wird zwingender. Es ist daher folgerichtig, daß Grundfragen der Sozialstruktur der entwickelten sozialistischen Gesellschaft, der Lebensweise und der Bedürfnisse als interdisziplinäres Forschungsprogramm des Zentralen Forschungsplanes beschlossen worden ist.[26]

Ein effektiver Beitrag der Soziologie bei der Realisierung dieses Forschungsprogrammes setzt Klarheit in zumindest zweierlei voraus: Erstens, daß die auf den

[26] Zentraler Forschungsplan der marxistisch-leninistischen Gesellschaftswissenschaften der DDR 1981 bis 1985, a. a. O., S. 1235.

sozialen Fortschritt gerichtete Einheit von Wirtschafts- und Sozialpolitik mit der Intensivierung des gesellschaftlichen Reproduktionsprozesses verbunden ist, woraus sich tiefgreifende Wirkungen auch auf soziale Strukturen, Beziehungen und soziales Verhalten ergeben. Die weitere Entwicklung der Sozialstruktur, der sozialistischen Lebensweise und der Bedürfnisse erfordern ein hohes Entwicklungsniveau der Produktivkräfte. Aus dem objektiven Zusammenhang zwischen Sozialstruktur und Wirtschaftswachstum leiten sich aber auch Fragen nach den Potenzen sozialer Strukturen, Beziehungen und sozialen Verhaltens ab, insbesondere nach den günstigsten Bedingungen für die Entfaltung subjektiver Triebkräfte. Zweitens, daß insbesondere die Objektbereiche von Politischer Ökonomie und Soziologie zum Teil weitgehend übereinstimmen. Dabei haben beide Wissenschaftsdisziplinen zwar unterschiedliche Forschungsgegenstände, indessen bedürfen die damit zusammenhängenden Forschungsprobleme einer engen interdisziplinären Zusammenarbeit.

In bisherigen soziologischen Sozialstrukturforschungen wurden vor allem Verhaltensmerkmale der Individuen und sozialen Gruppen wie Qualifizierungsstreben, Initiative, Leistungsverhalten, Teilname am sozialistischen Wettbewerb, Teilnahme an der Leitung und Planung, Einstellung zur Arbeit, Teilnahme an der Neuererbewegung, Fluktuation, Entwicklung der sozialistischen Gemeinschaftsarbeit und Kollektiventwicklung u. a. einer eingehenden empirisch-soziologischen Analyse unterzogen.[27] In der soziologischen Sozialstrukturforschung fungierten diese Verhaltensmerkmale als Indikatoren zur Aufdeckung von Strukturmerkmalen (Arbeitsbedingungen, Arbeitsinhalt, Qualifikationsniveau). Zweifelsohne erbrachten sozialstrukturell gruppierte soziologische Informationen über derartige Verhaltensmerkmale wichtige Erkenntnisse für die Leitung und Planung der sozialökonomischen Entwicklung. Indessen reicht es heute nicht mehr aus, Strukturmerkmale hinsichtlich ihrer Determination auf das soziale Verhalten zu erforschen. Grundlegende Gesetzmäßigkeiten der gesellschaftlichen Entwicklung aufdecken bedeutet vor allem, die sozialen Verhältnisse in ihrer Historizität, strukturellen Ausprägung und im Systemzusammenhang zu erforschen. Zu Unrecht wird die Besonderheit soziologischer Untersuchungen mitunter in der Anwendung empirischer Forschungsmethoden (Befragung, Beobachtung, Dokumentenanalyse) gesehen. Zwar haben diese Methoden in der empirisch-soziologischen Forschung eine spezifische Entwicklung erfahren, indessen ist es nicht gerechtfertigt, sie pauschal als soziologische Methoden zu bezeichnen.

Gerade auch für die soziologische Sozialstrukturforschung gilt die Einheit von Theorie und Empirie als Grundpostulat. Diese Einheit ergibt sich aus dem grundlegenden Zusammenhang von gesellschaftlicher Praxis und gesellschaftlicher Erkenntnis. Für die soziologische Sozialstrukturforschung sind vor allem zwei Tätigkeitsarten relevant: a) die produktive Tätigkeit der sozialen Hauptgruppen im unmittelbaren Arbeitsprozeß und b) die revolutionär-umgestaltende

[27] Vgl. R. Weidig, a. a. O., S. 39.

Tätigkeit der sozialen Hauptgruppen zur Entwicklung der sozialen Verhältnisse im Sozialismus. Wenn allgemein gilt, daß die Vergegenständlichung der gesellschaftlichen Subjekte des Geschichtsprozesses und die Aneignung der objektiven gesellschaftlichen Bedingungen durch die Individuen und sozialen Gruppen zwei miteinander verbundene Seiten der sozialhistorischen Tätigkeit der Menschen im Vergesellschaftungsprozeß sind, so ist für die soziologische Sozialstrukturforschung die menschliche Tätigkeit insofern Objekt der Forschung, indem die Individuen als Angehörige von Klassen, Schichten und sozialen Gruppen wirken. In methodologischer Hinsicht tauchen dabei folgende Fragen auf: Welche sozialen Strukturen sind am effektivsten für den gesellschaftlichen Fortschritt; welche Bedingungen müssen und können geschaffen werden, um derartige Strukturen zu verwirklichen; welche sozialen Beziehungen fördern am besten das Leistungsverhalten zum Wohle des gesellschaftlichen Fortschritts; wie können die Zusammenhänge zwischen ökonomischen, sozialen und wissenschaftlich-technischen Fortschritt möglichst optimal gestaltet werden; wie wirkt der wissenschaftlich-technische Fortschritt auf die Verringerung sozialer Unterschiede; welche Formen sozialen Verhaltens befördern am besten den ökonomischen, sozialen und technischen Fortschritt etc. Das Aufgreifen dieser Problemfragen führt uns zur Betrachtung der dialektischen Beziehung von sozialen Verhältnissen, sozialen Strukturen und sozialem Verhalten. Der Vermittlungsprozeß von sozialen Verhältnissen, sozialen Strukturen und sozialem Verhalten ist der eigentliche Gegenstand heutiger soziologischer Sozialstrukturforschung. Der Soziologie kann es nicht schlechthin um die Beschreibung existierender sozialer Strukturen bzw. sozialer Verhaltensweisen gehen (dafür steht ein ausgearbeitetes empirisches Methodenarsenal zur Verfügung), sondern um die Aufdeckung der Gesetzmäßigkeiten des angesprochenen sozialen Vermittlungsprozesses von Verhältnissen, Strukturen und Verhalten. Damit offenbart sich eine neue Problemstellung: die Nichtexistenz spezifischer Methoden zur Erforschung dieses genannten Vermittlungsprozesses. Das soziale Verhalten von Individuen und sozialen Gruppen nicht nur beschreiben, sondern erklären zu wollen, bedeutet die wesentlichen Strukturelemente wechselseitigen sozialen Verhaltens und die wesentlichen Wirkungsbedingungen desselben zu erforschen. Mit anderen Worten, Erscheinungsformen sozialen Verhaltens sind Gegenstand empirisch-soziologischer Forschung und Gesetzmäßigkeiten des Zusammenhanges von Strukturen und Verhältnissen sind Gegenstand theoretisch-soziologischer Forschung. Da die empirisch-soziologische Forschung ein Durchgangsstadium soziologischer Gesetzeserkenntnis ist, ist bei der Auswahl der Objekte soziologischer Sozialstrukturforschung die historische und strukturelle Komponente stärker zu beachten. Welche Konsequenzen ergeben sich aus dem letztgenannten Problemtyp soziologischer Sozialstrukturforschung für die Forschungsmethode? Zunächst ist die notwendige Erweiterung der empirischen Forschungsbasis mit der Weiterentwicklung der sozialen Statistik verbunden; darin ordnet sich auch das im wesentlichen Teilen ausgearbeitete und für die Mitgliedsländer des RGW verbindliche

„System der Hauptkennziffern der Sozialstatistik und Methodologie ihrer Berechnung" ein. Zweitens müssen die sozialstrukturellen Prozesse in engerem Zusammenhang mit dem wissenschaftlich-technischen und ökonomischen Fortschritt untersucht werden. Daraus folgt, daß sich die Komplexität der soziologischen Sozialstrukturforschung und die Interdisziplinarität der Sozialstrukturforschungen insgesamt erhöhen muß. Insbesondere hat die Sozialstrukturforschung der Tatsache Rechnung zu tragen, daß die intensiv erweiterte Reproduktion immer mehr zum vorherrschenden Reproduktionstyp in der Volkswirtschaft wird. Drittens gewinnt die Ausarbeitung von Systemen sozialer Indikatoren zunehmend an Bedeutung. Im Vergleich zu bisherigen Kennziffernsystemen müssen derartige Systeme sozialer Indikatoren insofern höheren Ansprüchen genügen, als die wesentlichen inneren Verbindungen zwischen Produktionsweise — Sozialstruktur — Lebensweise — Bedürfnissen und gesellschaftlicher Aktivität bestimmt werden und wesentliche Kausalbeziehungen ermittelt werden. Indem Kriterien und Indikatoren zur Charakterisierung sozialstruktureller Erscheinungen und Prozesse in ihren wesentlichen Merkmalen und Entwicklungsniveaus ausgearbeitet werden, werden notwendige Voraussetzungen zur Gesetzeserkenntnis geschaffen. Damit gewinnen viertens Methoden der theoretischen Forschung in der Soziologie größere Bedeutung, um über das bisher vorherrschende empirische Erkenntnisniveau in der soziologischen Sozialstrukturforschung hinauszugelangen.

Bei der Erfüllung dieser theoretischen und methodischen Aufgaben sieht sich die soziologische Sozialstrukturforschung vor Probleme gestellt, die insbesondere mit der Messung und Modellierung sozialer Sachverhalte zusammenhängen. Der soziologische Meßprozeß kann als wesentliches Vermittlungsglied zwischen sozialen Indikatorensystemen und mathematischer Modellierung sozialer Sachverhalte angesehen werden, wobei diese Indikatoren einerseits als Meßmittel und andererseits als Bestandteile soziologischer Modelle auftreten. In dieser Hinsicht sind aus soziologischen Begriffen abgeleitete und empirisch überprüfte Indikatoren Vermittler zwischen theoretischer und empirischer Erkenntnisstufe soziologischer Forschung. Wesentlich ist dabei, daß die Indikatoren durch soziologische Begriffe definiert und andererseits so formuliert sein müssen, daß sie in der Lage sind, solche singulären Informationen (Daten) über die soziale Wirklichkeit widerzuspiegeln, deren Aggregation und Verallgemeinerung neue theoretische Erkenntnisse über das Forschungsobjekt und seine Wirkungsbedingungen erbringt. Dies vermögen die Indikatoren nur, wenn sie in einem System vereinigt sind, mit dessen Hilfe der objektive Zusammenhang zwischen soziologischen, ökonomischen, technischen u. a. Momenten des gesellschaftlichen Reproduktionsprozesses abbildbar wird — dies ist aber gerade die Funktion von Systemen sozialer Indikatoren, die gegenwärtig von den Soziologen sozialistischer Länder ausgearbeitet werden, um die soziologische Sozialstrukturforschung auf eine neue Stufe zu heben.

Hans Schilar

Problem und Methode in den Wirtschaftswissenschaften — interdisziplinäre Aspekte einer Entwicklungsgeschichte der ökonomisch-mathematischen Modellierung

Die von der sozialistischen Wirtschaft aufgeworfenen Probleme und gestellten Aufgaben werden seit zwei Jahrzehnten in wachsendem Maße auch unter interdisziplinärer Nutzung der Erkenntnisse der mathematischen Wissenschaften und der Möglichkeiten der elektronischen Datenverarbeitung gelöst. Auf ihre Anwendung, die auf die rationellere Gestaltung der Leitungs- und Planungsarbeit, der Verminderung des Verwaltungsaufwandes, der Entscheidungsobjektivierung und der Verbesserung der operativen Leitung und Planung sowie der Produktionsdurchführung gerichtet ist, wurde in den Dokumenten der Parteien der sozialistischen Länder wiederholt hingewiesen.[1] Mathematik und elektronische Datenverarbeitung haben zu Veränderungen in der „Technologie" von Leitungs- und Planungsprozessen auf allen Ebenen geführt, deren Kern bessere Durchschaubarkeit der wirtschaftlichen Vorgänge und schnellerer Zugriff zu Daten und Informationen ist. Synchron zu diesen Entwicklungen in der Wirtschaftspraxis vollzogen sich Wandlungen in den marxistisch-leninistischen Wirtschaftswissenschaften, die in der Anfangsphase naturgemäß erstere einleiteten. Diese Anfangsphase der breiteren Nutzung mathematischer Methoden und Modelle in den Wirtschaftswissenschaften, die mit dem Übergang der fünfziger zu den sechziger Jahren zu datieren ist, liegt in den sozialistischen Ländern relativ spät, da ähnlich wie bei der Kybernetik und der Soziologie auch bei der Mathematik ein Prozeß der Überwindung hemmender Vorurteile durchlaufen werden mußte. Als dieser abgeschlossen war, begann eine Etappe der stürmischen Entwicklung, deren äußeres Merkmal die Etablierung der Wirtschaftsmathematik oder der ökonomischen Kybernetik als Richtung innerhalb der Wirtschaftswissenschaften war. Das Wirken hervorragender Pioniere auf wirtschaftsmathematischem Gebiet, das bis in die dreißiger Jahre zurückreichte, konnte sich jetzt institutionalisieren und als Schule ausprägen. So entstanden Schulen in der UdSSR um V. S. Nemčinov, L. V. Kantotovič und V. N. Nowošilov und in Polen um O. Lange.

[1] In der DDR vgl. dazu: Direktive des IX. Parteitages der Sozialistischen Einheitspartei Deutschlands zum Fünfjahrplan für die Entwicklung der Volkswirtschaft in den Jahren 1976—1980, Berlin 1976, S. 173.

Inhaltlich wurde ein Prozeß der mathematischen Durchdringung der Wirtschaftswissenschaften in Theorie und Praxis eingeleitet, dessen Ergebnisse den Reifegrad dieser Wissenschaft in nicht unerheblichem Maße mitprägen. Die Vorzüge der mathematischen Modellierung, den ökonomischen Sachverhalt übersichtlich zu gestalten, ihn der exakten Analyse und zielgerichteteren Einflußnahme zugänglicher zu machen sowie mittels Modellen Simulationen ökonomischer Prozesse durchzuführen, wurden auf verschiedenen Gebieten sichtbar. Dabei sind naturgemäß die Resultate in den praktischen Bereichen der Wirtschaft größer als in der Theorie, und innerhalb der Wirtschaftspraxis dominieren wiederum die betrieblichen gegenüber den zweiglichen und volkswirtschaftlichen Prozessen, da Art und Umfang der betrieblich gestellten Aufgaben einer Bearbeitung mit mathematischen Methoden, die um so schwieriger zu handhaben sind, je komplexer ein Sachverhalt ist, am ehesten entspricht.

Das Eindringen mathematischer Methoden und Modelle in Theorie und Praxis der Wirtschaftswissenschaften verlief und verläuft keineswegs konfliktlos. Wie bei jeder Errungenschaft der Wissenschaftsentwicklung, die erst echte Breitenwirkung erlangt, wenn sie von der Mehrheit der Wissenschaftler und Praktiker bewußtseinsmäßig getragen und umgesetzt wird, handelt es sich auch bei dem Prozeß der produktiven Verbindung von Wirtschaftswissenschaften und Mathematik um einen Vorgang des Umbruchs im Denken und in den Forschungsmethoden. Erfahrungsgemäß entstehen dabei vor allem durch folgende zwei Momente Konflikte: Zum einen dadurch, weil ein Teil der Wissenschaftler und Praktiker diesen Schritt aus verschiedenen Gründen nicht sofort mitvollzieht, und zum anderen dadurch, weil die Vertreter der neuen Richtung in der Aufschwungphase der neuen Disziplin deren Möglichkeiten überschätzen. So wurden vor allem in der zweiten Hälfte der sechziger Jahre überzogene Ansprüche formuliert und damit ungerechtfertigte Erwartungen genährt. Das betraf hauptsächlich das ökonomische System von Leitung, Planung und Stimulierung, das entsprechend der Konzeption von der optimalen Planung auf ein mathematisches und kybernetisches Fundament gestellt werden sollte. Die Nichteinlösung dieser Versprechen und die notwendige Korrektur dieses Anspruchs führte nach einer jahrelangen Diskussion die wirtschaftsmathematische Arbeit auf jenes Maß zurück, welches ihr im arbeitsteiligen System der Wirtschaftswissenschaften zukommt. In vielen Bereichen der Wirtschaftswissenschaften zählen mathematische Methoden und Modelle seit langem zu den unverzichtbaren Denk- und Forschungsmethoden.[2]

[2] Über den Stand der Anwendung mathematischer Methoden in der Ökonomie der DDR vgl. G. Friedrich, Der Beitrag mathematischer Methoden zur Vervollkommnung der Entscheidungen in der Wirtschaftspraxis, in: Wirtschaftswissenschaft, 3/1978, S. 257—271 und: Autorenkollektiv, Mathematik und EDV bei der Intensivierung im sozialistischen Betrieb und Kombinat, Ebenda, 12/1979, S. 1423—1435.

1. Herausbildung der wirtschaftsmathematischen Denk- und Forschungsweise

Die Nutzung mathematischer Methoden und Modelle in den Wirtschaftswissenschaften in der Gegenwart und nahen Vergangenheit wurde in hohem Maße durch den wissenschaftlichen Vorlauf möglich, der verstärkt seit Ausgang des 19. Jahrhunderts geschaffen wurde. Das wirtschaftsmathematische Denken reicht indes bis zu dem Begründer der klassischen bürgerlichen politischen Ökonomie, W. Petty (1623—1687), zurück.

Waren es im 17. und 18. Jahrhundert sowie in der ersten Hälfte des 19. Jahrhunderts vereinzelte Versuche einiger Ökonomen und Mathematiker, wirtschaftliche Problemstellungen mit Hilfe mathematischer Methoden zu erfassen und einer Lösung zuzuführen, so begann mit den siebziger Jahren des 19. Jahrhunderts die Phase der breiteren Nutzung der Mathematik in der bürgerlichen Ökonomie im Zusammenhang mit der Analyse des Verbrauchermarktes. Die bürgerlichen Wirtschaftsmathematiker dieser Phase, die bis in die zwanziger Jahre unseres Jahrhunderts reichte, waren der Auffassung, daß es nur auf mathematischem Wege möglich sei, eine ökonomische Theorie zu entwickeln und zu begründen. Diese Richtung ist daher unter dem Namen Mathematische Schule der politischen Ökonomie in die Geschichte eingegangen.[3] Einen entgegengesetzten Standpunkt vertraten die Anhänger der sogenannten statistischen Richtung in der bürgerlichen Ökonomie, welche sich um die Jahrhundertwende herausbildete und das Ziel verfolgte, mittels statistischer Verfahren den kapitalistischen Wirtschaftszyklus zu erforschen und die Konjunkturlage vorauszusagen. Entsprechend ihrer These: Wissenschaft ist Messen und Auswertung empirischen Materials, maßen sie der Theorie so gut wie keinerlei Bedeutung bei, da diese ihrer Ansicht nach aus der statistischen Analyse hervortreten müsse.[4]

Da die Vorzüge und Grenzen beider wirtschaftsmathematischer Richtungen Ende der zwanziger Jahre deutlich zu Tage getreten waren, entwickelte sich mit Beginn der dreißiger Jahre eine neue Schule, die die Verknüpfung der theoretischen Analyse mit der Verarbeitung empirischer Daten und der Nutzung mathematischer und statistischer Verfahren anstrebte. Sie erhielt den Namen Ökonometrie. Mit ihr begann im Rahmen der bürgerlichen Ökonomie die Periode des systematischen mathematischen und statistischen Erfassens und Durchdringens fast aller Bereiche der Wirtschaftswissenschaften. Die Gründe für diesen beginnenden Wandlungsprozeß der bürgerlichen ökonomischen Wissenschaften in

[3] Die bedeutendsten Vertreter der Mathematischen Schule sind: A. Cournot; H. H. Gossen; L. Walras; W. S. Jevons; F. Y. Edgeworth; V. Pareto und W. Dmitrijew.

[4] Von der statistischen Richtung wurden hauptsächlich Modelle für die kurzfristige Prognose entwickelt. Typisches Beispiel war das sogenannte Harvard-Barometer, das aus den Effekten-, Waren- und Geldbewegungen Schlüsse für das wirtschaftliche Verhalten zog. Die Weltwirtschaftskrise Ende der zwanziger Jahre widerlegte in drastischer Weise dieses Vorgehen und leitete den Niedergang dieser Richtung ein.

den dreißiger Jahren waren gesellschaftlicher Natur: Die große Weltwirtschaftskrise hatte das bürgerliche ökonomische Denken entscheidend beeinflußt und verändert, die traditionellen Vorstellungen vom Funktionieren der kapitalistischen Wirtschaft entsprachen nicht mehr den entstandenen neuen Bedingungen des monopolistischen und beginnenden staatsmonopolitischen Kapitalismus, ein Umschwung im ökonomischen Denken und in der Wirtschaftspolitik war erforderlich geworden. Die bürgerliche Ökonomie benötigte eine auf die Bedürfnisse des Staatsmonopolismus zugeschnittene ökonomische Theorie, die das Weiterfunktionieren des Kapitalismus begründete. In diesem Zusammenhang mußte es ihr auch um die Bereitstellung geeigneter Instrumentarien gehen, mit denen die Eingriffe des Staates in die Wirtschaft vorbereitet und durchgeführt werden konnten. Solche Instrumente, die der Wirtschaftsprognose und der staatsmonopolistischen Regulierung dienlich sein konnten, stellt seit den dreißiger Jahren in zunehmendem Maße die Ökonometrie bereit.

Die Ökonometrie ist ein Verfahren zur Erfassung der zwischen den entscheidenden wirtschaftlichen Einflußgrößen existierenden funktionalen und kausalen Beziehungen mit Hilfe vornehmlich statistischer Methoden. Ihr Ziel ist die Ermittlung quantitativer Gesetzmäßigkeiten im Wirtschaftsprozeß und die Formulierung von Schlußfolgerungen für die Wirtschaftsregulierung.[5] Dieses Ziel konnte und kann sie aber im volkswirtschaftlichen Maßstab auf Grund der Existenz des privatkapitalistischen Eigentums an den Produktionsmitteln und des dementsprechenden Fehlens gesamtnationaler Pläne und entsprechender Programme außerhalb des staatsmonopolistischen Sektors nur ebenso eingeschränkt oder aber gar nicht verwirklichen wie andere Richtungen auch, welche sich in den dreißiger und vierziger Jahren herausgebildet haben und die heute neben der Ökonometrie zu den profilbestimmenden wirtschaftsmathematischen Richtungen nicht nur in den kapitalistischen, sondern auch in den sozialistischen Ländern zählen.

Mit Beginn des sozialistischen Wirtschaftsaufbaus nach der Oktoberrevolution in der UdSSR, welcher sich auf einer historisch neuen sozialökonomischen Grundlage, dem gesellschaftlichen Eigentum an den Produktionsmitteln, vollzog, stellten sich für die im Entstehen begriffene politische Ökonomie des Sozialismus auch qualitativ neuartige Probleme. Die Kernfrage war die Schaffung einer auf die Bedürfnisse des Volkes gerichteten Planwirtschaft, welche nach W. I. Lenins Hinweisen auf Basis des „einheitlichen Wirtschaftsplans", der alle Pläne der einzelnen Produktionszweige streng koordiniert und miteinander verbindet, zu entwickeln ist. Bereits im GOELRO-Plan, dessen Aufstellung Lenin leitete, verwirklichten sich Grundzüge der sozialistischen Planung, die erst später ihre volle Ausprägung erfahren konnten, so der Bilanzierungsaspekt, die Einheit von Natural- und Wertplanung u. a. Die Durchsetzung der Plan-

[5] Die Ökonometrie wurde von dem Norweger R. Frisch (1895—1973) begründet und sie hat in der 1931 gebildeten „Ökonometrischen Gesellschaft" eine weltweite Institution.

mäßigkeit in der wirtschaftlichen Entwicklung erfordert vor allem die Kenntnis der bestehenden Proportionen zwischen den einzelnen Zweigen und Bereichen der Produktion, um sie im Sinne der gestellten Gesellschafts- und Wirtschaftsziele beeinflussen und gestalten zu können. Die Kenntnis der Proportionen zwischen den Wirtschaftszweigen war für die Planung jedoch nur eine notwendige Voraussetzung, da ihre bewußte Gestaltung eine Theorie des Wachstums und der Reproduktion erforderte. Es galt somit, die gesetzmäßigen Beziehungen zwischen den volkswirtschaftlichen Aufwands- und Ergebnisgrößen aufzudecken, um davon ausgehend wissenschaftlich begründete wirtschafts-politische Maßnahmen ableiten zu können. Schließlich, und keineswegs zuletzt, sah sich die Planung ständig mit dem Konflikt zwischen den formulierten Zielen und den Mitteln zu ihrer Realisierung konfrontiert. Die begrenzten Ressourcen galt es effektiv einzusetzen und rationell zu nutzen. Die Wirtschaftspraxis benötigt Kriterien und Methoden zur Bestimmung dessen, was vor allem im Rahmen der Volkswirtschaft effektiv und rationell ist.

Die Erfordernisse der sozialistischen Planwirtschaft, die sich bereits in den ersten Jahren des Aufbaus hinreichend geltend machten, verlangten nicht nur nach Ausarbeitung einer Planungstheorie, sondern gleichermaßen nach Entwicklung geeigneter Planungsinstrumente. So wurde in den zwanziger Jahren die erste Volkswirtschaftsbilanz[6], der praktische Vorläufer der heutigen Verflechtungsbilanz, und das erste Wachstumsmodell[7] entwickelt. Ende der dreißiger Jahre wurde im Zusammenhang mit einer ökonomischen Problemstellung der erste Lösungsalgorythmus für eine Aufgabe der linearen Optimierung entdeckt. Hier konnte später angeknüpft werden, wobei die sich im Rahmen der bürgerlichen Ökonomie zwischenzeitlich vollzogenen Weiterentwicklungen auf diesen Gebieten ebenfalls genutzt werden konnten.[8]

Wir haben es heute mit einem entwickelten und weitverzweigten System der Anwendung mathematischer Methoden in der Ökonomie zu tun. Der bisherige Verlauf des Eindringens der Mathematik in die Ökonomie der sozialistischen Länder läßt sich durch drei Etappen beschreiben:

Der *erste Schritt* war die Entwicklung und Anwendung von mathematischen Modellen auf ökonomische Teilprozesse und die Aufstellung von nationalen Verflechtungsbilanzen. Dabei ging es zunächst um die Erprobung dieser Modelle und um die Bestimmung ihres Leistungsvermögens. Das vorrangige Anwendungsgebiet war die Wirtschaftspraxis und waren die angewandten Zweige der Wirtschaftswissenschaften.

[6] Diese Bilanz wurde für die Jahre 1923 und 1924 aufgestellt.

[7] Begründer der sozialistischen Wachstumstheorie ist G. A. Feldman (1884—1958). Siehe G. A. Feldman, Zur Wachstumstheorie des Nationaleinkommens, Berlin 1969.

[8] So wurden die Input-Output-Analyse und die bürgerliche Wachstumstheorie Ende der dreißiger und die lineare Optimierung in der zweiten Hälfte der vierziger Jahre entwickelt.

In einem *zweiten Schritt* wurde eine Konzeption über die optimale Funktionsweise der sozialistischen Wirtschaft entwickelt. Sie ging von den gewonnenen Erkenntnissen über das Leistungsvermögen ökonomisch-mathematischer Modelle aus und stellte diese Modelle in den Dienst einer Gesamtkonzeption über das optimale Funktionieren der sozialistischen Wirtschaft. Dadurch wurde der Prozeß der Nutzung mathematischer Modelle im Rahmen der theoretischen Forschung, der sich bis dahin auf wenige Einzelfragen bezog, in breiterem Maße eingeleitet. Das Anwendungsgebiet umfaßte von nun an auch den ökonomischen Gesamtprozeß.

Der *dritte Schritt* leitete den Prozeß des Zusammenschlusses von Einzelmodellen unterschiedlichen Typs zu Modellsystemen ein, welche den volkswirtschaftlichen Reproduktionsprozeß bzw. wichtige Teile von ihm komplex abzubilden bestrebt sind. Die Bemühungen beziehen sich vor allem auf die Kopplung von Optimierungsmodellen, Verflechtungsbilanzen, statistischen Modellen und hochaggregierten Modellen des volkswirtschaftlichen Gesamtprodukts.

Diese Schritte wurden zwar zeitlich nacheinander eingeleitet, die Bearbeitung der in ihnen angegebenen Probleme vollzog und vollzieht sich mit unterschiedlicher Intensität gegenwärtig jedoch nebeneinander. Von einem bedingten Abschluß der Untersuchungen kann lediglich bei der Ermittlung des Leistungsvermögens bestimmter Einzelmodelle gesprochen werden. Die Forschungen zu den Punkten zwei und drei sind keineswegs abgeschlossen und werden fortgesetzt.

Das Wirksamwerden von Leistungen der ökonomisch-mathematischen Forschung in den vergangenen zwei Jahrzehnten in den sozialistischen Ländern ist, wie bereits hervorgehoben, sowohl das Ergebnis der Anstrengungen von Wissenschaftlern dieser Zeit als auch vorangegangener Zeiträume. Im folgenden sollen einige geschichtliche Konturen sichtbar gemacht werden, die zum Verständnis des aktuellen Entwicklungsverlaufs der ökonomisch-mathematischen Forschung und Praxis beitragen.[9]

1.1. Der Verflechtungsgedanke

Die Verflechtungsbilanz ist gegenwärtig jenes Modell, dessen theoretische Durchdringung und praktische Nutzung am weitesten gediehen ist. Es gehört zur Planungs- und Abrechnungspraxis vieler sozialistischer Länder, daß seit

[9] Die folgende Darstellung berücksichtigt vor allem folgende Arbeiten: A. G. Granberg, Die mathematische Modellierung in der Ökonomie. Geschichtlicher Abriß, in: Wirtschaftswissenschaft, 6/1979, S. 708—726. E. S. Maiminas, Zur Geschichte und zu den Entwicklungsperspektiven der ökonomisch-mathematischen Forschung in der UdSSR, in: Wissenschaftswissenschaft in Lehre und Forschung, Wissenschaftliche Schriftenreihe der Humboldt-Universität zu Berlin, Sektion Wissenschaftstheorie und Wissenschaftsorganisation, Berlin 1978, S. 134—160; H. Schilar, Zur Geschichte des wirtschaftsmathematischen Denkens von Petty bis Marx und Engels, in: Wirtschaftswissenschaft, 11/1980, S. 1348—1359.

Ende der fünfziger Jahre Berichts- und seit Anfang der sechziger Jahre Planverflechtungsbilanzen aufgestellt werden. Die Verflechtungsbilanz ist das geeignetste Modell zur synchronen Erfassung der Aufwands- und Lieferbeziehungen zwischen den einzelnen Produktionszweigen und der Darstellung ihres Anteils am Aufkommen und an der Verwendung der Bestandteile des gesellschaftlichen Gesamtprodukts. Die Eigenschaft der Verflechtungsbilanz, das gesellschaftliche Gesamtprodukt in seinen Bestandteilen nach Aufkommen und Verwendung auszuweisen, prädestiniert sie als Instrument der volkswirtschaftlichen Gesamtrechnung. Der Gedanke, den volkswirtschaftlichen Produktions- und Realisierungsprozeß modellmäßig abzubilden, ist mit der ökonomischen Wissenschaft ursächlich verbunden.

So erkannte bereits W. Petty die Notwendigkeit der Berechnung des Volkseinkommens und des Reichtums. In der von ihm entwickelten „politischen Arithmetik", die in starkem Maße auf die Erfassung der quantitativen Seite der ökonomischen Prozesse und Erscheinungen gerichtet ist, sind erste Elemente einer volkswirtschaftlichen Gesamtrechnung unter Bedingungen des Frühkapitalismus enthalten.[10]

Den bemerkenswertesten Versuch in der Geschichte des ökonomischen Denkens des 18. Jahrhunderts zur Abbildung und Analyse des volkswirtschaftlichen Kreislaufprozesses unternahm zweifellos F. Quesnay (1694—1774). Er, der bedeutendste Vertreter der physiokratischen Lehre, betrachtete erstmals die Wirtschaft als Ganzes, das heißt die vielzähligen individuellen Produktions- und Tauschakte in ihren volkswirtschaftlichen Zusammenhängen und Abhängigkeiten. Quesnays Interesse galt dem Produktions-, Reproduktions- und Realisierungsprozeß des gesellschaftlichen Produkts sowohl in Natural- wie auch in Geldform. Dieses Produkt wurde entsprechend der physiokratischen Lehre allein in der Landwirtschaft erzeugt. Quesnay teilte dementsprechend die Gesellschaft in die produktive Klasse, die das landwirtschaftliche Produkt erzeugt, die Klasse der Grundeigentümer und die sterile Klasse (alle Tätigkeiten außerhalb der Landwirtschaft). Hiervon ausgehend entwickelte er ein Schema, das die Produktion, Verteilung und Zirkulation des gesellschaftlichen Produkts veranschaulicht. Das „Tableau economique", wie Quesnay sein Schema bezeichnete, ist der erste Versuch der modellmäßigen Abbildung und Analyse des volkswirtschaftlichen Reproduktionsprozesses unter den genannten klassenmäßigen Voraussetzungen.[11] Quesnay gebührt das doppelte Verdienst, sowohl den ersten Versuch einer volkswirtschaftlichen Betrachtung als auch den der modellmäßigen Abbildung gemacht zu haben. Dieses Zusammenfallen ist nicht zufällig, sondern weist darauf hin, daß die komplizierten makroökonomischen Zusammenhänge und Abhängigkeiten die Modellmethode, das heißt die Reduzierung der wirtschaft-

[10] Zitiert nach E. Strauss, Sir William Petty, Portrait of a Genius, London 1954.

[11] Eine ausführliche Darstellung und Würdigung der Leistung Quesnays findet sich in: W. S. Nemtschinow, Ökonomisch-mathematische Methoden und Modelle, Berlin 1965, S. 87.

lichen Vielfalt auf das Wesentliche und seine schematische und mathematische Darstellung erforderlich macht. Karl Marx wertete diesen Versuch wie folgt: „... Dieser Versuch, den ganzen Produktionsprozeß des Kapitals als Reproduktionsprozeß darzustellen, ... und alles dies in einem Tableau, das in fact immer nur aus fünf Linien besteht, die sechs Ausgangspunkte oder Rückkehrpunkte verbinden — und das im zweiten Drittel des 18. Jahrhunderts, der Kindheitsperiode der politischen Ökonomie — war ein höchst genialer Einfall, unstreitig der genialste, dessen sich die politische Ökonomie bisher schuldig gemacht hat."[12]

Das „Tableau economique" wurde zu einer wichtigen Quelle für die schematische Darstellung des Produktions- und Realisierungsprozesses des Kapitals, wie sie Marx für den Industriekapitalismus des 19. Jahrhunderts gibt. Marx erkennt, und das ist gegenüber Quesnay eine neue Fragestellung, in der arbeitsteilig bedingten Struktur des Produktionsprozesses einen wichtigen Gesichtspunkt für das Funktionieren des kapitalistischen Reproduktionsprozesses. Er stellt deshalb die Frage nach den Erfordernissen der Realisierung des Kapitals von der Warte der Produktion und Reproduktion des Kapitals in zwei Abteilungen. Das Kriterium der Einteilung der Produktion in zwei Abteilungen findet Marx in den beiden Grundfunktionen der Verwendung der geschaffenen Güter, nämlich entweder als Produktionsmittel oder aber als Konsumtionsmittel zu dienen. Damit ist von Marx der zunächst wichtigste und augenfälligste Strukturaspekt berücksichtigt worden. Für die Beantwortung der Frage nach den gesetzmäßigen Beziehungen zwischen den beiden Abteilungen bei einfacher und erweiterter Reproduktion war diese Unterteilung hinreichend. So konnten die Gesetze des Wertaustausches der Bestandteile des Produkts der beiden Abteilungen bei einfacher und erweiterter Reproduktion formuliert und in diesem Zusammenhang das Gesetz vom vorrangigen Wachstum der Abteilung, die Produktionsmittel herstellt, gegenüber der die Konsumgüter produziert, entwickelt werden. Letztgenanntes Gesetz ist wesentlich der Analyse Lenins zu verdanken, der durch Einführung des technischen Fortschritts in die Reproduktionstheorie des Kapitals die bei Marx dominierende stationäre Betrachtung überwindet und das dynamische Wachstum untersucht.[13]

Es ist später gezeigt worden, daß die im Marxschen zweisektoralen Modell dargestellten Beziehungen im Ansatz denen moderner Verflechtungsbilanzen entsprechen. So sind die Kapitalelemente durch entsprechende Umformung in technologische Aufwandskoeffizienten transformierbar.[14]

Erstmals werden technisch bedingte Aufwandskoeffizienten in einem Modell

[12] Karl Marx, Theorien über den Mehrwert, Erster Teil, in: MEW, Bd. 26, Berlin 1956, S. 306.

[13] W. I. Lenin, Zur sogenannten Frage der Märkte, in: Werke, Bd. 1, Berlin 1965, S. 65—117.

[14] Siehe dazu u. a., O. Lange, Einführung in die Ökonometrie, Berlin 1968, S. 156.

formuliert, welches in den siebziger Jahren des 19. Jahrhunderts von L. Walras (1834—1910) zum Zweck der Erklärung des allgemeinen ökonomischen Gleichgewichts unter Bedingungen der vollkommenen Konkurrenz des Kapitals und der Preisbildung auf Grundlage des subjektiven Grenznutzens entwickelt wurde.[15]

Der russische Mathematiker V. Dmitrijev (1868—1913) entdeckte 1904 einen Berechnungsweg für den vollen Arbeitsaufwand, der zentralen Kategorie künftiger Verflechtungsbilanzen. Mit ihr kann die Menge an Bruttoproduktion angegeben werden, die zur Herstellung einer Einheit Endprodukt erforderlich ist. Damit findet eine entscheidende Etappe der Herausbildung des Verflechtungsgedankens ihren Abschluß.

Die weitere Entwicklung auf diesem Gebiet erhielt ihren wichtigsten Impuls nach der Oktoberrevolution, als die Arbeiten am Volkswirtschaftsplan der UdSSR begannen. 1923/24 wurde die erste Volkswirtschaftsbilanz von der Zentralverwaltung für Statistik erarbeitet, die neben synthetischen Kennziffern der gesellschaftlichen Reproduktion auch Tabellen enthält, in welchen die zwischenzweiglichen Aufwandsbewegungen enthalten sind. Bis Ende der zwanziger Jahre waren wichtige Bausteine für eine Theorie der Verflechtungsbilanz von sowjetischen Wissenschaftlern geschaffen worden, die allerdings nicht weiter entwickelt werden konnte, weil die Arbeit auf diesem Gebiet vorerst eingestellt wurde.[16] V. Leont'ev, der Ende der zwanziger Jahre aus der UdSSR emigriert und mit dieser Arbeit gut vertraut war, begann 1931 mit Untersuchungen über die Verflechtungsstruktur der amerikanischen Wirtschaft und entwickelte die heute gültige klassische mathematische Form der nach ihm benannten Input-Output-Analyse.[17]

Verflechtungsbilanzen, die seit langem in vielen kapitalistischen und sozialistischen Ländern aufgestellt werden, sind ein geeignetes Instrument zur Analyse und Planung der Wirtschaft. Da sie in der Regel für ganze Volkswirtschaften ermittelt werden, kann ihre Eigenschaft, der Planung zu dienen, auch nur in einer Planwirtschaft voll zur Geltung kommen. Auf die Nutzbarmachung dieses Vorzuges sind daher die vielfältigen Aktivitäten zur Weiterentwicklung und praktischen Anwendung von Verflechtungsbilanzen in den sozialistischen Ländern gerichtet. So werden seit einigen Jahren in der UdSSR und DDR Arbeiten durchgeführt, die darauf orientieren, eine Verflechtungsbilanz aufzustellen, in welcher die ökonomischen Größen sowohl in ihrem Natural — als auch in ihrem Geldausdruck ausgewiesen sind. Das soll zur Verbesserung der materiell-stofflichen und der wertmäßig-finanziellen Planung beitragen.

[15] L. Walras, Élements d'economic politique pure, Paris 1926.

[16] Vgl. hierzu: A. G. Granberg, Die mathematische Modellierung in der Ökonomie, Geschichtlicher Abriß, in: Wirtschaftswissenschaft, a. a. O.

[17] W. Leontief, The Structure of American Economy, 1919—1939, New York 1953.

1.2. Der Optimierungsgedanke

Optimierungsmodelle, insbesondere linearen Typs, gehören neben Verflechtungsmodellen zu den Standardmodellen vor allem auf Betriebs- und Zweigebene. Ihr breiter Einsatz resultiert aus ökonomischen Zusammenhängen, die für ihre effektive Leitung, Planung und Organisation die Bestimmung von Extremwerten erforderlich machen. Auf Betriebsebene handelt es sich zum Beispiel um Maschinenbelegungsprobleme, Materialzuschnittsprobleme, Transportprobleme, Produktionsplanoptimierungsprobleme u. a. Auf zweiglicher und territorialer Ebene spielen Standortprobleme eine wichtige Rolle. Der Vorzug von Optimierungsmodellen gegenüber Verflechtungsmodellen und einer Reihe anderer Modelltypen, beispielsweise statistischen Modellen, besteht auf Grund des in ihnen definierten Optimalitätskriterium darin, daß sie Entscheidungssituationen abzubilden vermögen und Lösungswerte liefern, die in bezug auf dic abgebildete Situation optimal sind. Sie sind deshalb ein geeignetes Instrument zur Entscheidungsobjektivierung wirtschaftlicher Leitungs- und Planungsprozesse.

In der Geschichte des ökonomischen Denkens spielte der Optimierungsgedanke seit der ersten Hälfte des 19. Jahrhunderts eine Rolle. In dieser Periode wurden drei voneinander unabhängige Ansätze und Lösungsversuche entwickelt, die allerdings das ökonomische Denken ihrer Zeit so gut wie nicht beeinflußten, sondern erst im letzten Drittel des Jahrhunderts fruchtbar gemacht wurden.

Da ist zunächst der norddeutsche Junker J. H. v. Thünen (1783—1850) zu nennen, der durch sorgfältige langjährige Buchführung über Kosten und Erlöse unterschiedlicher Produkte und Transportwege zu dem Schluß kam, daß die Anordnung der verschiedenen landwirtschaftlichen Zweige ausgehend von einem Absatzort (der Stadt) so erfolgen muß, daß die Transportkosten bei gegebenem Preis des Erzeugnisses minimal und der Reinerlös entsprechend maximal sind. Diese Bedingung sei nach Thünen dann erfüllt, wenn die landwirtschaftlichen Zweige in Form von konzentrischen Ringen entsprechend der abnehmenden Intensität um den Absatzort angeordnet werden. Diese Überlegungen, die aus praktischen Erfordernissen hervorgingen, enthielten in Keimform die Eigenschaften einer Optimierungsaufgabe, nämlich die Definition einer Zielfunktion und der Nebenbedingungen. Daß sie auf Grund der Idealisierung des landwirtschaftlichen Reproduktionsprozesses keine praktische Umsetzung erfuhren, tut dieser Feststellung keinen Abbruch.[18]

Einen anderen Zusammenhang, nämlich den zwischen dem Preis einer Ware und der Nachfrage nach ihr, nahm A. A. Cournot (1801—1877), der Begründer der mathematischen Schule innerhalb der bürgerlichen politischen Ökonomie, zum Ausgangspunkt für die Beantwortung der Frage, welche Preise einen maximalen Bruttoerlös sichern. Cournot ging dabei von der richtigen Beobachtung aus,

[18] J. H. v. Thünen, Der isolierte Staat in Beziehung auf Landwirtschaft und Nationalökonomie, Jena 1930.

daß die Abhängigkeit der Nachfrage vom Preis bei verschiedenen Waren unterschiedlich ist und daß die Funktion, die diesen Zusammenhang widerspiegelt, stetig differenzierbar ist. Der Ausgangspunkt für die Bestimmung solcher Preise, die den Bruttoerlös maximieren, sind die Nachfrageelastizitäten, das heißt der quantitative Ausdruck der Nachfrageänderung bei entsprechender Preisänderung. Cournot hat als erster den Begriff der Nachfrageelastizität gebraucht und in die ökonomisch-mathematische Untersuchung eingeführt. Ein Hauptverdienst Cournots besteht darin, daß er die Bedeutung der Differential- und Integralrechnung für die Ökonomie erkannte und sie auf abstrakt-theoretische Probleme anwandte.[19]

Der Dritte dieser Zeit ist H. H. Gossen (1810—1858), der eigentliche Begründer der Grenznutzentheorie, dessen Werk jedoch erst bekannt wurde, als die Grenznutzentheorie in den siebziger Jahren ausgearbeitet worden war. Die erstmals von Gossen vorgenommene Bestimmung des Wertes der Ware durch den Grenznutzen, das heißt durch die subjektiv-psychologische Bewertung der letzten für die Befriedigung eines Bedürfnisses notwendigen Wareneinheit durch den Konsumenten, führte ihn zur Definition zweier Gesetze, die später in der neoklassischen Theorie der bürgerlichen Ökonomie eine fundamentale Rolle spielten. Das erste Gesetz, das sogenannte „Sättigungsgesetz“ besagt, daß mit fortschreitender Befriedigung eines Bedürfnisses dessen Intensität abnimmt. Das zweite Gesetz, auch „Genußausgleichsgesetz“ genannt, ist auf die Maximierung des Nutzens oder der Bedürfnisbefriedigung gerichtet und besagt, daß die Befriedigung und damit der Genuß dann am höchsten ist, wenn der Konsument seine Bedürfnisse mit den gleichen Intensitätsgraden befriedigt, oder anders gesprochen, wenn der Verbraucher sein Geld für verschiedene Güter so ausgibt, daß er mit jeder letzten Einheit dieser Güter die gleiche Befriedigung erzielt.[20]

Mit der Entwicklung der Grenznutzentheorie, die in den siebziger Jahren vor allem von K. Menger (1840—1921), E. v. Böhm-Bawerk (1851—1914), W. St. Jevons (1835—1882) und L. Walras ausgearbeitet wurde, verließ die bürgerliche Ökonomie vollkommen ihre klassischen Positionen. Sie sah nicht mehr in der Sphäre der Produktion der materiellen Güter und Dienste, sondern in der des Verbrauchs und der Konsumtion der Hauptgegenstand ihrer Untersuchung. Der Wert ist für sie keine Kategorie der gesellschaftlich-notwendigen Arbeit mehr, sondern das Resultat der subjektiven Einschätzung der Güter durch den Verbraucher entsprechend seinen Vorstellungen über die Bedürfnisbefriedigung. Als subjektive Wertlehre wurde die Grenznutzentheorie zu einer Waffe der bürgerlichen Ökonomie gegen den Marxismus, insbesondere gegen die objektive Arbeitswertlehre.

Diese Verschiebung des Schwerpunktes der Untersuchung und das mit ihr ver-

[19] A. Cournot, Recherches sur les principles mathématique de la théorie des richesses, Paris 1838.

[20] H. H. Gossen, Entwicklung der Gesetze des menschlichen Verkehrs, Berlin 1927, S. 93.

bundene Theoriengebäude boten allerdings einen günstigen Boden für die Anwendung der Mathematik und die Entwicklung des Optimierungsgedankens. Im Rahmen der Grenznutzentheorie und der sie charakterisierenden Marginalanalyse wurden wichtige Optimierungsprinzipien formuliert, deren Bestätigung und Verallgemeinerung erst durch die mathematische Optimierungstheorie im 20. Jahrhundert erfolgte. So existiert ein Zusammenhang der Wirkungsprinzipien des zweiten Gossenschen Gesetzes und von Dekompositionsaufgaben der linearen Optimierung. Das zweite Gossensche Gesetz, das auf das Genußmaximum des Individuums gerichtet ist, bildete in dem Walraschen Modell des allgemeinen ökonomischen Gleichgewichts die Grundlage für die Beantwortung der Frage nach dem Genußmaximum aller Individuen. V. Pareto (1848—1923), der Begründer der Wohlfahrtsökonomie, brachte die geäußerten Auffassungen dazu auf folgenden Nenner: Die Befriedigung der Bedürfnisse aller Konsumenten erreicht dann ihr Maximum, wenn niemand seine Lage verbessern kann, ohne dadurch gleichzeitig die Lage eines anderen zu verschlechtern. Dieser Zustand ist erreicht, wenn bei allen Verbrauchern das Verhältnis der Grenznutzen gleich dem der Preise der Güter ist.[21] In neuerer Zeit konnte für Zerlegungsaufgaben der linearen Optimierung bewiesen werden, daß die Summe der lokalen Optima dann gleich dem globalen Optimum ist, wenn die Grenzeffektivitäten der zentral verteilten Produktionsressourcen in allen Verwendungsgebieten gleich sind.[22] Mit diesem Nachweis konnte die Diskussion über die Ausnutzung und Anwendungsgrenzen marginaler Größen in der sozialistischen Wirtschaft entscheidend versachlicht werden. Es wurde klarer, daß die sozialistische Wirtschaft nicht auf Grenzgrößen verzichten kann, da sie ein immanentes Element von Optimierungsaufgaben sind, und daß es darauf ankommt, ihren Anwendungsbereich richtig zu erkennen.

Mit seiner Arbeit „Mathematische Methoden der Organisation und Planung der Produktion“ legte der sowjetische Mathematiker L. V. Kantorovič im Jahre 1939 die Grundlagen der mathematischen Theorie der linearen Optimierung.[23] Ausgehend von betrieblichen ökonomischen Problemstellungen, wie der Maschinenbelegung, der komplexen Materialverwertung, des Materialzuschnitts, der Transportplanung und anderen, formulierte L. V. Kantorovič eine neue Klasse von Extremwertaufgaben mit linearen Beschränkungen in Gestalt von Gleichungen und Ungleichungen und gab einen Lösungsalgorythmus an. Unabhängig von Kantorovič entwickelten amerikanische Wissenschaftler Ende der vierziger Jahre die lineare Optimierung ebenfalls.[24] Damit wurde eine neue Etappe eingeleitet,

[21] V. Pareto, Manuel d'économie politique, Paris 1963, S. 354 — Siehe dazu auch: S. Heretik, Theoretische Grundlagen der gegenwärtigen bürgerlichen Ökonomie, Berlin 1977, S. 154.

[22] Vgl. u. a.: K. E. Boulding, Welfare Economics, in: A Survey of Contemporary Economics, hg. von B. F. Haley, Homewood 1952.

[23] Der ausgereifte Standpunkt zur linearen Optimierung findet sich in der Arbeit von L. V. Kantorovič, Ekonomičeskij rasčet nailučsego ispol'zovanija resursov. Moskva 1959.

[24] Hervorzuheben sind T. C. Koopmans und G. B. Dantzig.

die das wirtschaftsmathematische und ökonomische Denken in entscheidendem Maße geprägt hat.

Das wichtigste Ergebnis ist in diesem Zusammenhang die Theorie der optimalen Planung und Ressourcennutzung sowie die Theorie der optimalen Preise. An ihrer Erarbeitung haben die sowjetischen Ökonomen Nowoŝilov (1892—1970) und Nemĉinov (1894—1944) entscheidend mitgewirkt. Die in den vierziger und fünfziger Jahren durchgeführten Arbeiten von Kantorovič und Nowoŝilov[25] bildeten einen entscheidenden Ausgangspunkt für die praktischen und theoretischen Arbeiten mit Optimierungsmodellen.

2. System der optimalen Funktionsweise der sozialistischen Wirtschaft — eine Konzeption auf interdisziplinärer Grundlage

Der Sieg der sozialistischen Produktionsverhältnisse in einer Reihe von RGW-Ländern Anfang der sechziger Jahre, der eine neue Entwicklungsetappe einleitete und zu umfassenden Wirtschaftsreformen drängte, war auch mit neuen Erfahrungswerten über die grundlegende Wirtschaftsaufgabe der Gesellschaft verbunden. Das entscheidende Erfordernis der sich auf dem gesellschaftlichen Eigentum an den Produktionsmitteln gründenden sozialistischen Ökonomik, die Planmäßigkeit, wurde aus der Sicht des wichtigsten volkswirtschaftlichen Zielkriteriums, der bedarfsgerechten Produktion, welche von den Bedürfnissen der Menschen abgeleitet ist, präzisiert. Die planmäßige Verteilung der gesellschaftlichen Arbeit und der materiellen Ressourcen auf die Zweige und Bereiche der Produktion und die Leitung des Prozesses ihrer rationellen Nutzung für die Sicherung einer bedarfsgerechten Produktion wurde als die grundlegende Wirtschaftsaufgabe der sozialistischen Gesellschaft erkannt und formuliert. Die Lösung dieser Aufgabe erfolgt in direkter Abhängigkeit vom jeweils erreichten Erkenntnisstand über das Wesen der ökonomischen Prozesse und Verläufe und seiner praktischen Umsetzung in der Leitung und Planung der Wirtschaft. Demzufolge wird die Effektivität des wirtschaftlichen Handelns von zwei Dingen bestimmt: Zum einen vom Erkenntnisgrad über den Inhalt der wirtschaftlichen Gesetze, zum anderen von der Art und Weise ihrer Ausnutzung in der praktischen Wirtschaftstätigkeit.

Die lineare Optimierung wirkte mit ihrem Struktur- und Begriffssystem auf diesen politökonomischen Erkenntnisprozeß interdisziplinär ein, indem sie nach der volkswirtschaftlichen Gültigkeit von Zusammenhängen fragte, die in ihr enthalten und entsprechend beantwortet sind:

Erstens ist danach gefragt, ob die in Aufgaben der linearen Optimierung

[25] Vgl. W. W. Nowoshilow, Messung von Aufwand und Ergebnis, Berlin 1970.

enthaltene Beziehung zwischen Zielfunktion (Optimalitätskriterium) und Restriktionssystem volkswirtschaftlich verallgemeinerungsfähig ist, ob also auch der Zusammenhang von volkswirtschaftlichen Zielen und Mitteln durch einen Extremwertcharakter des Ziels und demzufolge Optimierungscharakter des Mitteleinsatzes geprägt ist.

Zweitens wurde nach der ökonomischen Rolle der optimalen Bewertungen gefragt, und zwar konkret danach, ob sie nicht analog zu den Modellen der linearen Optimierung die Preise in der Wirtschaft sind. Die wirtschaftsmathematische Richtung innerhalb der politischen Ökonomie des Sozialismus gab hierauf folgende Antworten:

Die Dialektik von volkswirtschaftlichen Zielen und Mitteln ist durch den Extremwertcharakter der Ziele und der Begrenztheit der Mittel (Ressourcen) gekennzeichnet. Beides ist eine Folge der Dynamik der Bedürfnisse der Menschen, deren Befriedigung den Wirtschaftszielen zugrunde liegt. Die Bedürfnisse eilen den Möglichkeiten für ihre Befriedigung ständig voraus. Das ist ein objektiver Prozeß und Widerspruch der Gesellschaftsentwicklung. In bezug auf diese den Produktionsmöglichkeiten vorauseilenden Bedürfnisse und Zielvorstellungen sind die verfügbaren Ressourcen begrenzt. Hierbei handelt es sich zwar um reproduzierbare, allerdings für eine konkrete Wirtschaftssituation stets nur in begrenztem Maße reproduzierbare Ressourcen. Diese aus der Bedürfnisdynamik der Menschen resultierende Begrenztheit reorpduzierbarer Ressourcen erzeugt eine Entscheidungssituation mit Optimierungscharakter, die die Leitungs- und Planungsorgane permanent zwingt, einen Kompromiß zwischen den Zielnotwendigkeiten und den Produktionsmöglichkeiten zu schließen. Die Verteilung und Nutzung begrenzter Ressourcen ist ein iterativer Optimierungsprozeß, das heißt, Ziel und Mittel formieren sich in ihren qualitativen und quantitativen Strukturen im Prozeß ihres wechselseitigen Aufeinanderwirkens.

Die Wirkung von Ressourcenbegrenzungen ist, daß sich wissenschaftlich-technische Neuerungen nur mit zeitlicher Verschiebung in den einzelnen Produktionszweigen durchsetzen können, was wiederum zur Folge hat, daß differenzierte Bedingungen der Arbeitsverausgabung entstehen, die den Regelfall in der Wirtschaft darstellen und sich ständig auf höherem Niveau reproduzieren. Zur Herstellung sowohl unterschiedlicher als auch gleicher Erzeugnisse müssen deshalb günstige, mittlere und weniger effektive Bedingungen der Arbeitsverausgabung gleichzeitig in Anspruch genommen werden. Diese Unterschiede in den Arbeitsbedingungen führen zu sogenannten Aufwendungen der gegenläufigen Abhängigkeit, die die Ermittlung der jeweils günstigsten Produktionsvariante wesentlich erschweren. Im Prozeß der Suche der besten Produktionsvariante verschieben sich nämlich ständig die Aufwandsproportionen, Erhöhungen an einer Stelle bewirken Senkungen an anderer Stelle, die sich jedoch nur im Ausnahmefall ausgleichen. Existieren differenzierte Bedingungen der Arbeitsverausgabung, die objektiv begründet sind, dann sind auch die schlechtesten von ihnen gesellschaftlich notwendig. Dementsprechend bestimmen die unter den schlechtesten Bedingungen erzielten Aufwendungen den Preis. Nach Nowošilov existieren folgende Zusammenhänge zwischen den Aufwendungen der gegenläufigen Abhängigkeit, den optimalen Bewertungen und den Preisen:

1. Dem Preis liegt der gesellschaftlich-notwendige Arbeitsaufwand zugrunde, der sowohl Produktions- als auch Konsumtionsbedingungen widerspiegelt. Im optimalen Zustand der Wirtschaft gleichen die Preise für die Ressourcen und das Endprodukt Angebot und Nachfrage aus.

2. Die Berücksichtigung differenzierter Bedingungen der Arbeitsverausgabung als Folge der Begrenztheit von Ressourcen bewirkt, daß nicht die mittleren, sondern die Differentialaufwendungen, das heißt die Summe der vollen Aufwendungen und der Aufwendungen der gegenläufigen Abhängigkeit, für ein Produkt den Preis bestimmen. Die Preise sind den Differentialaufwendungen proportional, das heißt, sie sind proportional den partiellen Ableitungen des gesellschaftlichen Endprodukts nach der Menge eines gegebenen Produkts.

3. Die Preise sind das Resultat eines volkswirtschaftlichen Optimierungsprozesses, in welchem die optimalen Bewertungen gleichzeitig Mittel zur Bestimmung des optimalen Zustandes des Wirtschaftssystems sind.

Eine erste systematische Darstellung und Form erhielten diese Aussagen in der in der zweiten Hälfte der sechziger Jahre entwickelten Konzeption vom System der optimalen Funktionsweise der sozialistischen Wirtschaft. Diese Konzeption war ein Beitrag der sowjetischen wirtschaftsmathematischen Schule um N. P. Fedorenko in der Diskussion um Fragen der Vervollkommnung des Wirtschaftsmechanismus, das heißt von Planung, Leitung und ökonomischer Stimulierung.[26] In der breit geführten Diskussion im Zusammenhang mit der Wirtschaftsreform, die in der Frage der Stimulierung der Produktion einen ihrer Brennpunkte besaß, spielten Probleme von zentraler und dezentraler Planung, der ökonomischen Bewertung von Aufwand und Ergebnis, der Messung von wirtschaftlicher und gesellschaftlicher Effektivität, der Bestimmung gesellschaftlich-notwendiger Proportionen ökonomischer Aufwands- und Ergebnisgrößen und optimaler Wachstums- und Reproduktionsbedingungen sowie Preisfragen eine wichtige Rolle. Die von der Sache her miteinander verbundenen Probleme wurden zumeist voneinander losgelöst erörtert, und die für sie angestrebten Lösungen waren dementsprechend nicht genügend aufeinander abgestimmt. Für den Wirtschaftsmechanismus des vielschichtigen und vielgliedrigen volkswirtschaftlichen Reproduktionsprozesses konnten sich aber nur stabile Lösungen ergeben, wenn der wissenschaftliche Ansatz den wechselseitigen Bezug der verschiedenen Komponenten und Einflußfaktoren des Reproduktionsprozesses hinreichend enthielt. Erforderlich war ein systemanalytisches Herangehen. Es wurde und konnte von der wirtschaftsmathematischen Schule praktiziert werden, da die von ihr genutzte Modellmethode und mathematische Denkweise Voraussetzungen dafür sind.

[26] N. F. Fedorenko, O razrabotke sistemy optimal'nogo funkcionirovanija ėkonomiki, Moskva 1968.

Die in der zweiten Hälfte der sechziger Jahre vorgeschlagene Konzeption eines Systems der optimalen Funktionsweise der sozialistischen Wirtschaft enthält folgende theoretischen Prämissen:

1. Der reale sozialökonomische Wirtschaftsprozeß wird entsprechend seinen Entwicklungsgesetzen und seinem Wirkungsmechanismus in seinen hauptsächlichen Einflußgrößen und deren wechselseitigen Beziehungen erfaßt;
2. die Wirtschaft ist ein hierarchisch strukturiertes System, dem der Aufbau des Leitungssystems nach dem Prinzip des demokratischen Zentralismus entspricht;
3. es existiert ein qualitativ und quantitativ bestimmtes globales und lokales Optimalitätskriterium;
4. die für die Erfüllung der Wirtschaftsziele erforderlichen reproduzierbaren Ressourcen sind begrenzt;
5. dem zu optimierenden Wirtschaftssystem entspricht ein spezifisches System der ökonomischen Stimuli der Leitung;
6. die optimale Funktionsweise des ökonomischen Systems erfordert die Verbindung der perspektivischen Entwicklungsziele mit denen der laufenden Aufgaben.

Diese Prämissen, denen wichtige politökonomische Erkenntnisse zugrunde liegen, gestatten, die wirtschaftlichen Einflußgrößen, wie Produktionsziel, Ressourcenvorrat, technologische Produktionsverfahren, Erzeugnisbedarf, Preise u. a. in ihren kausalen und funktionalen Beziehungen zu erfassen, was eine komplexe Effizienzbetrachtung der Wirtschaft ermöglicht. Der dieser Konzeption zugrunde liegende Modelltyp ist das Optimierungsmodell, welches erkenntnistheoretisch prädestiniert dafür ist, die genannten Einflußfaktoren in ihrem wechselseitigen Aufeinanderwirken abzubilden. Forschungen in Ungarn, die zeitgleich zur Entwicklung dieser Konzeption durchgeführt wurden und die Funktionsweise des Optimierungsmodells unter Bedingungen der Zweiebenenplanung, das heißt, der Existenz einer zentralen und vieler dezentraler Optimierungsaufgaben, die organisch miteinander verbunden sind, zum Gegenstand hatten, untermauerten den Gedanken von der hierarchischen Struktur der sozialistischen Wirtschaft und der aufeinander abgestimmten zentralen Planung der Volkswirtschaft und eigenverantwortlichen Tätigkeit der wirtschaftlichen Teilsysteme. Sie lieferten auch den Beweis für die Existenz eines globalen Optimums bei Existenz verschiedener lokaler Aufgaben.[27]

Die Konzeption vom System der optimalen Funktionsweise der sozialistischen Wirtschaft übte eine nachhaltige Wirkung auf die ökonomische und wirtschaftsmathematische Diskussion aus. Obwohl sie über Jahre sehr kontrovers verlief, und ihre Kritiker zu Recht den Anspruch der Autoren, damit eine „konstruktive

[27] Vgl. J. Kornai, Mathematische Methoden bei der Planung der ökonomischen Struktur, Berlin 1967.

politische Ökonomie" schaffen zu wollen, zurückwiesen, kann ihre strategische Bedeutung bei der weiteren Vervollkommnung von Leitung, Planung und ökonomischer Stimulierung kaum überschätzt werden.[28]

3. Beitrag der Mathematik für die Entwicklung der Wirtschaftswissenschaften

Versucht man die Frage nach dem Beitrag der Mathematik für die Entwicklung der Wirtschaftswissenschaften zu beantworten, so lassen sich zwei Schwerpunkte setzen:

Die wohl wichtigste Tatsache ist die Potenz des mathematischen Modells, welches, bei entsprechender Klarheit über den abzubildenen Zusammenhang, diesen einheitlich qualitativ und quantitativ erfaßt. Damit wird das Grundanliegen jedweder wissenschaftlichen Betrachtung bestmöglich realisiert. Die Betonung liegt dabei klar auf dem Nebensatz: „bei entsprechender Klarheit über den abzubildenden Zusammenhang". In der Tat kann die Mathematik nicht die Probleme einer Einzelwissenschaft lösen, sie kann jedoch mit den ihr zur Verfügung stehenden Mitteln, nämlich mit den von ihr entwickelten Gesetzen logischer und formalisierbarer Strukturen von Systemen, in den Erkenntnisprozeß der Einzelwissenschaft eingreifen und ihn fördern. Ein anschauliches Beispiel hierfür ist die marxistische Werttheorie und die sich in diesem Jahrhundert vollzogene Diskussion um preistheoretische Konzeptionen. Dort, wo der Wert als Grundzusammenhang außer Acht gelassen wurde, konnte auch kein sinnvolles Preisgesetz entwickelt werden. Das läßt sich am sogenannten Transformationsproblem der Werte in Preise im bürgerlichen Verständnis veranschaulichen. Die Diskussion um den sozialistischen Preistyp erhielt demgegenüber von der Theorie der linearen Optimierung einen wichtigen erkenntnistheoretischen Impuls. Hier ist die Diskussion nach wie vor nicht abgeschlossen.[29] Obgleich der Schwerpunkt des Beitrages der Mathematik für die Wirtschaftswissenschaften in der Nutzung von Modellen und Verfahren im wirtschaftspraktischen Bereich liegt, ist der Prozeß der Anwendung von Modellen und entsprechenden Denkweisen im politökonomischen Erkenntnisprozeß eingeleitet und wird in einem zeitlich lang zu veranschlagenden Prozeß seine Weiterentwicklung erfahren.

[28] Einen aus heutiger Sicht die Konzeption der optimalen Funktionsweise wertenden Artikel veröffentlichten J. W. Ovsienko/J. W. Suchotin, Zur Frage der Stellung der Theorie von der optimalen Funktionsweise der Wirtschaft im System der ökonomischen Wissenschaften des Sozialismus, in: Ökonomie und mathematische Methoden, 4/1979.

[29] Vgl. Hans Schilar, Zur Funktion der Mathematik im Erkenntnisprozeß der Wirtschaftswissenschaften, in: Wirtschaftswissenschaft, 9/1980, S. 1083—1097 — in dieser Arbeit erfolgt eine Wertung der sogenannten Transformationsproblematik in der bürgerlichen Ökonomie und der Optimalpreistheorie in der Diskussion um den Preistyp im Sozialismus.

Ein zweiter Punkt resultiert aus dem Leistungsvermögen der in den Wirtschaftswissenschaften gegenwärtig zur Nutzung gelangenden mathematischen und statistischen Modelle. Alle diese Modelle, so unterschiedlich im einzelnen ihre Struktur und ihr Verwendungszweck auch ist, haben in einem Punkt ein gemeinsames Funktionsmerkmal: sie leisten einen Beitrag zur Bestimmung der Zustandsveränderung von ökonomischen Systemen. Die Bemerkung von Friedrich Engels, daß es die Differentialrechnung der Naturwissenschaft erst ermöglicht, Prozesse mathematisch darzustellen,[30] besitzt Gültigkeit auch für die Wirtschaftswissenschaften. Es liegt in der Natur ökonomischer Prozesse, daß die Veränderungen einer beziehungsweise mehrerer Größen Veränderungen anderer Größen zur Folge haben, die mit dieser (diesen) verbunden sind. Die Analyse einer Reihe mathematischer Modelle, die in breitem Maße in der Ökonomie genutzt werden, ergibt, daß sie auf der Grundlage von Größen wirken, die die Veränderung des Zustandes eines modellierten Systems und damit das Prozeßhafte ausdrücken. Das Prinzip des Differentialquotienten, das Verhalten der Kurve in einem bestimmten Punkt anzugeben, hat sich im Verlaufe der wirtschaftsmathematischen Entwicklung auf die unterschiedlichste Weise durchgesetzt und weiterentwickelt. Davon zeugen der Inhalt des Regressionskoeffizienten, der unterschiedlichen Elastizitätskoeffizienten in Produktionsfunktionen, des Koeffizienten des vollen Arbeitsaufwandes in Verflechtungsmodellen, der optimalen Bewertungen in Optimierungsmodellen und anderen. Sie beanspruchen von den gesuchten Größen einer Aufgabe besonderes Interesse, da sie Richtung und Ausmaß der Zustandsveränderung des betrachteten Systems anzeigen, wenn jene Größe um eine Einheit variiert, die den Koeffizienten repräsentiert. Damit sind entscheidende Wachstums- und Reproduktionsgesichtspunkte angesprochen.

4. Richtungen der Weiterentwicklung der ökonomisch-mathematischen Modellierung

Hervorzuheben sind zwei Schwerpunkte der Arbeit mit mathematischen Modellen in der Ökonomie:

1. Große Bedeutung wird seit Ende der sechziger Jahre dem Erarbeiten und Einführen automatisierter Leitungssysteme (ASU) beigemessen. In ihnen ist der Einsatz der elektronischen Rechentechnik mit der Anwendung ökonomisch-mathematischer Methoden und Modelle auf effektivste Weise zusammengeführt. Dabei geht es darum, Informationsgewinnung, -speicherung und -recherche, Massendatenverarbeitung, Bilanzierung und Optimierung zu verbinden, um die Leitungsprozesse der verschiedenen Ebenen zu rationalisieren und die Entscheidungsfindung zu objektivieren. Automatisierte Leitungssysteme sind als Mensch-

[30] Siehe: Karl Marx/Friedrich Engels, MEW, Bd. 20, Berlin 1962, S. 534.

Maschine-System konzipiert. Dem Leiter wird dabei nicht die Entscheidungsfunktion abgenommen. Diese Funktion erlangt vielmehr einen höheren Stellenwert dadurch, daß sie — auf der Grundlage einer umfassenden Information über den realen Prozeßverlauf — allseitig qualifizierter wird.

Das Kernstück des automatisierten Leitungssystems bildet das automatisierte System der Planberechnungen (ASPR). Hierbei handelt es sich um ein System zum Ausarbeiten der Volkswirtschaftspläne und zur Kontrolle ihrer Erfüllung auf Basis der umfassenden Anwendung der Rechentechnik und ökonomisch-mathematischer Methoden mit einer entsprechenden Technologie, Organisation der Arbeit und qualifizierten Kadern. In der Direktive zum Fünfjahrplan 1976—1980 der UdSSR wird darauf orientiert, schrittweise ein einheitliches gesamtgesellschaftliches System der Informationserfassung und -verarbeitung für die Bilanzierung, Planung und Leitung zu schaffen sowie die Rechenzentren kollektiv zu nutzen. In der DDR wird gegenwärtig vor allem am System der Planberechnungen gearbeitet.

2. Mit Beginn der siebziger Jahre erlangte die globale Modellierung an Bedeutung. Sie reflektiert Bedürfnisse der Planung und Abstimmung international wirkender natürlicher, technischer, ökonomischer, sozialer und kultureller Faktoren. Dabei geht es um das Aufdecken wachstumshemmender und -fördernder Prozesse und um die Formulierung geeigneter Wachstumsstrategien. Die bekanntesten Versuche sind die Weltmodelle, die auf Initiative des Club of Rome entwickelt wurden. Sie hatten die im nächsten Jahrhundert zu erwartenden Krisentendenzen zum Gegenstand, die sich aus dem Wechselverhältnis von Gesellschaft und Umwelt ergeben. Der tiefe Pessimismus des Weltmodells II von J. W. Forrester und D. H. Meadows rührte dabei daher, daß die Autoren mit keiner Veränderung der sozialökonomischen Entwicklung rechneten. Als eine Art Reaktion auf die weltweit geführte Kritik an diesen Modellaussagen ist das von M. Mesarovič und E. Pestel entwickelte Modell zu werten, in welchem eine „Strategie des Überlebens" gegeben wird. Weitere globale Modelle legten im Auftrag der UNO J. Tinbergen über eine „Reform der internationalen Ordnung" und W. Leontief über „Die Zukunft der Weltwirtschaft" vor.[31]

In all diesen Modellen dominiert das systemanalytische Herangehen, welches in den letzten Jahren auch für die nationalen Modelle stärker genutzt wird.

Der entwicklungsgeschichtliche Verlauf der ökonomischen Wissenschaften bestätigt die prognostischen Aussagen von Marx und Engels, wonach ihre Entwicklung im engen Zusammenwirken mit den mathematischen Wissenschaften erfolgen wird und muß. Obwohl eine Anwendung mathematischer Verfahren auf ökonomische Problemstellungen im Marxschen Werk so gut wie kaum erfolgt, so ist die wissenschaftliche Tätigkeit von Marx doch stark von

[31] Vgl. D. M. Gwischiani, Methodologische Probleme der Modellierung der globalen Entwicklung, in: Sowjetwissenschaft, Gesellschaftswissenschaftliche Beiträge, 10/1978, S. 1032 bis 1048.

einer mathematischen Denkweise geprägt, die vor allem aus der intensiven Beschäftigung mit der Differential- und Integralrechnung herrührt. Der von Paul Lafargue[32] überlieferte Marxsche Gedanke, wonach eine Wissenschaft erst dann wirklich entwickelt ist, wenn sie dahin gelangt ist, sich der Mathematik bedienen zu können, kennzeichnet in komprimierter Form das Verhältnis von Marx zur Mathematik. Die Bestätigung der Richtigkeit dieser Aussage durch den Entwicklungsverlauf der Wirtschaftswissenschaften, insbesondere durch die in den letzten zwei Jahrzehnten gesammelten Erfahrungen in einer Reihe sozialistischer Länder, bedarf allerdings der Ergänzung durch eine ständige Präzisierung des Zusammenwirkens von Ökonomie und Mathematik, in welcher die Möglichkeiten der Einflußnahme und damit das Maß dieses Zusammenwirkens in den verschiedenen Entwicklungsetappen definiert sind. Die soziale Natur ökonomischer Prozesse stellt spezifische Anforderungen an die ökonomisch-mathematische Modellierung, denen sich der Wissenschaftler und Praktiker bewußt unterwerfen muß. In dieser besonderen Verantwortung und ihrer klugen Wahrnehmung besteht auch eines der wichtigsten Merkmale des weiteren produktiven interdisziplinären Zusammenwirkens von Ökonomie und Mathematik.

[32] P. Lafargue, Karl Marx, Persönliche Erinnerungen, in: Erinnerungen an Karl Marx, Berlin 1953, S. 155; vgl. auch: H. Schilar, Zur Geschichte des wirtschaftsmathematischen Denkens von Petty bis Marx und Engels, in: Wirtschaftswissenschaft, a. a. O.

JÜRGEN PILGRIM und KLAUS FUCHS-KITTOWSKI

Die interdisziplinäre Funktion der Informationstechnologie in der biowissenschaftlichen Forschung

Molekularbiologie und Medizin als Bestandteile der Biowissenschaften sind inhaltlich eng mit dem Begriff der Information verbunden. Neben dem chemischen und physikalischen Aspekt als stoffliche bzw. energetische Leistungen bei biologischen Prozessen existieren Instanzen, die auf Signalübertragung, Datenverarbeitung, Steuerung oder Regelung „... kurz: auf die Handhabung von Informationen zugeschnitten sind".[1] Nukleinsäuren aber auch Proteine und Polysaccharide sind z. B. Informationsträger, wobei die Reproduktion dieser Informationen, ihre Umsetzung in neue Strukturen und Funktionen durch Stoff- und Energieumsetzung getragen werden. Andererseits sind sie auch Informationsnutzer, die unter anderem innere Informationen des lebenden Systems aufnehmen.[2] Die wichtigsten, gegenwärtig untersuchten informationellen Systeme sind die genetischen Systeme, primär verschlüsselt in den Nukleinsäuren, die allosterische Steuerung der Enzymfunktionen aber auch Wirkstoffsysteme sowie die selbst- und fremdcognitiven immunologischen Systeme. Verschiedene biologische Regelungen wie Regelung der Körpertemperatur, der Atmung, des Blutumlaufs durch die Herztätigkeit u. a. stellen weitere Beispiele aus der Fülle der biologischen Systemen und Prozessen inhärenten informationellen Prozesse dar.

Auf Grund dieser Gegebenheiten wurden frühzeitig Denkprinzipien der Kybernetik mit ihrem breiten Spektrum für die Biowissenschaften interessant.

1. Modell und Informationstechnologie in der Biologie

Seit über zehn Jahren haben Termini aus der Regelungstechnik, Informationsübertragungs- und -verarbeitungstechnik verbreitet in biowissenschaftlichen Problemstellungen Anwendung gefunden und damit u. a. zur Biokybernetik geführt,

[1] B. Hassenstein, Beispiele, Ergebnisse und Perspektiven der Anwendung des kybernetischen Konzepts in der Biologie, in: Materialien des I. Internationalen Symposiums Biokybernetik, Bd. 1, hg. von H. Drischel/N. Tiedt, Karl-Marx-Universität, Leipzig 1968, S. 3—13.

[2] J. D. Watson, Molecular Biology of the Gene, 2. Aufl., New York, Amsterdam 1977; A. L. Lehninger, Biochemistry, New York 1970.

wobei als allgemeine Denkmodelle das Modell des Regelkreises, das Modell des Nachrichtenübertragungskanals und das Modell des programmgesteuerten Rechenautomaten zugrundeliegen.[3]

Das führte zur Annäherung von vorher offensichtlich getrennten Wissensgebieten in den Biowissenschaften, die u. a. zunehmend von der Mathematik und Kybernetik sowie der Informatik beeinflußt werden. Sie liefern den Biowissenschaften neue Begriffe und auch Fragestellungen. Eigen[4] weist darauf hin, daß durch Vereinigung des Darwinschen Evolutionsprinzips mit der klassischen Informationstheorie und durch Anwendung dieses Konzepts auf die molekulare Selbstorganisation eine quantitative Grundlage für die Molekularbiologie geschaffen wird. Klix und Wysotzki führen an, daß sich das Problem der künstlichen Intelligenz in den letzten zwanzig Jahren als eigenständige wissenschaftliche Disziplinen herausgebildet hat, deren Entstehung und Entwicklung eng mit der Konstruktion von Großrechenanlagen verbunden ist, also „... mit Systemen, die in der Lage sind, ein komplexes strukturiertes Angebot an Informationen aufzunehmen, zu verarbeiten und in Entscheidungen umzusetzen".[5]

Die dargelegte Tendenz unterstützt den allgemein festzustellenden Trend zur Integration und Differentiation in der Wissenschaft, wobei die o. g. Einzelwissenschaften einen zunehmend integrierenden Charakter erfahren.[6] W. Scheler bemerkt dazu:

„Die biologischen Wissenschaften befinden sich in einer sehr dynamischen Periode ihrer Entwicklung. Eine wesentliche Ursache dafür ist die umfassende Einführung physikalischer, chemischer und *mathematischer* (hervorgehoben von uns) Methoden zur Analyse der Lebensprozesse sowie das Vordringen der biologischen Forschung in die subzelluläre molekulare Ebene."[7]

In diese Entwicklung ist die Bedeutung des Modellbegriffs für die Biowissenschaften einzuordnen, der bei der Untersuchung komplexer Systeme immer stärker seine Anwendung findet.

S. M. Rapoport schreibt: „Ein Kristallisationspunkt der multidisziplinären Forschung sind Untersuchungen an Modellen. Diese sind Resultate sowohl gegenständlicher als auch theoretischer Arbeit und können als Bindeglied

[3] K. Fuchs-Kittkowski, Probleme des Determinismus und der Kybernetik in der molekularen Biologie, Jena 1976.

[4] M. Eigen, Molekulare Selbstorganisation und Evolution, in: Nova Acta Leopoldina, Nr. 206, Bd. 37/1, hg. von J. H. Scharf, Leipzig 1972, S. 171—223.

[5] F. Klix/F. Wysotzki, Wege und Prinzipien der „Künstlichen Intelligenz", in: Mathematische Modellbildung in Naturwissenschaft und Technik, hg. von F. Klix/K. H. Schmelowsky/A. Sydow/M. Peschel/W. Zwick, Berlin 1972.

[6] Wissenschaft — Studie zu ihrer Geschichte, Theorie und Organisation, hg. von G. Kröber/H. Steiner, Berlin 1972.

[7] W. Scheler, Entwicklung der Biowissenschaften wirft neue Fragen auf, in: Spectrum 1/1977, S. 10—12.

zwischen Experiment und Theorie verstanden werden, als Ausdruck der Einheit von Empirischem und Theoretischem in der wissenschaftlichen Erkenntnis."[8]

Diese Möglichkeiten finden wir auch beim Untersuchungsgegenstand der Biowissenschaften, der durch sehr komplexe Systeme und komplizierte Verhaltensweisen gekennzeichnet ist. So untersucht die Molekularbiologie mit biophysikalischen, biochemischen, genetischen und zellphysiologischen Methoden die molekularen Bestandteile und Mechanismen der Lebensprozesse und ihrer Regelsysteme, während die Medizin den Mensch in seinen medizinisch-relevanten Zuständen Gesundheit und Krankheit zum Gegenstand hat, wobei die biologische und soziale Determiniertheit zu berücksichtigen sind.[9] Daraus leitet sich eine Vielzahl unterschiedlichster biologischer Systeme ab, die sich durch große Komplexität und hochgradige Nichtlinearität auszeichnen.[10] Die Aufgabe, gezielt in biologische Realsysteme einzugreifen, um bestimmte Verhaltensweisen zu erreichen, stellt gerade die Analyse biologischer Objekte in den Vordergrund der biowissenschaftlichen Forschung. Hierbei sind aber viele Phänomene einer direkten Messung oder Interpretation nicht zugängig bzw. verbieten sich aus ethischen Gründen. Auch sind streng determinierte Experimente an lebenden Objekten nicht möglich, da bei der Untersuchung nur ein Teil aller inneren und äußeren Einwirkungen eliminiert bzw. verringert werden. Daraus resultiert unter anderem eine große Schwankungsbreite bei den Versuchsergebnissen.

Ein komplizierendes Moment ist auch die biologische Variabilität, d. h. die individuelle Variabilität als Eigentümlichkeit lebender Organismen, die vor allem die Untersuchung medizinischer Sachverhalte beeinflußt. Die biologische Streuung in einem Kollektiv zwingt zum Beispiel zur statistischen Behandlung von Dosis-Wirkungsbeziehungen in der Pharmakologie und zwar in bezug auf die Wirkungsintensität und die Wirkungshäufigkeit.[11]

Andererseits liegen oft Gesamtheiten von gleichartigen Individuen (Populationen) vor, auf die eine große Anzahl unkontrollierbarer, zufälliger Einflüsse wirken. Die Gesamtheit ist dem Experiment nicht zugängig, so daß die Stichprobenwahl eine große Rolle spielt.[12] Biologische Abläufe lassen sich häufig als

[8] S. M. Rapoport, Zur revolutionären Rolle von Methoden in der Wissenschaft, in: Plädoyers für einen wissenschaftlichen Humanismus, hg. v. J. Schleifstein/E. Wimmer, Frankfurt a. Main 1981, S. 119—127.

[9] G. Heidel, Medizinische Kybernetik und die kybernetische Analyse des Arzt-Patient-Systems, in: Meßwerterfassung und Meßwertverarbeitung in der Medizin. Schriftenreihe „Ergebnisse der experimentellen Medizin", Heft 6, 1971, S. 9—17.

[10] Vgl. Molekulare Biologie in der Zelle, hg. von H. Bielka, Jena 1976; K. Bellmann, Algorithmische Simulationsmodelle zur Analyse komplexer, nichtlinearer biologischer Systeme, in: Mathematische Modellbildung in Naturwissenschaft und Technik, a. a. O., S. 197—208.

[11] W. Scheler, Grundlagen der Allgemeinen Pharmakologie, Jena 1969.

[12] L. Cavalli-Sforza, Biometrie, Grundzüge biologisch-medizinischer Statistik, Jena 1969; Einführung in die Biostatistik, Reaktionskinetik und EDV, hg. von J. Adam, Berlin 1972; E. Weber, Grundriß der biologischen Statistik, Jena 1972.

Veränderung definierter Größen in Raum und Zeit auffassen, wobei z. B. beim Stoffwechselablauf die räumliche Komponente gegenüber der zeitlichen nahezu stationär ist. J. G. Reich[13] weist auf die spontane Bewegung des Stoffwechsels hin, die im Ergebnis auf eine dynamische Selbstorganisation hinausläuft und in allen Zellen vor sich geht. Hier sind also vor allem Zeitvariable zu berücksichtigen.

Unterschiedliche Zeitabläufe sowie die Kurzlebigkeit biologischer Objekte und Prozesse erschweren ebenfalls die Untersuchung. Die angeführten Merkmale zeigen die Kompliziertheit biologischer Systeme und der entsprechend anzusetzenden Untersuchungsmethoden und -verfahren einschließlich damit verbundener Auswertungs- und Erkenntnisprobleme.

Da auch den kompliziertesten biologischen Vorgängen Wechselwirkungen von Atomen und Molekülen zugrundeliegen, lassen sich z. B. alle biochemischen Vorgänge auf Massen-, Ladungs- und Energietransfer zurückführen. Ihre Erforschung erfordert deshalb die Anwendung moderner physikalisch-chemischer Analyseverfahren. So erfolgt die Analyse von Molekülgrößen und -formen durch die Röntgenkleinwinkelstreuung, Röntgenkristallstrukturanalyse, hydrodynamische und elektronenmikroskopische Methoden, optische Methoden (Lichtstreuung, Infrarot, Ultraviolett). Hochfrequenzspektroskopie, während die Analyse des dynamischen Verhaltens mit Hilfe reaktionskinetischer Methoden, Fluktuationsmethoden, Elektronenspinresonanz, Kalorimetrie, ultraschneller Kinetik, Fluktuationsspektroskopie durchgeführt wird. Hierbei erhöht sich in der modernen Analysenmeßtechnik ständig der Aufwand an Elektronik; die Meßgeräte werden immer stärker mit elektronischer Rechentechnik kombiniert.[14]

Von wesentlicher Bedeutung ist die laufende Verbesserung des Niveaus dieser Methoden, die sich vor allem auf die Erhöhung des Auflösungsvermögens und ihrer Empfindlichkeit bezieht. Gleichzeitig erhöhen sich die Anforderungen an die Auswertung der Meßergebnisse, die zunehmend rechnergestützt numerisch-statistische Verfahren bedingen. Dieser Prozeß ist gekoppelt mit einer verstärkten theoretischen Durchdringung biologischer Prozesse. Nach R. Rosen[15] ist die Biologie als Wissenschaft im hohen Maße von Technologien (Methoden) und Konzeptionen abhängig, die ihren Ursprung in der Physik haben. Die Anwendung dieser Methoden erfordert die Betrachtung des biologischen Systems als ein komplexes physiko-chemisches System, wobei zur Aufdeckung der Zusammenhänge eine Sprache notwendig wird, die von Zuständen, dynamischen Variablen

[13] J. G. Reich, Zeit und Bewegung im Intermediärstoffwechsel der lebenden Zelle, Diss. B, Akademie der Wissenschaften der DDR, Berlin 1977.

[14] G. Etzold, Aufgaben und Organisation eines methodischen Zentrums in der molekularbiologischen Forschung (Schriftenreihe Beiträge zur Forschungstechnologie, Heft 3) Berlin 1976.

[15] R. Rosen, Relationale Biologie (Reihe Fortschritte der experimentellen und theoretischen Biophysik, Bd. 15) Leipzig 1972.

und Bewegungsgleichungen spricht. Von großer Bedeutung ist in diesem Zusammenhang die Rolle des Modells. Die Theoriebildung ist in vielen Wissenschaften über die Ausarbeitung von Modellen realisiert worden, wobei bei komplexen Systemen vor allem mathematische Modelle Anwendung finden. Modelle biologischer Objekte sind Abbilder für den biologischen Prozeß, speziell für das Zusammenwirken der physikalischen bzw. biophysikalischen und biochemischen Gesetzmäßigkeiten, wobei die Abstraktionsebene bestimmt wird vom Grad des Vorwissens über den internen Aufbau des realen biologischen Systems und von der Zielstellung der Modellierung.[16] Damit wird allerdings auch der Wahrheitsgehalt beeinflußt, zu dessen Überprüfung das biologische Experiment notwendig wird.

Nicht ohne Grund verweist Peil auch auf den Gegensatz zwischen hohem Abstraktionsgrad mathematischer Größen einerseits und der in der Biologie notwendigen Ausschöpfung der begrifflichen Weite von Informationen.[17]

Für die theoretische Verarbeitung der biologischen Erscheinungen ist ein leistungsfähiger Apparat, vor allem die Mathematik erforderlich. K. P. Ivanov und A. S. Kleščev verweisen in diesem Zusammenhang auf zwei große Aufgaben der Mathematik in der Biologie: einmal die Durchführung verschiedenartiger Berechnungen zur Gewinnung notwendiger Daten und zum anderen die statistische Auswertung großer Datenmassive, die als Resultat von Beobachtungen und Experimenten gewonnen werden.[18] Während für das analytische Experiment die Untersuchung von Differenzierungserscheinungen wichtig ist, sind synthetische Methoden von Bedeutung für die Aufdeckung integrierender Mechanismen wie biologischer Regulationssysteme. Zu letzteren Methoden zählt auch die Anwendung mathematischer Verfahren.[19]

Der angeführte Formalismus einer theoretischen Modellbildung sowie die nachgewiesene Kompliziertheit biologischer Systeme als Modellobjekt lassen bei der angestrebten Vereinfachung und andererseits möglichen Vollständigkeit der Widerspiegelung realer Prozesse mit Hilfe mathematischer Verfahren die große und weiter zunehmende Abhängigkeit der mathematischen Modellierung vom Einsatz der *elektronischen Rechentechnik* erkennen. Erst ein leistungsstarkes Rechnersystem erlaubt u. a. die Behandlung von sehr komplexen Systemen mit einer

[16] K. Bellmann, Algorithmische Simulationsmodelle zur Analyse komplexer, nichtlinearer biologischer Systeme, a. a. O.

[17] J. Peil, Eine Diskussion des begrifflichen Inhalts von „Information" in Kybernetik, Physik und Biologie, in: Diskretität und Stetigkeit von Lebensprozessen (V. Kühlungsborner Kolloquium Okt. 1976), hg. von E. Geissler/J. H. Scharf/W. Scheler, Berlin 1977, S. 76 bis 105.

[18] K. P. Ivanov/A. S. Kleščev, Biologiceski vycislitelnyi centr Akademija Nauk SSSR, Institut Physiologii im. I. P. Pavlova, Leningrad 1975, S. 14.

[19] W. M. Gluškov, Rol' matematiki v sovremennoj nauke, in: Vestnik Akademii Nauk SSSR (Moskva), 9/1974, S. 3—10.

großen Zahl von Variablen einschließlich Berücksichtigung ihrer Wechselwirkung wie z. B. bei der Untersuchung von Stoffwechselnetzen; es wird zum Arbeitsmittel in der mathematischen Modellierung, die damit einen hohen Rückkopplungseffekt auf biowissenschaftliche Problemstellungen ermöglicht. Obwohl z. B. vor einem halben Jahrhundert die Betrachtung multifaktorieller und multivariater Zusammenhänge durch die Statistik theoretisch geklärt wurde, blieb besonders im medizinischen Bereich die eindimensionale Betrachtungsweise und die Analyse einer medizinischen Problemstellung in Abhängigkeit von nur einem Faktor lange Zeit dominant.[20] Mit der Entwicklung der elektronischen Rechentechnik wurden durch Bereitstellung eines geeigneten technischen Hilfsmittels diese Problemstellungen rationell lösbar und damit einer zunehmenden Anwendung unterworfen. Nicht zuletzt enthalten Elektrokardiogramme (EKG), Elektroenzephalogramme (EEG), Röntgenbilder, Szintigramme multivariate Informationen auf der Grundlage eines hohen Datenaufkommens, die andererseits auch die rechnergestützte Auswertung stimulieren. Die elektronische Datenverarbeitung (EDV) hat sich in den Biowissenschaften zunächst nicht stürmisch durchgesetzt.

Unabhängig von der allgemein üblichen Untergliederung der Rechentechnik nach dem technischen Generationsprinzip lassen sich in den Biowissenschaften folgende Entwicklungsstadien der EDV-Integration annähernd feststellen:[21]

1. In der zweiten Hälfte der fünfziger Jahre erfolgt der erste Einsatz von elektronischen Datenverarbeitungsanlagen (EDVA) in der medizinischen Wissenschaft in den fortgeschrittensten Ländern. Hierbei wurden in Abhängigkeit von den gegebenen technischen Möglichkeiten zunächst vorwiegend mathematisch-statistische Aufgaben berechnet, die infolge großen Datenumfangs konventionelle Methoden überforderten. In den kapitalistischen Ländern lösten große Krankenhäuser verwaltungstechnische Aufgaben zunehmend mit der EDV. 1954 veröffentlichte Nash das erste Verfahren, die automatische Differentialdiagnose. 1958 beschrieb Lipkin „Untersuchungen über Korrelation von Daten für die Diagnose und Differentialdiagnose von hämatologischen Erkrankungen“, während 1959 Ledley und Lustedt die Boolesche Algebra und das Bayesche Theorem für die Differentialdiagnose mit Hilfe der EDVA einführten.[22]

[20] J. Adam, Zu Problemen der Entwicklung und Anwendung der Biomathematik unter dem Aspekt der Informationsverarbeitung, in: III. Wiss. Kolloquium zur Organisation der Informationsverarbeitung „Probleme der Informatik in Medizin und Biologie“, Berlin 1978, S. 49—62.

[21] Siehe Autorenkollektiv, EDV in der Gesundheitseinrichtung, Dresden 1974.

[22] E. A. Nash, Differential Diagnosis: An Apparatur to Assist the Logical Fonetic, in: The Lancet 1/1954, S. 874—876; M. Lipkin/J. D. Hardy, Mechanical Connection of Data in Differential Diagnosis of Hematological Diseases, in JAMA, 166/1958, S. 113—124.
R. S. Ledley/L. B. Lustedt, The use of electronic computers in medical data proceeding, in: IRE Transactions on medical electronics Me 7/1960, S. 31—47.

2. In den sechziger Jahren wurden zunehmend Daten der medizinischen Befunddokumentation für statistische Zwecke rechentechnisch ausgewertet und führten zur Etablierung der ersten medizinischen Datenbanken. Acheson verknüpfte alle medizinischen Daten für jeden Einwohner eines fixierten Wohngebietes unter dem Begriff „Medical Record Linkage".[23] Der Einsatz der EDV in der Meßwertverarbeitung und Diagnostik erfolgte bis 1965 überwiegend vereinzelt und teilweise sporadisch. In diesem Zeitraum begannen sich auch Krankenhausinformationssysteme (KIS) herauszubilden, denen unter anderem die Zielstellung einer multivalenten Nutzung einmalig erfaßter Daten zugrunde lag.

Die EDV weist hier einen sehr komplexen Charakter in Form von Einzelprojekten auf, ist aber zunächst in den kapitalistischen Ländern weniger patientenbezogen als dem Kosten-Leistungs-Denken im medizinischen Bereich untergeordnet. In den sozialistischen Ländern (so in der UdSSR, ČSSR, DDR) werden erste EDV-Projekte zur Unterstützung der Planung und Leitung des Gesundheitswesens erarbeitet und wirksam, zum Beispiel Befund- und Leistungsdokumentationen. Typisch sind in dieser Periode verstärkt komplexe EDV-Anwendungen.

3. Die weitere Entwicklung wird charakterisiert durch eine zunehmende Integration der EDV in die biowissenschaftliche Forschung sowie in die Meßwertverarbeitung biophysikalischer, biochemischer und pharmakologischer Prozesse in den siebziger Jahren. Neben Rationalisierungsaspekten gewinnt nun der Einsatz der EDV als Forschungsinstrument an Bedeutung. Die rechnergestützte Simulation und Modellierung biologischer Vorgänge wird in Verbindung mit der Entwicklung neuer technisch-technologischer Möglichkeiten der EDV, wie hohe Operationsgeschwindigkeit, Speicherkapazität, Direktzugriff, zu einem dominierenden Faktor im Großrechnereinsatz, wie u. a. der BESM 6 mit 1 Mio Op./sec.

Die angeführten Etappen sind zeitlich nicht klar abzugrenzen, wobei die EDV-Einsatzgebiete auch in Abhängigkeit von den rechentechnischen Voraussetzungen oft ineinander übergehen.

Eine Fülle mathematischer Modellierungen können der Literatur entnommen werden, wie das Computermodell des Zellteilungszyklus von Stahl (1967), das Modell der Reifung der Erythrozythenvorstufen im Knochenmark von Zajicek (1968), Modellierung metabolischer Systeme, kinetische Modelle in der Mikrobiologie, Modell der Zellteilung nach B. J. Sendov, R. Tsanev, Modell zur Beschreibung der Blutzuckerregulation mit Auswertung der Blutzuckerkurven von Egert, Eskelson, Grabner (1968), Modell zur Simulation der Regulation von molekulargenetischen Informationsprozessen von K. Bellmann, R. Böttner, A. Knijnenborg, H. Neumann (1975) und viele andere.[24]

[23] E. D. Acheson, Medical Record Linkage, in: Methods of Information in Medicine Vol. 8/1969, Nr. 1, S. 1—18.

[24] W. R. Stahl, A Computer Model of Cellular Self Reproduction, in Journal of Theoretical Biology, (London), 14/1965, S. 187; G. Zajicek, A Computer Model Simulating the Behaviour

Hierbei ist eine eindeutige Entwicklung zu neuen komplizierteren Modellen mit Hilfe eines anspruchsvollen mathematischen Apparates erkennbar. T. Rapoport und R. Heinrich verweisen z. B. auf die Tendenz, die Dynamik von Differentialgleichungssystemen höherer als 2. Ordnung theoretisch zu beherrschen. Dadurch können die Vorgänge biologischer Rhythmen, der Prozesse der Differenzierung und Proliferation von Zellen, des Ablaufs von Virusinfektionen wirksamer untersucht werden.[25]

Gegenwärtig zeichnen sich für den EDV-Einsatz in den Biowissenschaften verschiedene Schwerpunkte ab:

Infolge der zunehmend komplizierteren mathematischen Apparatur bei der Modellierung biologischer Vorgänge erhöhen sich die Anforderungen an die Leistungsfähigkeit und -breite von Großrechnern.

So beruht die Auswertung von Röntgenstrukturanalysen bei der Untersuchung molekularer Verbindungen auf einem sehr hohen Anfall von Matrizen, der eine große Kernspeicherausrüstung bis zu 1024 K der Rechnersysteme erfordert und Rechengeschwindigkeit bis zu 10^7 Op./sec benötigt.

Es finden zunehmend hochwertige Forschungsgeräte mit extremer Empfindlichkeit und Zeitauflösung Anwendung, wobei sich gleichzeitig die statistische Meßtechnik und numerische Verfahren der Signalgewinnung zu integrierenden Bestandteilen herausbilden. Der jetzt stattfindene Übergang zur programmierbaren Elektronik in Mikrorechnern ermöglicht dabei neue Anwendungsdimensionen. Sie zeigen sich besonders bei Überwachungs- und Steuerungsfunktionen, bei der Führung von Abläufen (z. B. Ablauf- und Zeitplansteuerungen) und bei Opti-

of Adult Red Blood Cells, in: Journal of the Theoretical Biology, (London), 19/1968, S. 51; R. Tsanev/B. L. Sendov, A Mathematical Model of Cellular Differentiation, in: Mathematical Models in Biology and Medicine: hg. von N. T. J. Bailey/B. L. Sendov/R. Tsanev, Amsterdam—London 1974, S. 81—92; H. Egert/N. Eskelson/G. Grabner, Ein einfaches mathematisches Modell zur Beschreibung der Blutzuckerregulation, in: Computer in der Medizin, hg. von K. Fellinger; K. Bellmann/R. Böttner/A. Knijnenborg/H. Neumann, Computer Simulation Models of Genexpression, in: Proceedings of the 27. FEBS Advances Course about Models of Metabolic Regulation, 1975; B. Hassenstein, Biologische Kybernetik. Eine elementare Einführung, 3. Aufl., Jena 1972; R. Pirtkien/W. Giere, Computereinsatz in der Medizin — Diagnostik mit Datenverarbeitung, Stuttgart 1971. Interaktive Datenverarbeitung in der Medizin. Mensch-Maschine-Dialog, hg. von G. Wagner/C. O. Köhler, Bericht über die 20. Jahrestagung der Deutschen Gesellschaft für Medizinische Dokumentation, Informatik und Statistik, Heidelberg 1975, Stuttgart, New York 1976; Mathematische Modellbildung in Naturwissenschaft und Technik, hg. von F. Klix/K.-H. Schmelowsky/A. Sydow/M. Peschel/W. Zwick, Berlin 1976; G. Fuchs, Compartimentmodelle in der Medizin; Methods of Information in Medicine; Vol. 11/1972 Nr. 3; Probleme der Informatik in Medizin und Biologie, in: III. Wiss. Kolloquium zur Organisation der Informationsverarbeitung, a. a. O.

[25] T. A. Rapoport/R. Heinrich, Modellierung metabolischer Systeme, in: Mathematische Modellbildung in Naturwissenschaft und Technik, hg. von F. Klix/K.-H. Schmelowsky/A. Sydow/M. Peschel/W. Zwick, Berlin 1976, S. 209—220.

mierungsaufgaben.[26] Die rechentechnische Automatisierung konzentriert sich dabei auf die programmierbare Elektronik, dezidierte Geräterechner sowie auf eine Durchgängigkeit zu Großrechnern.

Bei dieser Aufspaltung der Rechentechnik werden künftig Datenbanken im Bereich der Biowissenschaften eine gewisse „Mittlerrolle" spielen, indem auf der Prozeßebene die Meßwerterfassung und -verdichtung erfolgt und leistungsfähige Rechnersysteme über Terminalzugriff die Verwaltung und den Nutzerzugriff zu den Datenbanken ermöglichen. Derartige Möglichkeiten sind gegeben bei der Protein- und Nukleinsäuren-Datenbank[27], die unter anderem die Atomkoordinaten aufgeklärter Strukturen speichert, oder bei Patientendatenbanken in größeren medizinischen Einrichtungen.[28]

Diesem Trend liegt auch in der Biologie und Medizin ein allgemeines Ziel zugrunde, die moderne Rechentechnik direkt in den Forschungsprozeß zu integrieren. Es entwickeln sich immer stärker direkte Kommunikationssysteme Wissenschaftler—Rechner, die den Modellierungsprozeß wesentlich effektiver gestalten.

Wenn wir heute die jüngsten internationalen Entwicklungstendenzen betrachten, wie sie sich auf dem Weltkongreß für Informatik in der Medizin „MEDINFO 80" in Tokio widerspiegeln, kann auf folgende Entwicklungsschwerpunkte verwiesen werden:

Erstens Entwicklung großer integrierter Hard- und Software-Systeme, speziell in den USA. Zweitens automatenunterstützte Axialtomographie, speziell in Großbritannien. Drittens laseroptische Speicherung medizinischer Daten, speziell in den Niederlanden. Viertens kontinuierliche Entwicklung wesentlicher sozialer Datenbasen, speziell in Schweden. Fünftens Entwicklung neuer Formen automatengestützter Planung und Leitung des Gesundheitswesens im nationalen Rahmen, speziell in Japan. Auch in der DDR konzentriert man sich stark auf den Einsatz der Informationstechnologie zur Verbesserung der gesundheitlichen Betreuung der Bevölkerung, zur Verbesserung der Organisation und Leitung des Gesundheitswesens.

Die Schaffung automatenunterstützter medizinischer Leitungsinformationssysteme wird in allen Ländern als ein Mittel zur Rationalisierung und damit als Beitrag zur Kostensenkung bzw. Erhöhung der Effektivität des Gesundheitswesens angesehen. Andererseits gibt es überall erst partiell verstandene Begren-

[26] Vgl. W. Meiling, Mikroprozessor — Mikrorechner, Funktion und Anwendung (Schriftenreihe: Beiträge zur Forschungstechnologie, Nr. 5), Berlin 1978.

[27] F. Bernstein/T. Koetzle/G. Williams/E. Meyer/J. Brice/J. Rodgers, The Protein Data Bank: A Computerbased Archival File for Macromolecular Structures, in: Journal of Molecular Biology (London) 1977, S. 112.

[28] S. Nitschkoff/M. Grabow, EDV-Einsatz in der medizinischen Forschung und Praxis, Berlin 1974. Vgl. Interaktive Datenverarbeitung in der Medizin, Mensch-Maschine-Dialog, hg. von G. Wagner/C. O. Köhler, a. a. O.

zungen und Schwierigkeiten bei der Einführung und Entwicklung medizinischer Informationssysteme. Sehr schnelle Verbreitung fand überall die automatisierte Axialtomographie.[29] Die automatenunterstützten medizinischen Informationssysteme dagegen entwickeln sich relativ langsam. Diese Unterschiede zeigen sich so stark, daß angenommen werden kann, daß hier entscheidende Faktoren das Eindringen dieser Innovation beeinflussen.

Einer dieser wesentlichen Faktoren ist die notwendige Interdisziplinarität als Einheit von Natur-, Technik- und Gesellschaftswissenschaften bei der Gestaltung solcher Informationssysteme sowie des Zusammenwirkens der Methoden der Informationsverarbeitung mit den Methoden und Erkenntnissen des Fachgebietes, in unserem Falle der Biowissenschaften.

2. Aspekte der Interdisziplinarität beim Einsatz der elektronischen Datenverarbeitung in den Biowissenschaften

Der Einsatz der elektronischen Datenverarbeitung in den Biowissenschaften vollzieht sich vor allem auf folgenden zwei Grundrichtungen: Erstens dem Einsatz der EDV zur Rationalisierung von Leistungsprozessen, insbesondere bei instrumentell-analytischen Meß- und Analysemethoden, zweitens dem Einsatz der EDV bei der theoretischen Durchdringung biologischer Objekte mit Hilfe mathematischer Modelle.

Zum ersten, dem Einsatz der EDV zur Rationalisierung:

Ein wesentlicher ursächlicher Gesichtspunkt ist die Beherrschung des massenhaften Datenaufkommens, d. h., die mit der apparativen Verbesserung von physikalisch-chemischen Meß- und Analysenmethoden aufkommenden hohen Datenraten (z. B. Massenspektrometrie bis zu $5 \cdot 10^4$ Daten/sec), die zu Auswertungs- aber auch Steuerungsproblemen führten. Das Ziel der Verbesserung des Niveaus dieser Methoden, das sich auf die Erhöhung des Auflösungsvermögens und ihrer Empfindlichkeit konzentriert, wird damit erweitert und führt zu neuen Problemen, die in den verschiedenen wissenschaftlichen Disziplinen zu generieren sind. Als Beispiel sei die automatische Bildauswertung in den Biowissenschaften angeführt, die bei der Aufklärung von Bildinhalten und Befundableitung wie z. B. im zellulären Bereich sowie in der medizinisch-morphologischen Diagnostik das Zusammenwirken von Biologen und Ärzten, Mathematikern und Ingenieuren bedingt. Das entsprechende Gerätesystem, prinzipiell bestehend aus Projektionsoptik — Abtaster — Rechnersystem (bzw. Datenerfassung) einschließlich notwendiger Algorithmen- und Softwareentwicklung sowie der technischen Betreuung, erfordert diese interdisziplinäre Zusammenarbeit.[30] Typisch ist für die rechner-

[29] Der erste Nobelpreis auf dem Gebiet der Informationstechnologie in der Medizin wurde 1979 Cormack und Hounsfield für die Computertomographie verliehen.

[30] Autorenkollektiv, Automatische Bildverarbeitung in Medizin und Biologie, Dresden 1975.

unterstützte Auswertung biologischer Experimente die Entwicklung umfangreicher EDV-Programmsysteme, die meist individuell erstellt und laufend Verbesserungen unterworfen werden.

Typisch ist für viele Wissenschaftler als EDV-Benutzer die eigene Programmentwicklung geworden, die alle Phasen von der EDV-Aufgabenspezifikation bis zur Auswertung der berechneten Ergebnisse umfaßt. Die Motivation hierfür ist überwiegend sachlich begründet und wird u. a. vom hohen apparativ erzeugten Datenanfall bestimmt. Das interdisziplinäre Zusammenwirken besteht dabei in der Inanspruchnahme von EDV-bezogenen Nutzerberatungen bei System- und Programmierfehlern neben der Kooperation zwischen verschiedenen biowissenschaftlichen Fachdisziplinen bei der Problemlösung.[31]

Bei der rechnergestützten Auswertung biologischer Experimente bieten sich u. a. folgende Vorteile an: einmal die Beschleunigung der Auswertegeschwindigkeit, zum anderen die Reduzierung der Anzahl von Rechenfehlern sowie den Wegfall zeitraubender schematischer Arbeiten, weiterhin die Speicherung der experimentellen Ergebnisse (Datenbestände) für weitere Auswertungen und schließlich die umfassende Auswertung.[32]

[31] So erstreckt sich die Programmentwicklung sowie der Austausch von Programmen in der Röntgendiffraktometrie auf einen Zeitraum von über 8 Jahren, wobei das Korrekturprogrammsystem SAXSE (Small Angle X-ray Scattering) von gemessenen Röntgenstreukurven bei biologischen Makromolekülen allein ca. 60—70 Programme umfaßt (u. a. Glättungsverfahren, Interpolation, Differentiation, Integration). Der gesamte Programmfonds wurde ergänzt durch die Berechnung theoretischer Streukurven von verschiedenen geometrischen Modellkörpern, Programme für die Aufbereitung von Primärdaten, Berechnung von Röntgenstreukurven von Atomkoordinaten, wobei ein Programmautor (Biophysiker) über ca. 200 Unterprogramme verfügt. Die Anschaffung eines ortsempfindlichen Detektors als neuen Empfänger an der KRATKY-Kleinwinkelkamera mit einer Meßzeitverkürzung um den Faktor 100 führt u. a. zu neuen rechentechnischen Auswirkungen und Anforderungen in der Röntgendiffraktometrie:

z. B. — Notwendigkeit der Primärdatenaufbereitung unmittelbar am Meßgerät, — infolge sehr hohen Datenanfalls grafische Displayarbeit notwendig (Modellkurven müssen schnell gefittet werden an gemessenen Streukurven (Notwendigkeit einer Datenbank für Streukurven)), — evtl. automatische Modellanpassung erforderlich, wobei aber bis jetzt noch keine geeigneten (schnellen) mathematischen Algorithmen vorhanden sind.

Infolge regelmäßiger Messungen erfolgt eine kontinuierliche Inanspruchnahme von Rechenleistungen (Ø 15 Std. BESM 6/ Monat bei 10^6 Operationen/sec. des Rechners). Dieses Beispiel demonstriert die Abhängigkeit der biowissenschaftlichen Forschung von der elektronischen Rechentechnik und deren methodische Integration.

[32] K. Fuchs-Kittkowski/K. Lemgo/E. Mühlenberg, Zur Unterscheidung von wissenschaftlichen Begriffen und zur Differenzierung von Informationen als eine theoretische Grundlage für den Einsatz der automatisierten Informationsverarbeitung im Forschungsprozeß, in: Problem und Methode in der Forschung, hg. von H. Parthey, Berlin 1978, S. 128—168.

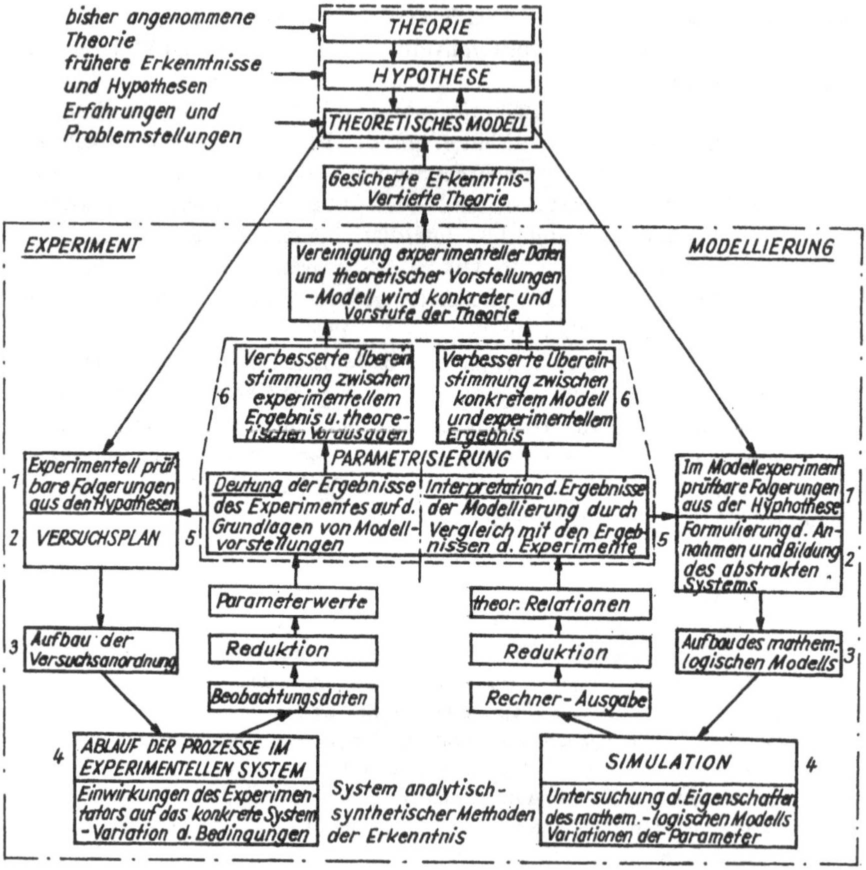

Abb. 1: Das Modell als Bindeglied zwischen Experiment und Theorie als Ausdruck der Einheit vom Empirischen und Theoretischem in der wissenschaftlichen Erkenntnis.

Zum zweiten, dem Einsatz der EDV bei der theoretischen Durchdringung mittels mathematischer Modelle: Im Modell sind experimentelle Daten und theoretische Vorstellungen vereint, wodurch es zum Bindeglied zwischen Experiment und Theorie wird. Damit übernimmt das mathematische Modell eine Mittlerfunktion bei der Deutung experimenteller Aussagen. Das läßt sich verfolgen am Beispiel der Entwicklung eines auf Rechnern implementierbaren Multienzymmodells zur Simulation der Stoffwechselprozesse — Atmung und Glykolyse. Folgende Stufen bieten sich hierbei an:[33] 1. Formulierung des Problems; 2. Bildung des abstrakten Systems; 3. Entwurf des mathematischen Modells; 4. Ableitung

[33] K. Fuchs-Kittkowski, Probleme des Determinismus und der Kybernetik in der molekularen Biologie, a. a. O.

der Lösung aus dem Modell; 5. Überprüfung des Modells und seiner Lösung anhand von am biologischen Objekt selbst gewonnenen Daten (Parametrisierung); 6. Verfeinerung und ständige Anpassung des Modells an die Gegebenheiten der objektiven Realität (vgl. Abbildung 1). Zwischen diesen Stufen bestehen Rückkopplungen im Sinne von laufenden Verbesserungen der einzelnen Phasen, die ein interdisziplinäres Zusammenwirken zwischen Experimentator, Theoretikern und EDV-Spezialisten verwirklichen.

Die Ergebnisse der Modellierung werden also mit denen der Experimente verglichen. Dabei unterstützt der Einsatz der EDV aktiv diesen Prozeß des Erkenntnisgewinns. Der Rechenautomat wird selbst zu einem flexiblen Modell, da durch Variation der Modellparameter im Rahmen des „numerischen Experiments" bzw. der Simulation neue Annahmen oder Zielstellungen am Rechner mit Hilfe von Rechenprogrammen überprüft werden können. Diese Möglichkeit des Rechnereinsatzes erscheint für den Einsatz der EDV in den Biowissenschaften und überhaupt der Forschung als die wichtigste, da die vermittelnde Funktion der Modelle zunehmend durch die EDV überhaupt erst erreicht oder ermöglicht wird.[34] Beide von uns skizzierten Grundrichtungen des EDV-Einsatzes in der biowissenschaftlichen Forschung ergänzen sich häufig und sind nicht immer eindeutig zu trennen. So finden mathematische Modelle Anwendung im Rahmen von physiko-chemischen Meß- und Analysemethoden, bezogen auf biologische Objekte, während sie andererseits auch unmittelbar in biowissenschaftliche Fragestellungen integriert sind, z. B. Modelle des Bevölkerungswachstums, Modelle epidemiologischer Untersuchungen. Es ist daher zu bemerken, daß vor allem die Verbesserung der Informationsausbeute aus experimentellen Versuchen bzw. Ergebnissen (Daten) eine wesentliche Motivation für den Einsatz der EDV als Forschungsinstrument darstellt. Der Einsatz der EDV als Rationalisierungsmittel findet überwiegend bei routinemäßigen Leistungsprozessen statt, die einen großen Datenanfall und/oder eine hohe Anzahl von Routineläufen bedeuten.

Als ein derartig integriertes Beispiel zu dem o. g. Schwerpunkt wollen wir den Einsatz der EDV in der Strahlentherapie anführen[35], der eine bestimmte, formalisierbare Beziehung zugrundeliegt (vgl. Tab. 1). Diese Beziehung stellt sich

[34] So erfordern die Auswertung von Substratbindungen und optischen Spektren im Rahmen der Untersuchung physiko-chemischer Eigenschaften des Enzyms Zytochrom P 450 ein Spektrenauswertungsprogrammsystem, bestehend aus Algorithmen für Modellfunktionen für magneto-optische Rotationsdispersion, für Gausskurvenberechnung und für Exponentialkurvenanpassung für kinetische Probleme. Typisch ist dabei die häufige Programmverbesserung des Autors, die ca. 90% des Zeitaufwandes für Programmentwicklung und nur 10% für Routinenutzung (Auswertung) ausmacht. Die bei diesem Beispiel vorhandene off-line-Verarbeitung eines Spektralphotometers mit der EDVA BESM 6 trägt mit bei zur Aufklärung des Zytochrom P 450-Mechanismus.

[35] J. Pilgrim, Benutzer EDV-Kommunikationsbeziehungen in der Forschung. Inhalt, Struktur und Wirkungsweise, untersucht im Bereich der Biowissenschaften. Diss. B., Humboldt-Universität zu Berlin 1982.

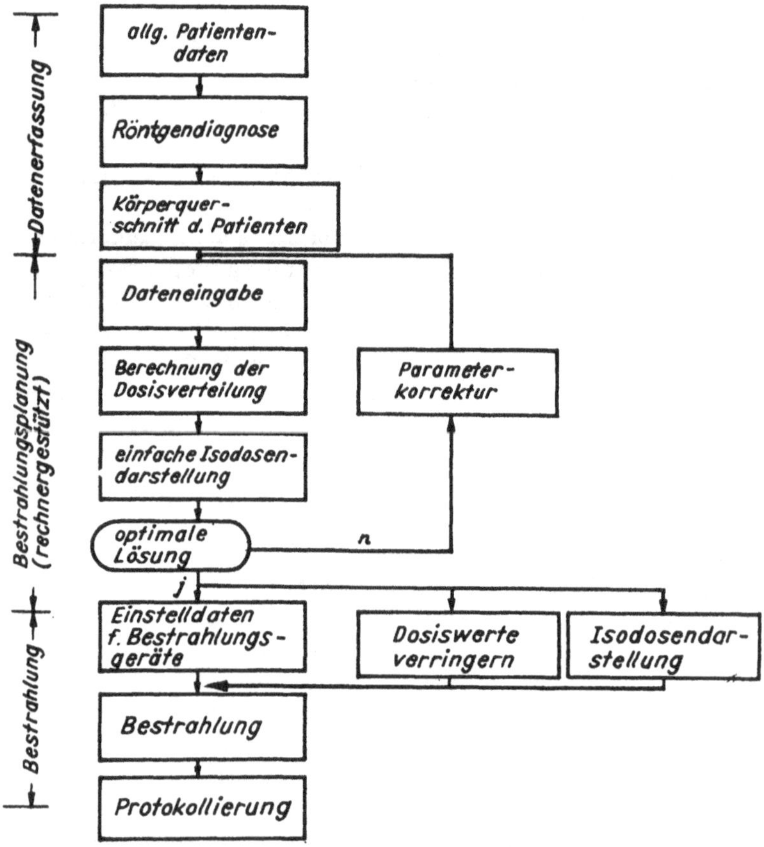

Abb. 2: Vereinfachtes Schema der EDV-Nutzung in der Strahlentherapie.

inhaltlich dar als diagnostisches Problem (N), strahlenbiologisches Problem (D_o, n) sowie mathematisches (t) und geometrisches Problem (D), wobei die letzteren sehr der EDV-Nutzung unterliegen. Die EDV-Nutzung weist bei der Strahlentherapie folgende Integration auf (Abb. 2).

Mit Hilfe des Rechners wurde es möglich, individuelle Bestrahlungspläne zu erstellen. Gegenwärtig existiert das Problem, die derzeitig visuell bestimmte optimale Lösung durch eine mathematische, rechnerseitig ermittelte Optimalität zu ergänzen, deren Realisierung unter anderem einen wesentlich höheren Rechenaufwand erfordern wird und auch neue Anforderung an die rechentechnische Leistungsfähigkeit stellt.

Auf der Grundlage oben genannter Wechselbeziehung von experimenteller und theoretischer Arbeit ergeben sich folgende spezielle Einsatzmöglichkeiten für die EDV in den Biowissenschaften: Zum einen die Versuchsplanung und -auswertung, zum anderen die Datengewinnung bei Laborexperimenten (einschließlich Überwachung und Steuerung von Prozeßabläufen) sowie die Datenreduktionen, weiterhin die Modellbildung und -modifizierung sowie die Überprüfung der Übereinstimmung des Modells mit Daten, schließlich die Simulation neuer Modellannahmen oder -bedingungen.

Interessant ist bei der Untersuchung der Wechselbeziehungen von Biowissenschaften und elektronischer Rechentechnik die Rolle der Biomathematik. Die Fortschritte der biomedizinischen Forschung zeigen deutlich, daß der Einsatz

Tab. 1: Formalisierte Beziehung für die durch Einsatz der Strahlentherapie erreichte Verbesserung der Elektivität zwischen Tumorgewebe und gesundem Gewebe:
Erläuterung: T = Tumor, D = Dosis, D_0 = Strahlenempfindlichkeit, M = Anzahl der Zellen, N = Normalgewebe, n = Reparaturfähigkeit der Zellen (Regenerierung), t = Proliferationsgeschwindigkeit.

$$E = \frac{D_T}{D_N} \cdot \frac{D_{oT}}{D_{oN}} \cdot \frac{M_T}{M_N} \cdot \frac{n_T}{n_N} \cdot \frac{t_T}{t_N}$$

der EDV für die traditionellen statistischen Berechnungen, verbunden mit umfangreichen Datenaufkommen und Verknüpfung dieser Daten, sinnvoll ist und die elektronische Rechentechnik die Entwicklung und Nutzung neuer mathematischer Verfahren stimuliert.[36] Dazu gehören folgende wichtige Klassen: 1. besonders leistungsfähige, multidimensionale Methoden zur Verarbeitung experimenteller Daten, die verläßliche und reproduzierbare Ergebnisse sichern helfen. 2. numerische Verfahren zur Beschreibung komplizierter Verhaltensweisen und Funktionsabläufe biologischer Systeme; dieser Modellierungsvorgang bedeutet bestmögliche Anpassung an die Daten aus der biologischen Realität durch Variationen der Parameter einer theoretisch fundierten Modellgleichung mit Hilfe geeigneter Rechnersysteme. 3. Methoden zur Entwicklung von Hypothesen durch Vergleich theoretischer und experimenteller Daten und zur optimalen Planung weiterer Experimente. 4. Methoden der black-box-Simulation des Verhaltens von biologischen Systemen, des Einflusses verschiedener Faktoren zur Kontrolle der Bedingungen des Systems. 5. numerisch-statistische Verfahren zur Optimierung des Diagnoseprozesses, der Therapie. 6. Methoden zur Mustererkennung, zur automatischen Klassifizierung, zum Beispiel zur Bestimmung signifikanter pathologischer Veränderungen in lebenden Systemen wie zur morphologischen Analyse der Mikrostruktur von Geweben zur Früherkennung von Krankheiten.

Es wird sichtbar, daß praktisch mit jeder neuen Rechnergeneration neue mathematische Herangehensweisen verbunden sind. Es läßt sich als generelle Entwicklungstendenz der Biowissenschaften feststellen, daß sich ihre Methodologie immer stärker auf die Nutzung der Mathematik und der EDV stützt.

[36] F. Kuhnert, Über den Einfluß der elektronischen Rechentechnik auf die Entwicklung der Mathematik, in: Beiträge zur Informationsverarbeitung (Schriftenreihe Informationsverarbeitung), Leipzig 1977, S. 51—58.

3. Zum interdisziplinären Charakter der Informationsverarbeitung

Ein System ist ein bewußt ausgewählter Teilbereich der Wirklichkeit mit seinen als wesentlich ausgezeichneten Beziehungen zur Umwelt. Die Systemgrenze wurde bei der Betrachtung von Informationssystemen zunächst so eng gezogen, daß die automatenunterstützten Informationssysteme zunächst als rein technische Systeme erschienen. Man war dann gezwungen, im Sinne ergonomischer Betrachtungen in einem ersten Schritt die Systemgrenzen zu erweitern, so daß das automatenunterstützte Informationssystem als soziotechnisches System betrachtet wurde und damit Probleme des effektiven Zusammenspiels von Automat und Mensch einbezogen wurden. In einem zweiten Schritt muß gegenwärtig die Systemgrenze nochmals erweitert werden: speziell im Zusammenhang mit dem massenhaften Einsatz moderner Informationstechnologie muß der Nutzer als Element des Informationssystems (besser noch: Nutzer — als inhärentes Teilsystem) unmittelbar einbezogen werden. Ein dritter Schritt deutet sich gegenwärtig an. War es bisher als ein Fortschritt anzusehen, daß der Mensch überhaupt als Teil des Systems in Betracht gezogen wurde, so muß nun die Frage gestellt werden, wenn der Mensch Subjekt der Automatisierung und aller Entwicklung ist, ob es dann wirklich genügt, den Menschen nur als aktives Systemelement zu sehen, das heißt, ein Systementwickler gestaltet für ihn. Es geht doch vielmehr um eine Gestaltung für und mit dem Nutzer. Mit dieser Erweiterung der Systemgrenzen bei der Gestaltung automatenunterstützter Informationssysteme in den verschiedensten Bereichen unseres gesellschaftlichen Lebens war notwendiger Weise zugleich eine Erweiterung des Gegenstandes der Informationsverarbeitung/Informatik verbunden. Sie mußte zugleich nicht nur naturwissenschaftlich-technische Disziplinen sondern auch gesellschaftswissenschaftliche Disziplinen als Grundlagen-Disziplin einbeziehen. Die Informationsverarbeitung hat sich daher heute international und national als selbständige komplexe Wissenschaft mit unterschiedlichen, miteinander in enger Wechselbeziehung stehenden Wissenschaftsgebieten — Rechnerwissenschaft und Informatik — entwickelt. Wenn diese komplexe Wissenschaft, die naturwissenschaftlich-technische, strukturwissenschaftliche, mathematische und gesellschaftswissenschaftliche Aspekte in sich vereint, in einem konkreten Anwendungsgebiet der Informationstechnologie wirksam wird, findet eine mehr oder weniger bewußte Verschmelzung statt, die bis zu Differenzierungen innerhalb der Grunddisziplin führen kann.

Mit der hier betrachteten Erweiterung der Systemgrenzen, speziell der Einbeziehung der Nutzer als inhärenten Teil des Informationssystems und der damit verbundenen Weiterentwicklung der Informatik, wächst auch ihre die Interdisziplinarität fördernde Funktion. Mit der Intention des Menschen, hier des Forschers als Nutzer der EDV, müssen auch seine wissenschaftlichen Zielstellungen, seine Wertungen, die gesamte Forschungssituation bei der Gestaltung eines entsprechenden Informationssystems berücksichtigt werden. Ausgehend von den sich immer offensichtlicher zeigenden Grenzen einer Konzeption, die die

Mensch-Maschine-Interaktion allein auf die syntaktischen Beziehungen reduziert und den Menschen damit praktisch selbst zur Maschine machen muß, deutet sich heute ein entscheidender Paradigmawechsel an.

Historisch gesehen waren die im Zentrum des Automaten und der programmtechnischen Voraussetzungen seines Einsatzes stehenden Grunddisziplinen wie Informationstechnik, Steuerungs- und Regelungstechnik, Nachrichtentechnik, Mathematik und Kybernetik die Ausgangspunkte für die Entwicklung der automatischen Informationsverarbeitung (der Hard- und Softwaretheorie) zu einer selbständigen Wissenschaft. Sie ermöglichten die Entwicklung der theoretischen Grundlagen für die mathematisch-kybernetische Modellierung von automatisierbaren Informationsverarbeitungsprozessen. Betrachtet man zunächst nur die Hard- und Softwaretheorie als Kern der Disziplin der Informationsverarbeitung, so besteht deutlich eine andere, nach unserer Auffassung geringere Qualität der Interdisziplinarität im Vergleich zur arbeitsmäßigen Beziehung Biowissenschaften — Mathematik, die sogar terminologisch zur Biomathematik führte und wissenschaftsmethodisch nun zu einem wesentlichen Bindeglied zwischen biowissenschaftlicher Forschung und der EDV als Informationstechnologie wird.

In zunehmenden Maße entwickelt sich international und national ein weiterer Zweig der Informationsverarbeitung, die Informatik, die ihre Aufgabe darin sieht, das Phänomen der Information und Organisation unter allgemeinen sowie unter fachspezifischen Aspekten zu untersuchen, um Informationssysteme problem- und nutzerorientiert zu gestalten (Orgwaretheorie). Hier wird deutlich, daß auch organisatorische, ökonomische und soziale Aspekte neben den spezifischen Aspekten der konkreten Anwendung beim Einsatz jeder komplexen Technik eine große Rolle spielen. Damit sind Organisations- und Leitungswissenschaften, Psychologie und Linguistik, Erkenntnistheorie und ökonomische Disziplinen — um nur einige zu nennen — genauso wesentliche Hilfs- und Grundlagenwissenschaften für die volle Entfaltung der Wechselbeziehungen der Informationsverarbeitung geworden (Abb. 3).

Es geht also nicht schlechthin nur um den Einsatz einer Technologie, sondern damit im Zusammenhang steht die Entwicklung der Informationsverarbeitung als einer komplexen, naturwissenschaftliche, technische und gesellschaftswissenschaftliche Aspekte integrierenden wissenschaftlichen Disziplin, die sich nun eng mit den Biowissenschaften verbindet. Diese Verbindung ergibt sich in wachsendem Maße nicht nur über die Biomathematik sondern vor allem dadurch, daß die Informatik ihre Grundbegriffe Information und Organisation, die ebenfalls für die Biowissenschaften essentiell sind, jedoch in ihrem Rahmen vorausgesetzt werden, vertieft erklärt. Die Entwicklung der Interdisziplinarität zeigt bei der methodischen Integration der Informationstechnologie in die Biowissenschaften zwei grundlegende Richtungen an: Die erste beinhaltet die Zunahme der Interdisziplinarität insbesondere bei komplexeren EDV-Aufgaben mit gerätetechnischen (elektronischen) und komplizierten Algorithmen-Anteilen, die eine Mitwirkung von EDV-Spezialisten bedingen. Die Mitwirkung bezieht sich auf folgende Schwerpunkte:

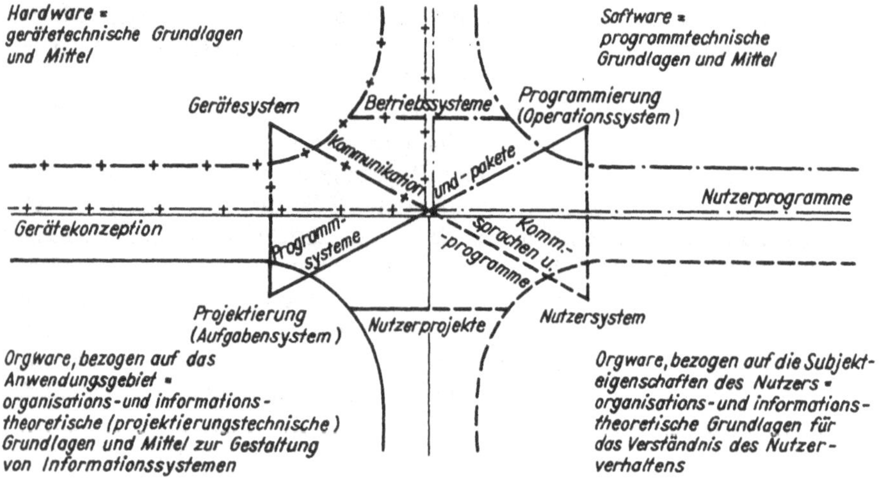

Abb. 3: Wechselbeziehungen zwischen den Aspekten der Informationsverarbeitung.

einmal die Entwicklung der Algorithmen, zum anderen der Umgang mit dem Rechnersystem und schließlich die Schaffung von eventuell notwendigen hard- und softwareseitigen Anschlußbedingungen (Rechner-Meßsystem; Rechner-Rechner unter anderem).

Diese zunehmende Arbeitsteilung führt auch zu unterschiedlichen Leistungsanteilen des EDV-Benutzers, zum Beispiel des Fachwissenschaftlers an der Programmentwicklung und -nutzung, wobei fehlende Anteile im Rahmen einer Nutzung durch EDV-Gruppen oder Rechenzentren erbracht werden. So lassen sich mindestens drei Benutzergruppen unter den Biowissenschaftlern fixieren:

1. Fachwissenschaftler, die die gesamte Programmentwicklung und -nutzung selbständig realisieren;
2. Fachwissenschaftler, die die EDV-Aufgabenspezifikation durchführen und die fertigen EDV-Programme einschließlich Berechnungsergebnisse nutzen;
3. Fachwissenschaftler, die nur die Berechnungsergebnisse der EDVA nutzen.

Die zweite grundlegende Richtung bei der methodischen Integration der Informationstechnologie in die Biowissenschaften ist die Abnahme der für den Problemlösungsprozeß aktuellen und individuellen Interdisziplinarität infolge zunehmender direkter Implementierung von Rechnerfunktionen in die Forschungsgeräte, einschließlich spezialisierten Softwareangebots. Dieser Trend ist sichtbar bei sehr unterschiedlichen Geräten wie Massenspektrometer, Strahlentherapiegeräte, Laborautomaten und wird durch die Mikroelektronik verstärkt. Der entsprechende Nutzer (Fachwissenschaftler) erhält dezidierte EDV-Funktionen für seine Meßmethode zugeteilt, wobei sich damit auch der Anteil an vergegenständlichter Arbeit erhöht. Die individuelle Kreativität wird dabei durch die gesellschaftliche Kreativität und Interdisziplinarität (z. B. durch Programmpakete) zunehmend ergänzt. Als Beispiel können auch rechnergestützte Kommunikationssysteme angeführt werden, die bei der Mensch-Maschine-Kommunikation in folgenden Typen möglich sind: einmal der Zugriff zu einer zentralen Datenbank über on-line-Terminal-Anfrage, zum anderen die Nutzung eines interaktiven Programmsystems für statistische Verfahren oder biowissenschaftliche Dialoganwendungen im Rahmen einer Methodenbank und schließlich die interaktive (Dialog-)Programmierung. Hierbei präsentiert sich eine unterschiedliche Funktionsteilung zwischen Wissenschaftler (EDV-Benutzer) und Rechnersystem, wobei automatisierte Systemhilfen (Betriebssystem) in differenziertem Umfang formalisierbare geistige Funktionen ersetzen.

Auch die Übernahme von fertigen Programmen aus der Programmbibliothek zeigt, daß die Interdisziplinarität verstärkt neue Formen annimmt. Die funktionale Wechselwirkung von Problem und Methode wird nicht sichtbar über ein unmittelbares interdisziplinäres Zusammenwirken verschiedener Wissenschaftler. Sie erfolgt zeitlich versetzt und differenziert, wobei jede Fachdisziplin in unterschiedlichen Zeiträumen ihren Anteil leistet. Der das Gerät nutzende Biologe oder Arzt erhält die Ergebnisse dieser unterschiedlichen disziplinären Leistungen „verpackt" in der Leistungsfähigkeit der gerätegestützten Methode.[37]

Der Umgang mit der EDV wird für den Benutzer wesentlich unproblematischer, aber gegenüber Neuentwicklungen auch unelastischer. Beide Richtungen sind in Abhängigkeit vom Inhalt der EDV-Aufgabe notwendig, wobei die Tendenz zur zunehmenden Nutzerfreundlichkeit dominiert.

Diese Entwicklung ist auch bei anderen wissenschaftlichen Disziplinen nachweisbar. So kennzeichnet der Einsatz des Rechenautomaten ein besonderes Entwicklungsstadium der Röntgenkristallstrukturanalyse nach 1955[38] indem der Computer zunächst für umfangreiche Berechnungen zur Ermittlung von Strukturparametern aus Primärdaten (Intensitäten der gebeugten Strahlen), später zur Automatisierung der Meßdatengewinnung und schließlich in zunehmendem Maße zur Gewinnung von Aussagen aus den Strukturdaten (das heißt räumliche Koordination für die Lage der Atome) herangezogen wird. Unter anderem wächst dadurch die Kompliziertheit der bearbeitbaren Probleme: z. B. wird die Röntgenkristallstrukturanalyse von Proteinen möglich. Auch die Entwicklung der Quantenchemie wird vom Einsatz leistungsfähiger Computer geprägt.[39] Er gestattet die Aufklärung grundsätzlicher Fragen der chemischen Bindung und des Molekül-

[37] Ein Beispiel dafür sind rechnergestützte Bestrahlungssysteme in der Radiologie, bestehend aus speziellen peripheren Datenerfassungsgeräten, dem Rechnersystem und einem feststehenden Programmsystem zur Berechnung der Bestrahlungspläne.

[38] Siehe K. Fichtner, Interdisziplinarität in der Entwicklung und Anwendung naturwissenschaftlicher Analysemethoden, dargestellt an der Röntgenkristallstrukturanalyse, in diesem Band, S. 221–241.

[39] Siehe E. Gey, Der Zusammenhang von interdisziplinärer Forschungssituation und Kooperationsverhalten in der Herausbildung und Entwicklung neuer Spezialgebiete, dargestellt an der Entwicklung der Quantenchemie, in diesem Band, S. 151–172.

aufbaues. Dabei wird der internationale Austausch von Rechenprogrammen auf der Basis nutzungsfreundlicher Handhabung zu einem wichtigen Faktor für die verbreitete Anwendung von Verfahren der Quantenchemie in verschiedenen wissenschaftlichen Disziplinen.

Die nachgewiesene methodische Integration der Informationstechnologie in die Biowissenschaften erfolgt über ein enges Zusammenwirken des Wissenschaftlers mit der Rechentechnik. Das Nutzerverhalten wird bei der Inanspruchnahme vom Inhalt der EDV-Aufgabe und den EDV-Kenntnissen stark beeinflußt. Diese Beziehung kann man als einen Komplex auffassen und als Nutzersystem bezeichnen.[40] Wesentliche Elemente des Nutzersystems sind dann:

1. Die Benutzeraktivitäten im Sinne des arbeitsmäßigen Anteils bei der Analyse, Bearbeitung und Lösung der EDV-Aufgabe;
2. EDV-Qualifikation des Benutzers;
3. Motivation zur EDV-Nutzung;
4. EDV-Aufgabe (Inhalt, Komplexität, Neuheit, Lösungsmethode);
5. rechentechnische Anforderungen durch die EDV-Aufgabe.

Zwischen dem Inhalt der EDV-Aufgabe einschließlich der rechentechnischen Anforderungen an den Rechnereinsatz und dem EDV-Benutzerprofil bestehen wechselseitige Beziehungen, die im Bereich der Biowissenschaften vielseitig und kompliziert sind. Bestimmend ist der EDV-Benutzer, seine Aktivitäten und Verhalten, die aber bei der Inanspruchnahme von EDV-Leistungen von den eigenen EDV-Kenntnissen und von den Anforderungen des biowissenschaftlichen Problems vor allem in der Phase des Problemlösungsprozesses beeinflußt werden. Da wir die Informationstechnologie als ein Element der Forschungsmethodik begründet haben, ist auch ein hoher subjektiver Einfluß zu berücksichtigen.

Er ergibt sich bei folgenden Bedingungen:

- der Wissenschaftler formuliert selbst seine EDV-Aufgabe, in jedem Fall die Aufgabenstellung;
- der Wissenschaftler und damit EDV-Benutzer bearbeitet das biowissenschaftliche Problem einschließlich das mathematischen Modells und die EDV-Aufgabe selbst.

Die Integration der EDV-Nutzung in den Forschungsprozeß sowie der hohe subjektive Anteil zwingen zur komplexen Auffassung der Nutzer-EDV-Aufgabenbeziehung in Form des Nutzersystems. Die EDV-Aufgabe ist das eigentliche Bindeglied bzw. Objekt der rechnerseitigen Bearbeitung, während der Biowissenschaftler als EDV-Benutzer über sein Benutzerverhalten Inhalt und Lösung Effizienz der EDV-Aufgabe prägt und somit letztendlich auch über die EDV-Nutzung für seine wissenschaftliche Problemlösung entscheidet. Nur damit können die Projektierung und Realisierung von sogenannten Mensch-Maschine-Kombi-

[40] J. Pilgrim, Zur Benutzer-EDV-Kommunikation im Bereich dęr Forschung, in: Wissenschaftswissenschaftliche Beiträge, Humboldt-Universität zu Berlin, Heft 8, 1979, S. 128—136.

nationen unter den Gesichtspunkten der rationellen Funktionsteilung von Mensch und Rechnersystem und der Akzeptanz persönlichkeitsfördernder Inhalte dieser Kombination als Tätigkeit sinnvoll beherrscht werden.

Nicht zuletzt ergibt sich damit auch die Aufforderung an die Informatik und als interdisziplinäres Anliegen, unter diesen Bedingungen und im Rahmen der oben genannten Systemauffassung den EDV-Benutzer zu definieren und die gewonnenen Aussagen in künftige Systemgestaltungen einzubeziehen. Dabei ist der Benutzer nicht als Element in einem leistungsbezogenen Mensch-Maschine-System zu verstehen, sondern als Schöpfer und Nutzer in derartige Kombinationen zu integrieren. Der Einsatz der Mikroelektronik in experimentelle Automatisierungskonzepte läßt die Einbeziehung des Nutzers zusätzlich zu bisher ausgeübten Funktionen der Aufgabenstellung und der Überwachung in die Weiterentwicklung des automatischen Systems, z. B. über Programmänderungen, zu.

Folgende Tendenzen sind unter Berücksichtigung der wachsenden Rolle des Benutzers bei der Nutzung von EDVA'en in den Biowissenschaften erkennbar[41]:

- Die Anzahl der aktiven EDVA-Benutzer wächst langsam, was im noch komplizierten Umgang mit dem Rechnersystem begründet liegt.
- Die aktiven EDVA-Benutzer bauen ihre EDV-Anwendungen aus; meist durch Verbesserung der mathematischen Modelle und Erweiterung der spezifischen Programmsysteme.
- Bei den aktiven EDVA-Benutzern erhöht sich der eigene arbeitsmäßige Anteil an der Entwicklung der EDV-Software (Programmentwicklung), wobei die Arbeitsteilung mit dem Rechenzentrum zunimmt.
- Der Arbeitsaufwand für die Programmentwicklung wird bei den aktiven EDVA-Benutzern zu einem fixen Bestandteil der biowissenschaftlichen Forschungsmethodik.
- Die Berechnungsergebnisse der aktiven EDVA-Benutzer werden von einer unterschiedlichen Anzahl von Biologen, Ärzten und Einzelwissenschaftlern weiter ausgewertet.
- Die Zusammensetzung der EDVA-Benutzer zeigt eine wachsende Interdisziplinarität bei der Bearbeitung biowissenschaftlicher Problemstellungen.
- Mit dem langjährigen Umgang erhöhen sich die Anforderungen der Nutzer an die Rechentechnik insbesondere hinsichtlich:
  a) Verbesserung des Zugangs zur EDVA,
  b) Erhöhung der Leistungsparameter der EDVA (Operationsgeschwindigkeit, Speicherkapazität),
  c) Verbesserung der Rechnerperipherie,
  d) Nutzerberatung.
- Charakteristisch für den Einsatz der EDV im Forschungsprozeß ist die Individualität der Programmentwicklung sowie die Spezifik der EDV-Anwendung. Dabei läßt sich das Konzept der verfahrensorientierten Nachnutzung

[41] J. Pilgrim, Benutzer-EDV-Kommunikationsbeziehungen in der Forschung, a. a. O.

von EDV-Programmen oft nur mit hohem Anpassungsaufwand realisieren und ist nicht als ein Nebenprodukt, sondern als eine zusätzliche, die Effektivität und interdisziplinäre Zusammenarbeit fördernde Leistung anzusehen.

Die angeführten Tendenzen zeigen die wachsende Abhängigkeit der biomedizinischen Forschung von der EDV, führen aber auch zu neuen Problemstellungen. Eine wesentliche ist aufgrund des hohen Kostenaufwandes des Einsatzes der EDV die Frage nach dem Nutzeffekt. Letzterer wird entschieden durch die Qualität der biowissenschaftlichen Forschungsergebnisse, zwingt aber bereits bezüglich des Einsatzes der EDV als Forschungshilfsmittel zu rationellen Überlegungen. Dazu gehören vor allem folgende:

— Das breite Spektrum an EDV-Einsatzgebieten und -möglichkeiten in Biologie und Medizin kann nur durch unterschiedliche EDV-Techniken und -Technologien (leistungsmäßige differenzierte Rechnersysteme, verschiedene Nutzungsformen) abgedeckt werden.

Dementsprechend ist das gesamte EDV-methodische Leistungsangebot (Hardware, Systemsoftware, Programmbibliothek, Nutzerberatung und anderem) und nicht nur der Rechner bei Neueinführungen Effizienzüberlegungen zu unterziehen.

— Das durch apparativ-methodische Entwicklungen forcierte hohe Aufkommen an Meßwerten und der durch rechnerunterstützte statistische Auswertungen sich ergebende hohe Zuwachs von Datenbeständen biologisch-medizinischer Sachverhalte kann nicht durch zunehmende technische Aufrüstung der EDV auf die Dauer beherrscht werden. So erreicht schon derzeitig der wertmäßige Umfang an EDV-Geräten in der Forschung über die Hälfte des Wertes der Forschungsgeräte. Durch den Einsatz von numerischen Methoden der Datenreduktion sowie von billigen Techniken wie Mikroprozessoren im Sinne einer „Komprimierung" der Meßwerte bieten sich effektivere Möglichkeiten an.

— Das zunehmend umfangreicher benötigte Softwareangebot kann nicht nur durch EDV-professionelle Mitarbeiter in den Rechenzentren erstellt werden; hardwaremäßig in Rechner implementierte Programmfunktionen (z. B. Mikroprogrammierung) sowie einfach handhabbare Programmier- und Kommunikattionssprachen für die breite Einbeziehung des Nutzers in die Programmentwicklung stellen praktikable Lösungen dar. Das erfordert aber auch ein Nachdenken über eine Verbesserung der Ausbildung von Biologen und Medizinern in bezug auf die Entwicklung und Nutzung mathematisch-statistischer Algorithmen sowie Nutzung der Rechentechnik.

— Die routinehafte Nutzung von EDV-Leistungen, wie Eingabe von Daten oder Programmentwicklung über Display-Terminals, zeigt arbeitspsychologische Probleme der Monotonie, teilweise auch Streßempfinden, auf, die zum Beispiel bei einem stark belasteten Krankenhauspersonal zu Anpassungsschwierigkeiten führt und nur durch gezielte Nutzungsstrategien überwunden werden können.

Es läßt sich am Beispiel der Nutzung der Informationstechnologie in der biowissenschaftlichen Forschung nachweisen, daß die Interdisziplinarität aufgrund ihrer inneren Antriebsmomente, wie unter anderem der Entwicklung der Produktivkräfte, selbst einer starken Dynamik unterworfen ist, die zum Beispiel aufgrund der gegenwärtigen Expansion der Mikroelektronik in alle Bereiche des gesellschaftlichen Lebens neue Forschungsgegenstände und auch subtilere Methoden in den Biowissenschaften erschließen wird und damit die wissenschaftliche Erkenntnis erweitert.

4. Tendenzen des weiteren Einsatzes der elektronischen Datenverarbeitung in den Biowissenschaften unter interdisziplinärem Aspekt

Die Informationstechnologie hat einen wesentlichen Einfluß auf die Forschungsmethodologie in der Molekularbiologie und Medizin genommen. Die Notwendigkeit des Einsatzes der EDV liegt vor allem begründet:

- in der zunehmenden Kompliziertheit experimenteller Versuche,
- in der wachsenden Untersuchung hoch komplexer biologischer Systeme mit Hilfe der mathematischen Modellierung und Simulation,
- in der Beherrschung der zunehmenden Informationsflut,
- im Zwang zur Informationsverdichtung,
- im Zwang zur effektiveren Nutzung leistungsfähiger Forschungsgeräte.

Der allgemeine Stand des Einsatzes der modernen Informationsverarbeitungstechnik berechtigt zu der Aussage, daß heute nicht mehr diskutiert wird über das Wozu in den Biowissenschaften, sondern über das Wie; das heißt, im wachsenden Umfang wird die Frage nach der Rationalisierung des Einsatzes der elektronischen Datenverarbeitung in der Forschung gestellt, und damit auch die Frage nach den Möglichkeiten sinnvoller Integration und besserer Kommunikation mit der EDV.

Schon aus psychologischen Erwägungen heraus läßt sich vermuten, daß eine weniger eingeschränkte und leichter handhabbare Kommunikation mit dem Rechner zu einer Erhöhung der Effektivität der Forschung führen würde. Die moderne Informationsverarbeitungstechnik ermöglicht die direkte Interaktion zwischen Automat und Forscher; damit kann besser als bisher der eigentliche schöpferische Arbeitsprozeß unterstützt werden. Oftmals sind die erreichbaren bzw. verfügbaren Rechner für die entsprechende Aufgabenstellung nicht zweckmäßig; die zu erwartende Ausdehnung des Gerätespektrums durch Mikrorechner wird zu Erleichterungen führen.

Der direkte Dialog zwischen dem Wissenschaftler und dem Rechnersystem ermöglicht eine viel schnellere Suche und Vergleich sowie Analyse und Synthese von Fakten und insbesondere die Formulierung und Testung von Hypothesen[42].

[42] H. Sackman, Man-Computer Problem Solving, Experimental Evualation of Time Sharing and Batch Processing, Princeton, New York—Philadelphia—London 1970; M. Bazewicz, Interaktive Systeme, in: Beiträge zur Informationsverarbeitung, Schriftenreihe Informationsverarbeitung, Leipzig 1977.

Der breite Einsatz von Mikrorechnern für digitale Steuerungen; für die Meßwerterfassung einschließlich Vorverdichtung sowie für Rechenoperationen wird wichtige Veränderungen bringen und zu einer neuen Situation für die Methodologie der biowissenschaftlichen Forschung führen. Denken wir hierbei nur an die Problematik der Softwareentwicklung für Mikrorechner, die besonders eng mit der Handwarenutzung gekoppelt ist und neue, interdisziplinäre Anforderungen stellt. Im Zusammenhang mit den genannten Entwicklungstendenzen der EDV ergeben sich eine Reihe weiterer Probleme:

- Mit der breiten Integration der EDV in die biowissenschaftliche Forschung werden immer mehr EDV-unerfahrene Biologen und Mediziner direkte oder indirekte Benutzer von Rechnersystemen.
- Die Breite der EDV-Anwendung verlangt auch eine Programmentwicklung durch den Nicht-EDV-Fachmann, zum Beispiel durch den Arzt, der aber noch immer sehr komplizierte Handhabungen des Rechnersystems insbesondere des Programmiersystems entgegenstehen.
- Eine stärkere Einbeziehung unerfahrener Nutzer kann nur erreicht werden, wenn die Nutzerfreundlichkeit zu einem wesentlichen Bewertungskriterium von Rechenanlagen künftig fixiert wird[43].

Daraus können sich auch ungünstige Auswirkungen auf die Ausnutzung von Rechnersystemen ergeben, die zu ihrer Minimierung ein verstärktes Zusammenwirken zwischen EDV-Anwendern und EDV-Spezialisten erforderlich machen.

Nur in der Beachtung der oben genannten Entwicklungslinien und Beherrschung der genannten Probleme können neue, starke Impulse für weitere und effektivere EDV-Anwendungen in den Biowissenschaften erreicht werden. Zusammengefaßt wird die Entwicklung der Informatik in den Biowissenschaften unter interdisziplinären Aspekt durch folgende Merkmale charakterisiert[44]:

- Verstärkung der Beziehungen zu sogenannten Hilfswissenschaften durch die zunehmende Anwendung mathematisch-kybernetischer Methoden und Methoden der EDV.
- Erhöhung der Anzahl der Grenzgebiete der Biologie und Medizin durch die Anwendung theoretischer Erkenntnisse der Informatik.
- Entfaltung und Differenzierung weiterer Grenzwissenschaften innerhalb der Ursprungswissenschaften durch die engen Wechselbeziehungen der Informatik und der Biowissenschaften über ihre Anwendungsgebiete und damit auch Rückwirkung auf die Biowissenschaften.

43 K. D. Eason, Understanding the Naive Computer User, in: The Computer Journal, (London) 1/1976, S. 3—7.

44 K. Fuchs-Kittowski/P. Gudermuth, Grundfragen der Informatik in Medizin und Biologie, in: III. Wiss. Kolloquium zur Organisation der Informationsverarbeitung „Probleme der Informatik in Medizin und Biologie", Berlin 1978.

So wird die Epidemiologie mit ihren vielseitigen statistischen Auswertungen abhängig von Rechnern und damit vom EDV-Einsatz, wodurch aber auch die Forschung und Analyse gesellschaftlicher Faktoren und damit Beziehungen zur Soziologie, Ökologie und anderer Grenzwissenschaften der Medizin und Biologie realisiert und stimuliert werden. Die Dynamik der Wechselbeziehungen von Problem und Methode anhand der aufgeführten Beispiele läßt noch viele neue und interessante methodologische Aspekte in den Biowissenschaften erwarten.

Der Einsatz der Informationstechnologie in den Biowissenschaften, die damit verbundene Entwicklung der Informatik in der Biologie und in der Medizin (Bio-Informatik, medizinische Informatik) ist nach dem Gesagten ein, die interdisziplinäre Zusammenarbeit besonders stark fördernder Faktor. Die Haupttendenz des Einsatzes der Informationstechnologie zur Unterstützung der geistigen Arbeit in der Wissenschaft — speziell auch im biowissenschaftlichen Forschungsprozeß — geht dahin, sie zum „Assistenten", zum Dialogpartner des Wissenschaftlers bzw. der Wissenschaftlerkollektive, speziell interdisziplinär zusammengesetzter Arbeitsgruppen, zu machen.

Dies wird insbesondere dazu führen, daß traditionelle Grenzen zwischen den Wissenschaftlern weiter abgebaut werden, traditionelle Wissenschaften sich weiter differenzieren, sich die Integrationstendenz verstärkt und sich interdisziplinäre Wissenschaften forcierter entwickeln werden.

Es geht hier nicht allein um das Zusammenführen verschiedener Wissenschaftler unterschiedlicher Disziplinen, die den Automaten als gemeinsames Werkzeug benutzen und damit zum Beispiel problemorientierte Programmiersprachen gemeinsam nutzen, sondern es geht vielmehr darüberhinaus um die Tatsache, daß sich mit dem Einsatz der Informationstechnologie immer deutlicher eine den verschiedenen Wissenschaften gemeinsame Methodologie entwickelt, was zu einer immer stärkeren Zusammenarbeit verschiedener Disziplinen führt. Die Interdisziplinarität wird gefördert durch die gemeinsame kybernetische Denkweise, die sich verstärkende Tendenz der modernen Wissenschaft zur Mathematisierung, aber insbesondere auch durch die mit der Entwicklung der Informatik verbundenen Vertiefung des Verständnisses des Wesens von Information und Organisation in Natur und Gesellschaft. Insbesondere fördert die notwendige Bewältigung der methodologischen, ökonomischen, sozialen und jeweiligen fachspezifischen Probleme des Einsatzes der Informationstechnologie, ihre rationelle Integration in den wissenschaftlichen Arbeitsprozeß — vor allem bei Berücksichtigung der hier aufgezeigten Nutzerprobleme — den Prozeß der Integration von Natur-, Technik- und Gesellschaftswissenschaften.

Heinrich Parthey und Klaus Schreiber

Voraussetzungen und Formen interdisziplinärer Forschung

Die Entwicklung der Wissenschaften, ihrer Ordnungssysteme und ihres Charakters sowie die hierauf begründeten Forschungs- und Lehrprofile sind besonders durch zwei entgegengesetzte, sich jedoch wechselseitig bedingende Tendenzen gekennzeichnet: den Zwang zur zunehmenden Differenzierung in Disziplinen und die damit bedingte Notwendigkeit zur Integration dieser Fachrichtungen. Der genannte Differenzierungsprozeß vollzog sich vor allem im letzten Jahrhundert und ist bis heute noch nicht abgeschlossen. Als Gründe hierfür sind anzuführen die exponentielle Zunahme des insgesamt akkumulierten Wissens, die damit verbundene Informationslawine, der zunehmend höhere Spezialisierungsgrad dieses Wissens und die zu dessen Artikulation sich entwickelten disziplinspezifischen Fachsprachen sowie die zur weiteren Vertiefung dieses Spezialwissens erforderlichen hochspezialisierten Forschungstechnologien. Diese Entwicklung führte zu disziplinspezifischen Abstraktionen und Modellen, zu auf Disziplinen bezogenen Theorien und damit insgesamt zu in der Regel sehr disziplinbegrenzten Lehrprofilen. Disziplinarität in der Wissenschaft ist also als Zusammenfassung aller Kenntnisse, Methoden und Untersuchungsverfahren der Ausbildungsrichtung und Berufserfahrung von Wissenschaftlern eines Spezialgebietes zu verstehen. Heute rechnet man mit einer sehr großen Anzahl unterscheidbarer Wissenschaftsdisziplinen, wobei sich Neubildungen aus der weiteren Untergliederung traditioneller Disziplinen, aber auch durch deren Überlappung in integrativer Weise ergeben.

Dieser objektiv erforderliche Differenzierungsprozeß führt oftmals zwangsläufig zu einer die Wirklichkeit einschränkenden Verselbständigung der betreffenden Wirklichkeitsausschnitte und damit zum Verlust der Erkenntnis der Wirklichkeit in ihrer realen Vollständigkeit. Die hiermit gegebene Notwendigkeit zur Integration gilt generell für die Lösung aller komplexen, den Rahmen einer Disziplin sprengender Forschungsprobleme größerer, übergreifender Dimensionen, die heute im Mittelpunkt gesellschaftlicher Anforderungen stehen und speziell auch mit den sogenannten globalen Menschheitsproblemen gegeben sind. Somit ist die Tendenz zur zunehmenden Interdisziplinarität ebenso berechtigt und folgerichtig wie die Tendenz zur weiteren disziplinären Differenzierung, Spezialisierung und Vertiefung. Das Erkennen und die Beherrschung der Dialektik dieser sich wechselseitig bedingenden Tendenzen ist für die optimale Gestaltung des Forschungsprozesses genau so wichtig wie die Ermittlung des jeweils zweckmäßigen Verhältnisses und der geeigneten Formen der disziplinären und interdisziplinären Forschung, die in entscheidendem Maße durch die spezielle Problemstellung bestimmt wird.

Im Unterschied von dieser Auffassung abstrahiert eine Sicht, die unter Interdisziplinarität nur „eine allgemeine Grundhaltung" als „Aufgeschlossenheit gegenüber anderen Wissenschaftsdisziplinen" versteht,[1] vom Wesen der Forschung als wissenschaftlichem Erkenntnis- und Arbeitsprozeß und negiert sowohl die objektiv fortschreitende Arbeitsteilung und Kooperation in der Forschung als auch die Notwendigkeit der Ermittlung der jeweils geeigneten Formen der disziplinären und interdisziplinären Forschung.

Disziplinarität in der Forschung bedarf in diesem Sinne keiner besonderen Aktivierung, ohne Zweifel bedingt durch die durchweg disziplinäre Orientierung der meisten Forschungs- und Lehreinrichtungen. Im Gegensatz hierzu handelt es sich bei der Verstärkung interdisziplinär-orientierter Forschungen um ein darüber hinausgehendes generell objektiv notwendiges Anliegen, wobei die Herausarbeitung der jeweils gegebenen Voraussetzungen und speziell geeigneter Formen sowie die Entwicklung der Befähigung und Bereitschaft zur Praktizierung der Interdisziplinarität ein besonderes Anliegen sind.

Auf der Grundlage der in diesem Band zum Thema „Interdisziplinarität in der Forschung" vorgelegten Analysen und Fallstudien soll im folgenden versucht werden, (1) Voraussetzungen einer interdisziplinären Forschung nebst Kriterien für deren Beurteilung sowie (2) Formen ihrer Realisierung darzustellen.

1. Voraussetzungen der interdisziplinären Forschung

Die Bedeutung der Wissenschaft beruht nicht nur auf ihren neuen fundamentalen Erkenntnissen, sondern in zunehmendem Maße auf den tiefgreifenden gesellschaftlichen Auswirkungen ihrer Ergebnisse. Das volle Wirksamwerden der Wissenschaft erfordert in der Regel die Überführung von Prinziplösungen der Grundlagenforschung in die gesellschaftliche, speziell volkswirtschaftliche Praxis. Hierzu sind im allgemeinen, wie im Fall der Entwicklung eines neuen Arznei- oder Pflanzenschutzmittels, geschlossene Kooperationslinien von der Grundlagenforschung über die industrielle Wirkstoffentwicklung und -produktion bis hin zur Anwendungsforschung und Einsatzvorbereitung der neuen Präparate im Gesundheitswesen oder der Landwirtschaft erforderlich, welche die interdisziplinäre oder doch zumindest multidisziplinäre Zusammenarbeit von Vertretern sehr unterschiedlicher Fachdisziplinen einschließen. Solche auf ein Überführungsziel orien-

[1] Vgl. N. A. Luyten, Interdisziplinarität und die Einheit der Wissenschaft, in: Internationales Jahrbuch für interdisziplinäre Forschung, Band 1, Berlin/New York, 1974, S. 148.

tierten „vertikalen“ Ebenen der Interdisziplinarität möchten wir von der sogenannten „horizontalen“ Interdisziplinarität unterscheiden, die zwischen Vertretern oder Kollektiven unterschiedlicher Fachrichtungen der Grundlagenforschung zu praktizieren ist und in der hier vorliegenden Veröffentlichung fast ausschließlich im Mittelpunkt steht.

Die Unterscheidung zwischen vertikaler und horizontaler Interdisziplinarität kann je nach philosophischer Position eine Bedeutung erhalten, die der von uns vorgestellten prinzipiell verschieden ist. Ein Beispiel für eine Auffassung von vertikaler und horizontaler Interdisziplinarität, die von unserer verschieden ist, sind folgende objektiv-idealistische Bestimmungen, insbesondere der vertikalen Interdisziplinarität: „Interdisziplinär denken heißt nicht, nur horizontal denken, Wissenschaften nebeneinander auf ihrer eigenen Ebene zu verbinden. Es heißt in erster Linie vertikal denken, die Öffnung der Wissenschaft nach oben, dem Transzendenten, dem Göttlichen hin zu sehen und zu begreifen, daß sie von dorther, der Welt des Geistes, ausgingen und ihr angehören.“[2] In unserem Verständnis der beiden Ebenen der Interdisziplinarität unterscheiden sich die „vertikalen“ und die „horizontalen“ in ihrer Voraussetzung. Während im erstgenannten Fall, also beim Überführungsprojekt, die tragende Idee, das heißt die wissenschaftliche Prinziplösung, von Anfang an gegeben sein muß, ist sie für die „horizontale“ Interdisziplinarität keine Vorbedingung, sondern im allgemeinen erst ein Ergebnis ihrer Wirksamkeit. Für diese ist allein die Schaffung günstiger Bedingungen eine wichtige Voraussetzung, zum Beispiel die territoriale Gemeinschaft von Vertretern verschiedener Fachrichtungen an Universitäten oder größeren Forschungszentren, die Bildung interdisziplinär orientierter Forschungsinstitute, die Gestaltung kommunikationsfördernder Kontaktformen und möglichst flexibel gehandhabter Organisationsformen.

Eine zweite wichtige Voraussetzung für Interdisziplinarität besteht in einer hohen disziplinären Qualifikation der potentiell möglichen oder vorgesehenen Kooperationspartner. Die Erfahrungen zeigen, daß die wissenschaftliche Zusammenarbeit von Vertretern verschiedener Disziplinen um so ertragreicher ist, je erfolgreicher diese selbst in ihrer Spezialdisziplin tätig sind.

Eine dritte grundlegende Voraussetzung für Interdisziplinarität betrifft die Kommunikationsbefähigung von Vertretern verschiedener Fachrichtungen. Es gilt, eine sprachliche Verständigungsmöglichkeit zu finden, die — ohne Verlust an Exaktheit und Eindeutigkeit — von möglichst allen Kooperationspartnern zu akzeptieren ist. Dies bedeutet nicht den sicherlich erfolglosen Versuch, eine fiktive Einheitsfachsprache anzustreben. So lassen sich in der Genese durch interdisziplinäre Arbeit gezielter wissenschaftlicher Entdeckungen verschiedene Phasen unterscheiden: Die Vereinheitlichung der gegenständlichen experimentellen Praxis, das heißt die Identifizierung der Objekte nach vergleichbaren Metho-

[2] W. Heidler, Echte und falsche Interdisziplinarität, in: Internationales Jahrbuch für interdisziplinäre Forschung, Band 1, Berlin/New York, 1974, S. 310.

den und Kriterien. Die Vergleichbarkeit der betreffenden Fachsprachen auf der Basis verallgemeinerter Erfahrungen. Ein entscheidendes Stadium in diesem Prozeß ist die Übereinstimmung verschiedener disziplingebundener Sichten, eine Kompatibilität der Termini der einen Disziplin mit denen anderer für möglich zu halten. Schließlich erzeugen die Kooperations- und Kommunikationsprozesse mit ihrer beständigen Reproduktion neue sprachliche Strukturen, die ihrerseits fixiert werden und zur Stabilisierung der genannten Prozesse beitragen.

Eine vierte Voraussetzung für „horizontale" Interdisziplinarität ist schließlich eine ausreichende und alle potentiellen Partner überzeugende wissenschaftliche Attraktivität der Aufgabenstellung und ihrer Realisierungsmöglichkeiten. Diese Attraktivität findet ihren Ausdruck in der wissenschaftlichen und gesellschaftlichen Bewertung der Aufgabenstellung in Bezug zum jeweiligen internationalen Erkenntnisstand und zum Niveau des angestrebten, unter Nutzung der interdisziplinären Kooperationsmöglichkeiten auch realisierbar erscheinenden Erkenntnisgewinns sowie in einer positiven Beurteilung des voraussichtlichen Aufwand/Ergebnis-Verhältnisses und der die Realisierungsmöglichkeiten begrenzenden Risiken.

Der Prozeß der Problemgenerierung und -formulierung in der Forschung sowie Entscheidungen über die Art der Problembearbeitung und -lösung erfordert in allen seinen Phasen möglichst aussagereiche Beurteilungskriterien. Dies gilt auch für die Entscheidung, ob ein angestrebtes Ziel durch vorwiegend disziplinäre oder zweckmäßigerweise auch oder ausschließlich interdisziplinäre Forschung zu erreichen ist. In zahlreichen Fällen hat sich für die Beurteilung solcher Entscheidungen neben der kritischen Berücksichtigung eigener und internationaler Erfahrungen vor allem folgendes Kriterium bewährt: die nüchterne Einschätzung des voraussichtlichen Verhältnisses von Aufwand und Ergebnis unter Einschluß auch des Zeitfaktors, welches für die jeweilige Realisierungsvariante anzusetzen ist. Eine solche Einschätzung führt häufig zur Erkenntnis, daß manche Forschungsziele oder zumindest -teilziele leichter und schneller auf disziplinäre Weise zu erreichen sind, wie überhaupt — und dies sei nochmals betont — disziplinäre Perfektion eine entscheidende Voraussetzung für erfolgreiches interdisziplinäres Wirken ist. Dennoch zeigt die Praxis, daß vor allem die aktuellen komplexen Problemfehler nur mit Hilfe einer interdisziplinären Forschung lösbar sind. Ein solches Vorgehen hat auch bei den klassischen großen Problemen oft den Vorteil, mit relativ kleinem Aufwand beachtliche Erkenntnisse zu liefern, während das „frontale" disziplinäre Vorgehen nach Ansicht erfahrener Forscher „meist nur noch mit sehr hohem und mit der Vertiefung enorm wachsenden Aufwand zu gewissen Erfolgen in absehbarer Zeit führt — wenn überhaupt."[3]

Durch alle genannten Voraussetzungen werden Bereitschaft und Engagement der Wissenschaftler für interdisziplinäre Arbeit gefördert, so daß der Grad dieser

[3] Siehe R. Rompe/H.-J. Treder, über Physik-Studien zu ihrer Stellung in Wissenschaft und Gesellschaft. Berlin 1979, S. 49.

Bereitschaft und dieses Engagement als ein weiteres integratives Kriterium für das Vorliegen solcher Voraussetzungen gewertet werden darf. Natürlich lassen sich Befähigung und Bereitschaft zur interdisziplinären Forschung schon während des Fachstudiums induzieren und fördern. So sollte bereits durch das Ausbildungsprogramm angestrebt werden, eine hohe disziplinäre Qualifikation des Studenten und angehenden Wissenschaftlers organisch mit einer möglichst breiten Allgemeinbildung zu verbinden, wozu eine angemessene gesellschaftswissenschaftliche Ausbildung der Naturwissenschaftler ebenso gehört wie eine angemessene naturwissenschaftliche Bildung der Gesellschaftswissenschaftler. Das Ausbildungssystem an den Universitäten und Hochschulen der Deutschen Demokratischen Republik bietet dazu gute Möglichkeiten. So trägt die Vermittlung von marxistisch-leninistischem Grundwissen auf den Gebieten der Philosophie, der Politischen Ökonomie und des Wissenschaftlichen Kommunismus für Studenten und Doktoranten aller Fachrichtungen seit den fünfziger Jahren zu einem angemessenen gesellschaftswissenschaftlichen Minimum für Naturwissenschaftler bei, das zum Verständnis und zur Wirksamkeit für interdisziplinäre Zusammenarbeit erforderlich ist. Was die Vermittlung eines naturwissenschaftlich-technischen Minimums für Gesellschaftswissenschaftler betrifft, so wurde dies bereits in den siebziger Jahren für notwendig erachtet — aber noch nicht realisiert. Sowohl Gesellschaftswissenschaftler[4] als auch Naturwissenschaftler[5] unterbreiteten konkrete Vorschläge dafür. In dem Maße wie — beginnend in der Ausbildung — von Natur- und Gesellschaftswissenschaftlern das gegenseitige Verständnis für und die Fähigkeit zur Interdisziplinarität entwickelt werden, entstehen wichtige Voraussetzungen, die der bisher sich nur zögernd entwickelnden interdisziplinären Zusammenarbeit weitere Impulse für ein höheres Niveau geben.

2. Formen der interdisziplinären Forschung

Für die Realisierung interdisziplinärer Forschung sind mehrere Formen und Ebenen möglich.

Es sind zahlreiche Beispiele bekannt, daß sich auch Einzelwissenschaftler durch Mehrfachstudium und/oder postgraduale Weiterbildung Wissen, Methodik, Denkweise und Fachsprache von zwei oder mehreren traditionellen Fachdisziplinen

[4] J. Kuczynski, Die Einheit der Wissenschaft — zur Zusammenarbeit der Gesellschaftswissenschaftler und der Naturwissenschaftler, in: Vortrag auf der Jahreshaupttagung der Physikalischen Gesellschaft der DDR, Berlin 1975.

[5] R. Rompe, Anregende Dispute zwischen Natur- und Gesellschaftswissenschaftlern. Einige persönliche Bemerkungen, in: Jürgen Kuczynski — ein universeller marxistisch-leninistischer Kuczynski — ein universeller marxistisch-leninistischer Gesellschaftswissenschaftler, Sitzungsberichte der Akademie der Wissenschaften der DDR, Gesellschaftswissenschaften, 9 G/1980, S. 11—15.

angeeignet und erfolgreich synthetisch miteinander verbunden haben. Ein solcher Wissenschaftler ist in seiner Funktion als Mittler und „Dolmetscher“ nicht nur ein gefragtes Mitglied interdisziplinär zusammengesetzter Kollektive, sondern repräsentiert in einer Person und in idealer Weise Prinzipien und Voraussetzungen der Interdisziplinarität. Dieser Wissenschaftlertyp ist jedoch heute seltener anzutreffen als in der Vergangenheit, ohne Zweifel bedingt durch den hohen Spezialisierungsgrad einer Fachdisziplin, den Umfang des in ihr akkumulierten Wissens und durch die derzeitig gegebenen Studienpläne, Ausbildungsanforderungen und Studienzeitbegrenzungen. Allerdings kann durch eine langjährige Berufserfahrung gleichfalls ein hoher Grad von individueller Integrationsfähigkeit oder gar Interdisziplinarität erreicht werden.

Universitäts- und Hochschuleinrichtungen besitzen in der Regel eine disziplinorientierte Struktur, begründet durch die sich ohne Zweifel bewährten traditionellen disziplinären Lehr-, Ausbildungs- und Forschungsprofile. Die territoriale Gemeinschaft dieser Lehr- und Forschungseinrichtungen im Rahmen einer Universität und Hochschule liefert gute Voraussetzungen für eine Vielzahl interdisziplinärer Kontakte. Dies gilt in gleicher Weise für größere Forschungszentren, zum Beispiel der Akademie der Wissenschaften, mit zum Teil zentralen methodischen, Informations-, Service- und anderen Gemeinschaftseinrichtungen. Diese Kontaktmöglichkeiten sind in Verbindung mit die Fachkommunikation begünstigenden Aktivitäten, wie zum Beispiel gemeinsamen Kolloquien und Seminaren, flexibel gestaltete Organisationsformen sowie gesellschaftliche und soziale Gemeinschaftsunternehmungen, eine gute Grundlage für das Entstehen von Ansätzen einer interdisziplinären Zusammenarbeit, in der alle genannten Voraussetzungen wirksam sind oder doch zumindest sich zwanglos entwickeln können. Eine solche interdisziplinäre Zusammenarbeit ist Keimzelle einer wissenschaftlich fruchtbaren Interdisziplinarität in der Forschung. Hierfür besonders vorteilhafte Konstellationen ergeben sich in solchen interdisziplinär orientierten Forschungsinstituten, die unter einem Dach und einer Leitung verschiedene, in gemeinsame komplexe Aufgabenstellung integrierbare disziplinorientierte Bereiche oder Abteilungen umfassen. Derartige Institute ermöglichen in idealer Weise die Ausprägung der dialektischen Beziehung zwischen einer disziplinären Vertiefung und einer erfolgreichen interdisziplinären Forschung.

Diese Ansätze sind Kristallisationskeime und zugleich Berechtigung der Bildung interdisziplinär zusammengesetzter Primärkollektive, die zur Lösung einer komplexen Aufgabenstellung zeitlich begrenzt tätig und nach Aufgabenerfüllung beziehungsweise — falls sich nach angemessener Zeit keine befriedigenden Lösungsansätze abzeichnen — wieder aufgelöst werden. Nach vorliegenden Erfahrungen hat sich hingegen die Gründung ständig interdisziplinär zusammengesetzter Primärkollektive weniger bewährt. Die in solchen Fällen durchweg fehlende disziplinäre Anregung und Vertiefungsmöglichkeit führt in absehbarer Zeit zum Verlust der Befähigung auch zur erfolgreichen interdisziplinären Forschung.

Die integrative Entstehung einer neuen Fachrichtung mit allen Kennzeichen einer eigenständigen Disziplin, einschließlich selbständigem Lehr- und Ausbildungsprofil, ist in zahlreichen Fällen Resultat einer zu neuen Erkenntnisqualitäten führenden interdisziplinären Forschung und zugleich überzeugender Ausdruck einer wissenschaftlich bewährten und auch organisatorisch konsolidierten Interdisziplinarität.

Die in diesem Band zum Thema Interdisziplinarität in der Forschung vorgelegten Analysen und Fallstudien sind nicht normierbar und nicht ohne Einschränkung als Modell zu verwenden: ihre Zahl ist überdies nicht groß.[6] Die Sichtung der vorgestellten Forschungssituationen weist auf die entscheidende Funktion des interdisziplinären Zusammenhangs zwischen Problem und Methode in der Forschung hin, eine wissenschaftlich ertragreiche Interdisziplinarität zu erreichen.[7] Aus diesem Grunde ist eine Zusammenarbeit von Vertretern verschiedener Wissenschaftsdisziplinen in der Regel zwar eine Voraussetzung für die interdisziplinäre Forschung, aber noch nicht zwangsläufig mit dieser identisch.

Vielmehr ist unter Interdisziplinarität eine qualitative Entwicklungsstufe der wissenschaftlichen Problembearbeitung zu verstehen, in der Problem und Methode, die jeweils in verschiedenen wissenschaftlichen Spezialgebieten formuliert beziehungsweise begründet sind, einen wissenschaftlich so ertragreichen Zusammenhang und Vertiefungsgrad erreichen, daß damit Ansätze der Herausbildung einer über die bisherigen disziplinären Grenzen hinausführenden neuen Forschungsrichtung erfüllt sind.

Insgesamt gesehen kommt es darauf an, die bereits jetzt erkennbaren Voraussetzungen der Interdisziplinarität zu fördern und entsprechende Formen zu zu entwickeln. Auf dieser Grundlage realisiert sich interdisziplinäre Forschung in mehreren Formen, von denen einige bereits mehr oder weniger praktiziert und weitere im Verlauf der Wissenschaftsentwicklung noch stärker in Erscheinung treten werden.

[6] Darauf verweisen auch U. Hofmann und W. Marschall in ihrer Darstellung von Erfahrungen und Ergebnissen interdisziplinären Forschens an der Akademie der Wissenschaften der DDR hin: „Interdisziplinäre Arbeit ist wie jede Arbeit konkret. Nach einem einfachen generellen Schema für ihre Durchführung suchen zu wollen, wäre nicht angebracht.“ Siehe: U. Hofmann/W. Marschall, Die interdisziplinäre Forschung vertiefen, in: Einheit, 8/1981, S. 773.

[7] Ähnliche Wertungen formulieren U. Hofmann und W. Marschall: „Ein wesentlicher Aspekt der interdisziplinären Zusammenarbeit, sozusagen deren traditionelle Form, ist die gegenseitige-Methodische Durchdringung, ist die Anwendung von wissenschaftlichen Erkenntnissen, Methoden, Erfahrungen und ebenso von Ansichten und Herangehensweisen einer Disziplin in einer anderen.“
Siehe ebenda, S. 772.

Personenregister

Ach, N. 190, 196
Acheson, E. D. 283
Ackoff, R. 123
Adam, G. 239
Adam, J. 279, 282
Adler, A. 197, 201
Altenbrunn, H. J. 81
Altenburg, K. 161, 164, 166, 172
Amemiya, A. 161
Andrews, F. M. 37, 41
Aquino, Th. v. 181
Arison, R. N. 83
Aristoteles 181
Arnold, A. 189
Ash, M. G. 182, 192, 195
Astruc 181
Augustinus 181

Backhaus, K.-O. 241
Bacon, F. 181
Bacon, R. 181
Balance, W. D. G. 182, 191
Baldin, J. M. 193
Ballhausen, C. J. 163, 169
Balmer, H. 186
Bardt, H. P. 37
Barlow, W. 236
Bailey, N. T. J. 284
Bazewicz, M. 299
Beaunis, H. 193
Bachterov, V. M. 193
Bell, Ch. 199
Bellmann, K. 279, 281, 284
Belov, N. V. 229
Ben David, J. 182
Ben Vincent 198
Beneke, F. E. 182, 186
Berger, H. 11, 18, 243
Bergey, D. H. 83
Bernal, J. D. 208, 236, 237
Bernstein, F. 285
Bersuker, I. B. 169
Bessel, W. 187, 199
Bethe, H. 155, 163
Beveridge, O. E. 160, 161, 167
Bichtler, K. 129, 130
Bielka, H. 53, 279
Bierwisch, M. 141, 142, 145
Bijvoet, J. M. 225, 238
Binet, A. 177, 193
Bingham, R. C. 160
Blaschke, D. 13, 71, 101
Blauberg, I. V. 15
Blumenthal, A. 190
Blundell, T. L. 238
Bock, H. 169
Böhm-Bawerk, E. v. 267
Bokhoven, C. 238
Boring, E. G. 190, 191
Boltzmann, L. 216
Boom, G. 234
Born, M. 226
Borries, B. v. 48
Böttner, G. 116
Böttner, R. 284
Bouguer, P. 199
Boulding, K. E. 268
Bourdon, B. 193
Boxer, G. E. 83
Boys, S. F. 159
Bragg, W. H. 229, 233, 235, 236

Bragg, W. L. 223, 224, 225, 226, 228, 229, 232, 233, 235, 236
Brathovde, J. R. 230
Braunreuter, K. 245
Brentano, F. v. 195
Brice, I. 285
Bringmann, W. G. 182, 183, 191
Broca, P. 199
Brožek, J. 179, 186
Budilowa, J. A. 187
Bühler, K. 182, 195
Buhr, M. 16
Bunn, C. W. 229
Bunsen, R. W. 185, 200
Burgers, W. G. 225
Buridan, J. 187
Busch, H. 48
Bykow, G. V. 152, 158

Cairns, J. 15
Čarsky, P. 162, 163
Cavalli-Sforza, L. 279
Chapman, M. G. 82, 83
Charcot, J. 177
Chan Li 192
Chomsky, N. 134, 138, 139, 140, 147
Chubin, D. E. 119
Clack, D. W. 169
Clark, G. L. 227, 230, 233
Cleland, D. 124
Coclidge, A. S. 169
Collins, R. 182
Comts, A. 245
Cormack, A. M. 286
Coulomb, C. A. 215
Coulson, C. A. 156, 157, 168
Cournot, A. A. 259, 266, 267
Cresswell, M. 143
Crowfoot, D. (Hodgkin-Crowfoot, D.) 229, 237

Daudel, R. 156
Danneberg, J. J. 169
Dantzig, G. B. 268
Danzinger, K. 182, 183
Darwin, C. G. 226
Davy, H. 215
Delbrück, M. 15
Delaroix, J. L. 217
Dessoir, M. 179
Descartes, R. 181
Dewar, M. J. S. 158, 160, 167
Diamond, S. 186
Dick, R. S. 103
Dietrich, Ch. 74
Dilthey, W. 197
Dirac, P. A. N. 153
Djumenton, G. G. 25, 27, 29, 62
Dmitrijev, V. (Dmitrijew, W.) 259, 265
Dobrov, G. M. 167
Donders, F. C. 187, 188
Dorfmann, R. 123
Dornberger-Schiff, K. (Boll-Dornberger, K.) 231, 241
Dosse, J. 216
Drischel, H. 277
Drost, H. 12, 21, 23, 205
Du Bois-Reymond, E. 184, 200
Du Fay, G. 214
Dunker, K. 195
Durkheim, E. 246
Dyatkina, M. E. 156

Eason, K. D. 300
Ebinghaus, H. 179, 190, 193, 194, 196, 197, 201
Eckardt, G. 179, 180, 182, 185, 189, 191, 193
Edge, D. O. 30, 164
Edgeworth, F. Y. 259
Egert, H. 284
Ehrenfels, Chr. v. 195
Eigen, M. 278
Eißner, D. 85
Engel, A. v. 215
Engelbart, K. 91
Engels, F. 15, 177, 243, 244, 273
Erpenbeck, J. 19
Eschler, E. 189
Eskelson, N. 284
Etzold, G. 42, 280
Ewald, P. P. 223, 226, 228, 232, 233
Eyring, H. 156

Fabricius, E. M. 81, 84, 85
Fajans, K. 228
Fechner, G. T. 178, 183, 185, 187, 188, 190, 191, 192, 196, 200
Federenko, N. P. 271
Feldman, G. A. 261
Fellinger, K. 284
Fensch, D. 12, 189
Fichtner, K. 12, 18, 221, 295
Fiedler, F. 13
Fischel, W. 189
Flanigan, C. C. 83, 84, 87
Flournoy, Th. 193
Flügge, S. 215
Fock, V. A. 154, 159, 167
Formann, P. 235
Forrester, J. W. 275
Frank-Kamenczki, D. A. 217
Franklin, B. 214
Freud, S. 194, 197, 201
Friedrich, G. 258
Friedrich, W. 225, 235
Frisch, R. 260
Fritsch, G. T. 184, 199
Fuchs, G. 284
Fuchs-Kittowski, K. 12, 277, 278, 288, 300
Fukui, K. 158

Galenus 181
Galilei, G. 209
Gall, F. J. 184, 199
Galvania, L. 184
Geissler, E. 15, 281
Gericke, D. 91
Gey, E. 12, 19, 151, 164, 172, 295
Giere, W. 284
Gillespie, R. J. 163, 169
Gluskov, W. M. 281
Gößler, K. 17
Golebiewski, A. 169
Goldschmidt, V. M. 236, 237
Goldstein, K. 195
Gossen, H. H. 259, 267
Gottich, B. P. 25, 27, 29, 62
Grabner, G. 284
Grabow, H. 285
Gräschke, J. 25
Granberg, A. G. 261, 265
Granowski, W. L. 216
Grauman, C. F. 189
Grjaznov, B. S. 178
Groth, P. 235
Grundmann, S. 249
Gruner, W. 25
Gudermuth, P. 300
Guinier, A. 232
Gurvitch, G. 246
Gutman, I. 163, 170
Gvišiani, D. M. (Gwischiani, D. M.) 124, 275
Gvižiani, G. (Gvishiani, G.) 129

Haberditzl, W. 169
Haefele, W. 111
Hager, K. 9, 10
Hägg, G. 238
Haley, B. F. 268
Hall, G. G. 152, 158, 159
Hall, G. S. 193
Hall, S. R. 231
Hamilton, W. C. 224
Hanke, P. 12, 19, 61, 64
Happ, W. W. 103
Hardy, J. D. 282
Harker, D. 237
Hartmann, H. 163, 169, 170
Hartree, D. R. 154, 159, 225
Hartung, W. 144
Haselbach, E. 160
Haslerud, G. H. 179
Hassenstein, B. 277, 284
Heidel, G. 279
Heidler, W. 305
Heidolph, K. E. 148
Heinrich, R. 284
Heinroth, O. 177
Heisenberg, W. 207
Heitler, W. 152
Heitsch, W. 54
Hellmann, H. 156, 157
Helmholtz, H. v. 182, 184, 185, 187, 200
Heretik, S. 268
Herbart, J. F. 182, 186
Hering, E. 189
Hiebsch, H. 37, 38, 189, 198

Hittorf, J. W. 215
Hitzig, E. 184, 199
Hjelmsley, L. 137
Höhne, E. 241
Hörz, H. 13
Hoffmann, R. 159, 160, 163, 167, 171
Hofmann, U. 13, 309
Hofstätter, P. R. 101
Holland, J. R. 230
Holzhey, H. 23
Homans, G. C. 246
Honecker, E. 61
Hounsfield, G. N. 285
Hubač, J. 163
Hückel, E. 153, 154, 155, 156, 159, 163, 167
Humboldt, A. v. 207, 208
Hund, F. 152, 153, 158, 164, 171
Hurley, A. C. 163
Hush, N. S. 169

Ilse, F. E. 163, 169, 170
Ingold, C. K. 155, 157
Ishigura, E. 161
Ivanov, K. P. 281

Jääskeläinen, M. 193
James, H. H. 169
James, W. 188, 191
Janet, P. 177
Jarosevskij, M. G. (Jaroschewski, M. G.) 187, 194
Jevons, W. S. 259, 267
Johnson, K. N. 163, 169
Johnson, L. N. 238
Johnson-Laird, Ph. N. 142
Jost, A. 196
Jung, C. G. 197, 201

Kaila, E. 193
Kant, H. 24
Kant, I. 182, 185
Kantorovič, L. V. 257, 268, 269
Kapzow, N. A. 214
Katz, D. 196
Kedrow, B. M. 19
Kelly, P. 119
Kendrew, J. C. 237
Ketz, H.-A. 12, 19, 61, 64
Kimball, G. E. 156, 157
Kimure, T. 161
King, W. 124
Kirsch, S. 179
Kitaigorodskij, A. I. 224
Klare, H. jun. 12, 19, 109
Klaus, G. 16
Kleber, W. 237
Klemm, H. 25
Kleščev, A. S. 281
Klix, F. 178, 185, 187, 190, 196, 198, 278, 284
Klopman, G. 160, 167
Knijnenborg, A. 284
Knipping, P. 225, 235
Kohler, C. O. 284, 285
Köhler, W. 195, 201
König, R. 30
Koetzle, T. 285
Koffka, K. 195, 201
Kolos, W. 169
Koopmans, T. C. 268
Kopnin, P. V. 146
Korch, H. 13, 206
Kornai, J. 268
Kosing, A. 15
Kossakowski, A. 178, 189
Koutecky, J. 170
Kraepelin, E. 189
Krambach, K. 249
Krauch, H. 37
Kretschmer, Hild. 30, 33, 34, 35
Kretschmer, H. 84
Kröber, G. 17, 24, 194, 278
Kuczynski, J. 248, 307
Kühn, H. 179
Külpe, O. 182, 190, 193, 195
Kuhn, H. 157
Kuhn, Th. S. (Kun, T.) 38, 205
Kuhnert, F. 291
Kulpe, S. 222
Kummer, W. 144
Kuntze, J. E. 191
Kunz, W. 37
Kutzelnigg, W. 152, 158, 163
Kveid, E. 123

Läsker, L. 24
Lafargue, P. 276
Laitko, H. 17, 24
Lambert, J. H. 187, 199
Lander, H. J. 188
Lang, E. 15, 143, 207
Lange, B. 15
Lange, F. A. 182, 186, 187
Lange, O. 257, 264
Langmuir, G. 217
Laue, M. v. 225, 226, 228, 235, 236
Ledley, R. E. 282
Lehmann, A. 193
Lehninger, A. L. 277
Leibniz, G. W. 180, 181, 184, 185, 186
Lemaine, G. 30
Lemgo, K. 287
Lenin, W. I. 243, 247, 264
Lennard-Jones, H. J. 153, 163
Leont'ev, A. N. (Leontjew, A. N.) 187
Leont'ev, V. (Leontief, W.) 265, 275
Lewin, K. 195
Lewis, D. 143
Ley, H. 189
Lichtenberg, G. Ch. 201
Liebig, J. 185, 200
Lipkin, M. 282
Lo, D. H. 160
Lötsch, M. 249
Lomonosov, M. V. 214
London, F. 152
Longuet-Higgens, H. C. 156, 158
Lonsdale, K. 227
Lorenz, K. 177
Lotze, R. H. 182, 183, 187
Lukatis, I. 13, 71, 101
Lungwitz, K. 248
Lustedt, L. B. 282
Luyten, N. A. 304

Mach, E. 189
Macleod, R. 30
McKen Cattel, J. 193
McLachlan, D. jun. 233
Mäder, W. 178
Madson, K. B. 179
Magendie, F. 199
Maiminas, E. S. 262
Malmgreen, R. A. 83, 84, 87
Malthus, T. R. 244
Marbe, K. 196
Mark, H. 232
Markowa, L. A. 39
Marschall, W. 13, 309
Marshall, M. E. 185, 188, 191
Marx, K. 15, 187, 243, 244, 264, 273, 275, 276
Mathiak, K. 170
Mathies, H. 72
Maxwell, J. C. 216
Meadows, D. H. 275
Mehnert, W.-H. 12, 19, 81, 89
Meiling, W. 285
Meinong, A. 193, 195, 201
Meischner, W. 188, 189, 190, 191
Menger, K. 267
Menzer, G. 235
Mesarovič, M. 275
Metge, A. 190, 191
Métraûx, A. 182
Metzler, H. 179
Meulman, J. 198
Meyer, E. 285
Meyer, W. 163
Michotte, A. 196
Mierdel, G. 216, 217
Mikulinskij, S. R. 39, 194
Miller, G. A. 142
Mirskij, E. M. 13, 15, 19, 22, 119
Miser, H. J. 129
Misiak, H. 193
Mocek, R. 39, 205
Möse, G. 83
Möse, J. 83, 84, 90
Moleschott, J. 187
Montague, R. 143
Motora, Y. 193
Motsch, W. 12, 21, 131, 134, 136, 137, 140, 142, 144
Mühlenberg, E. 287
Müller, G. E. 190, 193, 194, 196, 201
Müller, H. 16
Müller, J. 182, 184, 187, 200
Münsterberg, H. 193

Mulkay, M. J. 30, 164
Mulliken, R. S. 153, 156, 161, 164
Murrall, J. N. 170
Muschenbroeck, L. 214

Nagata, C. 158
Nalewjski, R. 169
Nash, E. A. 282
Nemčinov, V. S. (Nemtschinow, W. S.) 257, 263
Neumann, H. 284
Neumann, W. 131
Newell, A. 124
Niggli, P. 228
Nikitin, E. E. 163, 170
Nikolajew, V. 12, 19, 109, 127, 129
Nitschkoff, S. 285
Nowacki, W. 228
Novožilov, V. V. (Nowoshilow, W. W.) 257, 269, 271

Ostwald, W. 21
Ovsienko, J. W. 273

Pan Shu 192
Paracelsus, T. 181
Pareto, V. 259, 268
Pariser, R. 160
Parker, R. C. 82, 83
Parr, R. G. 160
Parson, T. 246
Parthey, H. 10, 12, 13, 14, 16, 17, 23, 30, 39, 54, 74, 98, 127, 146, 164, 172, 187, 206, 207, 287, 303
Pasch, R. 136
Pauling, L. 153, 155, 156, 167, 169, 237
Pawlow, I. P. 187
Pechenkin, A. A. 167
Peil, J. 281
Pelz, D. C. 37
Penney, W. G. 156, 158
Perutz, M. F. 237, 238
Peschel, M. 278, 284
Pestel, E. 275
Pester, R. 187
Petty, W. 244, 259, 263
Pfetsch, F. R. 32
Pflücker, P. 215

Piaget, J. 101
Pilgrim, J. 12, 277, 289, 296, 297
Pirtkien, R. 284
Planck, M. 207
Plath, P. 22, 23, 166, 172
Platon 181
Plummer, H. J. 82, 83
Pongratz, L. P. 179
Pope, W. J. 236
Pople, J. A. 160, 161, 163, 167
Popovič, M. V. (Popowitsch, M. W.) 146
Porter, A. L. 119
Preuß, H. 161, 171
Pritsker, A. A. J. 103
Pullman, A. 172
Pullman, B. 156, 172
Purkinje, J. 189

Quade, E. 123
Quesnay, F. 244, 263, 264

Rainer, U. 182
Ramul, K. 183
Rappard, H. V. 190
Rapoport, S. M. 279
Rapoport, T. A. 284
Reich, J. G. 280
Ribot, Th. A. 177, 181, 189
Ricardo, D. 244
Ritschl, F. 161, 164, 166, 172
Rittel, H. 37
Röntgen, W. C. 235
Röseberg, U. 13
Rodgers, J. 285
Rogers-Low, B. W. 229
Roothaan, C. C. J. 159, 169
Rompe, R. 16, 25, 306, 307
Rosen, R. 280
Rossini, P. A. 119
Rubin, E. 196
Rubinstein, S. L. 198
Rudwick, G. 124
Rumer, G. 155
Ruska, E. 48

Sackman, H. 299
Sadovskij, V. N. 15

Saha, L. 217
Sahakian, W. S. 193
Salecker, W. 127
Sandkühler, H. J. 22, 166
Santry, D. P. 160
Scharf, J. M. 278, 281
Scheler, W. 278, 279, 281
Schilar, H. 11, 18, 257, 262, 273, 276
Schirmer, G. 116
Schirmer, W. 166, 172
Schleifstein, J. 279
Schmelowsky, K. H. 278, 284
Schmidt, H. E. 81
Schmidt, W. 81, 84, 85
Schneeweiß, U. 81, 84
Scholz, H. 24
Schoone, J. C. 238
Schorochowa, E. W. 187
Schottky, W. 216
Schreiber, K. 12, 303
Schreier, W. 191
Schulze, D. 13, 119, 121, 178
Sečenov, I. M. 182, 184, 186, 200
Seeliger, R. 215
Segal, G. A. 160
Selz, O. 190, 196
Sendov, B. 283
Sergi, G. 193
Shingu, H. 158
Siebenmann, C. O. 82, 83
Simeonova, K. 13
Simmel, G. 245, 246
Simon, H. 124
Simon, R. 190, 211
Sinanoglu, O. 163
Sinčenko, V. P. (Sintschenko, W. P.) 195
Sinha, D. 192
Slater, J. C. 155, 157, 158
Smith, A. 244
Sommerfeld, A. 235
Spencer, H. 245
Spranger, E. 197
Sprung, H. 12, 19, 177, 180, 183, 185, 187, 191, 192, 193, 200, 202
Sprung, L. 12, 19, 177, 179, 180, 182, 183, 185, 187, 189, 191, 192, 193, 198, 200, 202
Spurzheim, G. 184, 199
Stahl, J. 53
Stahl, W. R. 283
Staudt-Sexton, V. 193
Starčenko, A. A. 178
Steck, R. 32
Steenbeck, M. 215
Stegmüller, W. 38, 39
Stehr, N. 30
Steiner, H. 24, 194, 278
Stent, G. S. 15
Stern, W. 196, 201
Stingl, P. 170
Strauss, E. 263
Streitwieser, A. jun. 158, 161, 168, 169
Stumpf, C. 193, 195
Suchotin, J. V. 273
Sydow, A. 278, 284
Syrkin, J. K. 156

Thiele, E. H. 82, 84
Thießen, P. A. 233
Thomson, J. J. 216
Thünen, J. H. v. 266
Tichonov, N. A. 113
Tiedt, N. 277
Timoféeff-Ressovsky, N. W. 15
Tinbergen, J. 275
Tönnies, F. 245
Tokarski, A. 193
Tolmpson, P. D. 216
Townsend, L. 216
Traxel, W. 178
Treder, H.-J. 16, 217, 306
Trinajstić, N. 163, 170
Tripoczky, J. 30
Tsaner, R. 284
Tweney, R. D. 182, 183
Turner-Jones, A. 229
Tutundjen, H. W. 192
Tutzke, D. 185

Ungerer, G. 182, 183
Urban, M. 162

Van Hoorn, W. 190, 198
Van Vleck, J. H. 155
Verlichkovsky, B. M. 195

Verhave, T. 190
Vester, F. 105
Viehweger, D. 136, 140, 142
Vives, J. L. 181
Völzgen, H. 103
Vogel, H. 206
Vogt, K. 187
Vogt, R. 81
Vorwerg, M. 189
Vygotsky, L. S. 144

Wächter, W. 54, 127, 146, 206, 207
Wagner, G. 284, 285
Wagner, K. 17
Wagner, R. 182
Wahl, D. 25, 37, 167, 207
Wahlgren, U. 163, 169
Wainschtein, B. K. 229
Walras, L. 259, 265, 267
Walsh, D. A. 159, 163, 169
Walter, J. 156, 157
Wangermann, G. 12, 23, 39, 47, 207
Watson, J. D. 15, 277
Watson, R. B. 187
Weber, E. 279
Weber, E. H. 178, 183, 187, 188, 190, 192, 200
Weber, M. 246
Weidig, R. 249, 253
Weingart, P. 30, 182
Weiß, R. 16
Wekker, L. M. 198
Wenzel, M. 85
Wertheimer, M. jun. 195, 201
Wertheimer, M. sen. 180
Wessel, K.-F. 187
Wheland, G. W. 155, 156
Whytt, R. 181
Williams, G. 285
Wimmer, E. 279
Winkler, R.-L. 30, 194
Witko, N. 169
Wittich, D. 16, 17, 39
Wolf, J. 12, 19, 81, 90, 103
Wolff, Ch. 180, 181, 184, 185
Woll, M. 214
Woodward, R. B. 159, 163, 171
Woodward, W. R. 183
Woolfson, M. M. 231
Wundt, W. 177, 178, 182, 183, 186, 188, 189, 190, 191, 192, 193, 194, 195, 196, 200, 201
Wurzel, W. U. 140, 145
Wyckoff, R. W. G. 226
Wysotzki, F. 278

Yandla, J. R. 169
Yonezawa, T. 158

Zajicek, G. 283
Zapf, W. 247
Zimmer, K. G. 15
Zimmermann, H. J. 103
Zimmermann, I. 136
Zülicke, L. 152, 158, 161, 163, 164, 166, 170, 172
Zwick, W. 278, 284

Sachregister

Analyse 70f., 221, 247f.
Angemessenheit
— von Methoden 21, 52ff.
— von Theorien 138, 142, 147

Beobachtung 134, 186
Beschreibung 254

Datenverarbeitung 224, 230, 255, 281f.
—, Benutzer 292ff., 297ff.
—, Einsatzmöglichkeiten 286ff.
—, Nutzerverhalten 296
Diagnostik 194
Differenzierung
— und Integration 180ff., 202, 303f.
Disziplin
—, wissenschaftliche 21ff., 164, 179
—, Wissenschaftsdisziplin 14, 24, 54, 62ff., 71f., 74, 185, 253, 292, 303f.
—, disziplinäre Forschung 14, 20, 61f.

Entscheidung
— und Erkundung 89f.
Erklärung 137f., 178
Erkundung
— und Entscheidung 89f.
Experiment
— und Theorie 100, 157f., 163, 174, 201, 225, 289

Forschergruppe
—, interdisziplinäre 25ff., 106ff.
—, Gruppenvorteil 107
Forschungssituation
—, Merkmale 17ff., 24
—, disziplinäre 14, 20, 61f.
—, interdisziplinäre 18ff., 41ff., 71f., 97f., 232, 292f.
—, Phasen 38ff., 151, 164, 224
— und Kooperation 25ff., 240
Forschungsstrategie 62f., 87f., 99

Gerät
— und Methoden 47, 50f., 106, 221f., 240, 280f.
— und Verfügbarkeit 39, 41f., 47, 106, 221, 240, 280, 301
Gesetzeserkenntnis 51, 117, 255

Hypothesen
—, Prüfung von 95, 134, 140f., 235, 292f., 300f.

Information
— und Dokumentation 106
Informationsverarbeitung
—, automatische 230f.
— und Interdisziplinarität 293ff.
Integration
— und Differenzierung 180ff., 202, 303f.
— und Interdisziplinarität 66, 142f., 185, 202, 286
— und Institutionalisierung 66, 202
Institutionalisierung
— und Wissenschaftsdisziplin 158, 160f., 186, 193, 200, 228
— und Interdisziplinarität 25ff., 308f.
— und Integration 66, 202
Interdisziplinarität
—, horizontale und vertikale 305f.
— der Forschungssituation 18ff., 41ff., 61f., 71f., 189f., 232f., 294f.

— der Problemfelder 18ff., 144ff., 179, 247, 253
— der Methodenanwendung 23, 54ff., 211ff., 255, 286, 293, 295, 309
— und Informationsverarbeitung 293
— und Institutionalisierung 25ff., 308f.
— und Integration 66, 142f., 185, 202, 286
— und Koautorenschaft 36
— und Kommunikation 24ff., 99f., 106, 151, 194, 200
— und Kooperation 41f., 71f., 151, 165, 200f., 294f.
— und Verfügbarkeit 39, 306

Koautorenschaft 33
— und Interdisziplinarität 36
Kombination
— von Methoden 23, 57f., 199f., 213ff., 234f., 238, 251
Kommunikation
—, interdisziplinäre 24ff., 99f., 106, 151, 194, 200
Kooperation 34f., 69f., 78
— und Forschungssituation 25ff., 98f., 240f.
—, Phasen der 38ff., 98ff.
—, Zwang zur 54
—, interdisziplinäre 41f., 71f., 151, 165, 200f., 294

Methode(n)
—, Bestandteile der 48f., 207f.
—, Arten von 208ff.
—, Angemessenheit von 21, 52ff.
—, Kombination von 23, 57f., 199f., 213ff., 234f., 238, 251
— und Gerät 47, 50f., 110, 221f., 240, 280f.
— und Problem 17, 19, 31f., 146ff., 165f., 177f., 200, 206f., 211f., 235ff., 250ff.
— und Objekt 52ff., 221ff., 253
— und Interdisziplinarität 23, 54ff., 21ff., 255, 286, 293, 295, 309
Methodenentwicklung
—, Pasen der 40f., 89f., 152, 161, 250
— und Problementwicklung 39f., 54f., 86, 98, 206f., 230, 250, 255
— und Verfügbarkeit 39, 56
Methodik 49, 185, 187f., 200

Modell 101, 134, 138ff., 178, 273, 288
Modellierung 120f., 255, 274ff., 281

Objekt 50ff., 133, 147, 254
— und Methode 52ff., 221ff., 253
— und Interdisziplinarität 56f.
— und Verfügbarkeit 56f.

Phasen
— der Forschungssituation 38ff., 151, 164, 224, 232f.
— der Methodenentwicklung 40ff., 98f., 152, 161, 250
— der Kooperation 38ff., 98ff.
Problem 24, 49, 66, 127, 164f., 182
—, Komplexität des 66f., 106, 119, 249
— und Methode 17, 19, 31f., 146f., 165f., 177ff., 200, 203, 206f., 211f., 235ff., 250f.
Problementwicklung
— und Methodenentwicklung 39f., 54f., 86, 98, 206f., 230, 250, 255
Problemfeld
—, interdisziplinäres 18ff., 20, 58, 144ff., 179, 247, 253, 269f.

Schulen
—, wissenschaftliche 179ff., 194f., 197f.
Suchprozeß 89, 99f., 200

Theorie(n)
— und Experiment 100, 157f., 162, 174, 201, 225, 289
—, Angemessenheit von 138, 142, 147
— Verfügbarkeit von 38

Verfügbarkeit 39, 44f.
— von Theorien 38
— von Objekten 56f.
— von Geräten 39, 41f., 47, 106, 221, 240, 280, 301
— und Methodenentwicklung 39, 56
— und Interdisziplinarität 39, 306

Wissenschaftlichkeit
—, Kriterien der 22f., 100
Wissenschaftsdisziplin
— und Institutionalisierung 158ff., 186, 193, 200, 228

FSC
www.fsc.org
MIX
Papier | Fördert gute Waldnutzung
FSC® C083411

Kolibri 360 GmbH
Ferdinand-Jühlke-Straße 7
99095 Erfurt, Deutschland
produktsicherheit@kolibri360.de